高等职业教育职业素养教材系列

HIGHER VOCATIONAL EDUCATION PROFESSIONAL QUALITY TEXTBOOK SERIES

主　编　白丽霞
副主编　孙艳丽　周　博
参　编　赵伟伟　安　洋

SAFETY PRODUCTION AND PROTECTION

安全生产与防护

（第2版）

天津大学出版社
TIANJIN UNIVERSITY PRESS

内容提要

本教材在全面分析现代企业尤其是化工企业的安全生产特点及职业健康防护要求的基础上，精选六大模块的内容进行编写，包括安全管理与职业健康、危险化学品安全、防火防爆安全技术、特种设备安全技术、电气安全技术、职业安全与防护。六大模块均下设单元、任务，形成了知识丰富、内容广泛的任务导向式综合性技术教材。该教材涉及化工行业安全生产和职业防护两大领域，包括职业健康安全管理、危险化学品安全、防火防爆安全、特种设备安全、电气安全、职业卫生等技术，以及应急救援和灭火、急救等技能，能培养学习者的安全生产与防护意识和分析问题、解决问题的能力。这些能力所涉及的知识技能与各专业培养目标和现代企业所需人才的知识技能结构相一致，各模块在内容上紧密相连并进行了拓展，有助于提高学习者的专业技能和职业素养。

全书内容的选取以综合安全理念建立和职业防护意识培养为重点，以化工行业基础知识和基本职业技术技能为核心，依托现有软硬件资源，理论联系实际地设计角色扮演实训，并以二维码的形式提供相关国家标准、操作训练视频、案例视频、动画等电子资源，以二维码形式呈现，实现线上线下相结合的教学方式，充分体现出教材的职业性、实践性和开放性特点。同时教材采用模块式独立装订的形式，使用者可按需灵活取用。

本教材适合作为高职高专学校环境、安全、化工技术类专业（如环境工程技术、应用化工技术、安全与管理技术、环境管理与评价、石油化工技术、精细化工技术、药品生产技术、分析检验技术等）的教材，也可作为相关从业人员安全生产与防护知识技能培训的教材。

图书在版编目(CIP)数据

安全生产与防护 / 白丽霞主编；孙艳丽, 周博副主编；赵伟伟, 安洋参编. -- 天津：天津大学出版社, 2022.2（2025.8重印）
ISBN 978-7-5618-7036-5

Ⅰ. ①安… Ⅱ. ①白… ②孙… ③周… ④赵… ⑤安… Ⅲ. ①安全生产－高等职业教育－教材②职业病－防治－高等职业教育－教材Ⅳ. ①X93②R135

中国版本图书馆CIP数据核字(2021)第182257号

ANQUAN SHENGCHAN YU FANGHU

出版发行　天津大学出版社
地　　址　天津市卫津路92号天津大学内(邮编:300072)
电　　话　发行部:022-27 403 647
网　　址　www.tjupress.com.cn
印　　刷　天津泰宇印务有限公司
经　　销　全国各地新华书店
开　　本　185 mm×260 mm
印　　张　25
字　　数　624千
版　　次　2022年2月第1版　2024年2月第2版
印　　次　2025年8月第4次
定　　价　109.00元

2版前言

安全生产事关人民福祉，事关经济社会发展大局，党和政府一直高度重视安全生产工作。党的二十大报告把安全生产纳入国家安全进行部署，对安全生产提出新的更高要求，明确提出以新安全格局保障新发展格局。我们必须认真贯彻习近平总书记关于总体国家安全观的重要论述，提高对安全生产重要性的认识，理解安全生产关乎国家安全的内涵，国家安全内涵社会安全，社会安全内涵公共安全，公共安全内涵安全生产。

党的二十大报告明确要求：坚持安全第一、预防为主，建立大安全、大应急框架，完善公共安全体系，推动公共安全治理模式向事前预防转型。推进安全生产风险专项整治，加强重点行业、重点领域安全监管。这一精神也推动“安全生产与防护”课程不断进行教学改革。

《安全生产与防护》教材第2版在第1版的基础上，融入了党的二十大报告精神的内容，帮助读者在新的时代背景下，进一步掌握安全管理与职业健康、危险化学品安全、防火防爆安全技术、特种设备安全技术、电气安全技术、职业安全与防护等技术技能，切实为保护人民群众的生命安全和身体健康做出贡献。

本书模块一由赵伟伟编写，模块二、模块四由白丽霞编写，模块三由周博编写，模块五由孙艳丽编写，模块六由安洋编写。

在本书的编写过程中，参考并吸取了许多专家、学者的研究成果，参阅了许多文献资料（详见本书的参考文献），本书编者在此由衷地表示感谢。

由于水平有限，书中不妥之处在所难免，敬请读者批评指正。

编者

2024年2月

________专业　课程学习任务确认单

模块名称	单元名称	任务名称	选学	进度
模块一 安全管理与职业健康	单元一　安全管理概述	任务一　安全生产管理基础知识		
		任务二　安全生产规章制度		
	单元二　安全生产与职业健康法律法规	任务一　安全生产法律法规		
		任务二　职业健康安全管理体系		
		任务三　企业安全生产标准化		
模块二 危险化学品安全	单元一　危险化学品及其危险性分析	任务一　认识危险化学品及其分类		
		任务二　进行危险化学品危险性分析		
	单元二　危险化学品标识与管理	任务一　熟悉危险化学品标识		
		任务二　进行危险化学品管理		
	单元三　危险化学品运输、储存安全	任务一　危险化学品的安全运输		
		任务二　危险化学品的安全储存		
	单元四　危险化学品事故及应急救援	任务一　熟悉危险化学品事故类型及特点		
		任务二　进行危险化学品事故应急救援		
		任务三　进行危险化学品事故应急管理		
	单元五　典型危险化学品事故应急处置	任务一　火灾事故处置		
		任务二　爆炸事故处置		
		任务三　泄漏事故处置		
		任务四　中毒窒息事故处置		
		任务五　烧伤事故处置		
		任务六　环境污染事故处置		
	单元六　事故现场救护技术	任务一　有效实施心肺复苏		
		任务二　正确施行伤口止血		
		任务三　掌握常见包扎术		
		任务四　掌握常见固定术		
		任务五　正确进行伤者搬运		

续表

模块名称	单元名称	任务名称	选学	进度
模块三 防火防爆安全技术	单元一　燃烧的基础知识	任务一　认识燃烧的条件,掌握灭火控制原理		
		任务二　了解燃烧的形式,掌握物质燃烧类别		
	单元二　燃烧的过程与原理	任务一　了解燃烧的过程,掌握燃烧过程的发展规律		
		任务二　了解燃烧特征的特征参数,掌握描述燃烧特征的方法		
	单元三　爆炸的基础知识	任务一　认识爆炸的类型,掌握爆炸的分类方式		
		任务二　认识爆炸极限的影响因素,掌握爆炸极限的估算方法		
	单元四　燃烧性物质的贮存、运输和销毁处理	任务一　认识燃烧性物质的危险性		
		任务二　掌握燃烧性物质的贮存要求		
		任务三　掌握燃烧性物质的装卸与运输安全措施		
		任务四　掌握爆炸性物质的贮存和销毁措施		
	单元五　燃烧和爆炸事故的调查和分析	任务一 认识事故调查的程序,掌握事故调查的基本步骤		
		任务二 认识燃烧和爆炸的分析内容,掌握分析原则		
	单元六　火灾和爆炸的控制	任务一　掌握有火灾爆炸危险性的物质加工处理方法		
		任务二　认识燃烧和爆炸敏感工艺参数的控制方式		
		任务三　掌握火灾和爆炸的局限化措施		
		任务四　认识灭火原理,掌握灭火剂与灭火设施的使用方式		
模块四 特种设备安全技术	单元一　压力容器安全技术	任务一　认识压力容器及其分类		
		任务二　熟悉压力容器的安全附件		
		任务三　进行压力容器使用安全管理		
		任务四　进行压力容器的检验		
	单元二　压力管道安全技术	任务一　压力管道的安装		
		任务二　压力管道的防腐与检验		
		任务三　压力管道的安全管理		
	单元三　锅炉安全技术	任务一　认识锅炉及其安全附件		
		任务二　锅炉的安全运行		
		任务三　锅炉常见事故的处理		
	单元四　气瓶安全技术	任务一　认识气瓶及安全附件		
		任务二　气瓶的充装与储运		
		任务三　气瓶的安全使用及定期检验		

续表

模块名称	单元名称	任务名称	选学	进度
模块五 电气安全技术	单元一　触电事故与安全防范	任务一　触电及救治		
		任务二　直接接触电击防护		
		任务三　间接接触电击防护		
		任务四　通用预防触电措施		
	单元二　静电、雷电与电磁防护	任务一　静电及其防范		
		任务二　雷电及其防范		
		任务三　电磁防护		
	单元三　爆炸危险场所电气安全	任务一　划分火灾爆炸危险场所		
		任务二　防爆电气设备选择		
	单元四　石油化工企业电气安全技术	任务一　石油化工企业供电安全		
		任务二　石油化工装置电气安全		
		任务三　动力及照明系统安全		
		任务四　电气线路安全		
模块六 职业安全与防护	单元一　做好个体防护	任务一　识别职业危害因素		
		任务二　了解职业病种类及特点		
		任务三　掌握预防职业病的方法		
		任务四　正确选择个人防护用品		
	单元二　防止职业危害	任务一　认识工业粉尘危害,掌握防粉措施		
		任务二　认识工业毒物危害,掌握防毒措施		
		任务三　认识噪声危害,掌握防护措施		
		任务四　认识辐射危害,掌握防护措施		
		任务五　认识高温危害,掌握防护措施		
		任务六　认识低温危害,掌握防护措施		
		任务七　认识灼伤危害,掌握防护措施		

目录

安全生产与防护

模块一

安全管理与职业健康

【模块导读】

安全生产事关人民群众生命财产安全和社会稳定大局。近几年,全国安全生产总体状况保持了总体稳定、趋向好转的态势,但风险挑战依然较多。因此,各行各业要特别重视安全问题,认识安全生产与管理的基本原理,了解事故发生的原因,遵守安全生产法律法规和安全生产规章制度,通过职业健康安全管理体系、安全生产标准化提高企业的安全管理水平,预防和减少安全事故的发生,保障职工的健康和安全。

单元一　安全管理概述

党的二十大报告提出:教育、科技、人才是全面建设社会主义现代化国家的基础性、战略性支撑。必须坚持科技是第一生产力、人才是第一资源、创新是第一动力,深入实施科教兴国战略、人才强国战略、创新驱动发展战略,开辟发展新领域、新赛道,不断塑造发展的新动能、新优势。

只有培养高水平的安全生产管理人才,才能有效实施安全生产管理工作,为生产安全保驾护航。

【阅读材料】

2019 年 4 月 15 日,位于山东省济南市历城区的齐鲁天和惠世制药有限公司在对冻干粉针剂生产车间地下室的冷媒水(乙二醇溶液)系统进行管道改造的过程中发生重大事故,造成 10 人死亡、12 人轻伤。

事故发生的直接原因是承包商施工人员在受限空间内动火切割冷媒水系统管道。切割作业引燃了附近堆放的冷媒缓蚀剂(为易燃固体,属危险化学品,要求远离火源储存),其燃烧时产生的氮氧化物等有毒烟雾导致现场人员中毒致死、致伤。

事故暴露出事发企业安全意识淡薄、动火和进入受限空间作业管理失控、承包商管理不到位、应急能力严重不足、对使用的化学品的危险特性不了解等突出问题。

任务一　安全生产管理基础知识

一、安全生产、安全管理与安全生产管理

(一)安全生产

根据现代系统安全工程的观点,安全生产是指在社会生产活动中,通过人、机、物料、环境的和谐运作,使生产过程中潜在的各种事故风险和伤害因素始终处于有效控制状态,切实保护劳动者的生命安全和身体健康。也就是说,为了使劳动过程在符合安全要求的物质条件和工作秩序下进行,防止发生人身伤亡、财产损失等生产事故,消除或控制危险有害因素,保障劳动

者的安全健康和设备设施免受损坏、环境免受破坏的一切行为，皆属于安全生产的范畴。

安全生产是安全与生产的统一，其宗旨是安全促进生产，生产必须安全。搞好安全工作，改善劳动条件，可以调动职工的生产积极性；减少职工伤亡，可以减少劳动力的损失；减少财产损失，可以提高企业效益，无疑会促进生产的发展。而生产必须安全，则是因为安全是生产的前提条件，没有安全就无法生产。

（二）安全管理

安全管理是在人类社会的生产实践中产生的，并随着生产技术水平和企业管理水平的发展，特别是安全科学技术及管理学的发展而不断发展。安全管理是以保证劳动者的安全健康和生产顺利进行为目的，运用管理学、行为科学等相关的科学知识和理论进行的安全生产管理。

安全管理作为企业管理的组成部分，体现了管理的职能，主要管理控制的内容是人的不安全行为和物的不安全状态，并以预防伤亡事故发生、保证生产顺利进行、使劳动者处于安全的工作状态为主要目标。安全管理的对象是生产中一切人、物、环境的状态，安全管理是一种动态管理。安全管理主要是组织实施企业安全管理规划、指导、检查和决策，它是保证生产处于最佳安全状态的根本环节。

综上所述，安全管理是为实现安全生产而组织和使用人力、物力和财力等各种物质资源的过程。其利用计划、组织、指挥、协调、控制等管理职能，控制各种物的不安全状态和人的不安全行为，避免发生伤亡事故，保证劳动者的生命安全和健康，保证生产顺利进行。

（三）安全生产管理

安全生产管理是管理的重要组成部分，是安全科学的一个分支。所谓安全生产管理，就是针对人们在生产过程中的安全问题，运用有效的资源，发挥人们的智慧，通过人们的努力，进行有关决策、计划、组织和控制等的活动，实现生产过程中人与机器设备、物料、环境的和谐，实现安全生产的目标。

安全生产管理的目标是减少和控制危害及事故，尽量避免生产过程中造成的人身伤害、财产损失、环境污染以及其他损失。安全生产管理包括安全生产法治管理、行政管理、监督检查、工艺技术管理、设备设施管理、作业环境和条件管理等方面。

安全生产管理涉及企业中的所有人员、设备设施、物料、环境、财务、信息等各个方面，基本对象是企业的员工。安全生产管理的内容包括安全生产管理机构、安全生产管理人员、安全生产责任制、安全生产管理规章制度、安全生产策划、安全生产培训、安全生产档案等。

二、事故、事故隐患、危险、危险源与重大危险源

（一）事故

《生产安全事故报告和调查处理条例》（国务院令第 493 号）将生产安全事故定义为：生产经营活动中发生的造成人身伤亡或者直接经济损失的事件。由于各行业性质、特点不同，具体事故严重程度的划分标准也不同，职工伤亡事故的伤害程度的分类如下。

1. 生产安全事故等级

《生产安全事故报告和调查处理条例》根据生产安全事故（以下简称“事故”）造成的人员

伤亡或者直接经济损失，将事故分为以下等级，见表 1-1-1-1。

表 1-1-1-1　生产安全事故等级

事故等级	死亡人数 *SW*（人）	重伤人数 *ZS*（人）	直接经济损失 *ZJ*（元）
特别重大事故	≥ 30	≥ 100	≥ 1 亿
重大事故	10 ≤ *SW*<30	50 ≤ *ZS*<100	5 000 万≤ *ZJ*<1 亿
较大事故	3 ≤ *SW*<10	10 ≤ *ZS*<50	1 000 万≤ *ZJ*<5 000 万
一般事故	<3	<10	<1 000 万

（1）特别重大事故

造成 30 人以上死亡，或者 100 人以上重伤（包括急性工业中毒，下同），或者 1 亿元以上直接经济损失的事故（“以上”包括本数，“以下”不包括本数，下同）。

（2）重大事故

造成 10 人以上 30 人以下死亡，或者 50 人以上 100 人以下重伤，或者 5 000 万元以上 1 亿元以下直接经济损失的事故。

（3）较大事故

造成 3 人以上 10 人以下死亡，或者 10 人以上 50 人以下重伤，或者 1 000 万元以上 5 000 万元以下直接经济损失的事故。

（4）一般事故

造成 3 人以下死亡，或者 10 人以下重伤，或者 1 000 万元以下直接经济损失的事故。

2. 企业职工伤亡事故分类

按照《企业职工伤亡事故分类》（GB 6441—1986），企业职工伤亡事故分类含事故伤害分类（表 1-1-1-2）和事故严重程度分类（表 1-1-1-3）。

表 1-1-1-2　企业职工伤亡事故伤害程度分类

事故分类	伤害程度（损失工作日）
轻伤事故	1 ≤损失工作日 <105
重伤事故	105 ≤损失工作日 <6 000
死亡事故	损失工作日≥ 6 000

表 1-1-1-3　企业职工伤亡事故严重程度分类

事故分类	严重程度
轻伤事故	只有轻伤的事故
重伤事故	有重伤无死亡的事故
重大伤亡事故	死亡 1~2 人的事故
特大伤亡事故	死亡 3 人以上的事故（含 3 人）

（二）事故隐患

《安全生产事故隐患排查治理暂行规定》中将安全生产事故隐患（以下简称"事故隐患"）定义为："生产经营单位违反安全生产法律、法规、规章、标准、规程和安全生产管理制度的规定，或者因其他因素在生产经营活动中存在可能导致事故发生的物的危险状态、人的不安全行为和管理上的缺陷。"

事故隐患分为一般事故隐患和重大事故隐患。一般事故隐患是指危害和整改难度较小，发现后能够立即整改排除的隐患。重大事故隐患是指危害和整改难度较大，应当全部或者局部停产停业，并经过一定时间的整改治理方能排除的隐患，或者因外部因素影响致使生产经营单位自身难以排除的隐患。

（三）危险

根据系统安全工程的观点，危险是指系统中产生不期望的后果的可能性超过了人们的承受程度。由此可以看出，危险是人们对事物的具体认识，必须指明具体对象，如危险环境、危险条件、危险状态、危险物质、危险场所、危险人员、危险因素等。

一般用风险度来表示危险的程度。在安全生产管理中，风险度用生产系统中发生事故的可能性与严重性结合给出，即

$$R=f(F,C)$$

式中 R——风险度；

F——发生事故的可能性；

C——发生事故的严重性。

从广义来说，风险可分为自然风险、社会风险、经济风险、技术风险和健康风险，共五类；而对于安全生产的日常管理，可分为人、机、环境、管理，共四类风险。

1941 年美国的海因里希在统计工伤事故的发生概率后得出了海因里希法则。当时海因里希统计了 55 万件机械事故，其中死亡、重伤事故 1 666 件，轻伤事故 48 334 件，其余为无伤害事故，从而得出一个重要结论，即在机械事故中，死亡、重伤、轻伤的比例为 1 ∶ 29 ∶ 300。国际上把海因里希法则叫作事故法则，如图 1-1-1-1 所示。这个法则说明，在机械生产过程中，每发生 330 件意外事件，有 300 件造成人员轻伤，29 件造成人员重伤，1 件导致人员死亡。

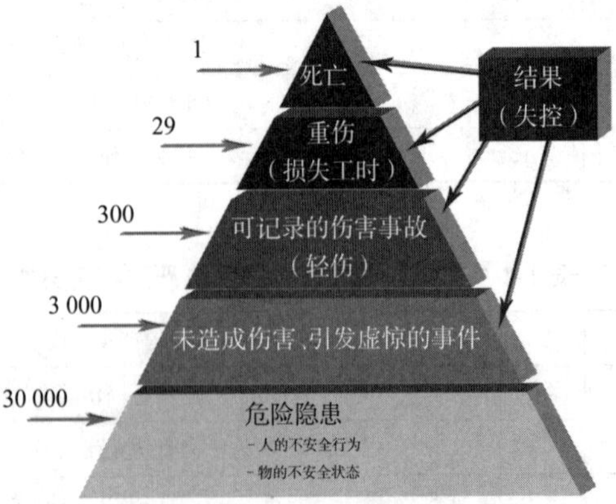

图 1-1-1-1　海因里希法则

对于不同的生产过程、不同类型的事故,上述比例关系不一定完全相同,但这个统计规律说明了在进行同一项活动时,无数次意外事件必然导致重大伤亡事故的发生。

(四)危险源

从安全生产的角度解释,危险源是指可能造成人员伤害和疾病、财产损失、作业环境破坏或其他损失的根源或状态。

根据危险源在事故发生、发展中的作用,一般把危险源划分为两大类,即第一类危险源和第二类危险源。

第一类危险源是指生产过程中存在的可能意外释放的能量,包括生产过程中的各种能量源、能量载体或危险物质。第一类危险源决定了事故后果的严重程度,它具有的能量越大,发生事故的后果越严重。例如,炸药、旋转的飞轮等属于第一类危险源。

第二类危险源是指导致能量或危险物质的约束或限制措施破坏或失效的各种因素,广义上包括物的故障、人的失误、环境不良以及管理缺陷等因素。第二类危险源决定了事故发生的可能性,它出现得越频繁,发生事故的可能性越大。例如,冒险进入危险场所等属于第二类危险源。

在企业安全管理工作中,第一类危险源客观上已经存在并且在设计、建设时已经采取了必要的控制措施,因此企业安全管理工作的重点是对第二类危险源的控制。

从上述意义上讲,危险源可以是一次事故、一种环境、一种状态的载体,也可以是可能产生不期望的后果的人或物。液化石油气在生产、储存、运输和使用过程中可能发生泄漏,引起中毒、火灾或爆炸事故,因此充装了液化石油气的储罐是危险源;若原油储罐的呼吸阀已经损坏,当其储存了原油后,有可能因呼吸阀损坏而发生事故,因此损坏的原油储罐呼吸阀是危险源;操作过程没有完善的操作规程,可能使员工做出不安全行为,因此没有完善的操作规程是危险源。

(五)重大危险源

为了对危险源进行分级管理,防止重大事故发生,学界提出了重大危险源的概念。广义上说,可能导致重大事故发生的危险源就是重大危险源。

《中华人民共和国安全生产法》中指出:重大危险源,是指长期地或者临时地生产、搬运、使用或者储存危险物品,且危险物品的数量等于或者超过临界量的单元(包括场所和设施)。

三、安全、本质安全与安全生产许可

安全是人们对生产、生活中是否可能遭受健康损害和人身伤亡的综合认识。按照系统安全工程的认识论,安全是相对的。

(一)安全

安全泛指没有危险、不出事故的状态。生产过程中的安全,即安全生产,指的是"不发生工伤事故、职业病、设备或财产损失"。工程上的安全性是用概率表示的近似客观量,用以衡量安全的程度。

根据系统安全工程中安全的概念,世界上没有绝对安全的事物,任何事物中都包含有不安全因素，具有一定的危险性。安全是一个相对的概念，危险性是对安全性的隶属度，当危险性低于某种程度时，就认为是安全的。

（二）本质安全

本质安全是指通过设计等手段使生产设备或生产系统本身具有安全性，即使在误操作或发生故障的情况下也不会发生事故。本质安全具体包括两方面的内容。

1. 失误安全功能

操作者即使操作失误，也不会发生事故或伤害，或者说设备设施和技术工艺本身具有自动防止人的不安全行为的功能。

2. 故障安全功能

故障安全功能指设备设施或技术工艺发生故障或损坏时，还能暂时维持正常工作或自动转变为安全状态。

上述两种安全功能应该是设备设施和技术工艺本身固有的，即在其规划设计阶段就被纳入其中，而不是事后补偿的。

本质安全是生产中“预防为主”的根本体现，也是安全生产的最高境界。实际上，由于技术、资金和人们对事故的认识等原因，目前还很难做到本质安全，只能将其作为追求的目标。

（三）安全生产许可

安全生产许可是指国家对矿山企业、建筑施工企业、危险化学品生产企业、烟花爆竹生产企业、民用爆破器材生产企业等实行安全生产许可制度。企业在取得安全生产许可证前，不得从事生产活动。

四、安全生产管理原理

安全生产管理作为管理的主要组成部分，遵循管理的普遍规律，既符合管理的基本原理与原则，又有其特殊的原理与原则。

安全生产管理原理是从生产管理的共性出发，对生产管理中安全工作的实质内容进行科学分析、综合、抽象与概括得出的安全生产管理规律。

（一）系统原理

系统原理是现代管理学的一个最基本原理。它是指人们在从事管理工作时，运用系统理论、观点和方法，对管理活动进行充分的系统分析，以实现管理的优化目标，即用系统论的观点、理论和方法来认识和处理管理中出现的问题。

所谓系统是由相互作用和相互依赖的若干部分组成的有机整体。任何管理对象都可以作为一个系统。系统可以分为若干个子系统，子系统可以分为若干个要素，即系统是由要素组成的。按照系统论的观点，管理系统具有集合性、相关性、目的性、整体性、层次性和适应性 6 个特征。

安全生产管理系统是生产管理的一个子系统，包括各级安全管理人员、安全防护设备与设施、安全管理规章制度、安全生产操作规范和规程以及安全生产管理信息等。安全贯穿于生产活动的方方面面，安全生产管理是全方位、全天候且涉及全体人员的管理。

（二）人本原理

在管理中必须把人的因素放在首位，体现以人为本的指导思想，这就是人本原理。以人为本有两层含义：一是一切管理活动都是以人为本展开的，人既是管理的主体，又是管理的客体，每个人都处在一定的管理层面上，离开人就无所谓管理；二是在管理活动中，管理对象的各要素和管理系统的各环节都需要人掌管、运作、推动和实施。

（三）预防原理

安全生产管理工作应该做到预防为主，通过有效的管理和技术手段，减少和防止人的不安全行为和物的不安全状态，从而使事故发生的概率降到最低，这就是预防原理。在可能发生人身伤害、设备或设施损坏以及环境破坏的场合，应事先采取措施，防止事故发生。

（四）强制原理

采取强制管理的手段控制人的意愿和行为，使个人的活动、行为等受到安全生产管理要求的约束，从而实现有效的安全生产管理，这就是强制原理。所谓强制就是绝对服从，不必经被管理者同意便可采取控制行动。

扫一扫：安全生产不等式法则

【任务实践训练】

观看动画《安全生产不等式法则》，结合生活实际，谈一谈你对安全管理的认识。

任务二　安全生产规章制度

一、安全生产规章制度概述

安全生产规章制度是生产经营单位根据自身的生产经营范围、作业危险程度、工作性质及具体工作内容，依据国家的有关法律、法规、规章、标准，有针对性地规定的、具有可操作性的、保障安全生产的工作运行制度，是企业安全生产的管理标准。

（一）安全生产规章制度的作用

1. 明确安全生产职责

企业的安全生产规章制度明确了本单位各岗位从业人员的安全生产职责，使全体从业人员都知道“谁应干什么”或“什么事应由谁干”，避免为实现安全生产应干的事没有人干，有利于避免互相推卸责任，有利于各在其位、各司其职、各尽其责。

2. 规范安全生产行为

企业的安全生产规章制度和安全操作规程明确了全体从业人员在履行安全生产管理职责或进行生产操作时应“怎样干”，有利于规范管理人员的管理行为，提高管理的质量；有利于规范生产操作人员的操作行为，避免因不安全行为而导致发生事故。

3. 建立和维护安全生产秩序

企业的安全生产规章制度明确规定了贯彻执行国家安全生产法律法规、生产工艺规程和安全操作规程等安全生产规章制度的具体办法,使企业能建立起安全生产秩序。

企业的安全生产规章制度建立了安全生产的制约机制、激励机制,能有效地制止违章和违纪行为,激励全体从业人员自觉严格地遵守国家的安全生产法律法规和本单位的安全生产规章制度,有利于企业完善安全生产条件,维护安全生产秩序。

(二)安全生产规章制度的分类

企业的安全生产规章制度可概括划分为安全生产管理制度和安全操作规程两大类。安全生产管理制度是各种安全生产管理制度、管理规程、管理标准的总称。安全操作规程是各种安全操作规程、操作标准的总称。

1. 安全生产管理制度

企业的安全生产管理制度可按安全生产管理的对象分为以下三类。

(1)综合安全生产管理制度

综合安全生产管理制度包括:安全生产管理总则、安全生产责任制、安全生产教育制度、安全生产检查制度、安全生产奖惩制度、安全技术措施管理制度、安全生产设施管理制度、危险作业安全管理制度、危险点安全管理制度、劳动防护用品发放管理制度、事故隐患管理制度、事故管理制度、"三同时"管理制度、发包(承包)安全生产管理制度、出租(承租)安全生产管理制度、防火安全管理制度、安全生产会议制度、安全生产值班制度、特种作业人员安全管理制度和厂内道路交通安全管理制度等。

(2)安全技术管理制度

安全技术管理制度包括:生产工艺规程(安全技术规程),各种生产设备(设施)的安全技术标准,特种设备安全管理制度,易燃易爆、有毒有害物品安全生产管理制度等。

(3)职业健康管理制度

职业健康管理制度包括:女工保护制度、未成年工保护制度、控制加班加点管理制度、防暑降温管理制度、防寒保暖管理制度、有毒有害作业场所环境监测制度、从事有毒有害作业人员体检制度、保健食品发放管理制度、防止职业中毒管理制度和职业病管理制度等。

2. 安全操作规程

安全操作规程包括两大类。第一,各种生产设备的安全操作规程。这类规程规定了正确操作设备的程序、方法,只要按规程的规定操作,就可以防止操作中发生因操作不当导致的设备损坏事故和伤亡事故。第二,各岗位的安全操作规程。这类规程明确了各岗位生产工作全过程各工序的正确、安全的操作方法,只要按规程的规定操作,就可以防止操作中发生因不安全行为导致的伤亡事故。

这两类安全操作规程的根本内容是一样的,只是侧重点不同。设备安全操作规程注重对生产设备的操作,即"物的安全",而岗位安全操作规程则侧重于人的行为,即"人的安全"。建立健全安全操作规程、遵章守纪是确保安全生产的关键。

二、安全生产责任制

安全生产责任制是按照职业安全健康工作方针"安全第一,预防为主,综合治理"和"管生产的同时必须管安全”的原则，对各级负责人员、各职能部门及其工作人员和各岗位生产工人在职业安全健康方面应做的事情和应负的责任加以明确规定的一种制度。

安全生产责任制是企业中最基本的一项安全制度，是企业安全生产规章制度的核心。企业内各级各类部门、岗位均要制定安全生产责任制，做到职责明确，责任到人。

三、安全教育

安全教育亦称安全生产教育，是企业为提高职工的安全技术水平和防范事故能力而进行的教育培训工作。安全教育是企业安全管理的重要内容，与消除事故隐患、创造良好的劳动条件相辅相成，缺一不可。安全教育是贯彻经营单位的方针、目标，实现安全生产、文明生产，提高员工的安全意识和安全素质，防止不安全行为，减少人为失误的重要途径。

目前，我国生产企业中开展的安全教育主要包括入厂教育（三级安全教育）、日常教育和特种作业人员培训三种形式。

（一）入厂教育

新入厂人员（包括新工人、合同工、临时工、外包工和外单位调入本厂的人员等）均须经过厂、车间（科）、班组（工段）三级安全教育。

1. 厂级教育（一级）

厂级教育由劳资部门组织，安全技术、工业卫生与防火（保卫）部门负责。教育内容包括：党和国家有关安全生产的方针、政策、法规、制度及安全生产的重要意义，一般安全知识，本厂生产特点，重大事故案例，厂规厂纪以及入厂后的安全注意事项，工业卫生和职业病预防等知识。受教育人员须经考试合格，才准分配车间及单位。

2. 车间（科）级教育（二级）

车间（科）级教育由车间主任负责。教育内容包括：车间生产特点、工艺及流程，主要设备的性能，安全技术规程和制度，事故教训，防尘防毒设施的使用及安全注意事项等。受教育人员须经考试合格，才准分配工段、班组。

3. 班组（工段）级教育（三级）

班组（工段）级教育由班组（工段）负责人负责。教育内容包括：岗位生产任务、特点，主要设备的结构原理，操作注意事项，岗位责任制，岗位安全技术规程，事故安全及预防措施，安全装置和工（器）具、个人防护用品、防护器具和消防器材的使用方法等。

每一级教育的时间均应按《生产经营单位安全培训规定》执行。对厂内调动（包括车间内调动）及脱岗半年以上的职工，必须再进行二级或三级安全教育，其后进行岗位培训，考试合格并将成绩记入“安全作业证”内，方准上岗作业。

（二）日常教育

安全教育不能一劳永逸，必须经常不断地进行。各级领导和各部门要对职工进行经常性的安全思想、安全技术和遵章守纪教育，增强职工的安全意识和法制观念，并定期研究职工安全教育中的有关问题。

企业内的日常教育，即经常性安全教育，可按下列形式实施。

1）开展安全技术和工业卫生学习，充分利用安全教育室，采用展览、宣传画、安全专栏、报刊等形式，以及先进的电子教育手段，使职工了解安全和工业卫生的相关知识。

2）定期开展安全活动，班组的安全活动确保每周一次。

3）在大修或重点项目检修，以及进行重大危险性作业（含重点施工项目）时，安全技术部门应督促指导各检修（施工）单位进行检修（施工）前的安全教育。

4）总结发生事故的规律，有针对性地进行安全教育。

5）对于违章及重大事故责任者和工伤复工人员，应由所属单位领导或安全技术部门进行安全教育。

（三）特种作业人员培训

《特种作业人员安全技术培训考核管理规定》（国家安全生产监督管理总局令第30号，以下简称"《规定》"）规定，容易发生事故，对操作者本人、他人的安全健康及设备、设施的安全可能造成重大危害的作业，称为特种作业。直接从事特种作业的从业人员，称为特种作业人员。

特种作业范围如下。

1）电工作业，含发电、送电、变电、配电等。

2）金属焊接、切割作业。

3）起重机械（含电梯）作业，含驾驶、司索、安全与维修等。

4）企业内机动车辆驾驶。

5）登高架设作业，含2 m以上登高、拆除、维修等。

6）锅炉作业，含承压锅炉的水质化验等。

7）压力容器作业，含大型空气压缩机的操作等。

8）制冷作业，含制冷设备的安装、操作、维修等。

9）爆破作业，含地面工程爆破、井爆破等。

10）矿山通风作业，含主扇风机操作、测风测尘等。

11）矿山排水作业，含矿井排水作业、尾矿坝作业等。

12）矿山安全检查作业。

13）矿山提升运输作业，含收发信号等。

14）采掘（剥）作业。

15）矿山救护作业。

16）危险物品作业，含对危险化学品、民用爆炸品、放射性物品的操作、运输和储存等。

17）经国家安全生产监督管理总局批准的其他作业。例如，国家有关部门将与客运索道和大型游乐设施相关的作业列为特种作业。

《规定》规定，从事特种作业的人员必须接受安全教育和安全技术培训。经安全技术培训后，必须进行考核；经考核合格取得操作证者，方准独立作业。特种作业人员在进行作业时，必须随身携带"特种作业操作证"。

对特种作业人员，按各业务主管部门规定的期限组织复审，对取得"特种作业操作证"的特种作业人员必须定期进行复审。复审期限：除机动车辆驾驶和机动船舶驾驶人员、轮机操作人员按国家有关规定执行外，其他特种作业人员的复审期限为两年。

四、特殊作业审批制度

《化学品生产单位特殊作业安全规范》中指出，特殊作业是指化学品生产单位设备检修过程中可能涉及的动火、进入受限空间、盲板抽堵、高处作业、吊装、临时用电、动土、断路等，对操作者本人、他人及周围建（构）筑物、设备、设施的安全可能造成危害的作业。

（一）动火作业安全管理

动火作业是指直接或间接产生明火的工艺设备以外的禁火区内可能产生火焰、火花或炽热表面的非常规作业，如使用电焊、气焊（割）、喷灯、电钻、砂轮等进行的作业。

凡在安全用火管理范围内进行动火作业，作业单位必须对作业对象和环境进行危害分析和可燃气体检测分析，必须按程序办理“动火安全作业证”，必须现场检查和确认安全措施的落实情况，必须安排符合要求的监护人员进行全过程监护。

（二）进入受限空间作业安全管理

受限空间是指进出口受限，通风不良，可能存在易燃易爆、有毒有害物质或缺氧，对进入人员的身体健康和生命安全构成威胁的封闭、半封闭设施及场所，如反应器、塔、釜、槽、罐、炉膛、锅筒、管道以及地下室、窨井、坑（池）、下水道或其他封闭、半封闭场所。

进入受限空间作业前，作业单位必须办理“受限空间安全作业证”，必须按规定进行安全处理和可燃、有毒有害气体检测分析，必须检查通风排毒、呼吸防护及逃生救护措施的可靠性，防止呼吸防护器材受挤压失效、风源污染，必须安排符合要求的监护人员进行全过程监护。

（三）盲板抽堵作业安全管理

盲板抽堵作业是指在设备、管道上安装和拆卸盲板的作业。

在进行盲板抽堵作业前，作业单位必须按程序办理“盲板抽堵安全作业证”。盲板的材质和尺寸必须符合设备安全要求，必须安排专人负责执行、确认和标识管理。对于高处、有毒及有其他危险的盲板抽堵作业，必须根据危害分析的情况，采取如防毒、防坠落、防烫伤、防酸碱的综合防护措施。不应在同一管道上同时进行两处及两处以上的盲板抽堵作业。作业结束后，由作业单位和生产车间（分厂）专人共同确认。

（四）高处作业安全管理

高处作业是指在距坠落基准面 2 m 及 2 m 以上有可能坠落的高处进行的作业。

进行高处作业前，作业单位必须办理“高处安全作业证”。脚手架搭设要符合规定的要求，作业人员必须系好安全带，施工现场必须设立安全护体或安全网等防护设施，必要时应设立安全警戒区。禁止抛扔工具、物体和杂物等。

（五）吊装作业安全管理

吊装作业是指利用各种吊装机具将设备、工件、器具、材料等吊起，使其发生位置变化的作业过程。

进行吊装作业前，作业单位必须办理“吊装安全作业证”。吊装机械必须按规定进行检验，合格后方可使用。在进行大中型设备、构件或特殊条件下小型设备的吊装作业前，应编制施工方案及施工安全措施，吊件吊装必须设置牢固溜绳，防止碰坏周围设施。大件运输时，必须对其所经路线的框架、管线、桥涵及其他构筑物的宽度、高度及承载能力进行测量核算，并编制运输方案。

（六）临时用电安全管理

临时用电是指正式运行的电源上所接的非永久性用电。

临时用电的安装、拆除、维修必须由专业电工完成，作业前作业单位必须办理“临时用电安全作业证”。设立临时电源时，必须符合防火防爆安全规定。在易燃易爆区设立临时电源时，作业单位必须同时办理“用火作业许可证”和“临时用电作业许可证”。进入容器内作业时，作业人员必须使用安全电压和防爆灯具。移动式电器具要加漏电保护装置，做到“一机一闸一保护”。露天开闭设备要有防雨、防潮设施，电缆敷设应防止绝缘破坏和影响人员、车辆的通行。在生产装置区域内施工时，所采用的电器设备必须具备相应的防爆等级。

（七）动土作业安全管理

动土作业是指挖土、打桩、钻探、坑探、地锚入土深度在 0.5 m 以上的作业，以及使用推土机、压路机等施工机械进行填土或平整场地等可能对地下隐蔽设施产生影响的作业。

在厂内动土时，作业单位必须办理“动土安全作业证”。尽量避免采用机械破土作业，防止损坏地下电缆、管道。严禁在施工现场堆积泥土覆盖设备仪表和堵塞消防通道。施工结束后，必须及时将动土作业处清理平整。对未及时完成施工的地沟、井、槽，应悬挂警示标志。

（八）断路作业安全管理

断路作业是指在化学品生产单位内交通主、支路与车间引道上进行工程施工、吊装、吊运等各种影响正常交通的作业。

凡在厂区内进行断路作业，作业单位必须办理“断路安全作业证”。作业单位应制定周密的安全预案，并负责管理施工现场。作业单位应根据需要在断路的路口和相关道路上设置交通警示标志，在作业区附近设置路栏、道路作业警示灯、导向标等交通警示设施。断路作业结束后，作业单位应清理现场，撤除作业区、路口设置的交通警示标志。

对于上述具有高度事故风险的作业环节，企业要制定相应的作业安全管理规定，建立和实施严格的特殊作业审批制度，履行严格的审批手续；加强对施工作业对象、作业环境和作业过程的安全监管和风险控制，制定相应的安全防范措施，按规定的程序对特殊作业的相关内容进行危险作业申请单（表 1-1-2-1）的会签审批。进行作业前，企业要对项目内容和安全措施进一步予以确认，在施工过程中要及时纠正和处理作业过程中的违章行为、事故隐患、异常情况和事故，认真组织施工收尾前的安全检查确认和问题处理。

表 1-1-2-1　危险作业申请单

<table>
<tr><td>申请部门</td><td colspan="2"></td><td>作业地点</td><td colspan="2"></td></tr>
<tr><td>作业名称</td><td colspan="3"></td><td>作业人</td><td></td></tr>
<tr><td>作业时间</td><td colspan="3"></td><td>现场负责人</td><td></td></tr>
<tr><td colspan="6">作业的危险性：</td></tr>
</table>

续表

作业前采取何种安全措施：
申请部门负责人意见：
下达任务部门意见：
安全部门意见：
公司主管领导意见：

填表人：　　　填写日期：　　年　月　日

进行特殊作业前，必须编制周密的施工组织设计（或施工方案），经审核批准后方可组织施工。施工前，应对作业人员做好安全教育和安全技术交底，并认真对作业场所进行全面安全检查，确保安全防护措施到位，安全装置灵敏可靠。

特殊作业使用的设备、设施、工具、原材料和劳动保护用品必须符合国家安全标准和规定，做到配备齐全、使用合理、安全可靠。

特殊作业现场必须符合安全生产现场管理要求。作业现场应整洁、道路畅通，并应有明显的警示标志。

在特殊作业过程中，实施单位负责人应指定一名工作认真负责、责任心强、有安全意识和丰富实践经验的人作为安全负责人，负责现场的安全监督检查。

【任务实践训练】

借助特殊作业训练平台，熟悉化工行业特殊作业的安全操作流程和要点，并按照作业安全操作规程，模拟操作，提高特殊作业的安全操作水平和管理水平，使学生具备在特殊作业岗位工作所需的知识体系、岗位技能和职业素养。

单元二　安全生产与职业健康法律法规

党的二十大报告提出：健全劳动法律法规，完善劳动关系协商协调机制，完善劳动者权益保障制度，加强灵活就业和新就业形态劳动者权益保障。

建立健全安全生产与职业安全健康法律法规体系，正是保证生产安全和劳动者权益的一道坚实防火墙。

【阅读材料】

2019年3月21日，位于江苏省盐城市响水县生态化工园区的天嘉宜化工有限公司（以下简称“天嘉宜公司”)发生特别重大爆炸事故,造成 78 人死亡、76 人重伤、640 人住院治疗,直接经济损失达 198 635.07 万元。

事故发生的直接原因是天嘉宜公司的旧固废库内长期违法储存的硝化废料持续积热升温导致自燃,进而引发爆炸。

导致本次事故发生的主要原因是天嘉宜公司无视国家环境保护和安全生产法律法规,长期违法违规储存、处置硝化废料,企业管理混乱。环境影响评价及安全评价单位弄虚作假,出具虚假失实文件,导致事故企业硝化废料重大风险和事故隐患未能及时暴露,干扰、误导了有关部门的监管工作。此外,政府相关部门未认真履行监督管理职责,监督执法不严也是事故发生的重要原因。

任务一　安全生产法律法规

一、安全生产法律法规体系

安全生产法律法规是调整社会生产经营活动中产生的同劳动者或生产人员的安全与健康,以及生产资料和社会财富安全保障有关的各方面关系和行为的法律规范的总称,如国家制定的各种安全生产、职业安全健康方面的法律、法规、条例、规程、决议、命令、指示等规范性文件。它是人们在生产过程中的行为准则之一。

在生产活动中,各级管理者必须遵循相关的法律、法规及标准,同时应当了解法律、法规及标准的地位及相互关系。我国安全生产法律法规体系如图 1-2-1-1 所示。

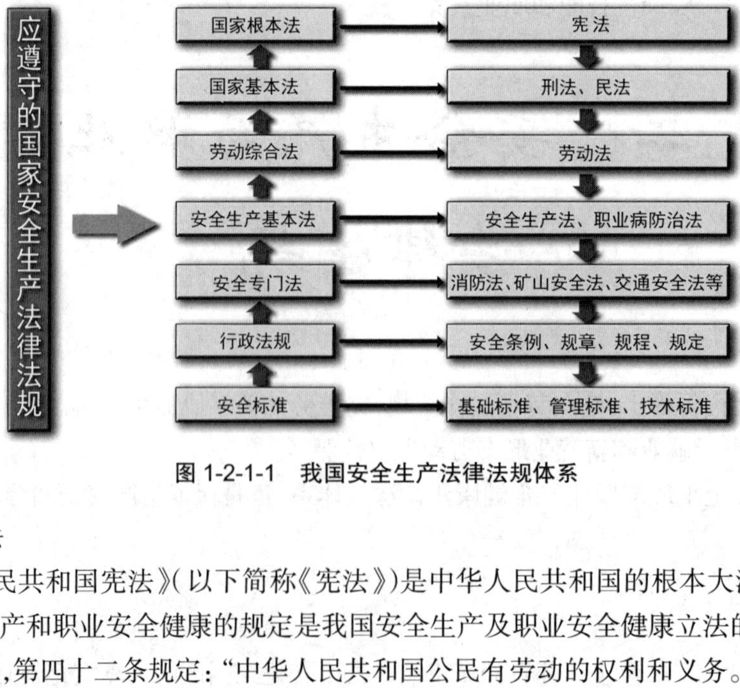

图 1-2-1-1　我国安全生产法律法规体系

(一)宪法

《中华人民共和国宪法》(以下简称《宪法》)是中华人民共和国的根本大法,《宪法》中所有关于安全生产和职业安全健康的规定是我国安全生产及职业安全健康立法的法律依据和指导原则。其中,第四十二条规定:“中华人民共和国公民有劳动的权利和义务。国家通过各种途径,创造劳动就业条件,加强劳动保护,改善劳动条件,并在发展生产的基础上,提高劳动报酬和福利待遇。”“国家对就业前的公民进行必要的劳动就业训练。”第四十三条规定:“中华人民共和国劳动者有休息的权利。国家发展劳动者休息和休养的设施,规定职工的工作时间和休假制度。”第四十八条规定:“国家保护妇女的权利和利益……”

(二)刑法

《中华人民共和国刑法》对违反各项安全生产、职业安全健康法律法规,情节严重者的刑事责任做了规定。如第一百三十四条规定:“在生产、作业中违反有关安全管理的规定,因而发生重大伤亡事故或者造成其他严重后果的,处三年以下有期徒刑或者拘役;情节特别恶劣的,处三年以上七年以下有期徒刑。”第一百三十五条规定:“安全生产设施或者安全生产条件不符合国家规定,因而发生重大伤亡事故或者造成其他严重后果的,对直接负责的主管人员和其他直接责任人员,处三年以下有期徒刑或者拘役;情节特别恶劣的,处三年以上七年以下有期徒刑。”第一百三十六条规定:“违反爆炸性、易燃性、放射性、毒害性、腐蚀性物品的管理规定,在生产、储存、运输、使用中发生重大事故,造成严重后果的,处三年以下有期徒刑或者拘役;后果特别严重的,处三年以上七年以下有期徒刑。”第一百三十七条规定:“建设单位、设计单位、施工单位、工程监理单位违反国家规定,降低工程质量标准,造成重大安全事故的,对直接责任人员,处五年以下有期徒刑或者拘役,并处罚金;后果特别严重的,处五年以上十年以下有期徒刑,并处罚金。”第一百三十九条规定:“违反消防管理法规,经消防监督机构通知采取改正措施而拒绝执行,造成严重后果的,对直接责任人员,处三年以下有期徒刑或者拘役;后果特别严重的,处三年以上七年以下有期徒刑。”

(三)安全生产法

《中华人民共和国安全生产法》(以下简称《安全生产法》)是我国第一部全面规范安全生产的专门法律,是我国安全生产法律法规体系的主体法。《安全生产法》于2002年6月29日经第九届全国人民代表大会常务委员会第二十八次会议审议通过,以中华人民共和国主席令第70号予以公布,并自2002年11月1日起实施。2014年8月31日,第十二届全国人民代表大会常务委员会第十次会议通过全国人民代表大会常务委员会关于修改《安全生产法》的决定,自2014年12月1日起施行。

新修订的《安全生产法》认真贯彻落实了习近平总书记关于安全生产工作的一系列重要指示精神,从强化安全生产工作的摆位、进一步落实生产经营单位主体责任、政府安全监管定位和加强基层执法力量、强化安全生产责任追究四个方面入手,着眼于安全生产的现实问题和发展要求,补充完善了相关法律制度规定。

新修订的《安全生产法》提出安全生产工作应当以人为本,充分体现了习近平总书记等中央领导同志关于安全生产工作的一系列重要指示精神,在坚守发展绝不能以牺牲人的生命为代价这条红线,牢固树立以人为本、生命至上的理念,正确处理重大险情和事故应急救援中“保财产”还是“保人命”的问题等方面,具有重大的现实意义。为强化安全生产工作的重要地位,明确安全生产在国民经济和社会发展中的重要地位,推进安全生产形势持续稳定好转,新修订的《安全生产法》将坚持安全发展写入了总则。

（四）安全生产专项法

安全生产专项法是针对特定的安全生产领域和特定的保护对象制定的单项法律，如《中华人民共和国矿山安全法》《中华人民共和国海上交通安全法》《中华人民共和国消防法》《中华人民共和国职业病防治法》等。

（五）安全生产相关法

安全生产与职业安全健康涉及社会生产活动的各方面，因而我国制定颁布的一系列法律均与其相关。《中华人民共和国全民所有制工业企业法》第三章“企业的权利和义务”中的第四十一条指出：“企业必须贯彻安全生产制度，改善劳动条件，做好劳动保护和环境保护工作，做到安全生产和文明生产。”《中华人民共和国标准化法》第一章第二条规定了制定标准的范围：“工业产品的设计、生产检验、包装、储存、运输、使用的方法或者生产、储存、运输过程中的安全、卫生要求”；“建筑工程的设计、施工方法和安全要求”。其他一些法律，如《中华人民共和国妇女权益保障法》《中华人民共和国环境保护法》《中华人民共和国工会法》等的部分条款也与职业安全健康有关，因而也属于此类。

（六）行政法规

行政法规是国务院根据《宪法》和相关法律，为实施职业安全健康法律或规范安全管理制度及程序组织制定并颁布的条例、规定、实施细则等，如《危险化学品安全管理条例》《中华人民共和国尘肺病防治条例》和《国务院关于特大安全事故行政责任追究的规定》等。

（七）各部门发布的规章

各部门发布的规章是国务院各组成部门根据法律、行政法规制定并颁布的规范性文件，其主要形式是命令、指示、规定等。例如，《危险化学品生产企业安全生产许可证实施办法》（国家安全生产监督管理总局令第 41 号）。

（八）地方性法规和规章

1. 地方性法规

地方性法规是省、自治区、直辖市人民代表大会及其常务委员会根据本行政区的特点，在不与《宪法》、法律、行政法规相抵触的情况下制定的行政法规，仅在该地方性法规对应的行政区域内有法律效力。

2. 地方性规章

地方性规章是地方人民政府根据法律、法规制定的规章，仅在其行政区域内有效，其法律效力低于地方性法规。例如，2001 年北京市人民政府制定的《北京市关于重大安全事故行政责任追究的规定》（北京市人民政府令〔2001〕76 号）。

（九）国际劳工公约

经我国批准生效的国际劳工公约，也是我国职业安全健康法规的重要组成部分。国际劳工公约是国际职业安全健康法律规范的一种形式，它不是由国际劳工组织直接实施的法律规范，而是由会员国批准并作为制定国内职业安全健康法规的依据的公约文本。国际劳工公约经国家权力机关批准后，批准国应采取必要的措施使该公约产生效力，并负有实施已批准的国际劳工公约的国际法义务。例如，我国已加入的《作业场所安全使用化学品公约》《三方协商促进履行国际劳工标准公约》等。

二、职业安全健康标准体系

所谓职业安全健康标准体系，就是根据职业安全健康标准的特点和要求，按照它们的性质、功能、内在联系进行分级、分类，构成的一个有机联系的整体。体系内的各种标准互相联系，互相依存，互相补充，具有很好的配套性和协调性。职业安全健康标准体系不是一成不变的，它与一定时期的技术经济水平以及职业安全健康状况相适应，因此它随着技术经济的发展、对职业安全健康要求的提高而不断变化。

（一）标准的分级

根据《中华人民共和国标准化法》，标准是指农业、工业、服务业以及社会事业等领域需要统一的技术要求。我国现行的职业安全健康标准体系主要由三级构成，即国家标准、行业标准和地方标准。国家标准分为强制性标准、推荐性标准，行业标准、地方标准是推荐性标准。强制性标准必须执行。国家鼓励采用推荐性标准。

1. 国家标准

职业安全健康相关国家标准是在全国范围内统一的技术要求，是我国职业安全健康标准体系中的主体。强制性国家标准的代号为“GB”，推荐性国家标准的代号为“GB/T”。

2. 行业标准

职业安全健康相关行业标准是对没有国家标准而又需要在全国范围内统一的技术要求制定的标准，是国家标准的补充。行业标准由国务院有关行政主管部门制定，报国务院标准化行政主管部门备案。安全行业标准代号为“AQ”。职业安全健康行业标准的管理范围如下。

1）职业安全及职业健康工程技术标准。

2）工业产品在设计、生产、检验、储运、使用过程中的安全、健康技术标准。

3）特种设备和安全附件的安全技术标准，起重机械使用的安全技术标准。

4）工矿企业工作条件及工作场所的安全、卫生技术标准。

5）职业安全健康管理和工人技能考核标准。

6）气瓶产品标准。

3. 地方标准

根据《中华人民共和国标准化法》，对没有国家标准和行业标准而又需要在省、自治区、直辖市范围内统一的工业产品的安全、卫生要求，可以制定地方标准。在公布国家标准或者行业标准之后，该项地方标准即废止。地方职业安全健康标准是对国家标准和行业标准的补充，同时也为将来制定国家标准和行业标准打下了基础，创造了条件。

推荐性国家标准、行业标准、地方标准的技术要求不得低于强制性国家标准的相关技术要求。当情况特殊而我国又暂无相对应的职业安全健康标准时，可采用国际标准。采用国际标准前，必须与我国的标准体系进行对比分析或验证，应不低于我国相关标准或暂行规定的要求，并经有关安全生产综合管理部门批准。

(二)标准的分类

国家标准及行业标准按标准对象的特性分类,主要包括基础标准,产品标准,方法标准和安全、卫生与环境保护标准等。

1. 基础标准

基础标准是指在一定范围(如职业安全健康)内作为其他标准的基础并普遍使用,具有广泛指导意义的标准,如《职业安全卫生标准编写规定》《安全标志及其使用导则》《安全色》《职业安全卫生术语》《危险货物运输包装通用技术条件》《企业职工伤亡事故分类》等。

2. 产品标准

产品标准是指为保证产品的适用性,对产品必须达到的主要性能参数、质量指标、使用维护的要求等制定的标准,如《防护鞋通用技术条件》《防护屏安全要求》《固定式工业防护栏杆安全技术条件》《电梯技术条件》《呼吸防护 自吸过滤式防毒面具》等。

3. 方法标准

方法标准是指以产品性能、质量方面的检测、试验方法为对象制定的标准。其内容包括检测或试验的类别,检测规则,抽样、取样测定操作、精度要求等方面的规定,还包括所用仪器、设备,检测和试验条件、方法、步骤,数据分析,结果计算、评定,合格标准,复验规则等。

4. 安全、卫生与环境保护标准

安全、卫生与环境保护标准是以保护人和物的安全、保护人类的健康、保护环境为目的制定的标准。这类标准一般都要求强制贯彻执行,如《工业企业设计卫生标准》(GBZ 1—2010),该标准中规定了工作场所中接触有毒有害物质所不应超过的数值。

【任务实践训练】

查阅《生产安全事故应急条例》,进一步熟悉生产安全事故应急处理方法,提高生产安全事故应急管理能力。

任务二　职业健康安全管理体系

职业健康安全管理体系(Occupation Health Safety Management System, OHSMS)是 20 世纪 80 年代后期在国际上兴起的现代安全生产管理模式,它与 ISO 9001 和 ISO 14001 等标准规定的管理体系一并被称为后工业化时代的管理方法。

国际标准化组织(International Organization for Standardization, ISO)于 2018 年发布了 ISO 45001:2018 标准。ISO 45001 是全球首个职业健康安全标准,主要是为了帮助企业为其员工和其他人员提供安全、健康的工作环境,防止产生死亡、工伤和健康问题,并致力于持续提高职业健康安全绩效。我国一直在跟踪职业健康安全系列标准的改版进展情况,并结合我国企业的实际情况,于 2020 年 3 月 6 日正式发布并实施《职业健康安全管理体系 要求及使用指南》(GB/T 45001—2020),用于取代《职业健康安全管理体系 要求》(GB/T 28001—2011)和《职业健康安全管理体系 实施指南》(GB/T 28002—2011)。

一、职业健康安全管理体系产生的背景

职业健康安全管理体系以系统安全的思想为核心，采用系统化、结构化的管理模式，为组织提供了一种科学、有效的职业健康安全管理要求和指南。

系统化管理是现代职业健康安全管理的显著特征。系统化的职业健康安全管理以系统安全的思想为基础，从企业的整体出发，把管理重点放在事故预防的整体效应上，实行全员、全过程、全方位的安全管理，以使企业达到最佳安全状态。所谓系统安全，是人们为预防复杂系统事故而开发、研究出的安全理论、方法体系，是在系统寿命期间应用系统安全工程和管理方法辨识系统中的危险源，并采取控制措施使其危险性最小，从而使系统在规定的性能、时间和成本范围内达到最佳的安全程度。

职业健康安全管理体系的产生首先是企业自身发展的需要。企业规模的扩大和生产集约化程度的提高对企业的质量管理和经营模式提出更高的要求，使企业不得不采用现代化的管理模式，使包括安全生产管理在内的所有生产经营活动科学化、标准化、法律化。

产生职业健康安全管理体系的另一个背景原因是在全球经济一体化潮流的推动下出现的职业安全卫生标准一体化。早在 20 世纪 80 年代末 90 年代初，一些跨国公司和大型的现代化联合企业为提高自己的社会关注力和控制损失，开始建立自律性的职业安全卫生与环境保护管理制度，并逐步形成了比较完善的体系。到 20 世纪 90 年代中期，为了实现这种管理体系的社会公正性，这些企业开始引入第三方认证。

随着世界经济全球化的不断发展，发展中国家在世界经济活动中的参与程度越来越深，各国职业健康安全的差异使发达国家在成本价格和贸易竞争中处于不利地位。只有在世界范围内采取统一的职业健康安全标准，企业才能够通过构建职业健康安全管理体系系统化、规范化地管理其员工的职业健康安全行为，提高其职业健康安全绩效，进而在国际贸易活动中处于主动地位。

二、职业健康安全管理体系的基本内容及特点

（一）建立与实施职业健康安全管理体系的意义

1）为企业提高职业健康安全绩效提供了一种科学、有效的管理手段，能有效地提高企业的安全生产管理水平，有助于企业建立科学的管理机制、采用合理的职业健康安全管理原则与方法。

2）有助于推动职业健康安全法规和制度的贯彻执行，有助于企业积极主动地贯彻执行相关职业健康安全法律、法规。

3）使职业健康安全管理由被动的强制行为转变为主动的自愿行为，有助于企业对潜在事故或紧急情况做出响应。

4）有助于消除贸易壁垒，满足市场要求。

5）有助于企业获得注册或认证，产生直接和间接的经济效益。

6）有助于企业树立良好的品牌和形象。

（二）建立与实施职业健康安全管理体系的目的

职业健康安全管理体系的作用是为管理职业健康安全风险和机遇提供一个框架。建立与

实施职业健康安全管理体系的目的和预期结果是防止对工作人员造成与工作相关的伤害和健康损害,并提供健康安全的工作场所。因此,对组织而言,采取有效的预防和保护措施以消除危险源和最大限度地降低职业健康安全风险至关重要。

组织通过其职业健康安全管理体系采取相关的健康安全措施时,能够提高其职业健康安全绩效。如果组织能及早采取措施以把握提高职业健康安全绩效的机会,职业健康安全管理体系将会更加有效和高效。实施符合 GB/T 45001—2020 标准的职业健康安全管理体系,能使组织有效管理其职业健康安全风险并提高其职业健康安全绩效。职业健康安全管理体系有助于组织满足法律法规的要求和其他要求。

(三)职业健康安全管理体系的基本内容

GB/T 45001—2020 标准符合国际标准化组织(ISO)对管理体系的要求。这些要求包括一个统一的高层结构和相同的核心正文,以及具有核心定义的通用术语。这些术语有助于 GB/T 45001—2020 标准的使用者实施多个 ISO 管理体系标准。尽管 GB/T 45001—2020 标准的要素可与其他管理体系兼容或整合,但该标准并不包含针对其他主题(如质量、社会责任、环境、治安保卫或财务管理等)的要求。

GB/T 45001—2020 标准的第 1 章至第 3 章阐述了该标准的适用范围、规范性引用文件、术语和定义,第 4 章至第 10 章包含了可用于评价与本标准的符合性的要求,附录 A 提供了这些要求的解释性信息,附录 NA 给出了本标准与 GB/T 28001—2011 之间的对应情况。

GB/T 45001—2020 标准中所采用的职业健康安全管理体系基于策划 - 实施 - 检查 - 改进(Plan-Do-Check-Act, PDCA)的概念。PDCA 是一个迭代过程,可被组织用于实现持续改进,它可应用于管理体系及体系中的每个单独的要素,具体如下。

策划(Plan):确定和评价职业健康安全风险、职业健康安全机遇以及其他风险和其他机遇,制定职业健康安全目标并建立所需的过程,以获得与组织的职业健康安全方针相一致的结果。

实施(Do):实施所策划的过程。

检查(Check):依据职业健康安全方针和目标,对活动和过程进行监视和测量,并报告结果。

改进(Act):采取措施,持续提高职业健康安全绩效,以获得预期结果。

GB/T 45001—2020 标准将 PDCA 融入一个新框架中,如图 1-2-2-1 所示。

(四)职业健康安全管理体系的特点

1. 承诺遵守法律法规及要求

《职业健康安全管理体系 要求及使用指南》(GB/T 45001—2020,以下简称“标准”)遵循自愿原则,其不改变组织的法律责任,每个运行过程都强调遵守法律法规和其他要求,以严格遵守、执行法律为准则。

2. 动态性

职业健康安全管理体系的一个鲜明特征是体系持续改进,通过持续的承诺、跟踪和改进,动态地审视体系的适用性、充分性和有效性,确保体系不断完善。

3. 全员性和全过程性

标准把职业健康安全管理体系当作一个系统工程,以系统工程的理论和方法要求全员参与,对全过程进行监控。

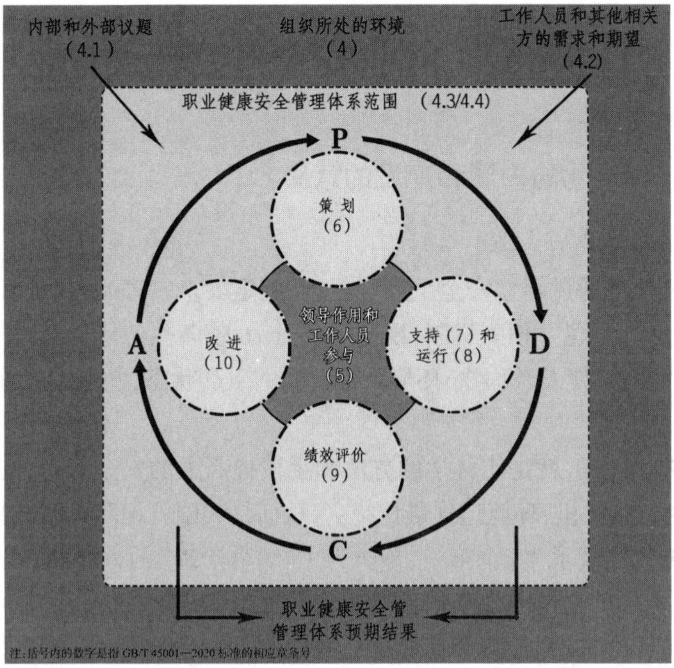

图 1-2-2-1　PDCA 与 GB/T 45001—2020 标准的框架之间的关系

4. 预防性

危险辨识、风险评价与控制是职业健康安全管理体系的精髓所在,它充分体现了预防为主的方针。

5. 先进性

标准运用系统工程的原理研究、确定所有影响要素,把管理过程和控制措施建立在科学的危险辨识和风险评价的基础上,对每个要素都规定了具体要求,建立并保持一套以文件支持的程序,保证了体系的先进性。在职业健康安全管理中,从基层岗位到最高决策层的运作系统和检测系统确保了体系有效运行,同时强调了程序化、文件化的管理手段,增强了体系的系统性。

6. 兼容性

职业健康安全管理体系作为企业管理体系的一项重要内容,与其他管理体系具有兼容性,在战略和战术上具有很多相同点,在管理上体现了一体化。

7. 广泛性

标准为组织提供了一种现代管理方法,具有广泛的适用性。

【任务实践训练】

学习《职业健康安全管理体系 要求及使用指南》(GB/T 45001—2020),结合实例谈谈你对该标准的理解,以及 PDCA 循环在职业健康安全管理体系中的作用。

扫一扫:《职业健康安全管理体系 要求及使用指南》

任务三　企业安全生产标准化

一、安全生产标准化的内涵和建设的意义

（一）安全生产标准化的内涵

安全生产标准化是通过建立安全生产责任制，制定安全管理制度和操作规程，排查、治理隐患和监控重大危险源，建立预防机制，规范生产行为，使各生产环节符合有关安全生产法律法规和标准规范的要求，使人、机、物、环境处于良好的生产状态，并持续改进，不断加强企业安全生产规范化建设。

安全生产标准化建设，就是用科学的方法和手段提高人的安全意识，创造人的安全环境，规范人的安全行为，使人、机、环境达到最佳统一，从而最大限度地防止和减少伤亡事故。

安全生产标准化体现了"安全第一、预防为主、综合治理"的方针和"以人为本"的科学发展观，强调企业安全生产工作的规范化、科学化、系统化和法制化，强化风险管理和过程控制，注重绩效管理和持续改进，符合安全管理的基本规律，代表了现代安全管理的发展方向，是先进安全管理思想与我国传统安全管理方法、企业具体实际的有机结合，能有效提高企业的安全生产水平，从而推动我国安全生产状况根本好转。

（二）安全生产标准化建设的意义

2004 年 1 月 9 日，国务院颁布实施了《国务院关于进一步加强安全生产工作的决定》（国发〔2004〕2 号），提出了"强化管理，落实生产经营单位安全生产主体责任"，要求在重点行业和领域内开展安全生产标准化活动。同年 5 月，国家安全生产监督管理总局下发了《关于开展安全质量标准化活动的指导意见》。

2006 年 6 月 27 日，全国安全生产标准化技术委员会成立大会暨第一次工作会议在北京召开。

2010 年 4 月 15 日，国家安全生产监督管理总局发布了《企业安全生产标准化基本规范》（AQ/T 9006—2010，以下简称《基本规范》），自 2010 年 6 月 1 日起实施。2016 年《基本规范》重新修订，并纳入《企业安全生产标准化基本规范》（GB/T 33000—2016，于 2017 年 4 月 1 日开始实施）。

《基本规范》是在总结多年来我国安全生产监管工作经验的基础上制定的用于全面规范企业安全生产工作的行业标准。《基本规范》的发布实施对加强企业安全生产规范化建设、促进安全生产工作具有重要意义，主要体现在如下几方面。

一是有利于进一步落实企业安全生产的主体责任。《基本规范》采用了国际通用的模式，即策划、实施、检查、改进动态循环的现代安全管理模式，对企业安全生产工作的组织机构、安全投入、安全管理制度、隐患排查和治理、重大危险源监控、绩效评定和持续改进等方面的内容做了具体规定，进一步明确了企业安全生产干什么和怎么干的问题，能够更好地引导企业落实安全生产主体责任，建立安全生产长效机制。

二是有利于进一步推进企业安全生产标准化工作。近年来，我国各地区按照国家应急管理部的要求，结合本地区企业的安全生产实际，在煤矿、金属与非金属矿山、危险化学品、烟花爆竹等高危行业开展了安全生产标准化创建活动，加强了安全生产基础工作。《基本规范》总结了企业安全生产工作的共性特点，对"安全生产标准化"进行了规范化定义，对各行业、各领域具有广泛适用性，能够促进安全生产标准化工作在各行业普遍开展。

三是有利于进一步促进安全生产法律法规的贯彻落实。相关安全生产法律法规对安全生产工作提出了原则性要求，《基本规范》是对这些法律和制度的内容的具体化和系统化，并通过运行成为企业的生产行为规范，从而更好地促进安全生产法律法规的贯彻落实。同时，《基本规范》要求企业对安全生产标准化工作进行自主评定和申请外部评审定级，也能增强企业贯彻落实安全生产法律法规的积极性和主动性。

开展安全生产标准化工作，要遵循"安全第一、预防为主、综合治理"的方针，以排查、治理隐患为基础，提高安全生产水平，减少事故的发生，保障人身安全健康，保证生产经营活动顺利进行。

生产经营单位的安全生产标准化工作采用"策划－实施－检查－改进"动态循环的模式，结合自身的特点，建立并运行安全生产标准化系统；通过自我检查、自我纠正和自我完善，建立安全绩效持续提高的安全生产长效机制。

安全生产标准化工作采取自主评定、外部评审的方式。生产经营单位根据有关评分细则，对本单位开展安全生产标准化工作的情况进行评定；自主评定后申请外部评审定级。安全生产标准化评审分为一级、二级、三级，一级最高。

二、开展安全生产标准化建设的重点内容

（一）确定目标

生产经营单位根据自身的安全生产实际，制定总体安全生产目标和年度安全生产目标，按照所辖部门在生产经营中的职能，制定安全生产指标和考核办法。

（二）设置组织机构，确定相关岗位职责

生产经营单位按规定设立安全管理机构，配备安全生产管理人员。生产经营单位主要负责人按照法律法规赋予的职责，全面负责安全生产工作，并履行安全生产义务。生产经营单位应建立安全生产责任制，明确各级单位、部门和人员的安全生产职责。

（三）安全生产投入保证

生产经营单位应建立安全生产投入保障制度，完善和改进安全生产条件，按规定提取安全费用，专项用于安全生产，并建立安全费用台账。

（四）法律法规的执行与完善安全管理制度

生产经营单位应建立识别和获取适用的安全生产法律法规、标准规范的制度，明确主管部门，确定获取的渠道、方式，及时识别和获取适用的安全生产法律法规、标准规范并跟踪、掌握有关法律法规、标准规范的修订情况，及时提供给本单位负责识别和获取适用的安全生产法律法规、标准规范的主管部门汇总。

生产经营单位应将适用的安全生产法律法规、标准规范及其他要求及时传达给从业人员。生产经营单位应遵守安全生产法律法规、标准规范,并将相关要求及时转化为本单位的规章制度,贯彻到各项工作中。

（五）教育培训

生产经营单位应确定安全教育培训主管部门,按规定及岗位需要定期识别安全教育培训需求,制订、实施安全教育培训计划,提供相应的资源保证;应做好安全教育培训记录,建立安全教育培训档案,实施分级管理,并对培训效果进行评估和改进。

生产经营单位应对操作岗位人员进行安全教育和生产技能培训,使其熟悉有关的安全生产规章制度和安全操作规程,并确认其能力符合岗位要求。未经安全教育培训,或培训考核不合格的从业人员,不得上岗作业。

（六）生产设备设施管理

与生产经营单位建设项目有关的所有设备设施都应符合有关法律法规、标准规范的要求;安全设备设施应与建设项目主体工程同时设计、同时施工、同时投入生产和使用。变更生产设备设施时,应执行变更管理制度,履行变更程序,并对变更的全过程进行隐患控制。

生产经营单位应对设备设施进行规范化管理,保证其安全运行。应有专人负责管理各种安全设备设施,建立台账,定期检测、维修。对安全设备设施应制订检测、维修计划。对设备设施进行检测、维修前,应制定方案,检测、维修方案应包含作业行为分析和控制措施,检测、维修过程应采取隐患控制措施并进行监督检查。不得随意拆除、挪用或弃置安全设备设施;确因检测、维修需拆除的,应采取临时安全措施,检测、维修完毕后立即复原。

设备的设计、制造、安装、使用、检测、维修、改造和报废应符合有关法律法规、标准规范的要求。应执行生产设备设施到货验收和报废管理制度,使用质量合格、设计符合要求的生产设备设施。拆除的生产设备设施应按规定进行处置。拆除的生产设备设施涉及危险物品的,须制定危险物品处置方案和应急措施,并严格按照规定组织实施。

（七）作业安全

1. 生产现场安全管理和生产过程控制

生产经营单位应加强生产现场安全管理和生产过程控制。对生产过程及物料、设备、设施、器材、通道、作业环境等存在的隐患,应进行分析和控制。对动火作业、吊装作业、进入受限空间作业、临时用电作业、高处作业等危险性较高的作业实施作业许可管理,严格履行审批手续。作业许可证应包含危害因素分析和安全措施等内容。

对于吊装、爆破等危险作业,应当安排专人进行生产现场安全管理,确保安全规程的遵守和安全措施的落实。

2. 作业行为管理

生产经营单位应加强对生产作业行为的安全管理。对作业行为隐患、设备设施使用隐患、工艺技术隐患等进行分析,采取控制措施,实现人、机、环境的和谐统一。

3. 安全警示标志

根据作业场所的实际情况,在有较大危险因素的作业场所内和设备设施上设置明显的安全警示标志，进行危险提示、警示，告知危险的种类、后果及应急措施等。在设备设施检测、维修、施工、吊装等作业现场设置警戒区域和警示标志，在检测、维修现场的坑、井、洼、沟、陡坡等处设置围栏和警示标志。

4. 相关方管理

生产经营单位应执行承包商、供应商等相关方管理制度，对相关方资格预审、选择、服务前准备、作业过程、提供的产品、技术服务、表现评估、续用等进行管理。

建立合格相关方的名录和档案，根据服务作业行为定期识别服务行为风险，并采取行之有效的控制措施。对进入同一作业区的相关方进行统一安全管理。不得将项目委托给不具备相应资质或条件的相关方。应在生产经营单位和相关方的项目协议中明确规定双方的安全生产责任和义务，或签订专门的安全协议，明确双方的安全责任。

5. 变更管理

生产经营单位应执行变更管理制度，对机构、人员、工艺、技术、设备设施、作业过程及环境等的永久性或暂时性变化进行有计划的控制。变更的实施应履行审批及验收程序，并对变更过程及变更所产生的隐患进行分析和控制。

（八）隐患排查和治理

生产经营单位应组织事故隐患排查工作，对隐患进行分析评估，确定隐患等级，登记建档，并及时采取措施治理。

1. 排查前提与依据

对于法律法规、标准规范发生变更或有新的公布，操作条件或工艺改变，新建、改建、扩建项目建设，相关方进入、撤出或改变，对事故、事件或其他信息有新的认识，组织机构发生大的调整的情况，应及时组织隐患排查。

2. 排查范围与方法

隐患排查的范围应包括所有与生产经营相关的场所、环境、人员、设备设施和活动。生产经营单位应根据安全生产的需要和特点，采用联合检查、专业检查、季节性检查、节假日检查、日常检查、专项检查等方式进行隐患排查。

3. 隐患治理

应根据隐患排查的结果制定隐患治理方案，对隐患及时进行治理。隐患治理方案应包括目标和任务、方法和措施、经费和物资、机构和人员、时限和要求。在治理重大事故隐患前，应采取临时控制措施并制定应急预案。

隐患治理措施包括工程技术措施、管理措施、教育措施、防护措施和应急措施。治理完成后，应对治理情况进行验证和效果评估。

4. 预测预警

生产经营单位应根据生产经营状况及隐患排查治理情况，运用定量的安全生产预测预警技术，建立体现本单位安全生产状况及发展趋势的预警指数系统。

（九）重大危险源监控

生产经营单位应根据国家重大危险源有关标准对本单位的危险设施或场所进行重大危险

源辨识与安全评估。对国家规定的重大危险源应及时登记建档，并按规定向政府有关部门备案。生产经营单位应建立健全重大危险源安全管理制度，制定重大危险源安全管理技术措施。

(十)职业健康

1. 职业健康管理

生产经营单位应按照法律法规、标准规范的要求，为从业人员提供符合职业健康要求的工作环境和条件，配备与职业健康保护相适应的设施、工具。定期对作业场所职业危害进行检测，在检测点设置标识牌予以告知，并将检测结果录入职业健康档案。

对可能发生急性职业危害的有毒、有害工作场所，应设置报警装置，制定应急预案，配置现场急救用品、设备，设置应急撤离通道和必要的泄险区。

各种防护器具应定点存放在安全、便于取用的地方，并有专人负责保管，定期校验和维护。应对现场急救用品、设备和防护用品进行经常性的检测、维修，定期检测其性能，确保其处于正常状态。

2. 职业危害告知和警示

生产经营单位与从业人员订立劳动合同时，应将工作过程中可能产生的职业危害及其后果和防护措施如实告知从业人员，并在劳动合同中写明。

生产经营单位应采用有效的方式对从业人员及相关方进行宣传，使其了解生产过程中的职业危害、预防和应急处理措施，减轻或消除危害的后果。对存在严重职业危害的作业岗位，应设置警示标识和警示说明。警示说明应载明职业危害的种类、后果、预防和应急救治措施。

3. 职业危害申报

生产经营单位应按规定及时、如实地向当地主管部门申报生产过程存在的职业危害因素，并依法接受其监督。

(十一)应急救援

1. 应急机构和队伍

生产经营单位应建立安全生产应急管理机构，或指定专人负责安全生产应急管理工作。建立与本单位的生产特点相适应的专兼职应急救援队伍，或指定专兼职应急救援人员，并组织训练；无须建立应急救援队伍的，可与附近具备专业资质的应急救援队伍签订服务协议。

2. 应急预案

生产经营单位应按规定制定生产安全事故应急预案，并针对重点作业岗位制定应急处置方案或措施，形成安全生产应急预案体系。应急预案应根据规定报当地主管部门备案，并通报有关应急协作单位。应对应急预案定期评审，并根据评审结果或实际情况的变化进行修订和完善。

3. 应急设施、装备、物资

生产经营单位应按规定建立应急设施，配备应急装备，储备应急物资，并进行经常性的检查、维护、保养，确保其完好、可靠。

4. 应急演练

生产经营单位应组织生产安全事故应急演练，并对演练效果进行评估，根据评估结果修订、完善应急预案，改进应急管理工作。

5. 事故救援

发生事故后，应立即启动相关应急预案，积极开展事故救援。

（十二）事故报告

1. 事故报告要求

生产经营单位发生事故后，应按规定及时向上级单位、政府有关部门报告，并妥善保护事故现场及有关证据，必要时向相关单位和人员通报。

2. 事故调查和处理

发生事故后，应按规定成立事故调查组，明确其职责与权限，进行事故调查或配合上级部门的事故调查。

事故调查应查明事故发生的时间、经过、原因和人员伤亡情况及直接经济损失等。事故调查组应根据有关证据、资料分析事故的直接、间接原因和责任，提出整改措施和处理建议，编制事故调查报告。

（十三）绩效评定和持续改进

生产经营单位应每年至少一次对本单位的安全生产运行情况进行评定，验证各项安全生产制度、措施的适宜性、充分性和有效性，检查安全生产工作目标、指标的完成情况。主要负责人应对绩效评定工作全面负责。评定工作应形成正式文件，并将结果向所有部门、所属单位和从业人员通报，作为年度考评的重要依据。生产经营单位发生死亡事故后应重新进行评定。

生产经营单位应根据安全生产标准化评定结果和安全生产预警指数系统所反映的趋势，对安全生产目标、指标、规章制度、操作规程等进行修改完善，持续改进，不断提高安全生产管理水平。

【任务实践训练】

学习《企业安全生产标准化基本规范》（GB/T 33000—2016），进一步熟悉该规范的内容，提高对企业安全生产标准化的认识。

扫一扫：《企业安全生产标准化基本规范》

思考与练习题

一、填空题

1）安全管理主要管理控制的内容是______和______，并以预防伤亡事故发生、保证生产顺利进行、使劳动者处于安全的工作状态为主要目标。

2）《生产安全事故报告和调查处理条例》根据生产安全事故（以下简称“事故”）造成的人员伤亡或者直接经济损失，将事故分为______、______、______和______。其中，造成30

人以上死亡，或者100人以上重伤(包括急性工业中毒)，或者1亿元以上直接经济损失的事故为_______。

3)企业的安全生产规章制度可概括划分为_______和_______两大类。

4)目前，我国生产企业中开展的安全教育主要包括_______、_______和_______三种形式。

5)为强化安全生产工作的重要地位，明确安全生产在国民经济和社会发展中的重要地位，推进安全生产形势持续稳定好转，新修订的《安全生产法》将坚持_______写入了总则。

6)我国现行的职业安全健康标准体系主要由三级构成，即_______、_______和_______。强制性国家标准的代号为"______"，推荐性国家标准的代号为"______"。

7)国家标准及行业标准按标准对象的特性分类，主要包括__________，__________，和__________等。

8)安全生产的宗旨是____________________。

二、判断题

1)海因里希法则对于不同的生产过程、不同类型的事故，伤亡、轻伤、不安全行为的比例都为1∶29∶300。 ( )

2)危险源可以是一次事故、一种环境、一种状态的载体，也可以是可能产生不期望的后果的人或物。 ( )

3)对厂内调动(包括车间内调动)及脱岗三个月以上的职工，必须再进行二级或三级安全教育，其后进行岗位培训，考试合格并将成绩记入"安全作业证"内，方准上岗作业。 ( )

4)经我国批准生效的国际劳工公约，也是我国职业安全健康法规形式的重要组成部分。 ( )

三、简答题

1)什么是本质安全?

2)什么是安全生产责任制?

3)特殊作业一般包含哪些作业?

4)简述PDCA循环在职业健康安全管理体系中的作用。

安全生产与防护

模块二

危险化学品安全

【模块导读】

随着科学技术的进步,越来越多的化学物质造福于人类,但其中的一部分也给人类与环境带来了极大的威胁。这些危险化学品(可简称“危化品”)在一定的外界条件下是安全的,但当其受到某些因素的影响时,就可能引发燃烧、爆炸、中毒等严重事故,给人们的生命、财产造成重大危害。因而,人们应该更清楚去认识这些危险化学品,了解其类别、性质及危险性,熟悉危险化学品标识,能够应用相应的危化品运输、存储安全技术进行有效的防范管理,熟悉危化品事故的应急救援及处置,能够进行事故现场的有效救护。

党的二十大报告中强调提高公共安全治理水平。坚持安全第一、预防为主,建立大安全、大应急框架,完善公共安全体系,推动公共安全治理模式向事前预防转型。推进安全生产风险专项整治,加强重点行业、重点领域安全监管。提高防灾减灾救灾和重大突发公共事件处置保障能力,加强国家区域应急力量建设。强化食品药品安全监管,健全生物安全监管预警防控体系。加强个人信息保护。危险化学品的违规使用会严重威胁生态环境以及人们的生命财产安全,掌握危险化学品安全技术就显得尤为重要。

单元一　危险化学品及其危险性分析

【阅读材料】

黎巴嫩当地时间 2020 年 8 月 4 日傍晚,其首都贝鲁特的港口地区发生强烈爆炸,爆炸先后发生两次,导致多栋房屋受损,天空中升起蘑菇云和浓烟。据路透社报道(中新网 8 月 30 日电),当地时间 8 月 30 日黎巴嫩看守政府发布报告称,贝鲁特港口爆炸事件的死亡人数已上升至 190 人,超过 6 500 人受伤,3 人失踪。

贝鲁特港口大爆炸的元凶是什么?黎巴嫩最高国防委员会称,事故是由易燃易爆品引燃了 2 700 多吨硝酸铵(NH_4NO_3)导致的,这些硝酸铵自 2014 年起就存放在港口仓库中,却一直未获得妥善处置。

硝酸铵是世界上使用最广泛的化肥添加成分之一,其能够显著提升肥料的含氮量。在正常储存条件下,硝酸铵并不会自行燃烧。但如果硝酸铵储存时间过长,且通风不佳,那么其自身会发生反应产生热量,进而导致温度升高并燃烧。硝酸铵在自行剧烈分解过程中会产生氮氧化物和水蒸气,这些气体急剧释放很有可能导致爆炸。

任务一　认识危险化学品及其分类

一、危险化学品定义、鉴别与分类

1. 危险化学品的定义

国务院于 2011 年 2 月 16 日第 144 次常务会议修订通过《危险化学品安全管理条例》(以下简称《条例》),并规定《条例》自 2011 年 12 月 1 日起正式施行。《条例》的第三条所称危险化学品,是指具有毒害、腐蚀、爆炸、燃烧、助燃等性质,对人体、设施、环境具有危害的剧毒化学品和其他化学品。

2. 危险化学品的鉴别与分类

化学品的危险性复杂多样,化学品危险性的鉴别与分类是获取化学品的安全信息,评估化学品的固有危险性的重要手段,并可为化学品安全管理、事故应急救援、事故调查提供基础数据,有利于危险化学品的规范化管理。

1992 年,联合国环境与发展大会通过了《21 世纪议程》,推荐了全球化学品统一分类和标签制度(Globally Harmonized System of Classification and Labelling of Chemicals, GHS)。GHS 的目的在于通过提供一种都能理解的国际系统来表述化学品的危害,加强对人类和环境的保护,为尚未制定相关系统的国家提供一种公认的系统框架,同时可以减少对化学品的测试和评估,并且有利于化学品的国际贸易。

2009 年 6 月 21 日,对应联合国的《化学品分类及标记全球协调制度》(第二修订版),我国颁布了《化学品分类和危险性公示 通则》(GB 13690—2009)。该标准一直作为我国进行化学品分类管理的基础标准。目前,用于替代 GB 13690—2009 的《化学品分类和标签规范 第 1 部分:通则》(GB 30000.1)即将实施,其与联合国《全球化学品统一分类和标签制度》(第七修订版)有关技术的内容一致。根据 GHS 转化的化学品危险性分类,新的系列标准共 30 个,其中含已经实施的物理化学危险标准 16 个、健康危险标准 10 个、环境危险标准 2 个、化学品作业场所警示性标志标准 1 个,共 29 个技术标准(GB 30000.2—2013 至 GB 30000.29—2013)。此外,还有即将实施的 GB 30000.1(用于替代 GB 13690—2009)。这些标准共同形成了我国化学品分类系列国家标准。其中详细说明了危险化学品分类及类别,警示标签和警示性说明安全规范。

扫一扫:化学品分类 26 个标准解析

依据即将实施的《化学品分类和标签规范 第 1 部分:通则》(GB 30000.1),危险化学品共分 3 大类,29 项。

(1)物理危险(共 17 项)

1)爆炸物;

2)易燃气体;

3)气雾剂(易燃气溶胶);

4)氧化性气体;
5)高压气体;
6)易燃液体;
7)易燃固体;
8)自反应物质和混合物;
9)发火液体(自燃液体);
10)发火固体(自燃固体);
11)自热物质和混合物;
12)遇水放出易燃气体的物质和混合物;
13)氧化性液体;
14)氧化性固体;
15)有机过氧化物;
16)金属腐蚀物;
17)退敏爆炸物。
(2)健康危害(共10项)
1)急性毒性(经口、经皮);
2)皮肤腐蚀/刺激;
3)严重眼损伤/眼刺激;
4)呼吸或皮肤致敏;
5)生殖细胞致突变性;
6)致癌性;
7)生殖毒性;
8)特定目标器官系统毒性——单次接触;
9)特定目标器官系统毒性——重复接触;
10)吸入危害。
(3)环境危害(共2项)
1)危害水生环境;
2)危害臭氧层。

二、化学品危险分类

(一)物理危险

1. 爆炸物

爆炸物是能够通过化学反应在内部产生气体,产生的气体的温度、压力和速度能对周围环境造成破坏的固体或液体物质(或其混合物)。其中也包括烟火物质,它们即使不放出气体,也属于爆炸物。常见爆炸物有叠氮钠、三硝基甲苯(TNT)、黑索金、三硝基苯酚。

2. 易燃气体

易燃气体是在20 ℃和101.3 kPa下与空气有易燃范围的气体,如甲烷、乙炔、氢气等。

3. 气雾剂(易燃气溶胶)

气雾剂是气雾剂喷雾罐(任何不可重新灌装的容器,由金属、玻璃或塑料制成)内装的强制压缩、液化或溶解的气体,包含或不包含液体、膏剂或粉末。喷雾罐配有释放装置,以使内装物喷射出来,形成在气体中悬浮的固态或液态微粒,或形成泡沫、膏剂或粉末,或处于液态或气态。

4. 氧化性气体

氧化性气体是一般通过提供氧气,比空气更能导致或促使其他物质燃烧的任何气体。

5. 高压气体

高压气体是在压力等于或大于200 kPa(表压)下装入贮器的气体,或液化气体、冷冻液化气体。高压气体包括压缩气体、液化气体、溶解液体、冷冻液化气体。

6. 易燃液体

易燃液体是闪点不高于93 ℃的液体。

7. 易燃固体

易燃固体是容易燃烧或通过摩擦可能引燃或助燃的固体。易于燃烧的固体为粉状、颗粒状或糊状物质,它们与燃烧着的火柴等火源短暂接触即可被点燃。易燃固体在点燃和火焰迅速蔓延的情况下都非常危险。

8. 自反应物质或混合物

1)自反应物质或混合物是即使没有氧气(空气)也容易剧烈放热分解的热不稳定液态或固态物质或混合物。本定义不包括根据统一分类标准分类为爆炸物、有机过氧化物或氧化物质的物质或混合物。

2)自反应物质或混合物如果在实验室试验中其组分容易起爆、迅速爆燃或在封闭条件下加热时显示剧烈效应,应视为具有爆炸性质。

9. 发火液体(自燃液体)

发火液体是即使数量小也能在与空气接触后5 min之内引燃的液体。

10. 发火固体(自燃固体)

发火固体是即使数量小也能在与空气接触后5 min之内引燃的固体。

11. 自热物质或混合物

自热物质是与空气反应不需要能源供应就能够自己发热的固体或液体物质或混合物。自热物质或混合物与自燃液体或固体的不同之处在于,这类物质只有在数量很大(几千克)并经过长时间(几小时或几天)的情况下才会燃烧。

自热物质或混合物的自热导致自发燃烧是由于自热物质或混合物与氧气(空气中的氧气)发生反应并且所产生的热没有足够迅速地传导到外界。当热产生的速度超过热损耗的速度而达到自燃温度时,自燃便会发生。

12. 遇水放出易燃气体的物质或混合物

遇水放出易燃气体的物质或混合物是与水作用容易具有自燃性或放出危险数量的易燃气体的固态或液态物质或混合物。

13. 氧化性液体

氧化性液体是本身未必燃烧,但通常因放出氧气而可能引起或促使其他物质燃烧的液体。

14. 氧化性固体

氧化性固体是本身未必燃烧,但通常因放出氧气而可能引起或促使其他物质燃烧的固体。

15. 有机过氧化物

1)有机过氧化物是含有二价—O—O—结构的液态或固态有机物质,可以看作一个或两个氢原子被有机基团替代的过氧化氢衍生物。有机过氧化物是热不稳定物质或混合物,容易放热加速分解。另外,它们可能具有下列一种或几种性质:

①易于爆炸分解;

②迅速燃烧;

③对撞击或摩擦敏感;

④与其他物质发生危险反应。

2)如果有机过氧化物的组分在实验室试验中在封闭条件下加热时组分容易爆炸、迅速爆燃或表现出剧烈效应,则可认为具有爆炸性质。

16. 金属腐蚀物

金属腐蚀物是通过化学作用显著损坏或毁坏金属的物质或混合物。

(二)健康危害

1. 急性毒性(经口、经皮)

急性毒性指单次剂量或在 24 h 内多次剂量,或者皮肤接触,或者吸入接触 4 h 后出现的有害效应。

2. 皮肤腐蚀 / 刺激

1)皮肤腐蚀是对皮肤造成不可逆性损伤,即将受试物涂敷在皮肤上 4 h 后出现可见的表皮和真皮坏死。典型的腐蚀反应有溃疡、出血、有血的结痂,而且在观察期 14 d 结束时,由于漂白褪色,皮肤出现斑形脱毛和结痂。应考虑做组织病理学检查来评估可疑的病变。

2)皮肤刺激是将受试物涂敷在皮肤上 4 h 后对皮肤造成可逆性损伤。

3. 严重眼损伤 / 眼刺激

1)严重眼损伤指将受试物滴入眼内表面使眼睛发生组织损伤或视力下降,且在滴眼后 21 d 内不能完全恢复。

2)眼刺激指将受试物滴入眼内表面使眼睛发生变化,但在滴眼后 21 d 内可完全恢复。

4. 呼吸或皮肤致敏

1)呼吸致敏物指吸入后会引起呼吸道过敏反应的物质。

2)皮肤致敏物指皮肤接触后会引起过敏反应的物质。

5. 生殖细胞致突变性

突变指细胞中遗传物质的数量或结构发生的永久改变。生殖细胞致突变性主要指可引起人体生殖细胞突变并遗传给后代。

6. 致癌性

致癌性物质是能诱发癌症或增加癌症发病率的化学物质或化学物质的混合物。

在操作良好的动物试验研究中，诱发良性或恶性肿瘤的物质通常可认为或可疑为人类致癌物，除非有确切的证据表明形成肿瘤的机制与人类无关。

7. 生殖毒性

生殖毒性指对成年男性或女性的性功能和生育能力的有害作用，以及对子代的发育毒性。在此分类系统中，生殖毒性被细分为两个主要部分：对生殖或生育能力的有害效应；对子代发育的有害效应。

（1）对生殖能力的有害效应

化学品干扰生殖能力的效应包括但不仅限于女性和男性生殖系统的变化，包括对性成熟期开始的有害效应、配子的形成和输送、生殖周期的正常性、性功能、生育力、分娩、未成熟生殖系统的早衰和与生殖系统的完整性有关的其他功能的改变。

（2）对子代发育的有害效应

就最广义而言，发育毒性包括在胎儿出生前或出生后的正常发育过程中的任何影响，这种影响是胎儿父母在妊娠前接触某些物质的结果，或子代在出生前的发育过程中或在出生后至性成熟期间接触某些物质的结果。发育毒性的主要表现形式包括：正在发育的生物体死亡；结构畸形；生长不良；功能缺陷。

8. 特定目标器官系统毒性——单次接触

特定目标器官系统毒性（单次接触）指由单次接触毒物引起的特异性、非致死性目标器官系统的毒性，包括能够引起即时的和/或迟发的、可逆性和不可逆性功能损害的各种明显的健康影响。

9. 特定目标器官系统毒性——重复接触

特定目标器官系统毒性（重复接触）指由重复接触毒物引起的特异性、非致死性目标器官系统的毒性，包括能够引起即时的和/或迟发的、可逆性和不可逆性功能损害的各种明显的健康影响。

10. 吸入危害

吸入危害（毒性）包括各种严重急性效应，如化学性肺炎、不同程度的肺损伤和吸入致死等。

（三）环境危害

1. 危害水生环境

1）急性水生生物毒性指物质对短期接触它的水生生物造成伤害的固有性质。

2）慢性水生生物毒性指物质在与生物生命周期相关的接触期间对水生生物产生的潜在或实际的影响。

2. 危害臭氧层

对臭氧层的危害用臭氧消耗潜能值表示，其为某种化合物的差量排放对整个臭氧层的综合扰动相对于同等质量的三氯氟甲烷的比值。

【任务实践训练】

查阅资料，完成危险化学品分类信息表（表 2-1-1-1），了解常见危险化学品分类及其危险性类别。

表 2-1-1-1　危险化学品分类信息表

序号	品名	别名	危险性类别	备注
1	氨			
2	氢			
3	硝酸铵			
4	苯			
5	白磷			
6	苯酚			
7	汞			
8	过氧化氢溶液			
9	钾			
10	硫			
11	硫化氢			
12	氯			
13	柴油			
14	乙酸乙酯			

任务二　进行危险化学品危险性分析

一、危险化学品造成化学事故的主要特性

危险化学品之所以有危险性，能引起事故甚至灾难性事故，与其本身的特性有关。主要特性如下。

(一)易燃易爆性

易燃易爆的化学品在常温常压下经撞击、摩擦、受热及火花等火源的作用，容易发生燃烧与爆炸。燃烧与爆炸能力的大小取决于物质的化学组成。化学组成决定着物质的燃点、闪点、燃烧范围、爆炸极限、燃速、发热量等。

一般来说，气体比液体、固体易燃易爆，燃速更快。这是因为气体的分子间力小，化学键容易断裂，无须溶解、溶化和分解。

分子越小，分子量越低的物质，化学性质越活泼，越容易引起燃烧与爆炸。由简单成分组成的气体比由复杂成分组成的气体易燃、易爆，含有不饱和键的化合物比含有饱和键的化合物易燃、易爆。例如，对于火灾爆炸危险性，H_2>CO>CH_4。

可燃性气体燃烧前必须先与助燃气体混合，当可燃气体从容器内外逸，与空气混合时，就会形成爆炸性混合物。其中，可燃性气体与助燃气体互为条件，缺一不可。而分解爆炸性气

体，如乙烯、乙炔、环氧乙烷等，不需与助燃气体混合，其本身就会发生爆炸。

有些化学物质相互间不能接触，否则将发生爆炸，如硝酸与苯、高锰酸钾与甘油等。

由于任何物体摩擦都会产生静电，所以当易燃、易爆的化学危险品从破损的容器或管道口处高速喷出时能够产生静电。气体或液体中的杂质越多，流速越快，产生的静电荷越多，是极危险的点火源。

燃点较低的危险品易燃性强，如黄磷在常温下遇空气即发生燃烧。某些遇湿易燃的化学物质在受潮或遇水后会发生反应，如电石（碳化钙）、五氧化二磷等。

（二）扩散性

在化学事故中化学物质（气体）逸出，可以向周围扩散。比空气轻的可燃气体可在空气中迅速扩散，并与空气形成混合物，随风飘荡，可能导致燃烧、爆炸与毒害蔓延扩大；比空气重的物质多漂流至地表、沟、角落等处，若长时间积聚不散，可能造成迟发性燃烧、爆炸和引起人员中毒。

气体的扩散性受气体本身密度的影响，相对分子质量越小的物质扩散速度越快。如氢气扩散速度最快，在空气中达到爆炸极限的时间最短。气体的扩散速度与其相对分子质量的平方根成反比。

（三）突发性

化学物质引发的事故多是突然爆发，在很短的时间内或瞬间即产生危害。一般的火灾要经过起火、蔓延扩大、猛烈燃烧三个阶段，需经历几分钟到几十分钟，而化学危险品一旦起火，往往是轰然而起，迅速蔓延，燃烧、爆炸交替发生，加之有毒物质的弥散，迅速产生危害。许多化学事故是因高压气体从容器、管道、塔、槽等设备中泄漏。由于高压气体的性质，在短时间内喷出大量气体，使大片地区迅速变成污染区。

（四）毒害性

有毒的化学物质，无论是脂溶性的还是水溶性的，都有进入机体与损坏机体的正常功能的能力。这些化学物质通过一种或多种途径进入机体达一定量时，便会引起机体结构损伤，破坏正常的生理功能，引起中毒。

二、影响危险化学品危险性的主要因素

化学物质的物理、化学性质与状态可以说明其物理危险性和化学危险性。例如，气体的密度可以说明该物质是沿地面流动还是上升到上层空间。加热、燃烧、聚合等可使某些化学物质发生化学反应引起爆炸或产生有毒气体。

（一）物理性质与危险性的关系

1）沸点指在 101.3 kPa 的大气压下，物质由液态转变为气态的温度。沸点越低的物质，汽化越快，越易迅速造成事故现场空气的高浓度污染，且越易达到爆炸极限。

2）熔点指物质在 101.3 kPa（大气压）下的熔化温度或温度范围。熔点反映物质的纯度，可以推断出该物质在各种环境介质（水、土壤、空气）中的分布。物质的熔点决定了污染现场的洗消、污染物处理方法。

3）液体相对密度指在环境温度（20 ℃）下，物质的密度与 4 ℃时水的密度的比值。当相对密度小于 1 的液体发生火灾时，用水灭火是无效的，因为水会沉至燃烧着的液面下面，消防水的流动性会使火势蔓延。

4）蒸气压是饱和蒸气压的简称，它指化学物质在一定温度下与其液体或固体相互平衡时的饱和蒸气的压力。蒸气压是温度的函数，在一定温度下，每种物质的饱和蒸气压可认为是一个常数。发生事故时的气温越高，化学物质的蒸气压越高，其在空气中的浓度越高。

5）蒸气相对密度指在给定条件下，化学物质的蒸气密度与参比物质（空气）的密度的比值。依据《爆炸危险环境电力装置设计规范》（GB 50058—2014），相对密度小于或等于 0.75 的爆炸性气体规定为轻于空气的气体；相对密度大于 0.75 的爆炸性气体规定为重于空气的气体。轻于空气的气体趋向天花板移动或自敞开的窗户逸出房间。重于空气的气体泄漏后趋向于集中至接近地面处，能在较低处扩散相当远的距离。若气体可燃，遇明火可能引起远处着火回燃。如果释放出来的蒸气是相对密度小的可燃气体，可能积在建筑物的上层空间，引起爆炸。常见气体的蒸气相对密度见表 2-1-2-1。

表 2-1-2-1　常见气体的蒸气相对密度

气体	蒸气相对密度	气体	蒸气相对密度	气体	蒸气相对密度
乙炔	0.899	氢	0.070	氮	0.969
氨	0.589	氯化氢	1.260	氧	1.110
二氧化碳	1.520	氰化氢	0.938	臭氧	1.660
一氧化碳	0.969	硫化氢	1.180	丙烷	1.520
氯	2.460	甲烷	0.553	二氧化硫	2.220

6）蒸气－空气混合物的相对密度指与空气相接触的液体或固体上方存在的蒸气－空气混合物相对于周围的纯空气的密度。混合物的相对密度≥ 1.1 时，该混合物可能沿地面流动，并可能在低洼处积累；混合物的相对密度为 0.9~1.1 时，该混合物能与周围的空气快速混合。

7）闪点指在大气压（101.3 kPa）下，一种液体表面上方释放出的可燃蒸气与空气完全混合后可以闪燃 5 s 的最低温度。闪点是判断可燃性蒸气由于外界明火而发生闪燃的依据。闪点越低的化学物质泄漏后，越易在空气中形成爆炸混合物，引起燃烧与爆炸。

8）自燃温度指一种物质与空气接触后起火或自燃的最低温度，并且在此温度下无火源（火焰或火花）时，物质可继续燃烧。自燃温度不仅取决于物质的化学性质，而且与物料的大小、形状和性质等因素有关。自燃温度对在可能存在爆炸性蒸气－空气混合物的空间中选择使用电气设备是非常重要的，对生产工艺温度的选择亦是至关重要的。

9）爆炸极限指一种可燃气体或蒸气与空气的混合物能着火或引燃并爆炸的浓度范围。空气中含有可燃气体（氢、一氧化碳、甲烷等）或蒸气（乙醇蒸气、苯蒸气）时，在一定的浓度范围内，遇到火花就会使火焰蔓延而发生爆炸，其最低浓度称为下限，最高浓度称为上限，浓度超过这一范围就不会发生爆炸。爆炸极限一般用可燃气体在混合物中的体积分数表示。根据爆炸下限,可燃性气体可分成两级,见表 2-1-2-2。

表 2-1-2-2　可燃性气体分级

级 别	爆炸下限(体积分数)	举 例
一级	<10%	氢、甲烷、乙炔、环氧乙烷
二级	≥ 10%	氨、一氧化碳

10)临界温度与临界压力。气体在加温加压下可变为液体而压入高压钢瓶或储罐中。能够使气体液化的最高温度称为临界温度;在临界温度下使气体液化所需的最低压力称为临界压力。

(二)其他物理、化学危险性

电阻率为 1×10^{10}~1×10^{15} Ω · cm 的液体在流动、被搅动时易产生静电,引起火灾与爆炸,如泵吸、搅拌、过滤等。如果液体中含有其他液体、气体或固体颗粒物(混合物、悬浮物),这种情况更容易发生。

有些化学物质呈粉末或微细颗粒状(直径小于 0.5 mm)时,与空气充分混合后,经引燃可能发生燃爆,在封闭空间中,爆炸可能很猛烈。有些化学物质在储存时会生成过氧化物,蒸发或加热后的残渣可能自燃爆炸,如醚类化合物。

聚合是一种物质的分子结合成大分子的化学反应。聚合反应通常放出较多的热量,使温度急剧升高,反应速率加快,有着火或爆炸的危险。

加热某些化学物质可能引起猛烈燃烧或爆炸。例如,有些化学物质在自身受热或局部受热时会发生反应,导致燃烧,在封闭空间内可能导致猛烈爆炸。

有些化学物质在与其他物质混合或燃烧时会产生有毒气体并释放到空间中。例如,几乎所有有机物燃烧都会产生有毒气体 CO;再如,一些气体本身无毒,但当其大量充满封闭空间时,会造成空气中氧含量减少而导致人员窒息。

强酸、强碱在与其他物质接触时常发生剧烈反应,产生侵蚀等作用。

(三)中毒危险性

在突发的化学事故中,有毒化学物质会引起人员中毒,使危险性大大增加。有关物质的毒性作用详见模块六单元二。

【任务实践训练】

借助危化品分类仓储训练平台,对仓库现有的模拟危化品进行类别和标签要素的识别,并进行危险货物包装标签的选择和张贴,提升危化品分类仓储及物流环节的安全操作水平和管理水平,培养危化品分类仓储岗位的知识体系、岗位技能和职业素养。

扫一扫:危险化学品分类仓储实践训练视频

单元二　危险化学品标识与管理

【阅读材料】

2015 年 6 月 13 日，广东省深圳市龙岗区的金风彩服装工艺辅料店发生一起爆燃事故，造成 3 人死亡，1 人受伤。当日 13 时许，经营者刘某与其母亲、父亲、侄子在店铺内吃饭，刘某饭后向店铺的售货区走去，由于当时店铺内货品较多，空间狭小拥挤，为了腾出空间，刘某将回收的各种非满桶的废旧液体混装成满桶（回收的废旧液体中有过氧化甲乙酮、异辛酸钴）。废旧液体中的氧化甲乙酮与异辛酸钴混合后发生剧烈的氧化还原反应，在数秒内温度急剧上升到 120 ℃以上，释放出大量热量而引起爆炸。事故的直接原因是刘某违规混合危险化学品，引起爆炸燃烧；间接原因是刘某非法经营，擅自销售过氧化甲乙酮、异辛酸钴等危险化学品，并储存在不具备安全储存条件的店铺内。

任务一　熟悉危险化学品标识

《危险化学品安全管理条例》规定，危险化学品生产企业应当提供与其生产的危险化学品相符的化学品安全说明书，并在危险化学品包装（包括外包装件）上粘贴或者拴挂与包装内危险化学品相符的化学品安全标签。化学品安全说明书和化学品安全标签所载明的内容应当符合国家标准的要求。

一、危险化学品安全标签

（一）危险化学品安全标签的定义

危险化学品安全标签是用于标示化学品所具有的危险性、安全注意事项的文字、图形符号和编码的组合，它可粘贴、拴挂或喷印在化学品的外包装或容器上。图 2-2-1-1 是化学品安全标签的样例。

（二）化学品安全标签的内容

1）化学品标识。其指用中文和英文分别标明的化学品的化学名称或通用名称。名称要求醒目、清晰，位于标签的正上方，且应与化学品安全技术说明书中的名称一致。

2）象形图。其指符合 GB 30000 系列标准的规定的象形图。

3）信号词。根据化学品的危险程度和类别，应用“危险”“警告”两个词进行警示。信号词位于化学品名称的下方，要求醒目、清晰。

4）危险性说明。其用于简要概述化学品的危险特性。危险性说明位于信号词的下方。

5）防范说明。其用于表述化学品在处置、搬运、储存和使用作业中所必须注意的事项和发生意外时简单、有效的救护措施等，要求内容简明扼要、重点突出。

6)供应商标识。其包含供应商名称、地址、邮编和电话等信息。

7)应急咨询电话。其指化学品生产商或委托生产商的 24 h 化学事故应急咨询电话。

8)资料参阅提示语。其用于提示化学品用户参阅化学品安全说明书。

9)危险信息排序。当某种化学品具有两种及以上的危险性时,化学品安全标签的象形图、信号词、危险性说明的先后顺序有相应的规定。

化学品名称　A组分：40%；B组分：60%

危　险

极易燃液体和蒸气，食入致死，对水生生物毒性非常大

【预防措施】
·远离热源、火花、明火、热表面；使用不产生火花的工具作业。
·保持容器密闭。
·采取防止静电措施，容器和接收设备接地。
·使用防爆电器，通风、照明及其他设备。
·戴防护手套、防护眼镜、防护面罩。
·操作后彻底清洗身体接触部位。
·作业场所不得进食、饮水或吸烟。
·禁止排入环境。
【事故响应】
·皮肤（或头发）接触：立即脱掉所有被污染的衣服；用水冲洗皮肤，淋浴。
·食入：催吐，立即就医。
·收集泄漏物。
·发生火灾时，使用干粉、泡沫、二氧化碳灭火。
【安全储存】
·在阴凉、通风良好处储存。
·上锁保管。
【废弃处置】
·本品或其容器采用焚烧法处置。

请参阅化学品安全说明书

供应商：xxxxxxxxxxxxxxxxxxxxxx
电　话：xxxxxx
地　址：xxxxxxxxxxxxxxxxxxxxxx
邮　编：xxxxxx
化学事故应急咨询电话：xxxxxx

图 2-2-1-1　化学品安全标签的样例

（三）危险化学品安全标签使用注意事项

1）危险化学品安全标签的粘贴、拴挂或喷印应牢固，保证在运输、储存期间不脱落，不损坏。

2）危险化学品安全标签应由生产企业在货物出厂前粘贴、拴挂或喷印。若要改换包装，则由改换包装单位重新粘贴、拴挂或喷印标签。

3）盛装危险化学品的容器或包装在经过处理并确认其危险性完全消除之后，方可撕下化学品安全标签。

二、危险化学品安全说明书

（一）危险化学品安全说明书释义

危险物质安全说明书（Material Safety Date Sheet，MSDS）或化学品安全说明书（Chemical Safety Date Sheet，CSDS），国际上称作化学品安全信息卡，是一份关于危险化学品的燃爆性、毒性和环境危害，以及安全使用、泄漏应急处置、主要理化参数、法律法规等方面的信息的综合性文件。作为对用户的一种服务，生产企业应随化学商品向用户提供化学品安全说明书，使用户明了化学品的有关危害，并在使用时主动进行防护，起到减小职业危害和预防化学事故的作用。

（二）危险化学品安全说明书的主要作用

化学品安全说明书作为最基础的技术文件，主要用途是传递安全信息，其主要作用体现在以下五个方面。

1）其是化学品安全生产、安全流通、安全使用的指导性文件。

2）其是应急作业人员进行应急作业时的技术指南。

3）其为危险化学品的生产、处置、储存和使用等各环节制定安全操作规程提供技术信息。

4）其是化学品登记注册的主要基础文件。

5）其是企业安全教育的主要内容。

化学品安全说明书不可能将所有可能发生的危险及安全使用注意事项都列出来，加之作业场所情形各异，所以化学品安全说明书仅用于提供化学商品基本的安全信息，并非产品的质量担保。

（三）危险化学品安全说明书的内容

危险化学品安全说明书包括安全卫生信息 16 个大项近 70 个小项的内容，具体项目如下。

1）化学品及企业标识，主要包括化学品名称，生产企业名称、地址、电话，应急咨询电话等信息。

2）成分 / 组成信息，主要说明该化学品是纯品还是混合物。纯品主要给出化学品名称及主要成分、美国化学文摘服务社（Chemical Abstracts Service，CAS）编号、分子式、相对分子质量；混合物应给出对安全和健康构成危害的组分及其 CAS 编号和质量比例。

3）危险性概述，简要说明主要危害，包括健康危害、燃爆特性和环境影响等。

4）急救措施，包括眼睛接触、皮肤接触、吸入和食入的急救措施。其中，对急救和自救措施应仔细加以说明。

5）消防措施，包括合适的灭火剂和因安全原因禁止使用的灭火剂；消防员的特殊防护用品；发生火灾时化学品的性能、燃烧分解产物以及应采取的预防措施等资料。

6）泄漏应急处理方法，包括个体防护及安全预防措施；环境保护须知、消除方法等。

7）操作处置与储存方法，主要是关于安全储存和处置的资料，包括储存室或储存容器的设计和选择；与工作场所和居住建筑的隔离；不能共存的材料；储存条件，如温度、湿度和避光；提倡和应避免的操作方法；个体防护。

8）接触控制 / 个体防护方法，提供关于使用化学品的过程中个体防护的必要性以及防护用品类型的资料；提供有关基本工程控制，以及最大限度地减少工人接触的有效方法的资料；具体的控制参数，如接触限量。

9）理化性质，主要描述化学品的外观和理化性质等方面的信息，包括外观与性状、沸点、熔点、饱和蒸气压、相对密度、临界压力、临界温度、溶解性、辛醇 / 水分配系数、闪点、爆炸极限、引燃温度等数据。

10）稳定性和反应活性，主要描述化学品的稳定性和反应活性方面的信息，包括稳定性、禁忌物、应避免接触的条件、聚合危害、燃烧（分解）产物。

11）毒理学资料，指有关对人体造成的影响和进入人体的途径的资料，包括急性影响、亚急性和慢性影响、致癌、致突变、致畸和对生殖系统的影响。

12）生态学资料，对可能造成环境影响的主要特性应予以描述，包括迁移性、降解性、生物累积性和生态毒性，并尽可能给出科学实验的结果或数据、信息来源的依据。

13）废弃处置方法，包括化学品和可能有有害化学品残余的污染包装的安全处置方法及要求。

14）运输信息，主要包括 UN 编号、CN 编号、包装类别、包装标志、包装方法和运输要求。

15）法规信息，包括对化学品进行危险性分类和监管的法规信息。

16）其他信息，包括其他对健康和安全有重要意义的信息，如参考文献，填写人员，安全技术说明书发布日期、审核批准单位。

【任务实践训练】

查阅资料，完成下列氯气的主要危险特性分析表（表 2-2-1-1）。

表 2-2-1-1　氯气的主要危险特性

标识	中文名		分子式		危险性类别	
	别名		相对分子质量		危险化学品目录序号	
	英文名		UN 编号		CAS 编号	

续表

<table>
<tr><td rowspan="7">理化性质</td><td>外观与性状</td><td colspan="4"></td><td>溶解性</td><td></td></tr>
<tr><td>熔点</td><td></td><td>沸点</td><td colspan="2"></td><td>燃烧热</td><td></td></tr>
<tr><td>相对密度
（空气=1）</td><td></td><td>相对密度
（水=1）</td><td colspan="2"></td><td>饱和蒸气压</td><td></td></tr>
<tr><td>临界温度</td><td></td><td>临界压力</td><td colspan="2"></td><td rowspan="2">禁忌物</td><td rowspan="2"></td></tr>
<tr><td>稳定性</td><td></td><td>聚合危害</td><td colspan="2"></td></tr>
<tr><td>燃烧性</td><td></td><td>引燃温度</td><td colspan="2"></td><td>火灾危险性类别</td><td></td></tr>
<tr style="display:none"></tr>
<tr><td rowspan="4">燃爆危险与消防</td><td>爆炸极限</td><td></td><td>闪点</td><td colspan="2"></td><td>燃烧（分解）产物</td><td></td></tr>
<tr><td>最小点火能</td><td colspan="4"></td><td>最大爆炸压力</td><td></td></tr>
<tr><td>危险特性</td><td colspan="6"></td></tr>
<tr><td>灭火方法</td><td colspan="6"></td></tr>
<tr><td rowspan="3">健康危险与防护</td><td>工作场所职业接触限值</td><td></td><td colspan="2">职业毒性危害等级</td><td></td><td>侵入途径</td><td></td></tr>
<tr><td>健康危害</td><td colspan="6"></td></tr>
<tr><td>防护措施</td><td colspan="6"></td></tr>
<tr><td rowspan="2">急救与应急</td><td>急救措施</td><td colspan="6"></td></tr>
<tr><td>应急处理</td><td colspan="6"></td></tr>
<tr><td rowspan="3">储运与废弃</td><td>包装类别</td><td></td><td colspan="2">包装标志</td><td></td><td>包装方法</td><td></td></tr>
<tr><td>储运事项</td><td colspan="6"></td></tr>
<tr><td>废弃处置</td><td colspan="6"></td></tr>
</table>

任务二　进行危险化学品管理

危险化学品经营单位在组织商品流通的过程中，要始终把危险化学品管理放在重要位置，认真抓好。经营活动中的商品购进、销售、储存、运输，以及废弃物处置要按照国家法律法规和标准规范的要求认真执行。

一、危险化学品经营许可制度

《危险化学品安全管理条例》（以下简称《条例》）第三十三条规定："国家对危险化学品经营（包括仓储经营）实行许可制度。未经许可，任何单位和个人不得经营危险化学品。依法设立的危险化学品生产企业在其厂区范围内销售本企业生产的危险化学品，不需要取得危险化学品经营许可。依照《中华人民共和国港口法》的规定取得港口经营许可证的港口经营人，在港区内从事危险化学品仓储经营，不需要取得危险化学品经营许可。"

国家安全生产监督管理总局指导、监督全国的危险化学品经营许可证的颁发和管理工作。省、自治区、直辖市人民政府安全生产监督管理部门指导、监督本行政区域内的危险化学品经营许可证的颁发和管理工作。设区的市级人民政府安全生产监督管理部门(以下简称“市级发证机关”)负责下列企业的危险化学品经营许可证的审批、颁发。

1)经营剧毒化学品的企业。

2)经营易制爆危险化学品的企业。

3)经营加油站的企业。

4)专门从事危险化学品仓储经营的企业。

5)从事危险化学品经营活动的中央企业所属的省级、设区的市级公司(分公司)。

6)具有储存设施经营除剧毒化学品、易制爆危险化学品以外的其他危险化学品的企业。

县级人民政府安全生产监督管理部门(以下简称“县级发证机关”)负责本行政区域内《危险化学品经营许可证管理办法》第五条第三款的规定以外的企业的危险化学品经营许可证的审批、颁发;没有设立县级发证机关的,危险化学品经营许可证由市级发证机关审批、颁发。

二、经营条件

《条例》第三十四条规定:从事危险化学品经营的企业应当具备下列条件:

1)有符合国家标准、行业标准的经营场所,储存危险化学品的,还应当有符合国家标准、行业标准的储存设施;

2)从业人员经过专业技术培训并经考核合格;

3)有健全的安全管理规章制度;

4)有专职安全管理人员;

5)有符合国家规定的危险化学品事故应急预案和必要的应急救援器材、设备;

6)法律、法规规定的其他条件。

三、经营和购买危险化学品的规定

1)危险化学品经营企业不得向未经许可从事危险化学品生产、经营活动的企业采购危险化学品,不得经营没有化学品安全说明书或者化学品安全标签的危险化学品。

2)依法取得危险化学品经营许可证的企业,凭许可证件购买剧毒化学品、易制爆危险化学品。民用爆炸物品生产企业凭民用爆炸物品生产许可证购买易制爆危险化学品。

3)危险化学品经营企业销售剧毒化学品、易制爆危险化学品,应当查验《条例》第三十八条第一款、第二款规定的相关许可证件或者证明文件,不得向不具有相关许可证件或者证明文件的单位销售剧毒化学品、易制爆危险化学品。对持剧毒化学品购买许可证购买剧毒化学品的,应当按照许可证载明的品种、数量销售。

4)禁止向个人销售剧毒化学品(属于剧毒化学品的农药除外)和易制爆危险化学品。

5)危险化学品生产企业、经营企业销售剧毒化学品、易制爆危险化学品,应当如实记录购买单位的名称、地址,经办人的姓名、身份证号码以及所购买的剧毒化学品、易制爆危险化学品的品种、数量、用途。销售记录以及经办人的身份证明复印件、相关许可证件复印件或者证明文件的保存期限不得短于1年。

6)剧毒化学品、易制爆危险化学品的销售企业、购买单位应当在销售、购买后5日内,将所销售、购买的剧毒化学品、易制爆危险化学品的品种、数量以及流向信息报所在地县级人民政府公安机关备案,并输入计算机系统。

7)危险化学品经营企业储存危险化学品的,应当遵守《条例》第二章关于储存危险化学品的规定。危险化学品商店内只能存放民用小包装的危险化学品。

四、危险化学品使用安全管理

《条例》对危险化学品的安全使用做了如下规定。

使用危险化学品的单位,其使用条件(包括工艺)应当符合法律、行政法规的规定和国家标准、行业标准的要求,并根据所使用的危险化学品的种类、危险特性、使用量和使用方式,建立、健全使用危险化学品的安全管理规章制度和安全操作规程,保证危险化学品的安全使用。

使用危险化学品从事生产并且使用量达到规定数量的化工企业(属于危险化学品生产企业的除外,下同),应当依照《条例》的规定取得危险化学品安全使用许可证。

危险化学品使用量的数量标准,由国务院安全生产监督管理部门会同国务院公安部门、农业主管部门确定并公布。

申请危险化学品安全使用许可证的化工企业,还应当具备下列条件:

1)有与所使用的危险化学品相适应的专业技术人员;

2)有安全管理机构和专职安全管理人员;

3)有符合国家规定的危险化学品事故应急预案和必要的应急救援器材、设备;

4)依法进行了安全评价。

【任务实践训练】

请结合实际,为某单位的危险化学品仓库制定安全管理规章制度和安全操作规程,进行小组交流讨论,并与指导教师深入探讨,从而提升危险化学品的安全使用与管理技术技能。

单元三　危险化学品运输、储存安全

【阅读材料】

2014年3月1日14时50分,山西省晋城市福安达物流公司的驾驶员李某驾驶重型罐式货车（核载30.6 t，实载29 t甲醇），由北向南行驶至二广高速公路1 060 km加900 m处的岩后隧道路段。因进入隧道后光线骤然变暗，李某未及时发现前方排队等候通行的车辆，导致货车进入隧道10 m即追尾碰撞前方河南省孟州市汽车运输公司的汤某驾驶的重型罐式货车（核载32 t，实载29.6 t甲醇）。

当时，事故并未造成人员伤亡。

车辆碰撞后，李某、汤某下车查看情况，发现两车卡在一起，并有甲醇泄漏。经私下协商后，汤某上车驾驶车辆向前移动，两车分开后，再次下车查看情况时发现泄漏的甲醇起火燃烧。两车的驾驶员和押运员共4人弃车逃离现场。

由于岩后隧道入口低、出口高，汤某驾驶的货车所载的甲醇在隧道入口处泄漏燃烧后，火势迅速沿隧道由入口向出口蔓延，引燃了前方排队等候通行的运煤车，并引发隧道内一辆载有液态天然气的车辆爆炸。

一起普通的交通碰撞事故，却由于危化车驾驶员擅自违规处理，造成隧道内42辆汽车、约1 500 t煤炭燃烧，并引发载有液态天然气的车辆爆炸，大火烧了73 h才被扑灭。事故造成31人死亡，9人失踪，12人受伤。

这起事故伤亡惨重，影响恶劣，教训深刻，表明部分危险化学品运输企业安全生产主体责任不落实，安全标准规程执行不力；危险化学品运输车辆驾驶员安全意识淡薄，违法违章操作。

任务一　危险化学品的安全运输

一、危险化学品运输管理

（一）国际运输管理

联合国危险货物运输专家委员会是联合国经济及社会理事会于1953年设立的专门研究国际间危险货物安全运输问题的国际组织。中国于1988年12月加入该组织并成为正式会员。2001年7月，联合国危险货物运输专家委员会改组为联合国危险货物运输和全球化学品统一分类标签制度专家委员会。

该委员会制定了《联合国危险货物运输规章范本》（大橘皮书），同时配套出版了《试验和标准手册》（小橘皮书）。《联合国危险货物运输规章范本》包括危险货物分类原则和各类别的定义、主要危险货物列表、一般包装要求、试验程序、标记、标签和警示牌、运输单据等。世界各国和各国际组织涉及危险化学品的立法内容或管理活动都以大、小橘皮书为依据。

海运危险货物以国际海事组织（International Maritime Organization，IMO）颁布的《国际海运危险货物规则》作为国际间危险化学品海上运输的基本制度和指南。该规则主要包括总则、定义、分类、品名表、包装、托运程序、仲裁等内容和要求。我国从1982年开始在国际海运中执行《国际海运危险货物规则》和相关的国际公约、规则。

（二）国内运输管理

我国对危险化学品运输的管理方式和要求有相应的法律法规和管理规则。《中华人民共和国安全生产法》和《危险化学品安全管理条例》对危险化学品运输做出了明确的规定。《危险化学品安全管理条例》对相关部门的职责做了具体说明，同时从我国的实际出发，按照现有分工，规定由交通、铁路、民航部门负责各自行业危险化学品运输单位和运输工具的安全管理、监督检查和资质认定等。

二、危险化学品运输资质认定

《条例》规定："从事危险化学品道路运输、水路运输的，应当分别依照有关道路运输、水路运输的法律、行政法规的规定，取得危险货物道路运输许可、危险货物水路运输许可，并向工商行政管理部门办理登记手续。危险化学品道路运输企业、水路运输企业应当配备专职安全管理人员。"

《条例》规定："危险化学品道路运输企业、水路运输企业的驾驶人员、船员、装卸管理人员、押运人员、申报人员、集装箱装箱现场检查员应当经交通运输主管部门考核合格，取得从业资格。具体办法由国务院交通运输主管部门制定。危险化学品的装卸作业应当遵守安全作业标准、规程和制度，并在装卸管理人员的现场指挥或者监控下进行。水路运输危险化学品的集装箱装箱作业应当在集装箱装箱现场检查员的指挥或者监控下进行，并符合积载、隔离的规范和要求；装箱作业完毕后，集装箱装箱现场检查员应当签署装箱证明书。"

三、危险化学品运输的要求

(一)危险化学品道路运输的要求

1)通过道路运输危险化学品的，托运人应当委托依法取得危险货物道路运输许可的企业承运。

2)通过道路运输危险化学品的，应当按照运输车辆的核定载质量装载危险化学品，不得超载。

3)危险化学品运输车辆应当符合国家标准要求的安全技术条件，并按照国家有关规定定期进行安全技术检验。

4)危险化学品运输车辆应当悬挂或者喷涂符合国家标准要求的警示标志。

5)通过道路运输危险化学品的，应当配备押运人员，并保证所运输的危险化学品处于押运人员的监控之下。

6)运输危险化学品途中因住宿或者发生影响正常运输的情况，需要较长时间停车的，驾驶人员、押运人员应当采取相应的安全防范措施；运输剧毒化学品或者易制爆危险化学品的，还应当向当地公安机关报告。

7)未经公安机关批准，运输危险化学品的车辆不得进入危险化学品运输车辆限制通行的区域。危险化学品运输车辆限制通行的区域由县级人民政府公安机关划定，并设置明显的标志。

(二)危险化学品水路运输的要求

1)通过水路运输危险化学品的，应当遵守法律、行政法规以及国务院交通运输主管部门关于危险货物水路运输安全的规定。

2)海事管理机构应当根据危险化学品的种类和危险特性,确定船舶运输危险化学品的相关安全运输条件。拟交付船舶运输的化学品的相关安全运输条件不明确的,货物所有人或者代理人应当委托相关技术机构进行评估,明确相关安全运输条件并经海事管理机构确认后,方可交付船舶运输。

3)禁止通过内河封闭水域运输剧毒化学品以及国家规定禁止通过内河运输的其他危险化学品。

4)国务院交通运输主管部门应当根据危险化学品的危险特性,对通过内河运输《条例》第五十四条规定以外的危险化学品实行分类管理,对各类危险化学品的运输方式、包装规范和安全防护措施等分别做出规定并监督实施。

5)通过内河运输危险化学品,应当由依法取得危险货物水路运输许可的水路运输企业承运,其他单位和个人不得承运。托运人应当委托依法取得危险货物水路运输许可的水路运输企业承运,不得委托其他单位和个人承运。

6)通过内河运输危险化学品,应当使用依法取得危险货物适装证书的运输船舶。水路运输企业应当针对所运输的危险化学品的危险特性,制定运输船舶危险化学品事故应急救援预案,并为运输船舶配备充足、有效的应急救援器材和设备。

7)通过内河运输危险化学品的船舶,其所有人或者经营人应当取得船舶污染损害责任保险证书或者财务担保证明。船舶污染损害责任保险证书或者财务担保证明的副本应当随船携带。

8)通过内河运输危险化学品,危险化学品包装物的材质、型式、强度以及包装方法应当符合水路运输危险化学品包装规范的要求。国务院交通运输主管部门对单船运输的危险化学品数量有限制性规定的,承运人应当按照规定安排运输数量。

9)用于危险化学品运输作业的内河码头、泊位应当符合国家有关安全规范,与饮用水取水口保持国家规定的距离。有关管理单位应当制定码头、泊位危险化学品事故应急预案,并为码头、泊位配备充足、有效的应急救援器材和设备。

10)用于危险化学品运输作业的内河码头、泊位,经交通运输主管部门按照国家有关规定验收合格后方可投入使用。

11)船舶载运危险化学品进出内河港口,应当将危险化学品的名称、危险特性、包装以及进出港时间等事项,事先报告海事管理机构。海事管理机构接到报告后,应当在国务院交通运输主管部门规定的时间内做出是否同意的决定,通知报告人,同时通报港口行政管理部门。定船舶、定航线、定货种的船舶可以定期报告。

12)在内河港口内进行危险化学品的装卸、过驳作业,应当将危险化学品的名称、危险特性、包装和作业的时间、地点等事项报告港口行政管理部门。港口行政管理部门接到报告后,应当在国务院交通运输主管部门规定的时间内做出是否同意的决定,通知报告人,同时通报海事管理机构。

13)载运危险化学品的船舶在内河航行,通过过船建筑物的,应当提前向交通运输主管部门申报，并接受交通运输主管部门的管理。

14）载运危险化学品的船舶在内河航行、装卸或者停泊，应当悬挂专用的警示标志，按照规定显示专用信号。

15）载运危险化学品的船舶在内河航行，按照国务院交通运输主管部门的规定需要引航的，应当申请引航。

四、剧毒化学品运输

《条例》规定："通过道路运输剧毒化学品的，托运人应当向运输始发地或者目的地县级人民政府公安机关申请剧毒化学品道路运输通行证。申请剧毒化学品道路运输通行证，托运人应当向县级人民政府公安机关提交下列材料：

（一）拟运输的剧毒化学品品种、数量的说明；

（二）运输始发地、目的地、运输时间和运输路线的说明；

（三）承运人取得危险货物道路运输许可、运输车辆取得营运证以及驾驶人员、押运人员取得上岗资格的证明文件；

（四）本条例第三十八条第一款、第二款规定的购买剧毒化学品的相关许可证件，或者海关出具的进出口证明文件。

县级人民政府公安机关应当自收到规定的材料之日起 7 日内，做出批准或者不予批准的决定。予以批准的，颁发剧毒化学品道路运输通行证；不予批准的，书面通知申请人并说明理由。"

《条例》规定："剧毒化学品、易制爆危险化学品在道路运输途中丢失、被盗、被抢或者出现流散、泄漏等情况的，驾驶人员、押运人员应当立即采取相应的警示措施和安全措施，并向当地公安机关报告。公安机关接到报告后，应当根据实际情况立即向安全生产监督管理部门、环境保护主管部门、卫生主管部门通报。有关部门应当采取必要的应急处置措施。"

【任务实践训练】

学习以下材料，进一步熟悉危化品安全运输相关知识。

【案例】 2012 年 6 月 29 日 4 时 20 分左右，湖南省株洲市某物流有限公司的一辆重型半挂油罐车行驶至广州市沿江高速公路南岗段夏港入口附近，临时停靠在道路外侧车道和应急车道中间时，被一辆个体经营货车从后方追尾碰撞，引发交通事故。事故造成油罐车（载重 40 t）所载溶剂油泄漏，并顺着高速公路排水管流至桥底排水沟，遇火源引起爆燃，大火迅速引燃桥下一家露天木材加工厂内堆放的木板及临时搭建的工棚，致使木材加工厂近千平方米的木屋顶被掀飞、坍塌，数十辆货车、小车被焚毁，造成 20 人死亡，31 人受伤，其中 16 人重伤。

对上述危险品运输交通事故发生的原因分析如下。

（一）运输单位的管理问题

1）不执行或不严格执行国家的危险化学品安全管理法规、条例的有关规定，无视危险品运输资质的要求，把危险品等同一般货物运输，是事故发生的主要原因。

2)企业的危险化学品运输制度不健全,没有制定有针对性的安全对策,危险化学品运输无章可循,也是事故发生的重要原因。

3)对驾驶员及押运人员培训教育不够,且他们没有危险化学品运输资格,可能从多个方面导致危险品运输事故的发生。

4)在运输危险化学品前没有事先对道路、天气等进行调查,没有慎重选择路线。

5)由于没有加强车辆中途活动的管理,也容易导致一些意外事故的发生。运输危险品的车辆在中途随意改变路线,随意停车,在不安全的修车铺修车等,会增大事故发生的概率。

(二)人的失误

按失误者的身份可将失误归纳为装车人的失误、押车人的失误、开车人的失误、修车人的失误共四类。

1)押车人的失误,主要是指使驾驶员违章随意停车,擅离职守,使危险货物失去监控,油罐压力升高不及时泄压,最后导致超压爆炸,使货物落下发生事故等。

2)开车人的失误,主要是指驾驶员违章驾驶或失误。据统计,80%的交通事故是由驾驶员违章驾驶或失误造成的。开车人的失误主要体现在以下几个方面:疲劳驾驶或驾驶技术差;在雨天、雪天、大雾天、弯道处、路口处等行车不慎;车速过快,违章超速行车或超车;行车路线选择不当或道路不熟。

人的失误大都与管理上的原因有着密切的关系。可以说,绝大多数失误都是由于管理原因直接或间接造成的,这也是为什么人们往往把管理原因看作事故的主要原因。因此,减少人的失误,从根本上还是要从法规、制度的建立健全,执法的严明,管理的完善,培训教育的重视等方面着手。

(三)设备设施的缺陷

设备设施的缺陷按直观的车上、车下、车本体可分为三类,即车上的危险化学品容器或危险化学品包装固定的缺陷;车下的道路设施(包括公路道路设施和铁路道口设施)的缺陷;车本体[主要包括制动系统、转向系统、行驶系统(轮胎、拖挂连接处等)、发动机等]的缺陷。

设备设施的缺陷主要是由管理原因和人的失误造成的。企业领导安全意识淡薄,致使使用不合格的危险化学品运输设备;驾驶员及车辆维护人员思想麻痹,检查不认真,导致有缺陷的危险化学品车辆上路营运。因此,要减少因设备设施的缺陷导致的危险品公路运输事故,首先,要加强监督管理,保证危险化学品运输车辆为合法车辆,危险化学品容器为合格设备;其次,要加强对危险化学品运输车辆的车况检查,制定严格的日常出车检查和定期全面检查制度;最后,要对相关人员进行技能培训与安全意识培训,提高其责任心,以便及时发现事故隐患。

(四)交通事故引发危险品事故

这里说的交通事故主要指两种类型:一是两车相撞;二是车辆自行翻倒或车辆撞上其他物体。根据对危险品运输事故的统计分析,有一半以上的事故是由交通事故引发的。由于罐车(槽车)运输的危险化学品常是液体,在行驶中液体随着车体的晃动而晃动,液体的惯性使车辆不易控制，更易发生交通事故。

运输危险品的车辆一旦发生交通事故，往往会引发危险品泄漏事故，甚至导致危险品起火、爆炸事故。所以，若要控制危险品运输事故，必须从控制交通事故着手，加强对危险品运输单位的资质管理，加强对驾驶员的培训与管理，严格执行危险品运输车辆的车况检查，慎重选择危险品运输路线。

任务二　危险化学品的安全储存

生产、经营、储存、使用危险化学品的企业都存在危险化学品的储存问题。储存是化学品流通过程中非常重要的一个环节，如处理不当，就会造成事故。

危险化学品的储存根据物质的理化性质和储存量的多少分为整装储存和散装储存两类。整装储存是将物品装于小型容器或包件中储存，如瓶装、袋装、桶装、箱装或钢瓶装。这种储存往往存放的品种多，物品的性质复杂，比较难管理。散装储存是指物品不带外包装的净货储存，量比较大，设备、技术条件比较复杂，如有机液体危险化学品甲醇、苯、乙苯、汽油等的储存。上述这些危险化学品无论整装储存还是散装储存都有很大的潜在危险。所以，经营、储存保管人员必须用科学的态度从严管理，万万不能马虎行事。

一、危险化学品的分类

根据危险化学品的特性和仓库建筑要求及养护技术要求，将危险化学品归为三类：易燃易爆性物品、毒害性物品和腐蚀性物品。

（一）易燃易爆性物品

易燃易爆性物品包括爆炸品、压缩气体和液化气体、易燃液体、易燃固体、自燃物品、遇湿易燃物品、氧化剂和有机过氧化物。在储存过程中，按照危险化学品储存火灾危险性的《建筑设计防火规范》分为五类。

1. 甲类

1）闪点 <28 ℃的液体，如丙酮（闪点为 −20 ℃）、乙醇（闪点为 12 ℃）。

2）爆炸下限 <10%（体积分数，下同）的气体，以及受到水或空气中水蒸气的作用，能产生爆炸下限 <10% 的气体的固体，如气体丁烷（爆炸下限是 1.9%）、甲烷（爆炸下限是 5%）、乙炔（爆炸极限是 2.8%~80%），固体碳化钙（电石，遇到水发生反应并产生气体乙炔，爆炸下限 <10%）。

3）在常温下能自行分解或在空气中氧化能导致迅速自燃或爆炸的物质，如硝化棉、黄磷。

4）在常温下受到水或空气中水蒸气的作用，能产生可燃气体并引起燃烧或爆炸的物质，如钠、钾。

5）遇酸、受热、撞击、摩擦以及遇有机物或硫黄等易燃的无机物，极易引起燃烧或爆炸的强氧化剂，如氯酸钾、氯酸钠。

6）受撞击、摩擦或与氧化剂、有机物接触时能引起燃烧或爆炸的物质，如五硫化磷、三硫化磷。

2. 乙类

1)28 ℃ ≤ 闪点 <60 ℃的液体,如松节油(闪点为 35 ℃)、异丁醇(闪点为 28 ℃)。

2)爆炸下限 >10% 的气体,如氨气。

3)不属于甲类的氧化剂,如重铬酸钠、铬酸钾。

4)不属于甲类的易燃固体,如硫黄、工业萘。

5)助燃气体,如氧气。

6)能与空气形成爆炸性混合物的浮游状态的粉尘、纤维、闪点不低于 60 ℃的液体雾滴。

3. 丙类

1)闪点 ≥60 ℃的液体,如糠醛(闪点为 75 ℃)、环己酮(闪点为 63.9 ℃)、苯胺(闪点为 70 ℃)。

2)可燃固体,如天然橡胶及其制品。

4. 丁类

难燃烧的物品。

5. 戊类

不燃烧的物品。

(二)毒害性物品

毒害性物品按毒性大小划分为两类,标准如下。

1. 一级毒害品

经口摄取半数致死量(Lethal Dose, LD):固体 LD_{50}≤50 mg/kg,液体 LD_{50}≤200 mg/kg;经皮肤接触 24 h 半数致死量 LD_{50}≤200 mg/kg;粉尘、烟雾吸入半数致死质量浓度 LD_{50}≤2 mg/L。经口摄取半数致死浓度(Lethal Concentration, LC):蒸气吸入半数致死质量浓度 LC_{50}≤2 mg/L,蒸气吸入半数致死体积分数 LC_{50}≤200 mL/m^3。

一级毒害品又分为两种:一是一级无机毒害品,如氰化钾、三氧化(二)砷等;二是一级有机毒害品,如有机磷、硫的化合物(农药)等。

凡是一级毒害品都属于剧毒品。

2. 二级毒害品

经口摄取半数致死量:固体 50 mg/kg<LD_{50}≤500 mg/kg,液体 200 mg/kg< LD_{50}≤2 000 mg/kg;经皮肤接触 24 h 半数致死量 200 mg/kg< LD_{50}≤1 000 mg/kg;粉尘、烟雾吸入半数致死质量浓度 2 mg/L<LD_{50}≤10 mg/L;蒸气吸入半数致死体积分数 200 mL/m^3< LD_{50}≤1 000 mL/m^3。

二级毒害品又分为两种: 一是二级无机毒害品,如汞、铅、钡、氟的化合物等;二是二级有机毒害品,如二苯汞等。

(三)腐蚀性物品

按腐蚀性强度和化学组成,腐蚀性物品可分为三类:第一类为酸性腐蚀品,包括一级酸性腐蚀品、二级酸性腐蚀品;第二类为碱性腐蚀品,包括一级碱性腐蚀品、二级碱性腐蚀品;第三类为其他腐蚀品,包括一级其他腐蚀品、二级其他腐蚀品。

1. 一级腐蚀品

能使动物皮肤在 3 min 内出现可见坏死现象，并能在 3~60 min 再现可见坏死现象，同时产生有毒蒸气的物品。

1）一级无机酸性腐蚀品，如硝酸、硫酸、五氯化磷、二氯化硫等。

2）一级有机酸性腐蚀品，如甲酸、氯乙酰氯等。

3）一级无机碱性腐蚀品，如氢氧化钠、硫化钠等。

4）一级有机碱性腐蚀品，如乙醇钠、二丁胺等。

5）一级其他腐蚀品，如苯酚钠、氟化铬等。

2. 二级腐蚀品

能使动物皮肤在 4 h 内出现可见坏死现象，并在 55 ℃时对钢或铝的表面的年腐蚀量超过 6.25 mm 的物品。

1）二级无机酸性腐蚀品，如正磷酸、四溴化锡等。

2）二级有机酸性腐蚀品，如冰醋酸、醋酐等。

3）二级碱性腐蚀品，如氧化钙、二环己胺等。

4）二级其他腐蚀品，如次氯酸钠溶液等。

二、危险化学品储存的安全管理要求

（一）危险化学品储存规划与建设

1）国家对危险化学品的生产、储存实行统筹规划、合理布局。

2）危险化学品生产装置或者储存数量构成重大危险源的危险化学品储存设施（运输工具加油站、加气站除外），与下列场所、设施、区域的距离应当符合国家有关规定：

①住区以及商业中心、公园等人员密集场所；

②学校、医院、影剧院、体育场（馆）等公共设施；

③饮用水源、水厂以及水源保护区；

④车站、码头（依法经许可从事危险化学品装卸作业的除外）、机场以及通信干线、通信枢纽、铁路线路、道路交通干线、水路交通干线、地铁风亭以及地铁站出入口；

⑤基本农田保护区、基本草原、畜禽遗传资源保护区、畜禽规模化养殖场（养殖小区）、渔业水域以及种子、种畜禽、水产苗种生产基地；

⑥河流、湖泊、风景名胜区、自然保护区；

⑦军事禁区、军事管理区；

⑧法律、行政法规规定的其他场所、设施、区域。

3）新建、改建、扩建生产、储存危险化学品的建设项目（以下简称“建设项目”），应当由安全生产监督管理部门进行安全条件审查。

建设单位应当对建设项目进行安全条件论证，委托具备国家规定的资质条件的机构对建设项目进行安全评价，并将安全条件论证和安全评价的情况报告报建设项目所在地设区的市级以上人民政府安全生产监督管理部门；安全生产监督管理部门应当自收到报告之日起 45 日内做出审查决定，并书面通知建设单位。具体办法由国务院安全生产监督管理部门制定。

新建、改建、扩建储存、装卸危险化学品的港口建设项目，由港口行政管理部门按照国务院交通运输主管部门的规定进行安全条件审查。

（二）危险化学品储存安全管理

1）储存危险化学品的单位，应当根据其储存的危险化学品的种类和危险特性，在作业场所设置相应的监测、监控、通风、防晒、调温、防火、灭火、防爆、泄压、防毒、中和、防潮、防雷、防静电、防腐、防泄漏以及防护围堤或者隔离操作等安全设施、设备，并按照国家标准、行业标准或者国家有关规定对安全设施、设备进行经常性维护、保养，保证安全设施、设备的正常使用。

2）储存危险化学品的企业，应当委托具备国家规定的资质条件的机构，对本企业的安全储存条件每 3 年进行一次安全评价，提出安全评价报告。安全评价报告的内容应当包括对安全储存条件存在的问题进行整改的方案。

储存危险化学品的企业，应当将安全评价报告以及整改方案的落实情况报所在地县级人民政府安全生产监督管理部门备案。在港区内储存危险化学品的企业，应当将安全评价报告以及整改方案的落实情况报港口行政管理部门备案。

3）储存剧毒化学品或者国务院公安部门规定的可用于制造爆炸物品的危险化学品（以下简称“易制爆危险化学品”）的单位，应当如实记录其储存的剧毒化学品、易制爆危险化学品的数量、流向，并采取必要的安全防范措施，防止剧毒化学品、易制爆危险化学品丢失或者被盗；发现剧毒化学品、易制爆危险化学品丢失或者被盗的，应当立即向当地公安机关报告。

储存剧毒化学品、易制爆危险化学品的单位，应当设置治安保卫机构，配备专职治安保卫人员。

4）储存危险化学品的单位转产、停产、停业或者解散的，应当采取有效措施，及时、妥善处置其危险化学品储存设施以及库存的危险化学品，不得丢弃危险化学品；处置方案应当报所在地县级人民政府安全生产监督管理部门、工业和信息化主管部门、环境保护主管部门和公安机关备案。安全生产监督管理部门应当会同环境保护主管部门和公安机关对处置情况进行监督检查，发现未依照规定处置的，应当责令其立即处置。

（三）危险化学品储存的基本要求

1）储存危险化学品必须遵照国家法律、法规和其他有关的规定。

2）危险化学品必须储存在经公安部门批准设置的专门的危险化学品仓库中，经销部门自管仓库储存危险化学品及储存数量必须经公安部门批准。未经批准不得随意设置危险化学品储存仓库。

3）危险化学品露天堆放，应符合防火、防爆的安全要求，爆炸物品、一级易燃物品、遇湿燃烧物品、剧毒物品不得露天堆放。

4）储存危险化学品的仓库必须配备有专业知识的技术人员，其库房及场所应设专人管理，管理人员必须配备可靠的个人安全防护用品。

5）储存的危险化学品可按爆炸品，压缩气体和液化气体，易燃液体，易燃固体，自燃物品和遇湿易燃物品，氧化剂和有机过氧化物，毒害品，放射性物品，腐蚀品进行分类。

6）储存的危险化学品应有明显的标志，标志应符合《危险货物包装标志》（GB 190—2009）的规定。同一区域储存两种或两种以上不同级别的危险品时，应按最高等级危险物品的性能标志。

7）储存危险化学品时，根据危险品性能分区、分类、分库储存。各类危险品不得与禁忌物料混合储存。

8）储存危险化学品的建筑物、区域内严禁吸烟和使用明火。

三、危险化学品储存的安排

（一）储存方式

危险化学品储存方式分为三种：隔离储存、隔开储存、分离储存。

1）隔离储存，是在同一房间或同一区域内，不同的物料之间分开一定距离，非禁忌物料间用通道保持空间的储存方式。

2）隔开储存，是在同一建筑物或同一区域内，用隔板或墙，将其与禁忌物料分离开的储存方式。

3）分离储存，是在不同的建筑物或远离所有建筑的外部区域内的储存方式。

（二）储存安排及储存限量

1）危险化学品储存安排取决于危险化学品分类、分项、容器类型、储存方式和消防的要求。

2）储存量及储存安排见表 2-3-2-1。

表 2-3-2-1　危险化学品储存量及储存安排

储存要求	露天储存	隔离储存	隔开储存	分离储存
平均单位面积储存量（t/m^2）	1.0~1. 5	0.5	0.7	0.7
单一储存区最大储量（t）	2 000~2 400	200~300	200~300	400~600
垛距限制（m）	2	0.3~0.5	0.3~0.5	0.3~0.5
通道宽度（m）	4~6	1~2	1~2	5
墙距宽度（m）	2	0.3~0.5	0.3~0.5	0.3~0.5
与禁忌品距离（m）	10	不得同库储存	不得同库储存	7~10

3）遇火、遇热、遇潮能引起燃烧、爆炸或发生化学反应，产生有毒气体的危险化学品不得在露天或在潮湿、积水的建筑物中储存。

4）受日光照射能发生化学反应引起燃烧、爆炸、分解、化合或能产生有毒气体的危险化学品应储存在一级建筑物中。其包装应采取避光措施。

5）爆炸物品不准和其他类物品同储，必须单独隔离限量储存。

6）压缩气体和液化气体必须与爆炸物品、氧化剂、易燃物品、自燃物品、腐蚀性物品隔离储存。易燃气体不得与助燃气体、剧毒气体同储；氧气不得和油脂混合储存，盛装液化气体的容器属压力容器的，必须有压力表、安全阀、紧急切断装置，并定期检查，不得超装。

7）易燃液体、遇湿易燃物品、易燃固体不得与氧化剂混合储存，具有还原性的氧化剂应单独存放。

8）有毒物品应储存在阴凉、通风、干燥的场所，不要露天存放，不要接近酸类物质。

9）腐蚀性物品，包装必须严密，不允许泄漏，严禁与液化气体和其他物品共存。

【任务实践训练】

某危险化学品储运公司拥有一个危险化学品库区，内设 3 个危险化学品仓库，一个存有苯、甲苯、硫黄、黄磷这 4 种易燃物质，一个储存氧气，一个储存氮气、氩气等气体。库区总面积约为 500 m^2。该库区设有安全领导小组、义务消防队及专职安全机构等。公司职工共 16 人，其中技术管理人员 3 人、安全管理人员 7 人。库区内的物质储存情况见表 2-3-2-2。

表 2-3-2-2 物质储存情况

品名	储存量	品名	储存量
苯	3 000 kg	氧气	50 瓶
甲苯	3 000 kg	氮气	50 瓶
硫黄	2 000 kg	氩气	50 瓶
黄磷	2 000 kg		

（一）单项选择题

1）根据《化学品分类和危险性公示 通则》（GB 13690—2009）中有关危险化学品的分类，苯属于（ ）。

A. 爆炸品　　B. 压缩气体和液化气体

C. 毒害品　　D. 易燃液体

2）某天，一辆运输车向仓库运送来 20 桶甲苯，在操作过程中（ ）的做法是不允许的。

A. 使用铜制工具进行装卸，避免引起撞击火花

B. 装卸人员穿防静电工作服，避免引起静电火花

C. 装卸时轻搬轻放，防止摩擦和撞击

D. 在仓库内开桶检查，避免外界热源或火源的影响

3）该公司的 3 个仓库的危险化学品分类储存方式有问题，建议采用（ ）的储存方式。

A. 一个仓库储存苯、甲苯，一个仓库储存硫黄、黄磷，一个仓库储存氧气、氮气、氩气

B. 一个仓库储存苯，一个仓库储存甲苯、硫黄、黄磷，一个仓库储存氧气、氮气、氩气

C. 一个仓库储存苯、甲苯，一个仓库储存硫黄、黄磷、氮气、氩气，一个仓库储存氧气

D. 一个仓库存苯、甲苯、硫黄，一个仓库储存黄磷，一个仓库储存氧气、氮气、氩气

（二）多项选择题

1）在储存甲苯的仓库内，由于包装破损，甲苯发生泄漏，可能发生的事故类型有（ ）。

A. 火灾　　B. 爆炸　　C. 中毒　　D. 窒息

2）根据《常用化学危险品贮存通则》（GB 15603—1995），危险化学品储存方式有（　　）。

A. 隔离储存　B. 隔开储存　C. 分离储存　D. 分开储存

3）根据《危险货物运输包装类别划分方法》（GB/T 15098—2008），（　　）必须使用Ⅱ类包装。

A. 苯　B. 甲苯　C. 硫黄　D. 黄磷

单元四　危险化学品事故及应急救援

【阅读材料】

2019 年 4 月 24 日 2 时 34 分，位于内蒙古自治区乌兰察布市卓资县旗下营工业园区的内蒙古伊东集团东兴化工有限责任公司发生事故，氯乙烯从气柜中泄漏并扩散至电石冷却车间，遇火源发生燃爆，造成 4 人死亡、3 人重伤、33 人轻伤。事发当日，乌兰察布市紧急启动了危险化学品事故灾难专项预案和环境监测应急预案，及时成立了以市委书记任总指挥、市长任副总指挥的事故处置救援现场指挥部，下设综合协调、现场应急处置、医疗救治、环境监测、善后处置、事故调查等 9 个专项组，并紧急调集危化事故应急专家组指导处置工作。

经调查，事故的直接原因是事故当天强大的风力以及该公司未按照《气柜维护检修规程》（SHS　01036—2004）的内容进行全面检修。事发前氯乙烯气柜卡顿、倾斜，开始泄漏，压缩机入口压力降低，操作人员没有及时发现气柜卡顿，仍然按照常规操作方式调大压缩机回流，导致进入气柜的气量加大，加之气量增大速度过快，氯乙烯冲破环形水封泄漏，并向低洼处扩散，遇火源发生燃爆。

任务一　熟悉危险化学品事故的类型及特点

一、危险化学品事故的类型

危险化学品事故指由一种或数种危险化学品或其能量意外释放造成的人员伤亡、财产损失或环境污染事故。危险化学品事故的后果通常表现为人员伤亡、财产损失或环境污染，以及它们的组合。是不是危险化学品造成的事故，主要看事故中产生危害的物质是否主要是危险化学品，以及危险化学品是否在事故发生前就已经存在，而不是在事故中产生的。

根据危险化学品的易燃、易爆、有毒、腐蚀等危险特性，以及对危险化学品事故定义的研究,危险化学品事故分为6类。

(一)危险化学品火灾事故

危险化学品火灾事故指燃烧物质主要是危险化学品的火灾事故。其具体又分为若干小类,包括:易燃液体火灾、易燃固体火灾、自燃物品火灾、遇湿易燃物品火灾、其他危险化学品火灾。

易燃液体火灾往往会发展成爆炸事故,造成重大的人员伤亡。单纯的液体火灾一般不会造成重大的人员伤亡。由于大多数危险化学品在燃烧时会放出有毒气体或烟雾,因此在危险化学品火灾事故中,人员伤亡的原因往往是中毒和窒息。

(二)危险化学品爆炸事故

危险化学品爆炸事故是指危险化学品发生化学反应的爆炸事故或液化气体和压缩气体的物理爆炸事故。其具体又分为若干小类,包括:爆炸品的爆炸(又可分为烟花爆竹爆炸、民用爆炸器材爆炸、军工爆炸品爆炸等);易燃固体、自燃物品、遇湿易燃物品的火灾爆炸;易燃液体的火灾爆炸;易燃气体的爆炸;危险化学品产生的粉尘、气体、挥发物的爆炸;液化气体和压缩气体的物理爆炸;其他化学反应爆炸。

(三)危险化学品中毒和窒息事故

危险化学品中毒和窒息事故主要指人体吸入、食入、接触有毒有害化学品或化学品反应的产物而导致的中毒和窒息事故。其具体又分为若干小类,包括:吸入中毒事故(中毒途径为呼吸道)、接触中毒事故(中毒途径为皮肤、眼睛等)、误食中毒事故(中毒途径为消化道)、其他中毒和窒息事故。

(四)危险化学品灼伤事故

危险化学品灼伤事故主要指腐蚀性危险化学品意外地与人体接触,在短时间内即在人体的被接触表面发生化学反应,造成明显破坏的事故。腐蚀品包括酸性腐蚀品、碱性腐蚀品和不显酸碱性的腐蚀品。

化学品灼伤与物理灼伤(如火焰烧伤、高温固体或液体烫伤等)不同。物理灼伤是高温造成的伤害,人体会立即感到强烈的疼痛,并本能地立即避开。化学品灼伤有一个化学反应过程,人体开始并不感到疼痛,要经过几分钟、几小时甚至几天才表现出严重的伤害,并且伤害还会不断地加深。因此,化学品灼伤比物理灼伤危害更大。

(五)危险化学品泄漏事故

危险化学品泄漏事故主要指气体或液体危险化学品发生了一定规模的泄漏,虽然没有发展成为火灾、爆炸或中毒事故,但造成了严重的财产损失或环境污染等后果的危险化学品事故。危险化学品泄漏事故一旦失控,往往会造成重大火灾、爆炸或中毒事故。

(六)其他危险化学品事故

其他危险化学品事故指不能归入上述五类危险化学品事故的危险化学品事故。这类事故主要指危险化学品险肇事故,即危险化学品发生了人们不希望的意外事件,如危险化学品罐体倾倒、车辆倾覆等,但没有发生火灾、爆炸、中毒和窒息、灼伤、泄漏等事故。

二、危险化学品事故的特点

（一）突发性

危险化学品作用迅速，危及范围大，常常带来社会不稳定因素。危险化学品事故往往是突发的和难以预料的，其中毒途径主要是染毒的空气、土壤、食物和水，经呼吸道、消化道、皮肤和黏膜摄入吸收毒物而中毒。

（二）群体性

由于危险化学品事故多发生于公共场所，来源于同一污染源，因此容易出现同一区域的群体性中毒等。危险化学品事故发生瞬间可能出现大批化学中毒、爆炸伤、烧伤伤员，需要同时救护，按常规的医疗办法无法完成任务。这时应采用军事医学原则，根据伤情对伤员进行鉴别分类，实行分级救治，医疗后送，紧急疏散中毒区内的重伤员。

（三）紧迫性

虽然在危险化学品事故中导致中毒的很多化学物质毒性较大，可导致突然死亡，但大部分中毒过程往往呈进行性加重，有的可造成亚急性中毒或具有潜伏期。因此，只有在短时间内实施救治和清除毒物，才能提高救治成功的概率。

（四）复杂性

在危险化学品事故初期，有时很难确定是何种毒物导致中毒，因为毒物检验鉴定需要一定的设备和时间。大部分中毒是根据现场情况和临床表现进行判断的，容易出现误诊误治。在中毒现场救治需要具有防护能力的医学救治队伍，否则容易造成医务人员中毒。绝大多数化学毒物没有特效解毒剂，往往需要较强的综合救治能力，如生命体征监护、呼吸支持、高压氧和血液净化等特殊手段。即使有特效解毒剂，由于平时使用较少，一般医院不储备，国家和地方也储备不足，因而经常千里送药或动用国家仅有的少量药品，甚至临时生产。

（五）危害性

危险化学品事故在危害程度上远远大于一般事故。危险化学品事故的实际杀伤力与危险化学品的种类和当时的气候条件有很大的关系。硫化氢、氮气、二氧化碳在较高浓度下均可于数秒内使人发生“电击样”死亡，其机制一般认为与急性反应性喉痉挛、反应性延髓中枢麻痹或呼吸中枢麻痹等有关。

（六）长期性

危险化学品事故发生后，化学毒物的作用时间比较长，消失较为困难，有持久性的特点。其表现为毒物的毒性内在的持久效应、合并的精神作用和造成的社会影响。由于造成中毒的染毒空气、土壤和水中的毒物，以及进入体内的毒物需要一定的手段和时间稀释、排泄或解毒，因此在未有效处置和防护的情况下，可能发生二次中毒。例如，在东京沙林事件的救治过程中，救援人员因接触沙林中毒人员的衣物而出现症状；也曾出现过食入因中毒死亡的动物而造成动物或人员中毒。

【任务实践训练】

随着我国经济的不断发展,危险化学品的使用越来越广泛。如果从事的行业与危险化学品相关,在一些操作不当的情况下,就可能发生危险化学品事故。目前危险化学品事故具有影响范围广、种类复杂、损失严重的变化趋势。我国每年发生的危险化学品事故多达 1 000 多起,面对如此严峻的形势,我们应该提高警惕,避免发生危险化学品事故,并做好安全防护工作。请查阅资料,搜集 5 起近 3 年来我国发生的危险化学品事故,学习案例分析,吸取事故教训。

任务二 进行危险化学品事故应急救援

危险化学品事故应急救援是指化学危险物品由于各种原因造成或可能造成众多人员伤亡及其他较大的社会危害时,为及时控制危险源,抢救受害人员,指导群众防护和组织撤离,消除危害的后果而组织的救援活动。其中,工程救援和医学救援是应急救援中最主要的两项基本救援任务。

一、危险化学品事故应急救援的基本原则

(一)统一指挥的原则

危险化学品事故的抢险救灾工作必须在危险化学品生产安全应急救援指挥中心的统一领导、指挥下开展。应急救援预案应当贯彻统一指挥的原则。危险化学品事故具有意外性、突发性、扩展迅速、危害严重的特点,因此救援工作必须坚持集中领导、统一指挥的原则。因为在紧急情况下,多头领导会导致一线救援人员无所适从,贻误救援时机。

(二)充分准备、快速反应、高效救援的原则

针对可能发生的危险化学品事故,做好充分的准备;一旦发生危险化学品事故,快速做出反应,尽可能减少应急救援组织的层次,以利于事故和救援信息的快速传递,减少信息的失真,提高救援的效率。

(三)生命至上的原则

应急救援的首要任务是不惜一切代价维护人员生命安全。事故发生后,应当首先保护学校学生、医院患者、体育场馆游客和所有无关人员安全撤离现场,转移到安全地点,并全力抢救受伤人员,寻找失踪人员。保护应急救援人员的安全同样重要。

(四)单位自救与社会救援相结合的原则

在确保单位人员安全的前提下,应急救援应当体现单位自救与社会救援相结合的原则。单位熟悉自身的各方面情况,又身处事故现场,有利于初起事故的救援,可将事故消灭在初始状态。单位救援人员即使不能完全控制事故的蔓延,也可以为外部的救援赢得时间。在事故发生初期,事故单位应按照灾害预防和处理规范(预案)积极组织抢险,并迅速组织遇险人员沿避灾路线撤离,防止事故扩大。

（五）分级负责、协同作战的原则

各级地方政府、有关部门和危险化学品单位及相关的单位按照各自的职责分工实行分级负责、各尽其能、各司其职，做到协调有序、资源共享、快速反应，积极做好应急救援工作。

（六）科学分析、规范运行、措施果断的原则

科学分析是做好应急救援的前提，规范运行可保证应急救援预案有效实施，针对事故现场果断决策并采取不同的应对措施是应急救援成功的关键。

（七）安全抢险的原则

在事故抢险过程中，应采取切实有效的措施确保抢险救护人员的安全，严防在抢险过程中发生二次事故。

二、危险化学品事故应急救援体系

按照国务院关于各类突发事件原则上由当地政府负责处理的精神，国家化学事故应急救援体系设国家、省（自治区、直辖市）、市、县、企业5级应急救援组织体系，根据事故的影响范围和事故后果的严重程度，由不同层次的应急救援指挥部门负责救援工作的组织实施。该体系依托政府各部门在各级行政区域设立的组织系统，体系完整，能够逐级实施领导管理，覆盖全境，责任明确，适应化学事故点多、面广，救援工作应急性强，以当地救援为主的特点。应急救援组织体系包括以下机构。

（一）应急救援指挥中心

应急救援指挥中心是负责事故应急救援的组织、指挥、协调的中枢机构。

（二）区域化学事故应急医疗抢救中心

区域化学事故应急医疗抢救中心负责对化学毒物中毒、烧伤、外伤等进行现场医疗抢救，协助医疗卫生部门做好伤员的抢救工作；为化学事故应急救援医疗抢救提供信息、技术咨询；负责各种化学事故应急抢救药品及器械、设备的储备、保管等工作。

（三）应急救援队伍

在危险化学品事故发生后，应急救援队伍接到命令即能火速赶往事故现场，控制事故进一步发展（泄漏控制和火灾控制），完成现场抢险作业和现场洗消等工作。

（四）技术支持体系

1. 应急救援预案系统

各级人民政府负责制定、修订、实施各辖区内的化学事故应急救援预案，并建立各级化学事故应急救援预案系统，根据应急救援预案定期组织演练。

2. 信息技术支持体系

由国家化学品登记注册中心和各省（市）地方登记办公室组成危险化学品登记网络，结合国家实行的危险化学品登记制度，建立包括危险化学品生产、储存、经营、运输企业动态信息的数据库，为国家和地方的化学事故应急救援准备和行动提供信息支持，提供24 h国家化学事故应急咨询热线服务，为危险化学品安全管理、事故预防和应急救援提供技术、信息支持。

3. 现场救援技术支持体系

加强应急救援队伍与应急装备建设,促进各种救援力量的有效整合。完善国内消防特勤队伍的建设,购置先进的灭火车辆、侦检设备、防护器材与通信设备等;充分发挥总参防化部队的作用,完善防化设备,增强应急力量。

4. 专家库系统

根据地域分布,聘请包括安全、消防、卫生、环保等在内的各类专家,并定期进行考核和资格认证,以保证专家库在危险化学品事故应急咨询时的权威性和时效性,必要时可请距离近的专家赴现场指导应急救援工作。

三、危险化学品事故应急救援的基本任务

(一)控制危险源

及时控制造成事故的危险源是应急救援工作的首要任务,只有及时控制住危险源,防止事故继续扩展,才能及时、有效地进行救援。特别对发生在城市或人口稠密地区的化学事故,应尽快组织工程抢险队与事故单位技术人员一起及时堵源,控制事故继续扩展。

(二)抢救受害人员

抢救受害人员是应急救援的重要任务。在应急救援行动中,及时、有序、有效地实施现场急救与安全转送伤员是降低伤亡率,减少事故损失的关键。

(三)指导群众防护,组织群众撤离

由于危险化学品事故发生突然、扩散迅速、涉及范围广、危害大,应及时指导和组织群众采取各种措施进行自身防护,并向上风方向迅速撤离出危险区或可能受到危害的区域。在撤离过程中,应积极组织群众开展自救和互救工作。

(四)做好现场清消,消除危害后果

对事故外逸的有毒、有害物质和可能对人和环境继续造成危害的物质,应及时组织人员予以清除,消除危害后果,防止这些物质对人的继续危害和对环境的继续污染。

(五)查清事故原因,估算危害程度,向有关部门和社会媒体提供翔实的情报

事故发生后,应及时调查事故的原因和性质,估算出事故的危害波及范围和危险程度,查明人员伤亡情况,做好事故调查。

四、危险化学品事故应急救援程序

危险化学品事故应急救援一般包括报警与接警、应急救援队伍的出动、应急救援的实施(紧急疏散、现场急救)、泄漏控制和火灾控制等。

(一)事故报告

1)事故发生后,现场人员立即向企业的应急中心报告。发生较大或较严重的危险化学品事故后,发生事故的危险化学品企业或区县安全生产监督管理部门应立即向市安全生产应急救援指挥部报告。

2)报告内容包括事故发生的时间和地点、事故类型(泄漏、火灾和爆炸)、发生事故的装置

部位、物料性质、事态程度、扑救要求、报告人姓名、联系电话等。

（二）救援程序

1）企业的应急中心值班员接到报告后，立即报告应急救援指挥部，由应急救援指挥部指示发出险情信号。

2）接到报告后，所有应急组织成员迅速到达指定地点，总指挥（副总指挥）依据事故现场情况及事故性质，确定警戒区域和事故控制具体实施方案，并下达各组应急救援任务。

3）应急中心根据事故险情情况，及时向所在行政区域的安全生产监督管理部门汇报，并请求相关部门支援。

4）应急专家到达事故现场后，迅速对事故情况做出判断，提出处置实施办法和防范措施。

5）应急救援队伍到达现场后，服从现场指挥人员的指挥，采取必要的个人防护措施，按各自的分工展开应急处置和救援工作。

6）事故得到控制后，进行现场洗消工作。

【任务实践训练】

观看危化品事故应急救援案例视频，熟悉危化品事故应急救援技术。

扫一扫：危化品事故应急救援案例视频

任务三　进行危险化学品事故应急管理

应急管理是对突发公共事件的全过程管理，根据突发公共事件的预警、发生、缓解和善后四个发展阶段，应急管理可分为预测预警、识别控制、紧急处置和善后管理四个过程。

应急管理是动态管理，包括预防、准备、响应和恢复四个阶段，体现在管理突发公共事件的各个阶段。应急管理还是完整的系统工程，可以概括为“一案三制”，即事故应急救援预案，应急管理机制、体制和法制。

一、应急预防

预防是应急管理的首要工作，能把事故消除在萌芽状态，是应急管理的最高境界，是为控制和消除危险化学品事故对人类生命、财产的长期危害所采取的行动。

（一）应急预防的具体情形

应急预防具体包括以下四种情形。

1）事先进行危险源辨识和风险分析，通过预测可能发生的事故、事件，采取风险控制措施，尽可能避免事故的发生。

2）深入实际，进行应急专项检查，查找问题，通过动态监控，预防事故的发生。

3）在事故可能发生的情况下，及时采取控制措施，尽可能避免事故的发生。

4）在假定事故必然发生的情况下，通过预先采取预防措施，有效控制事故的发展，最大限度地减少事故造成的损失和后果。

（二）应急预防的工作方法

1）危险辨识。危险辨识是应急管理的第一步，即对本单位、本辖区所存在的危险源进行全面、认真的普查。

2）风险评价。在危险源普查完成之后，就要理论结合实际，对所有危险源进行风险评价，确定可能造成事故的风险源，也即确定应急控制对象。

3）预测预警。根据危险源的危险特性，对应急控制对象可能发生的事故进行预测，对出现的事故征兆及时发布相关信息进行预警，并采取相应的措施，将事故消灭在萌芽状态。

4）预警预控。假定事故必然发生，并将可能出现的情形事先告知相关人员进行预警，同时，将预防措施及相应的处置程序（即应急预案相应的处置程序）告知相关人员，以便在事故发生之时能有备而战，预防事故恶化或扩大。

二、应急准备

应急准备指针对可能发生的事故，为迅速、有序地开展应急行动而预先进行的组织准备和应急保障。其目的是为应对事故的发生而提高应急行动能力及推进有效的响应工作。

（一）应急准备的内容

1）应急预案的编制。

2）应急组织的成立。

3）应急队伍的建设。

4）应急人员的培训。

5）应急物资的储备。

6）应急装备的配备。

7）应急通信的保障。

8）应急预案的演练。

9）外部救援力量的衔接。

10）应急资金的保障等。

（二）应急准备的工作方法

1）应急预案的编制。应急预案的编制的主要步骤有成立编写组、危险分析、应急能力分析、起草预案和实施预案。编制应急预案的目的是发生事故时能以最快的速度发挥最大的效能，有组织、有秩序地实施救援行动，尽快控制事态的发展，降低事故造成的危害，减少事故造成的损失。

2）应急保障。根据应急预案的要求，进行人力、物力、财力的准备，为应急救援的具体实施提供保障。应急保障主要包括应急救援法律法规、应急救援预案、应急通信、应急物资与装备、应急专家组等。

三、应急响应

应急响应是在事故险情、事故发生状态下，在对事故情况进行分析评估的基础上，有关组织或人员按照应急救援预案所采取的应急救援行动。

（一）应急响应的目的

1）接到事故预警信息后，采取相应的措施，化解事故于萌芽状态。

2）事故发生之后，根据应急预案采取相应的措施，及时控制事故的恶化或扩大，并最终将事故控制并恢复到常态，最大限度地减少人员伤亡、财产损失，减小社会影响。

（二）应急响应的工作方法

1）事态分析，是对事态进行全面考察、分析，包括现状分析和趋势分析。

2）现状分析，是对事故险情、事故初期事态进行现状分析。

3）趋势分析，是对事故险情、事故发展趋势进行预测分析。

四、应急恢复

应急恢复指事故的影响得到初步控制后，为使生产、工作、生活和生态环境尽快恢复到正常状态而采取的措施或行动。

（一）应急恢复的目的

事故得以控制之后，尽快让生产、工作、生活等恢复到常态，从根本上消除事故隐患，避免事态向事故状态演化。

（二）应急恢复的工作方法

1）清理现场，是对事故现场的物品进行回收、清除、化学洗消，最后达到现场物品分类处置、环保达标的要求。

2）常态恢复，是配合各方面力量，使生产、工作、生活秩序恢复到常态。

【任务实践训练】

观看危险化学品泄漏事故应急处置演练视频，学习危险化学品事故应急管理。

扫一扫：危险化学品泄漏事故应急处置演练视频

单元五 典型危险化学品事故应急处置

【阅读材料】

危险化学品容易发生火灾、爆炸事故,不同的化学品及在不同情况下发生火灾时,扑救方法差异很大,若处置不当,不仅不能有效扑灭火灾,反而会使灾情进一步扩大。此外,由于化学品本身及其燃烧产物大多具有较强的毒害性和腐蚀性,极易造成人员中毒、灼伤。因此,扑救危险化学品火灾是一项极其重要而又非常危险的工作。从事化学品生产、使用、储存、运输的人员和消防救护人员应熟悉和掌握化学品的主要危险特性及相应的灭火措施,并定期进行防火演习,加强紧急事态时的应变能力。一旦发生火灾,每个相关人员都应清楚地知道自己的作用和职责,掌握有关消防设施的使用方法、人员的疏散程序和危险化学品灭火的特殊要求等内容。

任务一 火灾事故处置

一、危险化学品火灾事故处置对策

1)迅速扑救初起火灾,关闭火灾部位的上、下游阀门,切断进入火灾事故地点的一切物料;在火灾尚未扩大到不可控制之前,应使用移动式灭火器或现场的其他各种消防设备、器材扑灭初起火灾和控制火源。

2)应迅速查明燃烧范围,燃烧物品及周围物品的品名和主要危险特性,火势蔓延的主要途径,燃烧的危险化学品及燃烧产物是否有毒。

3)先控制,后消灭。针对危险化学品火灾火势发展蔓延快和燃烧面积大的特点,为防止火灾危及邻近的设施,可采取以下保护措施:

①对周围设施及时采取冷却保护措施;

②迅速疏散受火势威胁的物资;

③有的火灾可能造成易燃液体外流,这时可用沙袋或其他材料筑堤拦截流淌的液体或挖导流沟将物料导向安全地点;

④用毛毡、海草帘堵住下水井、阴井口等处,防止火焰蔓延。

4)扑救人员应占领上风或侧风处进行灭火,并有针对性地采取自我防护措施,如佩戴防护面具、穿专用防护服等。

5）对有可能发生爆炸、爆裂、喷溅等特别危险，需紧急撤退的情况，应按照统一的撤退信号和撤退方法及时撤退。撤退信号应格外醒目，能使现场的所有人员都看到或听到，并应经常演练。

6）火灾扑灭后，仍然要派人监护现场，消灭余火。起火单位应当保护现场，接受事故调查，协助公安消防部门和安全监督管理部门调查火灾原因，核定火灾损失，查明火灾责任，未经公安消防部门和安全监督管理部门的同意，不得擅自清理火灾现场。

扑救化学品火灾时要特别注意：扑救危险化学品火灾绝不可盲目行动，应针对每一类化学品，选择正确的灭火剂和灭火方法安全地控制火灾；化学品火灾的扑救应由专业消防队进行，其他人员不可盲目行动，待消防队到达后介绍物料的性质，配合扑救。

二、不同种类危险化学品火灾的扑救方法

（一）扑救易燃液体火灾的基本方法

1）首先应切断火势蔓延的途径，冷却和疏散受火势威胁的压力及密闭容器和可燃物，控制燃烧范围，并积极抢救受伤和被困人员。

2）及时了解和掌握着火液体的品名、相对密度、水溶性，以及有无毒害、腐蚀、沸溢、喷溅等危险性，以便采取相应的灭火和防护措施。

3）对较大的储罐或流淌火灾，应准确判断着火面积。小面积（一般在 50 m^2 以内）的液体火灾一般可用雾状水扑灭，用泡沫、干粉、二氧化碳灭火一般更有效；大面积的液体火灾则必须根据液体的相对密度、水溶性和燃烧面积选择正确的灭火剂扑救。

4）比水轻又不溶于水的液体（如汽油、苯等）起火时，可用普通蛋白泡沫或轻水泡沫灭火。比水重又不溶于水的液体（如二硫化碳）起火时，可用水扑救，此时水能覆盖在液面上灭火。

5）具有水溶性的液体（如醇类、酮类等）起火时，最好用抗溶性泡沫扑救；用干粉或卤代烷扑救时，灭火效果视燃烧面积和燃烧条件而定，还需用水冷却罐壁。

6）扑救毒害性、腐蚀性或燃烧产物毒害性较强的易燃液体火灾，扑救人员必须佩戴防护面具，并采取防护措施。

（二）扑救压缩或液化气体火灾的基本方法

压缩或液化气体总是被储存在不同的容器内，或通过管道输送。其中，储存在较小的钢瓶内的气体压力较高，受热或受火焰炽烤容易发生爆裂。气体泄漏后遇火源已形成稳定的燃烧时，发生爆炸或再次爆炸的危险性与可燃气体泄漏未燃时相比要小得多。遇压缩或液化气体火灾一般应采取以下基本对策。

应先扑灭外围被火源引燃的可燃物火势，控制燃烧范围，切忌盲目扑灭主体火势。在没有采取堵漏措施的情况下，必须保持稳定燃烧，否则大量可燃气体泄漏出来与空气混合，遇着火源就会发生爆炸，后果将不堪设想。

如果火势中有压力容器或受到火焰辐射热威胁的压力容器，能疏散的应尽量在水枪的掩护下疏散到安全地带，不能疏散的应部署足够的水枪进行冷却保护。为防止容器爆裂伤人，进行冷却的人员应尽量采用低姿射水或利用现场坚实的掩蔽体防护。对卧式储罐，冷却人员应

将储罐的四侧角作为射水阵地。

如果输气管道泄漏着火,应设法找到气源阀门。阀门完好时,只要关闭气体的进、出阀门,火势就会自动熄灭。关阀无效时,应根据火势判断气体压力和泄漏口的大小及形状,准备好相应的堵漏材料,如软木塞、橡胶塞、气囊塞、黏合剂、弯管工具等。

堵漏工作准备就绪后,即可用水扑救火势,也可用干粉、二氧化碳、卤代烷灭火,但仍需用水冷却烧烫的罐或管壁。火扑灭后,应立即用堵漏材料堵漏,同时用雾状水稀释和驱散泄漏出来的气体。如果确认泄漏口非常大,根本无法堵漏,只需冷却着火容器及周围容器和可燃物品,控制着火范围,直到燃气燃尽,火势自动熄灭。

现场指挥应密切注意各种危险征兆,遇火势熄灭后较长时间未能恢复稳定燃烧或受热辐射的容器有安全阀火焰变亮耀眼、尖叫、晃动等爆裂征兆时,指挥员必须适时做出准确的判断,及时下达撤退命令。现场人员看到或听到事先规定的撤退信号后,应迅速撤退至安全地带。

(三)扑救毒害品和腐蚀品火灾的基本方法

灭火人员必须穿防护服,佩戴防护面具。在一般情况下采取全身防护即可,对有特殊要求的物品火灾,应使用专用防护服。扑救时应尽量使用低压水或雾状水,避免腐蚀品、毒害品溅出。遇酸类或碱类腐蚀品最好调制相应的中和剂稀释中和。浓硫酸遇水能放出大量的热,会导致沸腾飞溅,需特别注意防护。扑救浓硫酸与其他可燃物品接触发生的火灾,浓硫酸数量不多时,可用大量低压水快速扑救;如果浓硫酸量很大,应先用二氧化碳、干粉、卤代烷等灭火,然后把着火物品与浓硫酸分开。

(四)扑救易燃固体、易燃物品火灾的基本方法

易燃固体、易燃物品火灾一般可用水或泡沫扑救,其相对于其他种类的危险化学品火灾而言是比较容易扑救的,只要控制住燃烧范围,逐步扑灭即可。但也有少数易燃固体、易燃物品的扑救方法比较特殊,如2,4-二硝基苯甲醚、二硝基萘、萘、黄磷等。

2,4-二硝基苯甲醚、二硝基萘、萘等是能升华的易燃固体,受热会产生易燃蒸气,在扑救过程中应不时向燃烧区域上空及周围喷射雾状水,并用水浇灭燃烧区域及其周围的一切火源。遇黄磷火灾时,用低压水或雾状水扑救,用泥土、沙袋等筑堤拦截熔融黄磷液体并用雾状水冷却,磷块和冷却后已固化的黄磷应用钳子夹入储水容器中。

(五)扑救遇湿易燃物品火灾的基本方法

遇湿易燃物品能与湿气和水发生化学反应,产生可燃气体和热量,有时即使没有明火也能自动着火或爆炸,如钾、钠、三乙基铝(液态)等。因此,这类物品达一定数量时,绝对禁止用水、泡沫、酸、碱等湿性灭火剂扑救,应用干粉、二氧化碳、卤代烷扑救,只有钾、钠、铝、镁等个别物品用二氧化碳、卤代烷扑救无效。扑救遇湿易燃固体物品火灾时,应用水泥、干砂、干粉、硅藻土和蛭石等覆盖。

扫一扫:消防训练视频

【任务实践训练】

借助消防实训平台,跟随学习视频,学习并掌握火灾处置技术。

任务二　爆炸事故处置

一、爆炸事故扑救要点

由于爆炸事故都是瞬间发生的，而且往往同时引发火灾，危险性、破坏性极大，给扑救带来了很大的困难。因此，在保证扑救人员安全的前提下，应把握以下要点。

1）采取一切可能的措施，全力制止再次爆炸。

2）应迅速组织力量及时疏散火场周围的易爆、易燃品，使着火区周边出现一个隔离带。

3）切忌用沙、土遮盖、压埋爆炸物品，以免增大爆炸威力。

4）灭火人员要利用现场的有利地形或采取卧姿行动，并尽可能采取自我保护措施。

5）如果出现再次爆炸征兆或危险时，指挥员应迅速做出正确判断，下达命令，组织人员撤退。

二、扑救爆炸物品火灾的基本方法

遇爆炸物品火灾时，一般应采取以下基本对策。

1）迅速判断和查明再次发生爆炸的可能性和危险性，紧紧抓住爆炸后和再次发生爆炸前的有利时机。采取一切可能的措施，全力制止再次爆炸。

2）切忌用沙、土盖压，以免增大爆炸物品爆炸时的威力。

3）如果有疏散的可能，人身安全确有可靠的保障，应迅即组织力量及时疏散着火区域周围的爆炸物品，使着火区周围形成一个隔离带。

4）扑救爆炸物品堆垛时，水流应采用吊射，避免强力水流直接冲击堆垛，以免堆垛倒塌引起再次爆炸。

5）灭火人员应尽量利用现场现成的掩蔽体或尽量采用卧姿等低姿射水，并尽可能采取自我保护措施。消防车辆不要停靠在离爆炸物品太近的水源处。

6）灭火人员发现有再次发生爆炸的危险时，应立即向现场指挥报告，现场指挥应迅速做出准确判断，确有再次发生爆炸的征兆或危险时，应立即下达撤退命令。灭火人员看到或听到撤退信号后，应迅速撤至安全地带，来不及撤退时，应就地卧倒。

【任务实践训练】

借助球罐重大危险源泄漏处置实训装置，跟随学习视频，学习并掌握重大危险源泄漏处置技术。

扫一扫：重大危险源泄漏处置视频

任务三　泄漏事故处置

在化学品的生产、储存和使用过程中，盛装化学品的容器常常发生一些意外的破裂、洒漏等事故，造成危险品化学外漏。因此，需要采取简单、有效的安全技术措施来消除或减少泄漏危险。下面介绍化学品泄漏的应急处理措施。

一、疏散与隔离

在化学品的生产、储存和使用过程中一旦发生泄漏，首先要疏散无关人员，隔离泄漏污染区。如果发生易燃易爆化学品大量泄漏，一定要打“119”报警，请求专业消防人员救援，同时要保护、控制好现场。

二、泄漏源控制

（一）泄漏控制

1）如果在生产、使用过程中发生泄漏，要在统一指挥下，通过关闭有关阀门，切断与之相连的设备、管线，停止作业，或改变工艺流程等方法来控制化学品的泄漏。

2）对容器壁、管道壁上的漏孔，可使用专用的软橡胶封堵物（圆锥状、楔子状等多种形状和规格的塞子）、木塞子、胶泥、棉纱和肥皂封堵；对于较大的孔洞，还可用湿棉絮封堵、捆扎。需要注意的是，在对化工工艺流程中的容器泄漏处直接堵漏时，一般不要先轻易关闭阀门或开关，而应先根据具体情况，在事故单位工程技术人员的指导下正确地采取降温、降压措施（消防人员可在技术人员的指导下实施均匀的雾状水冷却），然后关闭阀门或开关止漏，以防因容器内压力和温度突然升高而发生爆炸。

3）对不能立即止漏而继续外泄的有毒有害物质，可根据其性质与水或相应的溶液混合，使其迅速解毒或稀释。

4）泄漏物正在燃烧时，只要是稳定型燃烧，一般不要急于灭火，而应首先用水枪对泄漏燃烧的容器、管道，其周围的容器、管道、阀门等设备，以及受到火焰、高温威胁的建筑物进行冷却保护，在充分准备并确有把握处置事故的情况下方可灭火。

（二）切断火源

切断火源对化学品泄漏的处理特别重要，如果泄漏物是易燃品，必须立即消除泄漏污染区域的各种火源。

（三）个人防护

进入泄漏现场进行处理时，相关人员应注意安全防护，进入现场救援的人员必须配备必要的个人防护器具。

参加泄漏处理的人员应对泄漏物的化学性质和反应特征有充分的了解，要于高处和上风处进行处理，严禁单独行动，要有监护人。必要时要用水（雾状水）掩护。要根据泄漏物的性质和毒物接触形式选择适当的防护用品，防止在事故处理过程中发生伤亡、中毒事故。

如果泄漏物是有毒的，应使用专用防护服、隔绝式空气面具，立即在事故中心区边界设置警戒线，根据事故情况和事故发展，进行事故波及区人员的撤离。为了在现场能正确使用和适应防护用具，处理人员平时应进行严格的适应性训练。

三、泄漏物处理

（一）筑堤堵截

如果化学品为液体，泄漏到地面上时会四处蔓延扩散，难以收集处理。为此需要筑堤堵截或者引流到安全地点。当储罐区发生液体泄漏时，要及时关闭雨水阀，防止物料沿明沟外流。

（二）稀释与覆盖

向有害物蒸气云喷射雾状水，加速气体向高空扩散。对于可燃物，也可以在现场施放大量水蒸气或氮气，破坏燃烧条件。对于液体泄漏，为降低物料向大气中蒸发的速度，可用泡沫或其他覆盖物品覆盖外泄的物料，在其表面形成覆盖层，抑制其蒸发。

（三）收容（集）

对于大型泄漏，可选择用隔膜泵将泄漏的物料抽入容器内或槽车内；当泄漏量小时，可用沙子、吸附材料、中和材料等吸收或中和。

（四）废弃

将收集的泄漏物运至废物处理场所处置。用消防水冲洗剩下的少量物料，并将冲洗水排入污水系统处理。

需特别注意的是，对参与化学事故抢险救援的消防车辆及其他车辆、装备、器材也必须进行消毒处理，否则它们会成为扩散源。参与抢险救援的人员除必须对其穿戴的防化服、战斗服、作训服和使用的防毒设施、检测仪器、设备进行消毒外，还必须彻底地淋浴冲洗躯体、皮肤，并注意观察身体状况，进行健康检查。

【任务实践训练】

借助危险化学品泄漏应急处置训练平台，观看视频，学习危险化学品储罐罐体、管道、法兰、阀门泄漏的应急封堵技术，培养危险化学品泄漏应急处置的岗位技能和职业素养。

扫一扫：危险化学品泄漏应急处置案例视频

任务四　中毒窒息事故处置

在化工生产和检修现场，有时由于设备突发性损坏或泄漏致使大量毒物外溢（逸）造成作业人员急性中毒。中毒窒息往往病情严重，且发展速度快。因此，必须全力以赴，争分夺秒地及时抢救。

中毒窒息现场的应急处置应遵循下列原则。

(一)安全进入毒物污染区

对于高浓度的硫化氢、一氧化碳等毒物污染区以及严重缺氧环境,必须先予通风。参加救护的人员需佩戴供氧式防毒面具。对于其他毒物环境,也应采取有效的防护措施方可入内救护。同时,救护人员应佩戴相应的防护用品,配备氧气分析报警仪和可燃气体报警仪。

(二)切断毒物来源

救护人员进入现场后,除对中毒者进行抢救外,应侦查毒物来源,并采取果断的措施切断其来源,如关闭泄漏管道的阀门、堵加盲板、停止加送物料、堵塞泄漏设备等,以防止毒物继续外溢(逸)。对于已经扩散出来的有毒气体或蒸气,应立即启动通风排毒设施或开启门窗,以降低有毒物质在空气中的含量,为抢救工作创造有利条件。

(三)彻底清除毒物污染,防止继续吸收

救护人员进入现场后,应迅速将中毒者转移至有新鲜空气处,并解开中毒者颈、胸部的纽扣及腰带,以保持其呼吸通畅。同时对中毒者要注意保暖和保持安静,严密注意中毒者的神志、呼吸状态和循环系统的功能。

救护人员脱离污染区后,应立即脱去受污染的衣物。对于皮肤、毛发甚至指甲缝中的污染,都要注意清除。对能经皮肤吸收的毒物及化学灼伤,应在现场用大量清水或解毒液、中和液冲洗。若毒物经口侵入体内,应及时彻底洗胃或催吐,除去胃内的毒物,并及时服用中和、解毒药物,以减少毒物的吸收。

(四)迅速抢救生命

中毒者脱离染毒区后,应在现场立即对其着手急救。对于心脏停止跳动的,立即拳击心脏部位的胸壁或进行胸外心脏按摩(见本模块单元六的任务一);直接对心脏注射肾上腺素或异丙肾上腺素,抬高下肢使头部低位后仰。对呼吸停止者尽快做人工呼吸,用口对口吹气法(见本模块单元六的任务一)实施抢救。若因剧毒品不适宜用口对口吹气法时,可使用史氏人工呼吸法抢救。人工呼吸与胸外心脏按摩可交替进行,直至中毒者恢复自主心搏和呼吸。急救操作不可动作粗暴,以免造成新的损伤。若眼部溅入毒物,应立即用清水冲洗,或将脸部浸入满盆清水中,张眼并不断摆动头部,稀释并洗去毒物。

(五)及时解毒和促进毒物排出

发生急性中毒后,应及时采取各种解毒及排毒措施,减小或消除毒物对机体的影响。例如,针对重金属中毒,可采用金属配位剂与毒物的金属离子结合成稳定的有机配合物,随尿液排出体外。

对于毒物经口引起的急性中毒,若毒物无腐蚀性,应立即用催吐或洗胃等方法清除毒物。对于某些毒物,亦可使其变为不溶的物质以防止其被吸收,如氯化钡、碳酸钡中毒,可口服硫酸钠,使胃肠道尚未吸收的钡盐成为硫酸钡沉淀而不被吸收。氨、铬酸盐、铜盐、汞盐、羧酸类、醛类、脂类中毒时,可给中毒者喝牛奶、生鸡蛋等缓解剂。烷烃、苯、石油醚中毒时,可给中毒者喝一汤匙液体石蜡、一杯含硫酸镁或硫酸钠的水。一氧化碳中毒者应立即吸入氧气,以缓解机体缺氧并促进毒物排出。

（六）送医院治疗

经过初步急救后，将中毒者速送医院继续治疗。

【任务实践训练】

观看视频，学习正压式空气呼吸器佩戴技术。

扫一扫：正压式空气呼吸器佩戴训练视频

任务五　烧伤事故处置

一、化学烧伤的特点及致伤机理

化学烧伤不同于一般的热力烧伤，具有化学烧伤危害的物质与皮肤的接触时间一般比热力烧伤长，因此某些化学烧伤是局部很深的进行性损害，甚至通过创面等途径吸收，导致全身各脏器的损害。

（一）局部损害

局部损害的情况与化学物质的种类、浓度及与皮肤接触的时间等均有关系。化学物质的性质不同，局部损害的方式也不同。例如，酸凝固组织蛋白，碱则皂化脂肪组织；有的化学物质毁坏组织的胶体状态，使细胞脱水或与组织蛋白结合；有的化学物质则因本身燃烧而引起烧伤，如磷烧伤；有的化学物质对健康的皮肤并不致伤，但由于燃烧会致皮肤烧伤，从而引起毒物从创面吸收，加深局部损害或引起中毒等。在局部损害中，除皮肤损害外，黏膜受伤的机会也较多，尤其是某些化学蒸气泄露或发生爆炸燃烧时更为多见。因此，在化学烧伤中眼睛和呼吸道烧伤比一般烧伤更为常见。

（二）全身损害

化学烧伤的严重性不仅在于局部损害，更严重的是有些化学物质可以从创面，正常皮肤，呼吸道、消化道黏膜等处吸收，引起中毒和内脏继发性损伤，甚至死亡。有的烧伤并不太严重，但由于合并有中毒，增加了救治的困难，使治愈效果比同面积与深度的一般烧伤差。由于化学工业迅速发展，能致伤的化学物质种类繁多，有时对某些致伤物质的性能一时不了解，更增加了抢救的困难。

二、化学烧伤的处理原则

化学烧伤的处理原则同一般烧伤相似，应迅速脱离事故现场，终止化学物质对机体的继续损害；采取有效解毒措施，防止中毒；进行全面体检和化学监测。

（一）脱离现场，与危险化学品隔离

为了终止危险化学品对机体的继续损害，应立即脱离现场，脱去被化学物质浸渍的衣服，并迅速用大量清水冲洗。其目的：一是稀释；二是机械冲洗，将化学物质从创面和黏膜上冲洗干净。冲洗时可能产生一定的热量，所以冲洗要充分，使热量逐渐消散。

处理头、面部烧伤时,要注意对眼睛、鼻、耳、口进行清洗。特别是眼睛,应首先冲洗,动作要轻柔,一般用清水即可,如有条件可用生理盐水冲洗。如发现眼睑痉挛、流泪、结膜充血、角膜上皮肤及前房混浊等,应立即用生理盐水或蒸馏水冲洗,然后用消炎眼药水、眼膏等预防继发性感染。局部不必用眼罩或纱布包扎,但应用单层油纱布覆盖,以保护裸露的角膜,防止干燥所致损害。

处理石灰烧伤时,在清洗前应将石灰去除,以免石灰遇水后产生热,加深创面损害。

用大量流动水持续冲洗比单纯用中和剂拮抗效果更好。用中和剂的时间不宜过长,一般 20 min 即可,中和处理后仍须再用清水冲洗,以避免因为中和反应产生热而给机体带来进一步的损伤。

(二)防止中毒

有些化学物质可引起全身中毒,应严密观察病情变化,一旦发现有化学中毒的可能,应根据致伤因素的性质和病理损害的特点,选用相应的解毒剂或对抗剂治疗,但有些毒物迄今尚无特效解毒药物。发生中毒时,应使毒物尽快排出体外,以减小其危害,一般可静脉补液和使用利尿剂,以加速排尿。

三、群体性化学灼伤的应急与救护

(一)群体性化学灼伤

群体性化学灼伤指一次性灼伤 3 人以上的化学灼伤。根据对以往化工系统伤亡事故的分析,死亡人数最多的前三种事故依次为:爆炸事故,占总死亡人数的 25%;中毒、窒息事故,占总死亡人数的 15%;高处坠落事故,占总死亡人数的 14%。而在前两种事故的死亡病例中,相当一部分存在不同程度的化学灼伤。因此,对这样一种突发性、群体性、多学科性疾病,如何组织抢救,如何开展应急救援,已成为救援工作中的重要问题。

(二)群体性化学灼伤的分类

群体性化学灼伤一般按烧伤人数分为轻度(烧伤人数为 10~50)、中度(烧伤人数为 51~250)、重度(烧伤人数为 250 以上)三种。若综合考虑伤员的受伤程度、救护力量的动员范围,以及对社区的影响等复杂因素,可将群体性化学灼伤事故分为一般性事故、重大事故及灾害性事故三类,见表 2-5-5-1。群体性化学灼伤的应急与救护主要针对后两类。

表 2-5-5-1 群体性化学灼伤事故的分类

分类	灼伤人数	死亡人数	救护力量调动
一般性群体性化学灼伤事故	4~10 人	1~3 人	主要限于事故单位内
重大群体性化学灼伤事故	11~100 人	4~30 人	需区域性或行业性救援
灾害性群体性化学灼伤事故	超过 100 人	超过 30 人	需跨区域或社会救援

注:灼伤人数不到 4 人,一般称为个别性化学灼伤事故,不属于群体性化学灼伤事故的范畴。

（三）群体性化学灼伤现场救护的处理原则

发生群体性化学灼伤后，所有救护人员及现场抢险组成员在现场救援时，必须佩戴性能可靠的个人防护用品。具体的处理原则如下。

1）对于任何化学物质灼伤，首先都要脱去被污染的衣服，用自来水冲洗 2~30 min（眼睛灼伤冲洗时间不短于 10 min），然后用石蕊 pH 试纸测试至接近中性为止。对灼伤面积大、有休克症状者，冲洗要从速、从简。灼伤人数较多时，可用临近水源（河、塘、湖、海等）的水进行冲洗。

2）选择上风向距离最近的医务室或卫生所作为现场急救场所，安排烧伤外科医师负责接诊、收治登记，初步进行灼伤面积的估计，进行初步分类，并标注颜色标记，以便采用不同的方法进行急救处理。

3）灼伤创面经清创后用一次性敷料包扎，以免二次损伤或污染。对某些化学物质灼伤，如氢氟酸灼伤，可考虑使用中和剂，但注意创面上不要抹有颜色的外用药，以免影响对创面的观察。

4）对合并有内脏破裂、气胸、骨折等严重外伤的伤者，应优先进行处理，并尽快安排转送至有手术条件的医院。

5）对中度以上的严重灼伤伤员，应迅速建立静脉通道，以利于液体复苏，降低休克发生率或使伤员平稳度过休克关，为以后的治疗创造条件。

6）所有伤员均须先行清创、包扎处理。因为在转运途中若创面暴露，既会增加护理难度，又会提高感染概率。在转送途中应有医护人员护送，应转送至设有烧伤中心或灼伤专科病房的医院。

【任务实践训练】

学习以下材料，掌握酸烧伤的特点及应急处理方法。

酸烧伤常见的有硫酸、盐酸、硝酸烧伤，此外还有氢氟酸、石炭酸、草酸烧伤等。它们的特点是使组织脱水，蛋白沉淀、凝固，故烧伤后创面迅速成痂，界限清楚，因此限制了酸继续向深部侵蚀。

（一）硫酸、盐酸、硝酸烧伤

硫酸、盐酸、硝酸烧伤发生率较高，占酸烧伤的 80.6%。硫酸烧伤的创面呈黑色或棕黑色，盐酸烧伤的创面呈黄色，硝酸烧伤的创面呈黄棕色。此外，颜色与创面的深浅也有关系，潮红色的创面最浅，灰色、棕黄色、黑色的创面较深。酸烧伤后由于痂皮掩盖，早期对创面深度的判断较一般烧伤困难，不能因无水疱即判为浓度烧伤。硫酸、盐酸、硝酸为液态时可引起皮肤烧伤，为气态时被吸入可致吸入性损伤。三种酸横向比较，在同样的浓度下，液态时硫酸作用最强，气态时硝酸作用最强。气态硝酸被吸入人体后，数小时即可出现肺水肿。它们口服后均可造成上消化道烧伤，喉水肿及呼吸困难，甚至溃疡穿孔。

应急处理方法：硫酸烧伤后应立即用纸或布轻沾去残留的酸，切忌擦破皮肤，然后用大量水冲洗；盐酸、硝酸烧伤后可立即用水冲洗，冲洗后可用 5% 的碳酸氢钠溶液或氧化镁、肥皂水等中和留在皮肤上的氢离子，中和后继续用水冲洗；创面采用暴露疗法，如确定为Ⅲ度，尽早切痂植皮；对于吸入性损伤，按常规处理；吞食强酸后，可口服牛奶、蛋清、氢氧化铝凝胶、豆浆、镁乳等，忌洗胃或用催吐剂。

（二）氢氟酸烧伤

氢氟酸是氟化氢的水溶液，无色透明，具有强烈的腐蚀性，并具有溶解脂肪和脱钙的作用。氢氟酸烧伤后，创面起初可能只有红斑或皮革样焦痂，随后即发生坏死，向四周及深部组织侵蚀，可伤及骨骼使之坏死，形成难以愈合的溃疡，伤员疼痛较重。质量分数为 10% 的氢氟酸有较强的致伤作用，而质量分数为 40% 的氢氟酸则对皮肤浸润较慢。

应急处理方法：氢氟酸烧伤后，关键在于早期处理，应立即用大量流动水冲洗，至少 30 min，也有主张冲洗 1~3 h 的；冲洗后创面可涂氧化镁甘油（1：2）软膏，或用饱和氯化钙溶液或质量分数为 25% 的硫酸镁溶液浸泡，使表面残余的氢氟酸沉淀为氟化钙或氟化镁，忌用氨水，以免形成有腐蚀性的二氟化铵（氟化氢铵）；如疼痛较剧烈，可用 5%~10% 的葡萄糖酸钙加入 1% 的普鲁卡因按 0.5 mL/cm^2 行皮下及创周浸润，以减轻进行性损害；若创面有水疱，应予除去；烧伤波及甲下时，应拔除指（趾）甲；Ⅱ度创面应早期切痂植皮。北京积水潭医院配制了一种霜剂，外涂创面，每 2~4 h 换药一次，必要时可包扎，至疼痛消失为止，取得了满意的疗效。

（三）石炭酸烧伤

石炭酸被吸收后主要对肾脏产生损害，其腐蚀性、穿透性均较强，对组织有进行性浸润损害，故急救时首先用大量流动冷水冲洗，然后用 70% 的酒精冲洗或包扎。对于深度创面，应早期切痂或削痂。

（四）草酸烧伤

皮肤、黏膜接触草酸后易形成粉白色顽固性溃烂，且草酸与钙结合使血钙降低，故处理时在用大量冷水冲洗的同时，局部及全身应及时应用钙剂。

（五）铬酸烧伤

用水冲洗后用 5% 的硫代硫酸钠溶液或 1% 的硫酸钠溶液洗涤，再用净水冲洗，或涂上 2% 的二硫基丙醇膏，亦可用 5% 的硫代硫酸钠软膏或 10% 的依地酸钙钠软膏。

（六）溴烧伤

溴烧伤是很危险的，被溴灼伤后伤口一般不易愈合，必须严加防范。凡用溴时都必须预先配制好适量 20% 的 $Na_2S_2O_3$ 溶液备用。一旦有溴沾到皮肤上，立即用 $Na_2S_2O_3$ 溶液冲洗，再用大量水冲洗干净，包上消毒纱布后就医；也可立即用酒精洗涤，涂上甘油，用力按摩，将伤处包好。如眼睛受到溴蒸气刺激，暂时不能睁开，可对着盛有氯仿或酒精的试剂瓶注视片刻。

任务六　环境污染事故处置

一、陆地上危险化学品泄漏物的控制与处置

危险化学品大量泄漏后，泄漏物会四处流淌，表面积增大，燃爆危害、健康危害和环境危害随之增大。所以，减小危险化学品泄漏的次生灾害，需要对危险化学品的泄漏面积进行控制。在事故处置中，可以使用相应的方法处理泄漏物（参考本单元任务三“泄露事故处置”）。残留在环境中的危险化学品可用消防水（加药剂）冲洗，并对冲洗水进行无毒化处理，防止次生灾害的发生。

二、水中危险化学品的拦截与清除

如果危险化学品泄漏进入水环境，需要根据泄漏物的理化性质和水体情况，采用修筑水坝、挖掘沟槽、设置表面水栅等方法拦截泄漏物。

修筑水坝是控制小河流中的水体泄漏物的常用拦截方法。挖掘沟槽是控制泄漏到水体中的不溶性沉块的常用拦截方法。表面水栅可用来收容水体中的不溶性漂浮物。

水环境中的危险化学品被拦截后，可以采用撇取法、抽取法、吸附法、固化法、中和法处置泄漏物。撇取法可清除水面上的液体漂浮物。抽取法可清除水中被限制住的固体和液体泄漏物。吸附法通过采用适当的吸附剂来吸附危险化学品，如用活性炭吸附苯、甲苯、汽油、煤油等。固化法通过加入能与泄漏物发生化学反应的固化剂（水泥、凝胶、石灰）或稳定剂，使泄漏物转化成稳定形式，以便于处理、运输和处置。对于泄入水体的酸、碱或泄入水体后能生成酸、碱的物质，可用中和法处理。

三、大气中危险化学品的处置

危险化学气体包括压缩气体和液化气体，其泄漏形成的有毒释放物必须及时彻底地消除。对于压缩气体和液化气体在大气中形成的气团或烟雾，可以采用液体吸收净化法、吸附净化法等方法来处理，如用雾状水吸收 SO_2、H_2S 等水溶性的有毒气体，用活性炭吸附 H_2S、Cl_2 等。

四、危险化学品燃烧爆炸产物的处置

危险化学品燃烧爆炸产物主要是二氧化碳、水和一些有毒的气体及烟尘。燃烧产生的气体物质可以采用液体吸收净化法、吸附净化法等方法来处理。烟尘可通过湿式除尘来净化，湿式除尘是用水或其他液体与含尘气体接触，分离捕集粉尘粒子的方法。通过对燃烧爆炸产物进行净化，可减小其对环境的污染。

五、污水的处理

处置化工突发事故时用水量大，灭火用水、冷却水、稀释净化水等各种污水混合在一起，如

控制不当使其进入城市给排水系统，进而进入江、河、湖、泊及海洋，会造成水环境污染。所以，在事故处置中必须合理用水，并通过修筑围堤、挖掘沟槽等手段使污水汇聚，再根据污水的成分采取物理、化学、生物的方法进行无毒化处理，避免造成环境污染。

【任务实践训练】

学习以下突发性水环境污染事件应急处置案例，进一步熟悉环境污染事故的应急处置过程。

（一）事件应急接报

2010 年 2 月的一日下午，广东省佛山市某区环保局接到群众报告，反映区内一河涌水闸处有偏红色废水排入北江。接报后，区环境监察分局及时赶到现场，对事件进行处理，同时上报市环保局及相关部门。

（二）现场调查

区环保局联合镇规划建设和环保局，对河涌及周边环境进行核查，发现河涌内有呈偏红色、散发出轻微刺激性气味的工业废水。针对污染情况，区环保局立即与水利部门联系，关闭河涌水闸，控制污染扩散，同时联合镇规划建设和环保局对附近的工业区进行排查。在排查中发现污染源头为位于河涌水闸上游 1 000 m 处的工业区内的一家陶瓷厂。尽管该陶瓷厂已按照节能减排工作的要求，停止了喷雾塔及炉窑的生产，相关生产设备也随之拆除，但在拆除喷雾塔生产车间时，储存工业废水的储水池也被损毁，适逢雨水天气，部分工业废水被雨水冲刷后沿雨水渠流入河涌，继而排入北江。

（三）处置措施

第一，对排污源头进行堵截，责令厂方立即堵塞厂内所有排水口，在工业废水得到有效处理前，不允许往外界环境排水。第二，责令企业用槽车抽走残留的废水并交由有资质的公司处理，同时将转移联单回执复印留档。第三，对河涌内受污染的水体进行处理，就近调度应急处理药品，如硫酸亚铁、双氧水等，开展应急处置工作。在处置过程中，前后投放药品共 45.6 t，分别为硫酸亚铁 5 t、硫酸铝净水剂近 30 t、氯化铝 5 t、过氧化氢 2.6 t、石灰 3 t。

（四）环境应急监测

为准确掌握此次污染处置的效果，及时监控饮用水源地的水质状况，区环境保护监测站首先对水质进行取样监测，采样点包括厂内储水池、厂外排水渠、河涌水闸内、河涌水闸外以及附近水厂等。市环境监测中心站对河涌水闸外及其下游 700 m，以及下游饮用水厂等处的水质进行跟踪监测。从事件发生到处置完毕，河涌水闸内挥发酚的浓度由 2.0 mg/L 降至 0.02 mg/L，水闸外挥发酚的浓度由 0.35 mg/L 逐步下降直至未检出，水闸下游及各饮用水源地均未检出挥发酚。监测结果表明，该次水污染事件未对该市饮用水源地的水质造成影响。

单元六　事故现场救护技术

【阅读材料】

意外伤害、突发事件一般发生在动荡不安全的现场，而专业人员到场需要十多分钟甚至更长时间。因此，第一目击者首先要评估现场情况，注意安全，对伤员所处的状态进行判断，分清伤情、病情的轻重缓急，不失时机地、尽可能地进行现场救护。

现场救护的目的是挽救生命，减轻伤残。在挽救生命，防止伤病情进一步恶化这一个最重要、最基本的前提下，还要注意减少伤残的发生，尽量减轻病痛，对神志清醒者要注意做好心理护理，为日后伤员身心全面康复打下良好的基础。总之，现场救护的原则是：先救命，后治伤。现场救护的主要步骤：迅速判断致命伤；保持呼吸道通畅；维持循环稳定；如发现呼吸、心跳骤停，立即行心肺复苏术（Cardio-Pulmonary Resuscitation，CPR）。

无论是在作业场所、家庭或公路等户外，还是在情况复杂、危险的现场，发现危重伤员时，第一目击者对伤员实施救护要做到如下几点。

1）保持镇定，沉着大胆，细心负责，理智科学地判断。

2）评估现场，确保自身与伤员的安全。

3）分清轻重缓急，先救命，后治伤，果断实施救护措施。

4）在可能的情况下，尽量采取措施减轻伤员的痛苦。

5）充分利用可支配的人力、物力协助救护。

（一）自救、互救

1. 紧急呼救

当紧急灾害事故发生时，应尽快拨打 120、110 呼叫急救车辆，或拨打当地担负急救任务的医疗部门的电话。

2. 先救命，后治伤；先重伤，后轻伤

在事故的抢救工作中不要因忙乱而受到干扰，被轻伤者喊叫所迷惑，使危重伤者落在最后抢出，故一定要本着先救命，后治伤的总原则。

3. 先抢后救，抢中有救，尽快脱离事故现场

在可能再次发生事故或引发其他事故的现场，如失火可能引起爆炸的现场，应先抢后救，抢中有救，尽快脱离事故现场，以免发生爆炸伤害或有害气体中毒等，确保救护者与伤者的安全。

4. 先分类，再运送

不管伤轻伤重，甚至对于大出血、严重撕裂伤、内脏损伤、颅脑损伤的伤者，如果未经检伤和任何医疗急救处置就急送医院，后果十分严重。因此，必须坚持先进行伤情分类，把伤者集中到标志相同的救护区，有的伤者需等待伤势稳定后方能运送。

5. 医护人员以救为主,其他人员以抢为主

救护人员应各负其责,相互配合,以免延误抢救时机。通常先到现场的医护人员应该担负现场抢救的组织指挥职责。

6. 减轻伤员的精神创伤

一切有生命威胁的刺激都能对人产生强烈的心理效应,进而影响其行为活动。灾害给伤者造成的精神创伤是明显的,对伤者的救护除现场救护及早期治疗外,还应尽可能减轻其精神上的创伤。

7. 伤者的救护措施

为应对紧急情况,企业员工和公民都应学习和掌握止血、包扎、固定、搬运等急救技术,对伤者进行紧急处理。

8. 正确处理窒息性气体引起的急性中毒

在存在窒息性气体的事故现场,危害的特点是突发性、快速性、高度致命性,救护人员应佩戴防护用具,正确施救,以降低死亡率,并防止自身中毒。

9. 尽力保护好事故现场

救护人员应尽力保护好事故现场,以便于调查与分析事故原因。

(二)现场伤情、伤者分类和设立救护区标志

在救护中,为降低抢救的盲目性,节省时间,应准确地按伤情对伤者进行分类并分别进行有组织的救护,使其快速进入"绿色生命安全通道"。这样有利于最大限度地发挥有限的医护人员的作用,把救护力量投入最需要救护的伤者身上。

事故发生时,创伤现场救护要求快速、正确、有效。正确的现场救护能挽救伤者的生命,防止损伤加重和减轻伤者的痛苦,反之会加重损伤,造成不可挽回的损失,以至危及伤者的生命。心肺复苏、止血、包扎、固定和搬运技术是事故现场急救的通用技术,作业人员熟练掌握这些技术可以在短时间内挽救伤者的生命,为其进一步入院治疗争取宝贵的时间。各类创伤现场救护有共同的规律,还需要掌握以下原则。

1)树立整体意识,重点、全面了解伤情,避免遗漏,注意保护自身和伤者的安全。

2)先抢救生命,重点判断伤者是否有意识、呼吸、心跳,如发现呼吸、心跳骤停,应立即进行心肺复苏。

3)检查伤者的伤情,快速、有效地止血。

4)优先包扎头部、胸部、腹部的伤口以保护大脑及内脏,然后包扎四肢的伤口。

5)先固定颈部,然后固定四肢。

6)操作迅速、平稳,防止伤者损伤加重。

7)尽可能佩戴个人防护用品,戴上医用手套或用几层纱布、干净的布片、塑料袋代替。

任务一　有效实施心肺复苏

触电、溺水、中毒、创伤等多种原因都可以引起心跳、呼吸骤停。在心跳和呼吸将停、刚停

或处在临床死亡阶段（俗称“假死状态”）而不是生物学死亡阶段（即“真死状态”）的 4~8 min 内建立基础生命维持，保证人体重要脏器的基本血氧供应，直到建立高级生命维持或心跳、呼吸恢复为止的具体操作，即为心肺复苏。有效的心肺复苏可以及时向心、脑及全身的重要器官供氧，延长机体耐受临床死亡的时间，使脑细胞因有氧持续供应而不致坏死。典型的心肺复苏术如图 2-6-1-1 所示。

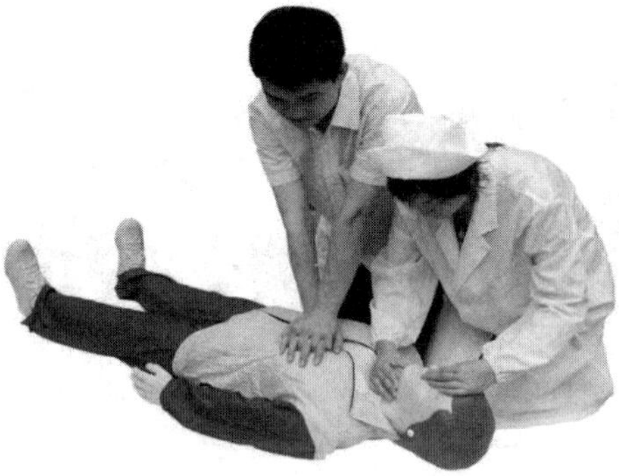

图 2-6-1-1　心肺复苏术

一、心肺复苏术简介

对一般人而言，心搏骤停的严重后果是以秒来衡量的。心博停止后，5~10 s，意识丧失，突然倒地；30 s，可出现全身抽搐；60 s，瞳孔散大，自主呼吸逐渐停止；3 min，开始出现脑水肿；4 min，开始出现脑细胞死亡；8 min，出现“脑死亡”的“植物状态”，脑细胞发生不可逆转的损害。

正常人的心肌耐缺氧时间是 30 min，实施 CPR 的成功率与开始抢救的时间密切相关，见表 2-6-1-1。

表 2-6-1-1　实施 CPR 的成功率与开始抢救的时间的关系

时间	成功率
< 1 min	>90%
1 ~ 4 min	60%
4 ~ 6 min	40%
6 ~ 8 min	20%，侥幸存活者可能已脑死亡
>10 min	<2%

心肺复苏就是心跳、呼吸骤停和意识丧失等意外情况发生时，给予患者迅速而有效的人工呼吸与心脏按压，从而使其呼吸循环重建并积极保护大脑，最终使大脑智力恢复的方法。该方法几乎适用于任何原因（心源性的、窒息所致、创伤所致等）的心跳、呼吸骤停和意识丧失，如溺水、电击、创伤、脑卒中、气道异物、烟熏、药物过量、心肌梗死、室颤、室速等。

二、实施心肺复苏

国际规范化心肺复苏术分为3个阶段：基础生命支持（在现场）、进一步生命支持（在救护车上或病房）、持续生命支持（在重症监护室或康复中心）。此外，还包含5个生存链：早期识别与呼叫、早期CPR、早期除颤、有效的高级生命支持、完整的心脏骤停后处理，如图2-6-1-2所示。

早期识别与呼叫　早期CPR　早期除颤　有效的高级生命支持　完整的心脏骤停后处理

图2-6-1-2　心肺复苏的5个生存链

但是，事发现场通常没有任何器械和设备，普通施救者能做的和必须尽快做的是基础生命支持，包括胸外按压、开放气道、人工通气、除颤4个步骤，其他阶段由专业人员完成。在没有获得除颤仪的情况下，施救者仅做胸外按压为基础的CPR，如图2-6-1-3所示。

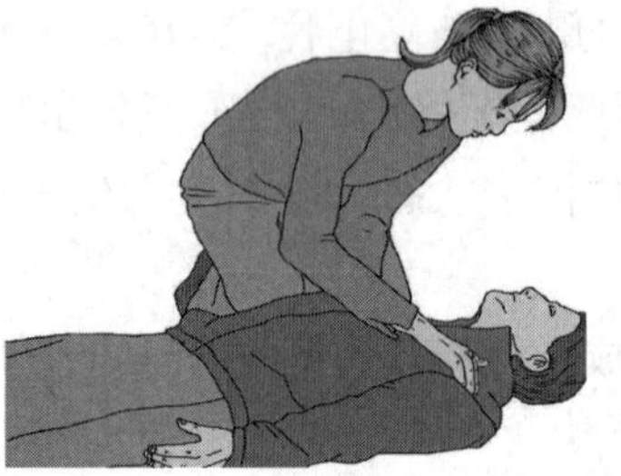

图2-6-1-4　检查患者的呼吸

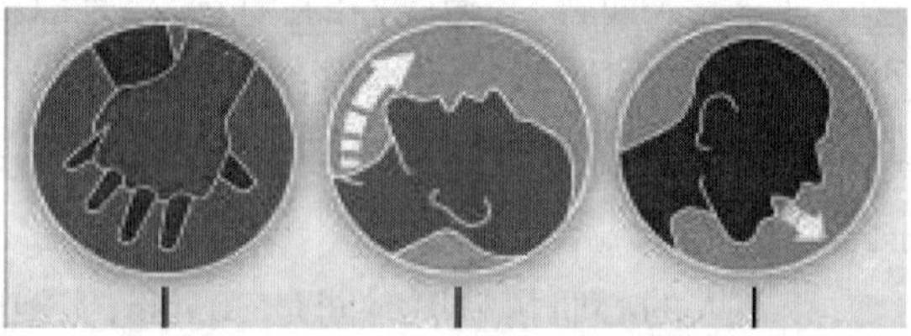

胸外按压　开放气道　人工通气

图2-6-1-3　基础生命支持（无除颤仪）

（一）现场评估和安全确认

急救者在确认现场安全的情况下，轻拍患者的肩膀，并大声呼喊询问，检查患者是否有呼吸，如图2-6-1-4所示。

（二）启动紧急医疗服务并获取除颤仪

如发现患者无反应、无呼吸或无正常呼吸（只有喘息），施救者应立即拨打120，启动紧急医疗服务（Emergency Medical Service，EMS），积极寻找自动体外除颤仪（Automated External Defibrillator，AED）。当可以立即取得AED时，应尽快将其投入使用。当不能立即取得AED时，应立即实施心肺复苏术，同时让人获取AED，视情况尽快尝试进行除颤。心脏停跳时间越短，大脑缺氧性损伤越轻，恢复的概率越大。有外伤者，尤其是脊柱或颈部伤者，转身时需高度注意，以避免损伤脊髓。

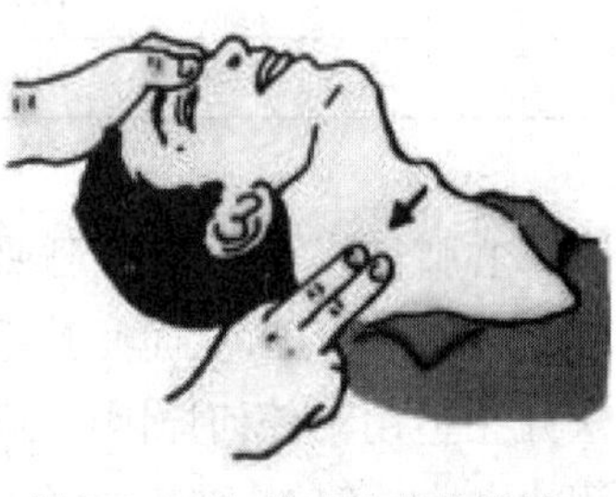

图2-6-1-5　检查患者的脉搏

在救助淹溺或窒息性心脏骤停患者时，急救者应先进行 5 个周期（大约 2 min）的 CPR，然后拨打 120 启动 EMS。

（三）检查脉搏

对于普通施救者，只要发现无反应的患者没有自主呼吸就应按心搏骤停处理。对于医务人员或专业人士，一般在患者仰头后以一手的食指和中指触摸患者的颈动脉，以感觉有无搏动，如图 2-6-1-5 所示。检查脉搏应在 10 s 内完成，如 10 s 内没有明确触摸到脉搏，不要犹豫，马上开始 CPR。

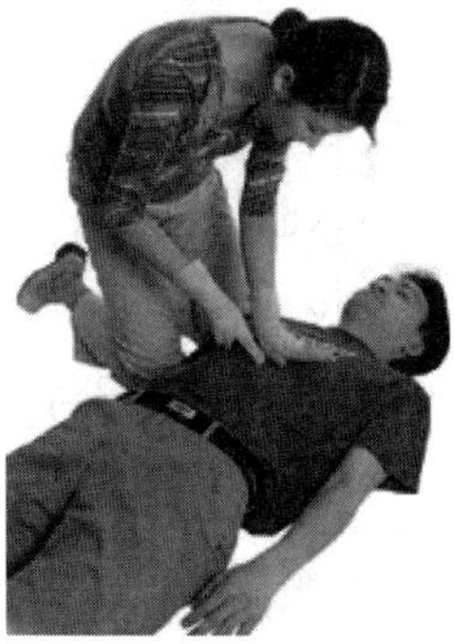

图 2-6-1-6　确定胸外按压的位置

（四）胸外按压

对无意识、无呼吸或无正常呼吸者，马上开始进行胸外按压。连续不断地按压可以产生 60~80 mmHg 的收缩压，保证重要脏器的供血。

胸外按压的步骤：先找准按压的位置，一只手触到患者靠近施救者一侧的胸廓下缘，手指向中线滑动找到肋骨与胸骨连接处；手掌贴在紧靠手指的胸骨的下半部，双手手掌重叠，保证手掌全力压向胸骨；注意不要按压剑突，手指不要用力，向上翘起离开胸壁。对于一般的中青年人员，也可用简单的方法找准按压的位置：胸部正中与双乳头的连线处，如图 2-6-1-6 所示。

在心肺复苏过程中，施救者应该以适当的速率和深度进行有效按压，同时尽可能减少胸外按压中断的次数和持续时间。

进行胸外按压时，施救者肘关节伸直、双手叠放、手指锁住并交叉抬起，上肢呈一条直线，双肩正对双手，利用上身的重量垂直下压 30 次，成人（包括 ≥8 岁的儿童）的按压频率是至少 100~120 次 / 分钟，使胸骨下陷至少 5 厘米，但不超过 6 厘米，如图 2-6-1-7 所示。

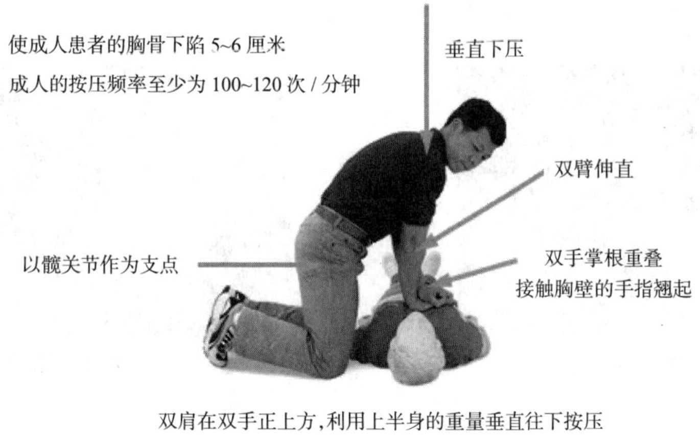

图 2-6-1-7　胸外按压动作要领

为保证每次按压后胸廓充分回弹，在按压间隙施救者的双手应离开患者的胸壁。

（五）开放气道

患者常因舌根后移而堵塞气道，开放气道的目的就是开放并清理气道，解除舌后坠，保持呼吸顺畅，为人工呼吸做准备。若疑有气道异物，先行海姆立克急救术，再开放气道。

保持呼吸顺畅的方法有多种，要根据患者的情况实施。

1. 仰头提颏法

急救人员一只手的小鱼际（手掌外侧缘）置于伤者的前额，另一只手的中指、食指置于其下颏将下颌骨上提，使下颌角、耳垂的连线与地面垂直，如图 2-6-1-8 所示。对非专业急救人员来说，无论伤者有无外伤，都可使用这种方法。注意抬颏时不宜用力过大，以免压迫气道。

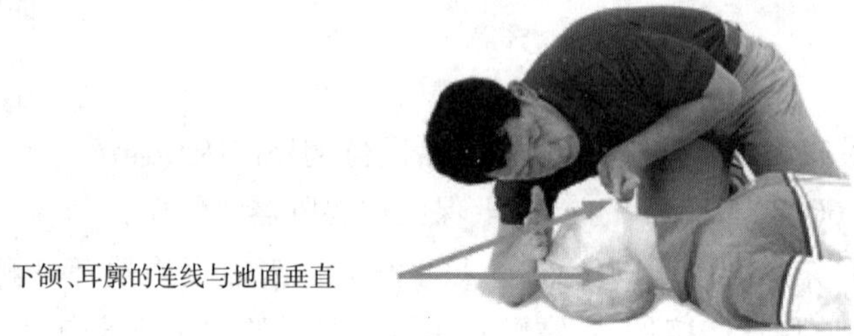

图 2-6-1-8 仰头提颏法

2. 托颈法

急救人员一只手的手心放在患者的前额上并向下加压，另一只手的手心向上放在患者的颈下将其颈部上抬，如图 2-6-1-9 所示。这种方法禁用于头、颈部有外伤的患者。

3. 推举下颌法

急救人员位于患者头部前方，将双手放在患者两侧的下颌处，用双手的中指、食指及无名指将患者的下颌前拉，同时用双手的拇指推开患者的口唇，如图 2-6-1-10 所示。这种方法常用于疑有颈部损伤的患者，是专业人员必须掌握的方法。

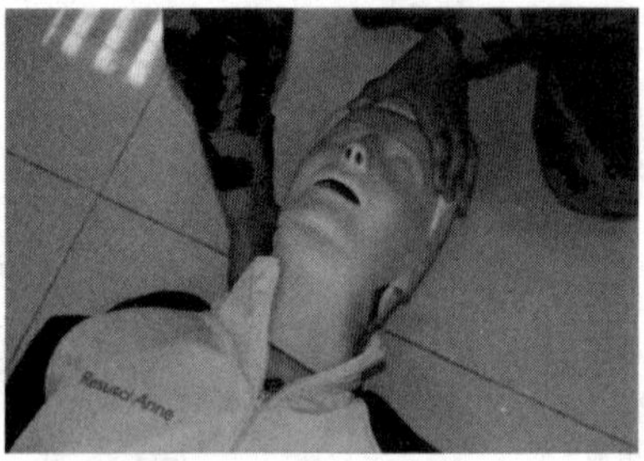

图 2-6-1-9 托颈法

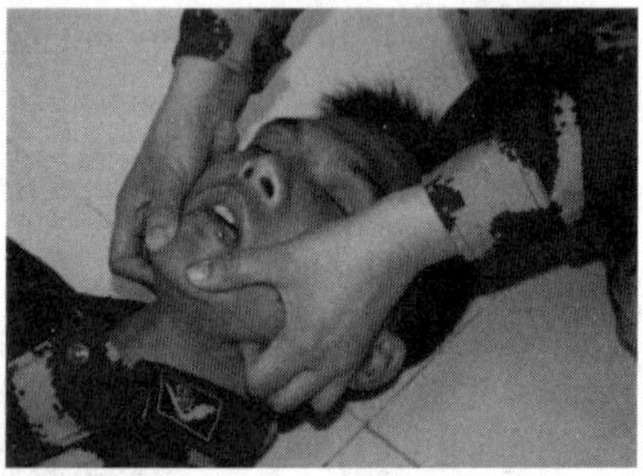

图 2-6-1-10 推举下颌法

（六）人工通气

空气经呼吸道进入肺脏进行气体交换，摄取氧气，排出二氧化碳，这个过程称为呼吸。肺是负责气体交换的器官。呼吸道是气体进出的通道，由鼻、咽、喉、气管及其分支组成，如图 2-6-1-11 所示。

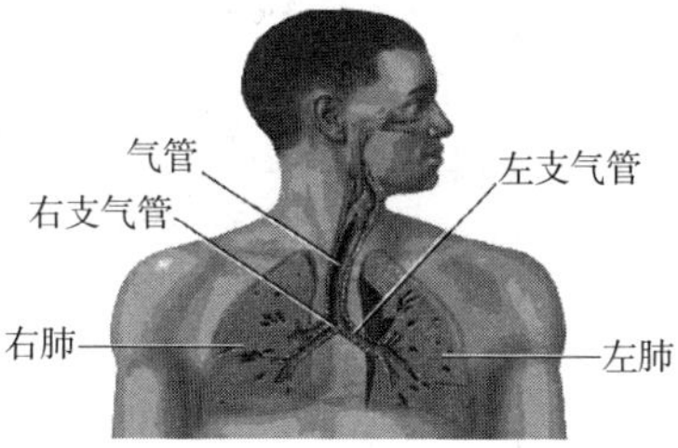

图 2-6-1-11　肺脏和呼吸道

人工通气的目的是通过外界的力量，人为地将空气吹入伤者的呼吸道内。进行人工通气时，施救者的口唇严密覆盖被救者的口唇，一只手捏住其鼻孔，另一只手将其下颏抬起，吹气完毕后放开其口鼻。

成人吹气频率一般为 10~12 次 / 分钟，连续送气 2 次。气量因人而异，一般为 500~600 mL，气量不宜过大，不宜超过 1 200 mL，如图 2-6-1-12 所示。

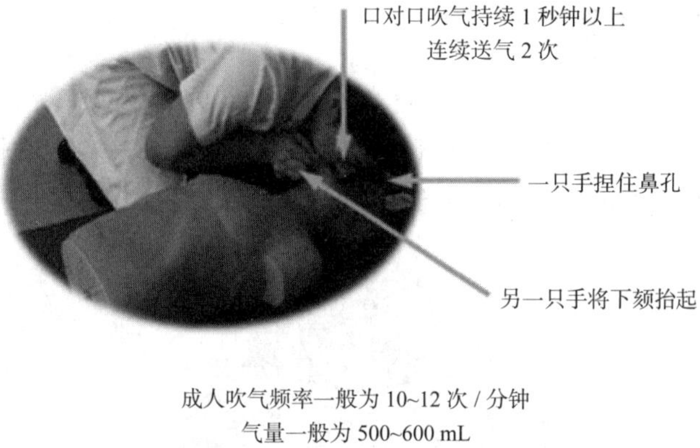

图 2-6-1-12　人工通气

进行人工通气时，每次吹气持续 1 秒钟以上，使胸廓隆起。在吹气过程中要注意观察伤者的气道是否通畅，胸廓是否明显隆起。

注意事项：要严格按吹气和胸外按压的比例操作，吹气和胸外按压的次数过多或过少均会影响心肺复苏的成败；胸外按压的位置必须准确，否则容易损伤其他脏器；胸外按压的力度要适宜，力度过大容易使胸骨骨折，引起气胸、血胸，力度过小，胸腔压力小，不足以推动血液循环。正确的 CPR 步骤和指征如表 2-6-1-2 所示。

表 2-6-1-2 正确的 CPR 步骤和指征

步骤		指征
判断意识	10 秒	呼喊、轻拍后无反应且没有呼吸或不能正常呼吸
检查脉搏		颈动脉
胸外按压 30 次	部位	胸部正中与双乳头的连线处（胸骨下 1/3 处）
	方式	双手掌根重叠
	深度	5~6 cm
	频率	100~120 次 / 分钟
开放气道		头部后仰成 90° 角
人工通气 2 次	方式	口对口、口对鼻
	气量	500~600 mL（胸廓隆起）
	频率	10~12 次 / 分钟
胸外按压与吹气的比例		30：2
CPR 循环的次数		5

三、有效指征和终止抢救标准

非专业急救者应对患者持续进行 CPR，直至被 EMS 人员接替或患者开始有活动，不应为了检查循环或检查反应是否恢复而随意中止 CPR。除了医务人员、专业急救人员或在极特殊情况下，须遵循下述心肺复苏的有效指标和终止抢救标准，如图 2-16-1-13 所示。

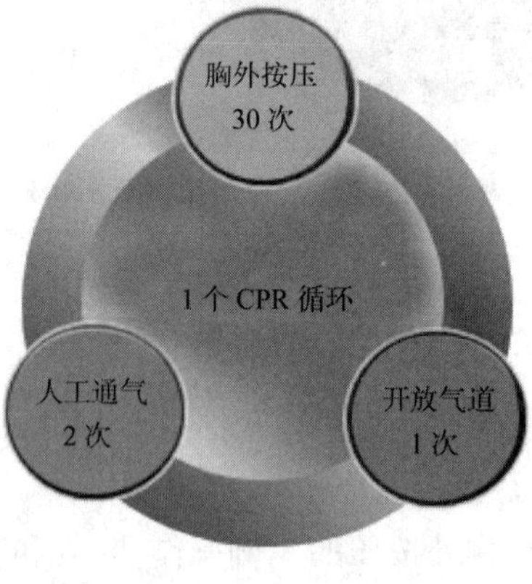

5 个循环后复检生命体征

图 2-6-1-13 抢救流程

成人 CPR 以胸外按压与人工通气的次数为 30：2 的比例，按照标准步骤和有效指征进行（图 2-6-1-14），5 个循环之后进行 1 次生命体征的判断，静听是否有呼吸声，同时触摸是否有颈动脉博动。若颈动脉连续搏动，心脏恢复跳动，瞳孔由原来的散大自动缩小恢复正常，说明患者被救活。

(一)有效指征

1)观察颈动脉搏动,有效时每次按压后就可触到一次搏动。若停止按压后搏动停止,表明应继续进行按压;如停止按压后搏动继续,说明患者已恢复自主心搏,可以停止胸外按压。

2)若患者无自主呼吸,人工通气应继续进行;在自主呼吸很微弱时,仍应坚持人工通气。

3)心肺复苏有效时,可见患者有眼球活动,口唇、甲床转红,甚至脚可动;观察瞳孔时,可见其由大变小,并有对光反射。

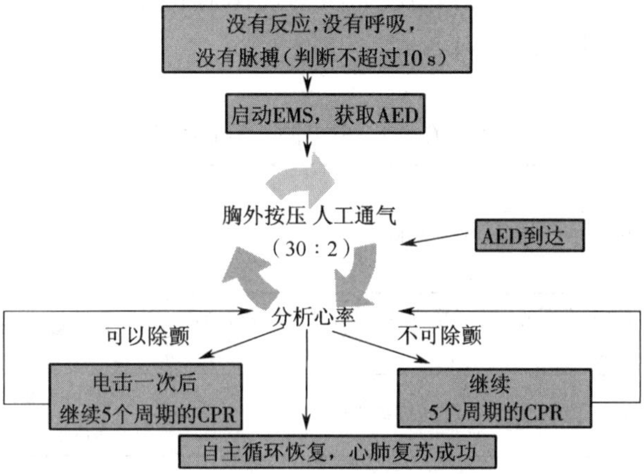

图 2-6-1-14　心肺复苏流程

(二)终止抢救标准

现场 CPR 应坚持不间断地进行,不可轻易做出停止心肺复苏的决定。符合下列条件时,现场抢救人员方可考虑终止心肺复苏。

1)患者的呼吸和循环已有效恢复。

2)有 EMS 人员接手进行心肺复苏或有其他人员接替抢救。

3)无心搏和自主呼吸,CPR 在常温下持续 30 min 以上,EMS 人员到场确定患者已死亡。

在如下情况下,可考虑终止心肺复苏:现场的危险威胁到抢救人员的安全(如雪崩、山洪爆发);心肺复苏持续 30 min 以上患者仍无心搏及自主呼吸,且有深度昏迷、瞳孔固定、角膜反射消失等脑死亡症状;将患者的头向两侧转动,眼球位置不变,且无进一步救治和送治条件。但也有对溺水者进行 1 h 以上的 CPR 成功的报道,还有 2 h 不间断的心肺复苏挽救生命的案例。

【任务实践训练】

借助心肺复苏模拟人,跟随教学视频,学习并掌握心肺复苏术。

扫一扫:CPR 训练视频

任务二　正确施行伤口止血

血液是维持生命的重要物质。成人的血液约占自身体质量的 8%,大约每千克身体拥有

60~80 mL 血液。骨髓、淋巴是人体的造血工厂。

失血速度和数量是影响伤者的健康和生命的重要因素。失血量小于全身血量的 5%（200 ~400 mL）时，可自身代偿；突然失血大于 20%（800 ~1 000 mL）时，有面白、肢凉、出冷汗、脉搏增快的轻度休克现象；一次失血大于 40%（2 000 mL 以上）时，会出现躁动或淡漠、心慌、呼吸快、摸不到脉搏、测不出血压的症状，可导致死亡；若失血量超过全身血量的 25%，就有生命危险。

在各种突发创伤中，出血是突出表现，常分为内出血和外出血。外出血有动脉出血、静脉出血和毛细血管出血等，见表 2-6-2-1。

表 2-6-2-1　常见的外出血形式

名称	外出血形式	备注
动脉出血	流血频率与心跳和脉搏一致，血液一股股喷出，流血极多	一定要尽快送往医院。到达医院前，需采取有效措施止血
静脉出血	流血较多，没有的固定频率，血液随出血者的身体运动而流出，能够自愈	可用无菌纱布压迫止血
毛细血管出血	流血不多，因擦破体表的真皮层而出血	出血少时，短时便能自愈；出血多时，可用无菌纱布压迫止血

止血是创伤救护的基本任务，其目的就是控制出血，保存有效的血容量，防止休克，挽救生命。常见的止血方法包括指压法、加压包扎法、填塞法、止血带法和其他方法（如钳夹类止血法等），见表 2-6-2-2。

表 2-6-2-2　常见的止血方法

名称	适用情况	方法
指压法 / 指压动脉法	出血不止时，先在出血的血管处或稍近端用手指加压止血，出血点无法按压或效果不佳时，用指压动脉法	用手指压迫伤口近心端的动脉，阻断动脉血运
加压包扎法	用于小动脉出血、小静脉出血、毛细血管出血等	伤口覆盖无菌敷料后，将厚纱布、棉垫置于无菌敷料上面，再用绷带、三角巾等紧紧包扎
填塞法	用于伤口较深或伴有大的动、静脉损伤且出血严重时，躯干部位出血不能使用此种方法止血	将无菌的棉垫、纱布等紧紧填塞在伤口内，再用绷带或者三角巾等进行加压包扎
止血带法	用于其他包扎不奏效的四肢大血管出血，位置在上臂上部 1/3 或大腿中上部	止血带的松紧以能控制出血为度

一、指压法止血

伤口出血不止时，可先在出血的血管处或稍近端用手指加压止血，出血点无法按压或效果不佳时，用指压动脉法止血。

二、加压包扎法止血

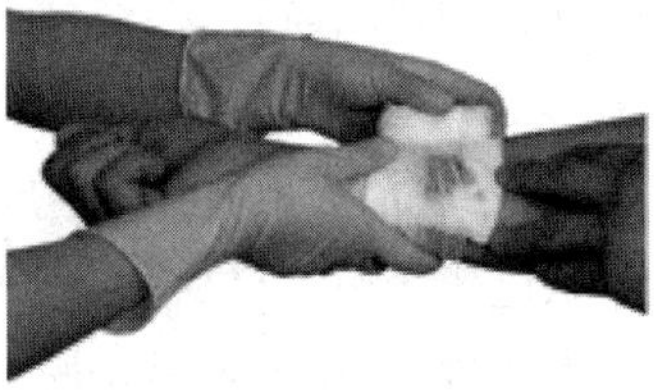

图 2-6-2-1　加压包扎法止血

伤口覆盖无菌敷料后，将厚纱布、棉垫置于无菌敷料上面，再用绷带、三角巾等紧紧包扎，如图 2-6-2-1 所示。伤口应尽量清洁，包扎要牢固。该方法适用于小动脉出血、小静脉出血、毛细血管出血。

三、填塞法止血

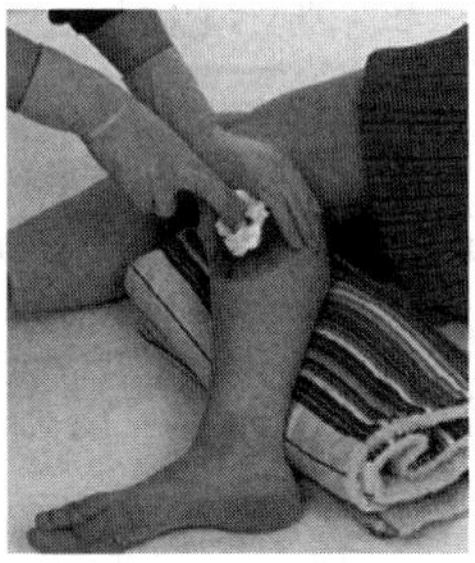

图 2-6-2-2　填塞法止血

将无菌的棉垫、纱布等紧紧填塞在伤口内，再用绷带或者三角巾等进行加压包扎，松紧以刚好达到止血的目的为宜，如图 2-6-2-2 所示。该方法用于伤口较深或伴有大的动、静脉损伤且出血严重时，躯干部位出血不能使用此种方法止血。

四、止血带法止血

止血带是一种橡胶管，止血带法适用于其他包扎不奏效的四肢大血管出血，位置在上臂上部 1/3 或大腿中上部。使用止血带时，先将患肢抬高数分钟，局部垫上毛巾或其他软组织物，以防组织擦伤，如图 2-6-2-3 所示。止血带的松紧以能控制出血为度，过松达不到止血的目的，过紧易致组织缺血、坏死。

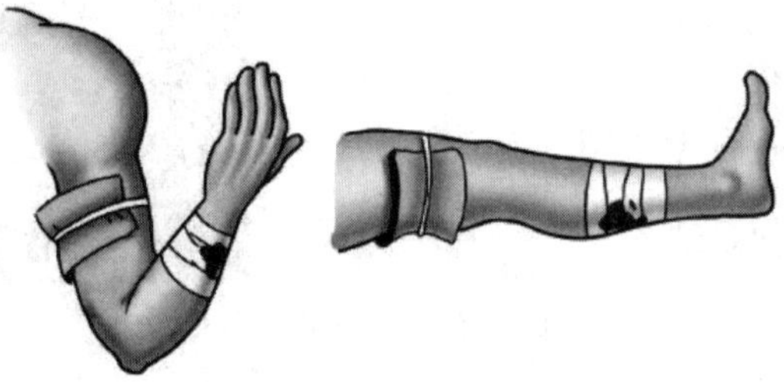

图 2-6-2-3　止血带法止血

如果没有止血带，也可用宽布条、毛巾、绷带等代替，但要严防勒伤组织。

应在止血带上标明开始使用止血带的时间，每隔 45 min 左右放松一次，根据局部出血情况每次止血几分钟。禁止用电线、铁丝、绳子等代替止血带。

【任务实践训练】

现场使用无菌敷料、厚纱布、棉垫、绷带、三角巾、止血带等物料，跟随教学视频，进行模拟伤口止血训练，掌握伤口止血技术。

扫一扫：伤口止血教学视频

任务三　掌握常见包扎术

良好的包扎有助于减少感染和防止搬运中再污染，还能起到压迫止血、预防休克、减轻疼痛，保护内脏、血管、神经、肌腱等重要组织的作用。

为了充分暴露伤口，要在包扎前脱掉衣服、鞋子，先脱未受伤的一侧，若伤者伤情严重不能脱衣服，可沿衣缝把衣服剪开。若伤情危重，暴露伤口困难，也可根据伤口的部位在衣服外面加压包扎。包扎材料应保持无菌，伤口要加盖敷料全部包覆，防止再次污染。包扎的松紧度要适当，包扎过松敷料易松脱或移动；如有包扎过紧的体征，立即松开绷带，重新包扎。打结处应在肢体的外侧或前面，避免在伤口或坐卧受压的地方打结。

一、绷带包扎法

用绷带包扎的目的是固定盖在伤口上的纱布，固定骨折或挫伤处，并有压迫止血、保护患处的作用。包扎均由远心端开始，先环形包扎两周，将始端固定，再向近心端包扎。指（趾）端尽量外露，以便观察肢体末梢血液的循环情况。基本包扎法包括环形包扎法、螺旋包扎法、反折螺旋包扎法、8 字包扎法、人字包扎法、回返包扎法等。

（一）环形包扎法

打开绷带卷，将绷带在包扎部位上缠绕数周，每一周完全覆盖上一周的绷带。该方法用于包扎开始与结束时，固定带端，及包扎颈、腕、胸、腹等粗细相等的部位的小伤口，如图 2-6-3-1 所示。

图 2-6-3-1　环形包扎法

（二）螺旋包扎法

将绷带斜向上 30° 环形缠绕，每一周覆盖上一周绷带宽度的 2/3，露出 1/3。该方法多用于肢体粗细差别不大的部位，如四肢、胸背部及腰部，如图 2-6-3-2 所示。

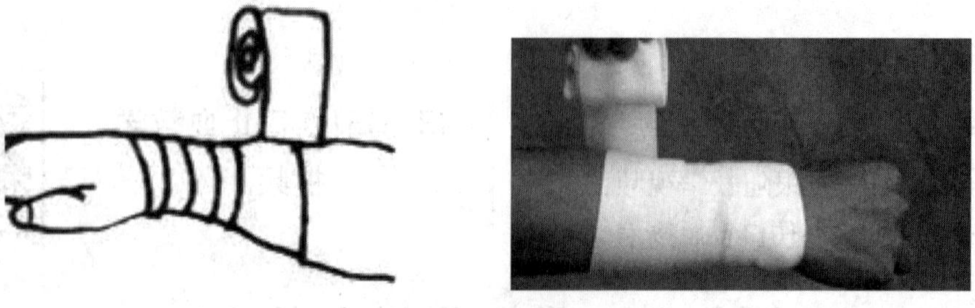

图 2-6-3-2　螺旋包扎法

（三）反折螺旋包扎法

先按螺旋状缠绕，待到渐粗的地方就每圈把绷带反折一下，盖住前一圈绷带宽度的1/3~2/3，由下而上缠绕。该方法多用于肢体粗细不等处，如图 2-6-3-3 所示。

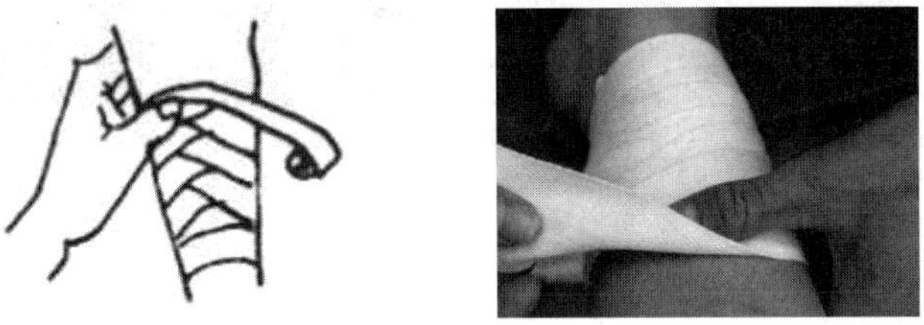

图 2-6-3-3　反折螺旋包扎法

（四）8 字包扎法

首先于腕部环绕，经手腕掌侧、拇指桡侧，至手背虎口处，斜绕向拇指端；再经手背至手腕，绕经拇指桡侧至拇指；如此反复直至覆盖完全；最后在腕部打结。该方法主要用于手掌部位伤口的包扎，也用于脚掌部位伤口的包扎，如图 2-6-3-4 所示。

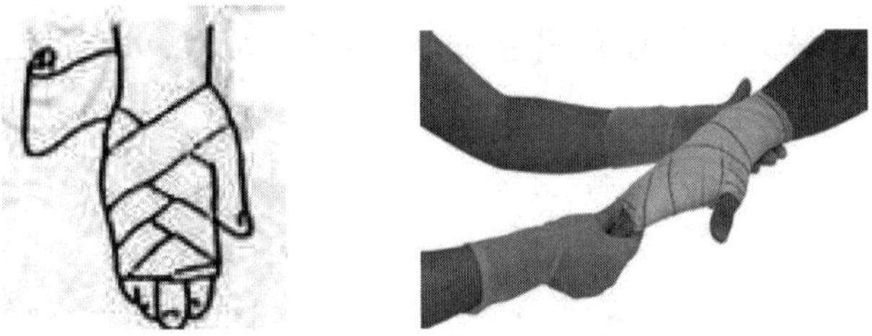

图 2-6-3-4　8 字包扎法

（五）人字包扎法

将关节弯曲至 90°，把绷带放在关节中央，先绕一圈固定敷料，再由内向外做人字形缠绕，每一圈覆盖前一圈绷带宽度的 2/3，缠完 3 个“人”字后，缠绕一圈进行固定。该方法适用于肘部、膝部、足跟部等关节处伤口的止血包扎，如图 2-6-3-5 所示。

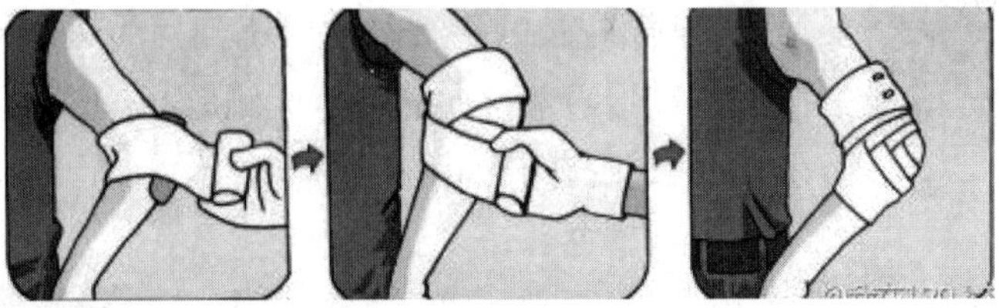

图 2-6-3-5　人字包扎法

（六）回返包扎法

将绷带向上反折成 90°（与环形包扎垂直），先覆盖残端中央，再交替覆盖左右两边，每一周覆盖上一周绷带宽度的 1/3~1/2，直到该端全部被包裹后，以左手固定住反折部分，将绷带反折回来（与环形包扎方向一致）。该方法用于顶端部位，如头部、指（趾）端及断肢残端的包扎，如图 2-6-3-6 所示。

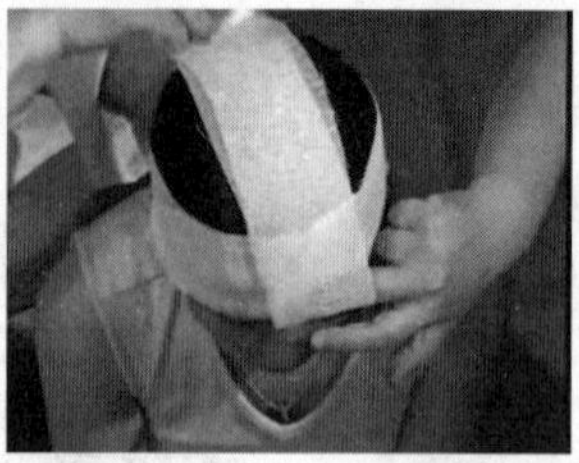
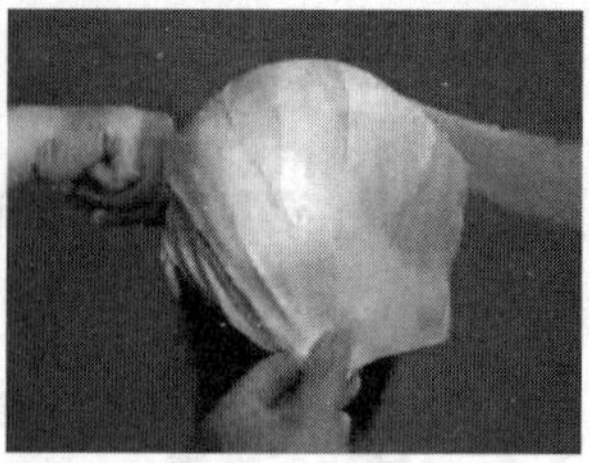

图 2-6-3-6 回返包扎法

二、三角巾包扎法

三角巾包扎法可用于身体多数部位伤口的包扎，其包扎面积大。三角巾制作简单，使用方便，不仅是较好的包扎材料，还可固定夹板、敷料和代替止血带，用于肩部、胸部、臀部等处的包扎。

（一）头部包扎法

头部包扎法是将三角巾底边的中点放在眉间上部，顶角经头顶垂向枕后，然后将底边经左右耳上向后拉紧，在枕部交叉，并压住垂下的枕角、再交叉从耳上绕到额部拉紧打结，最后将顶角向上反掖在底边内或用安全针、胶布固定，如图 2-6-3-7 所示。

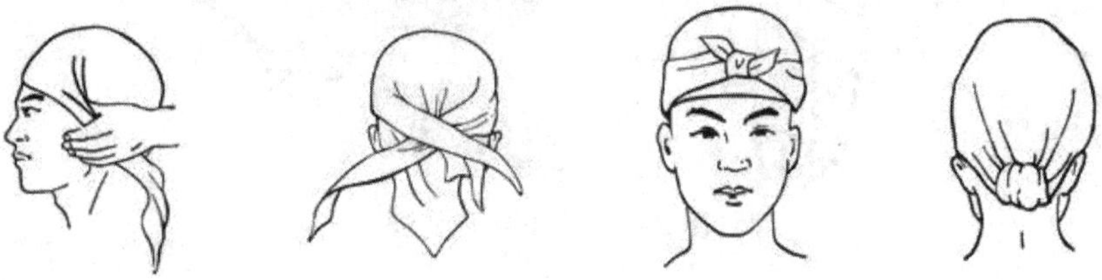

图 2-6-3-7 头部包扎法

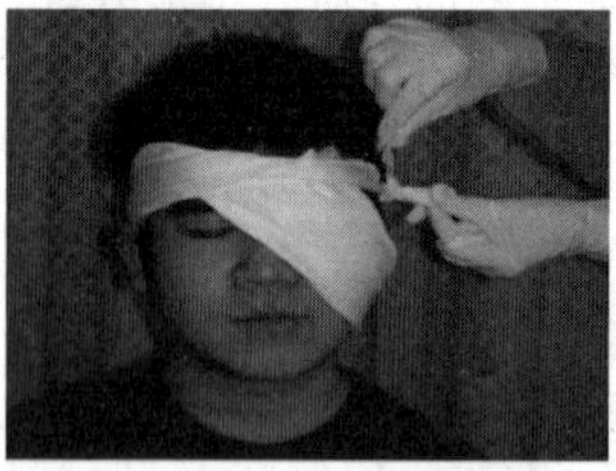

图 2-6-3-8 单眼包扎法

（二）眼部包扎法

1. 单眼包扎法

将三角巾折成四指宽的带状巾，以三分之二向下斜放在伤眼上，将下侧较长的一端经枕后绕到额前压住上侧较短的一端后，长端继续沿着额部向后绕至健侧颞部，短端反折环绕枕部至健侧颞部与长端打结，如图 2-6-3-8 所示。

2. 双眼包扎法

将三角巾折成四指宽的带状巾，将中央部分盖在一侧的伤眼上，下端从耳下绕到枕后，再经对侧耳上至眉间上方压住上端，继续绕过头部到对侧耳前，将上端反折斜向下，盖住另一只伤眼，再绕耳下与另一端在对侧耳上或枕后打结，也可用带状巾按交叉法包扎，如图 2-6-3-9 所示。双眼包扎法还可将三角巾折叠成四指宽的带状巾横向绕头两周，于一侧打结。

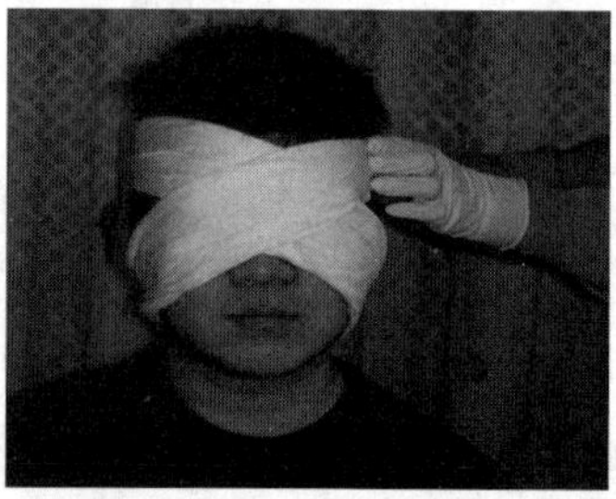

图 2-6-3-9 双眼包扎法

（三）三角巾悬带

1. 臂悬带（大手挂）

将一条三角巾放于患侧胸部，底边和躯干平行，顶角对着伤臂的肘部，伤臂肘部弯成 80°角放在三角巾中部；三角巾上端越过健侧肩部从后颈部绕到患侧，下端绕过伤臂反折向上，两端在锁骨上窝处打结，再将顶角折回旋转固定；用另一条三角巾宽带将悬挂好的上肢包裹在胸前打结固定，结下及腋下应放软垫缓冲，如图 2-6-3-10 所示。该方法适用于非复杂性肋骨骨折、上臂及前臂外伤和骨折。

图 2-6-3-10　臂悬带（大手挂）

2. 肩悬带（小手挂）

将受伤一侧的前臂斜放在胸前，肘部弯曲约 45°，手指贴着锁骨。将三角巾展开，一侧边角覆盖在伤肢上，顶角从肘上折向肘后；再将下边折上托住伤肢，两端在健侧锁骨上窝处打结；用另一条三角巾宽带将悬挂好的上肢包裹在胸前打结固定，结下及腋下应放软垫缓冲，如图 2-6-3-11 所示。该方法适用于锁骨骨折、手掌及手指外伤及骨折、复杂性肋骨骨折、胸部凹陷伤。

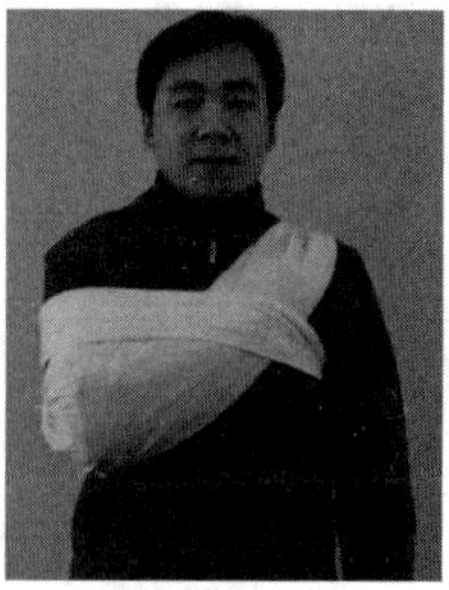

图 2-6-3-11

（四）其他包扎法

三角巾包扎法还可用于肩部、胸部、脚部、膝部及其他部位的包扎，如图 2-6-3-12 所示。

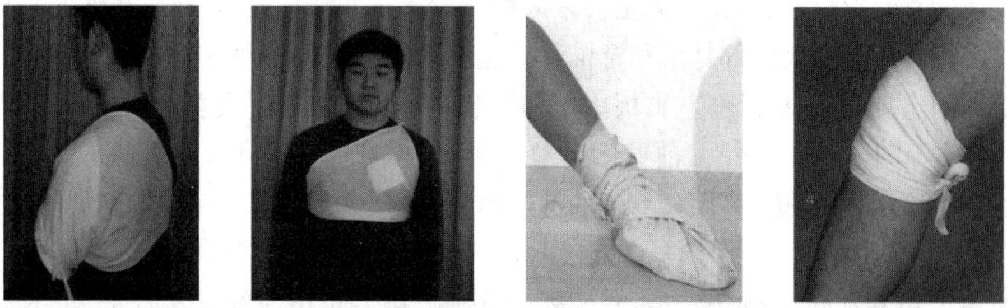

（a）　（b）　（c）　（d）

图 2-6-3-12　三角巾的其他应用部位

（a）肩部　（b）胸部　（c）脚部　（d）膝部

三、特殊伤口包扎

(一)腹部内脏脱出包扎

当腹部受到撞击、刺伤,腹腔内的器官如结肠、小肠脱出体外时,不要将其压塞回腹腔内,而要采用特殊的方法进行包扎。伤员取仰卧位或半卧位,先将用生理盐水浸泡后的大块纱布覆盖在脱出的内脏上,用绷带或三角巾围成保护圈,放在脱出的内脏周围,再用大小合适的器皿罩在外面,最后用三角巾包扎固定。

(二)异物刺入体内包扎

异物刺入体内后,切忌拔出异物,因为异物可能刺中重要器官或血管,如果把异物拔出,会造成出血不止和新的损伤。

对于异物刺入体内,正确的包扎方法是先将两块棉垫或替代品安放在异物显露部分的周围,尽可能使其不摇动,然后用棉垫包扎固定,使刺入体内的异物不脱落。此外,还可制作环形垫,用于包扎有异物的伤口,避免压住伤口中的异物。

扫一扫:常见包扎术教学视频

【任务实践训练】

现场使用绷带、三角巾等材料,跟随教学视频,学习并掌握常见包扎术。

任务四　掌握常见固定术

骨折是指骨骼受外力打击,完全或不完全断裂的现象。骨折分为开放性骨折和闭合性骨折。固定的目的是制动、止痛、减少出血、保护伤口、防止感染、避免再次损伤、便于运送。

骨折的专有体征是畸形、异常活动、骨擦音或骨擦感,观察到三种体征之一,即可判断为骨折。但未见此三种体征者,也不能完全排除骨折的可能性,如嵌插骨折、裂缝骨折等。

发现伤者骨折或疑似骨折,应就地取材对骨折处进行固定,如用合适的木板、竹竿、树枝、纸板和衣物等,以减轻伤者的疼痛,防止骨折端移位刺伤邻近的组织及血管、神经,防止创伤性休克。肢体如有畸形,按畸形位置固定。开放性骨折禁止冲洗和上药,暴露在外的骨折端不要送回伤口内。对危险的头颈部骨折和脊椎骨折应就地固定,不要随便移动。

骨折的固定方法有悬带固定、夹板固定和健肢固定。悬带用途很多,主要用于锁骨骨折固定。夹板主要用于上臂(肱骨)、前臂(尺、桡骨)、大腿(股骨)、小腿(胫、腓骨)等骨折固定。对于大腿、肱骨髁上等骨折,可用另一侧的健肢固定。

(一)尺、挠骨(前臂)骨折固定

用两块木板并加垫,分别置于前臂的外侧、内侧,用三角巾或绷带在骨折上、下端捆绑固定。在屈肘位,用三角巾悬吊伤肢于胸前,露出指端以检查末梢血液循环。也可将书本、杂志等垫于前臂下方,超过肘关节和腕关节,用布带捆绑固定,如图 2-6-4-1 所示。

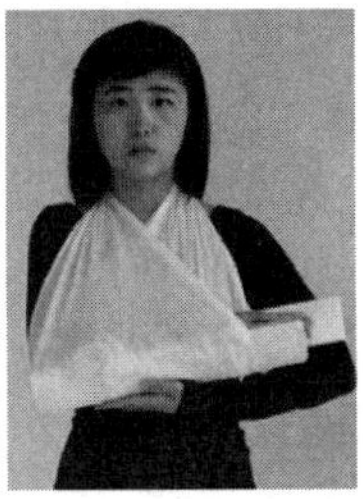

图 2-6-4-1　尺、挠骨骨折固定

（二）肱骨（上臂）骨折固定

将一块木板放于上臂外侧，从肘部到肩部放衬垫，用绷带或三角巾固定上、下两端，屈肘位悬吊前臂，指端露出以检查血液循环。

（三）股骨（大腿）骨折固定

1. 躯干固定

将长夹板从足跟至腋下，短夹板从足跟至大腿根部，分别置于患腿的外、内侧，关节处及空隙部位均放置衬垫，用 5~7 条三角巾或布带先将骨折部位的上、下两端固定，然后分别固定腋下、腰部、膝、跖等处。足部用 8 字法固定，使足部与小腿成直角，如图 2-6-4-2 所示。

图 2-6-4-2　股骨骨折的躯干固定

2. 健肢固定

用三角巾、腰带、布带等 5 条宽带将双下肢固定在一起，并在两膝、两踝及两腿之间垫好衬垫。以 8 字法固定足踝，露出趾端以检查末梢血液循环，如图 2-6-4-3 所示。

图 2-6-4-3　股骨骨折的健肢固定

（四）胫、腓骨（小腿）骨折固定

夹板长度超过膝关节，上端固定至大腿，下端固定至跖关节及足底。用 5~7 条三角巾或布带先将骨折部位的上、下两端固定，然后分别固定大腿、膝、踝等处。足部用 8 字法固定，使足部与小腿成直角，如图 2-6-4-4 所示。

图 2-6-4-4　胫、腓骨骨折固定

（五）骨盆骨折固定

使伤病员呈仰卧位，两膝下放置软垫，膝部屈曲以减轻骨盆骨折的疼痛；用宽布带从臀后向前绕骨盆扎紧，在下腹部打结固定，如图 2-6-4-5 所示。

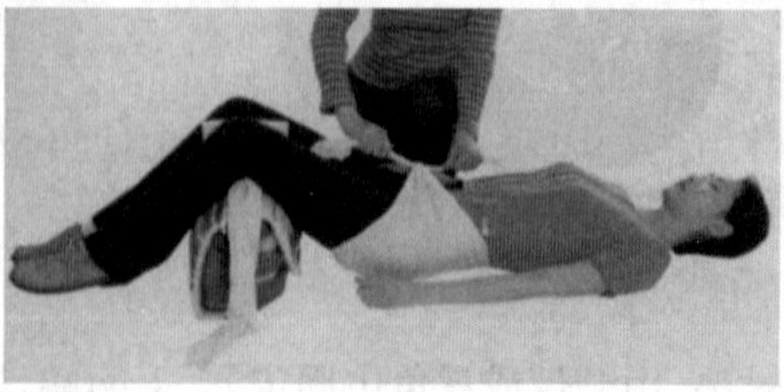

（a）

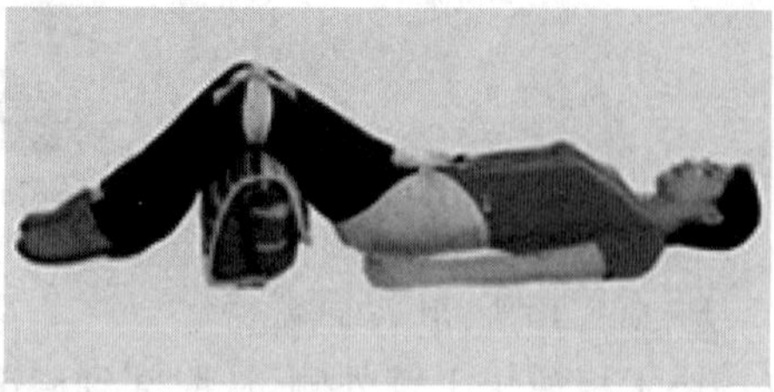

（b）

图 2-6-4-5 骨盆骨折固定

（a）固定过程 （b）固定效果

扫一扫：常见固定术教学视频

【任务实践训练】

现场使用木板、三角巾等材料，跟随学习视频，学习并掌握常见固定术。

任务五 正确搬运伤者

搬运是指将伤者从受伤的灾害现场搬运到担架上的操作，它是急救措施中的重要一环。搬运伤者时，必须做到不增加伤员的痛若，不造成再损伤及合并症。选择正确的搬运体位非常重要，尤其对于危重伤伤员，可大大提高急救的成功率。

一、搬运体位

（一）仰卧位

采用仰卧位可以避免伤者的颈部及脊椎过度弯曲，防止发生椎体错位。对于腹壁缺损的开放伤伤者，采取仰卧屈曲下肢体位可防止腹腔器脱出。

（二）半卧位

对于普通胸部损伤的伤员，在除外合并胸椎、腰椎损伤及休克时，可以采用半卧位，以减轻疼痛并利于呼吸。

（三）侧卧位

在排除颈部损伤后，对有意识障碍的伤员可采用侧卧位，以防止伤员呕吐时食物吸入气管。伤员侧卧时，可在其颈部垫一个枕头，保持中立位。

二、搬运方法

徒手搬运法用于距离较近、伤情较轻、无骨折伤员的搬运。一般在有多人在场的情况下采用该方法。徒手搬运法分为单人徒手搬运法和双人徒手搬运法，分别见表 2-6-5-1 和表 2-6-5-2。

表 2-6-5-1　单人徒手搬运法

方法	适用情况
扶行法（两人三足）	清醒且能够步行的伤者
背负法	清醒，可站立，但不能行走的体质量轻的伤者
抱持法	体质量较轻的伤者
爬行法、平托法、拖行法	急救员无足够的能力搬抬的伤者

表 2-6-5-2　双人徒手搬运法

方法	适用情况
双人扶腋法	清醒、上肢没有受伤的伤者
前后扶持法	没有骨折的清醒伤者
双手座	清醒但软弱无力的伤者
四手座	清醒且能合作的伤者

（一）拖行法

现场环境危险，必须将伤者转移到安全区域，且不能使用其他方法时，采用此法，包括拖肩、拖衣、拖毯等，如图 2-6-5-1 所示。

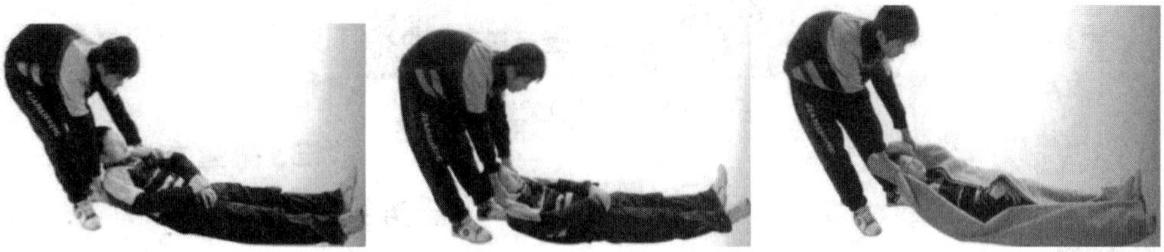

图 2-6-5-1　拖行法

（二）扶行法

扶行法适用于搬运伤势轻微，并能行走的伤员。

（三）抱持法

抱持法适用于搬运儿童或体质量较轻的伤员。

（四）爬行法

爬行法适用于在狭小的空间或火灾烟雾现场进行伤者搬运，如图 2-6-5-2 所示。

图 2-6-5-2 爬行法

（五）平托法

平托法适用于搬运骨盆骨折和脊柱骨折的伤者。

（六）背负法

背负法适用于搬运清醒、伤势轻、体质量较轻的伤者；不适用于搬运昏迷、骨折或胸腹部有严重创伤的伤者。

三、运送注意事项

运送伤者时，需携带必要的急救药品、器材，如发现伤情变化，要立即停下并进行必要的急救。平巷运送伤员时，要让伤者头部在后，以便后边的护送人员随时观察其伤情变化，尽量维持伤者于水平状态，如图 2-6-5-3 所示。斜巷、上山、下山运送伤员时，应让伤者头向上，脚朝下，抬担架者步调要一致，并做到轻、快、稳，以提高急救的成功率。

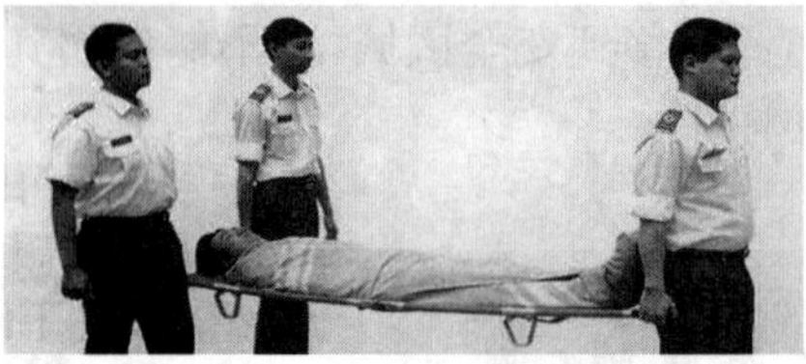

图 2-6-5-3 用担架运送伤者

扫一扫：伤者搬运教学视频

【任务实践训练】

现场使用担架等材料，跟随学习视频，相互配合学习、练习并掌握伤者搬运技术。

思考与练习题

一、填空题

1）国务院于 2011 年 2 月 16 日第 144 次常务会议修订通过《危险化学品安全管理条例》，并规定《条例》自_____年_____月_____日起正式施行。

2)根据《化学品分类和危险性公示 通则》(GB 13690—2009),危险化学品共分_____类,其中包括物理化学危害 _____类,健康危害 _____类,环境危害 _____类。

3)危险化学品储存方式分为三种:_____、_____、_____。

4)危险化学品事故应急管理是完整的系统工程,可以概括为“一案三制”,即 _______,______、______和 _____ 。

5)进行胸外按压时,施救者肘关节伸直、双手叠放、手指锁住并交叉抬起,上肢呈一条直线,双肩正对双手,利用上身的重量垂直下压 ______次,成人(包括 ≥8 岁的儿童)的按压频率是至少 _____次 / 分,使胸骨下陷至少 5 厘米,但不超过 6 厘米。

6)对成人行 CPR 时,胸外按压与人工呼吸次的数按 _____的比例。

二、判断题

1)国家对危险化学品的生产、储存实行统一规划、合理布局。( )

2)通过道路运输危险化学品时,托运人应当委托给依法取得危险货物道路运输许可的企业承运。( )

3)遇爆炸物品火灾时,可以用沙土盖压。( )

4)比水轻又不溶于水的液体(如汽油、苯等)起火时,可用普通蛋白泡沫或轻水泡沫灭火。( )

5)具有水溶性的液体(如醇类、酮类等)起火时,最好用抗溶性泡沫扑救。( )

三、简答题

1)危险化学品安全说明书包括哪些内容?

2)从事危险化学品经营的企业应当具备哪些条件?

3)为了安全储存危险化学品,应该做好哪些管理工作?

4)实施心肺复苏术(CPR)的过程是怎样的?

5)常见的伤口包扎方法有哪些?

模块三

防火防爆安全技术

【模块导读】

化工生产行业属于高危行业，近年来随着我国化工生产的快速发展，火灾、爆炸等重、特大事故时有发生，化工生产防火、防爆安全问题越来越被人们所重视。

党的二十大报告指出：国家安全是民族复兴的根基，社会稳定是国家强盛的前提。消防救援工作一头连着经济发展和社会稳定，一头连着千家万户的平安和幸福。我们必须坚决扛起防范化解重大安全风险、及时应对处置各类灾害事故、保护人民群众生命财产安全和维护社会稳定的重要职责和使命。

本模块针对防火和防爆安全问题，系统介绍燃烧的基础知识，燃烧的过程与原理，爆炸的基础知识，燃烧性物质的储存、运输和销毁处理，燃烧和爆炸事故的调查和分析以及火灾和爆炸的控制。

单元一　燃烧的基础知识

【阅读材料】

2019 年 5 月 22 日 4：30 左右，某车间气分岗位当班操作工陈某按照内主操郭某的安排，先到气分装置二层 V401 罐进行脱水操作，完成后至三层 V402 罐（操作压力为 1.82 MPa）进行脱水操作。陈某用 F 形铁质扳手打开靠近 V402 罐体的根部阀，开度约一半，再开远端阀，先旋开 2 圈左右，在看到 V402 罐底部的脱水管口有水排出后，又旋开了 1 圈。在水已排净，碳三气体从脱水管道喷出后，陈某未能及时关闭远端阀，喷出的气体遇静电起火，随即陈某用 F 形铁质扳手关闭远端阀，旋关了 1.5 圈后，由于火势加大，阀门未完全关闭，随后陈某又尝试关闭靠近 V402 罐体的根部阀，但因火势较大，已无法控制。陈某双手被灼伤。

任务一　认识燃烧的条件，掌握灭火控制原理

燃烧是可燃物质与助燃物质（氧或其他助燃物质）发生的一种发光发热的氧化反应。在化学反应中，失掉电子的物质被氧化，获得电子的物质被还原。所以，氧化反应并不限于同氧的反应。例如，氢在氯中燃烧生成氯化氢。氢原子失掉一个电子被氧化，氯原子获得一个电子被还原。类似地，金属钠在氯气中燃烧，炽热的铁在氯气中燃烧，都是激烈的氧化反应，并伴有光和热的发生。金属和酸反应生成盐也是氧化反应，但没有同时发光发热，所以不能称作燃烧。灯泡中的灯丝通电后同时发光发热，但并非发生氧化反应，所以也不能称作燃烧。只有同时发光发热的氧化反应才被界定为燃烧。

可燃物质（一切可氧化的物质）、助燃物质（氧化剂）和火源（能够提供一定的温度或热

量）是可燃物质燃烧的三个基本要素。缺少三个要素中的任何一个，燃烧便不会发生。对于正在进行的燃烧，只要充分控制上述三个要素中的任何一个，燃烧就会终止。所以，防火、防爆安全技术可以归结为这三个要素的控制问题。例如，在无惰性气体覆盖的条件下加工处理如丙酮之类的易燃物质，便具备了燃烧三要素中的前两个要素，即可燃物质和氧化气氛。可以查出，丙酮的闪点是 -10 ℃。这意味着丙酮在高于 -10 ℃的任何温度下，都可以释放出足够量的蒸气并与空气形成易燃混合物，一旦遭遇火花、火焰或其他火源就会引发燃烧。为了达到防火的目的，处理丙酮时，至少要实现下列四个条件中的一个。

1）环境温度保持在 -10 ℃以下。

2）切断大气氧的供应。

3）在区域内清除任何形式的火源。

4）在区域内安装良好的通风设施，使丙酮蒸气一旦释放出来，排气装置就迅速将其排离区域，使丙酮蒸气和空气的混合物不至于达到危险的浓度。

条件 1 和条件 2 在工业上很难实现，而条件 3 和条件 4 则不难实现。固然，完全清除燃烧三要素中的任何一个，都可以杜绝燃烧的发生。然而，对工业操作施加如此严格的限制，在经济上很少是可行的。工业物料安全加工研究的一个重要目的是，确定在兼顾杜绝燃烧和操作经济上的可行性方面还留有多大余地。为此，知道如何防火仅仅是开始，降低防火的消费在工业防火中有着同样重要的意义。

燃烧反应在温度、压力、组成和点火能等方面都存在极限值。可燃物质和助燃物质达到一定的浓度，火源具备足够的温度或热量，才会引发燃烧。如果可燃物质和助燃物质在某个浓度值以下，或者火源不能提供足够的温度或热量，即使表面上看似乎具备了燃烧的三个要素，燃烧仍不会发生。例如，氢气在空气中的浓度低于 4% 时便不能被点燃；而对于一般可燃物质，当空气中氧含量低于 14% 时便不会引发燃烧。总之，可燃物质的浓度在其上、下极限浓度以外，燃烧便不会发生。

近代燃烧理论用连锁反应来解释可燃物质燃烧的本质，认为多数可燃物质的氧化反应不是直接进行的，而是通过游离基团和原子这些中间产物经连锁反应进行的。有些研究者在燃烧的三角形理论的基础上，提出了燃烧的四面体学说。这种学说认为，燃烧除具备可燃物质、助燃物质和火源三角形的三个边以外，还应该保证可燃物质和助燃物质之间的反应不受干扰，即进行“不受抑制的连锁反应”。

在一般情况下，燃烧可以理解为燃料和助燃物质间伴有发光发热的化学反应。除自燃现象外，都需要用火源引发燃烧。所以，燃烧要素可以简单地表示为燃料、助燃物质和火源这三个基本条件。下面围绕这三个基本条件进行讨论，并提出降低燃烧的危险性的方法。

（一）燃料

防火的一个重要内容是考虑燃烧物质，即燃料。处于蒸气或其他微小分散状态的燃料和氧之间极易发生燃烧。因此，将固体研磨成粉状或加热使之蒸发极易起火。但也有少数例外，有些固体蒸发所需的温度远高于通常的环境温度。液体则显现出很大的不同，有些液体在远低于室温时就有较高的蒸气压，就能释放出危险量的易燃蒸气。另外，一些液体在略高于室温时才有较高的蒸气压，还有一些液体在相当高的温度下才有较高的蒸气压。很显然，液体释放出蒸气与空气形成易燃混合物的温度是其潜在危险的量度，可以用闪点来表示。

液体的闪点是火险的标志。美国州际商会把闪点小于等于 27 ℃的液体列为高火险液体。选择 27 ℃作为分界点，是因为这个温度代表通常或室内温度的上限，任何液体在此温度下发生闪燃都是危险的。闪点在 28~177 ℃表示中度火险，闪点在 177 ℃以上为轻微火险。当液体的闪点低于 93.7 ℃时，全美消防协会才称之为易燃液体。上述火险等级划分只是指出了液体加工或储存时的危险程度，实际上所有有机物质在足够高的温度下暴露都会燃烧。

排除潜在火险对于防火安全是重要的。为此必须用密封的、有排气管的罐盛装易燃液体。这样，当与罐隔开一段距离的物料意外起火时，液罐被引燃的可能性将会大大减小。由于燃烧的液体产生大量的热，会引发存放液罐的建筑物起火，因此把易燃物料置于耐火建筑中对于防火安全也是重要的。易燃液体安全的关键是防止其蒸气在封闭空间中积累。当应用或储存中度或高度易燃液体时，通风是必要的安全措施。通风量的大小取决于物料及其所处的条件。因为有些蒸气密度较大，向下沉降，仅凭蒸气的气味作为警示是极不可靠的。用爆炸或易燃蒸气指示器连续监测才是安全的方法。

（二）氧和热

虽然在某些不寻常的情况下，有些物质（如氯或磷）能够发生燃烧状的化学反应，但是可以毫不夸张地说，几乎所有的燃烧都需要氧。而且，反应气氛中氧的浓度越高，燃烧速度就越快。工业上很难调节加工区氧的浓度，而且阻止发火的氧浓度远低于正常浓度，不适于供人员呼吸。工业上有时需要处理的只是在通常温度下暴露在空气中就会起火的物料，把这些物料与空气隔绝是必要的安全措施。为此，加工这些物料需要在真空容器或充满惰性气体的环境中，如在氩、氦和氮的容器内进行加工。

热是燃烧伴生的一个重要结果。为了使工业装置免受燃烧的破坏，经常需要调节和控制释放出的热量。一个容易被忽略的事实是，只需要把很少量的燃料和氧的混合物加热到一定程度就能引发燃烧。由于小热源引发的小火向环境的供热大于引发小火的吸热，因而会点燃更多的燃料和氧的混合物。如此继续下去，可用的热量很快会超过蔓延成大火所需要的热量。热量可以由不同的火源提供，如高的环境温度、热表面、机械摩擦、火花或明火等。

（三）火源

下面介绍常见火源以及与之有关的安全措施。

1. 明火

在易燃液体装置附近，必须核查明火火源，如喷枪、火柴、电灯、焊枪、探照灯、手灯、手炉等，此外必须考虑裂解气或油品管线成为火炬的可能性。为了防火安全，常常用隔墙的方法实现充分隔离。隔墙应该相当坚固，以在使用喷水器或其他救火装置灭火时，能够有效地遏止火焰。一般推荐使用耐火建筑，如混凝土材质的隔墙。

易燃液体在应用时需要采取限制措施。在加工区，即使运输或储存少量易燃液体，也要用安全罐。为了防止易燃蒸气扩散，应该尽可能采用密封系统。在火灾中，防止火焰扩散是绝对必要的。所有易燃液体储罐都应该设置通往安全地的溢流管道，因而必须用拦液堤容纳溢流的燃烧液体,否则火焰会大面积扩散,造成人员或财产的重大损失。除采取上述防火措施外,降低起火后的总消耗也是重要的。高位储存易燃液体的装置应该通过采用防水地板、排液沟、溢流管等措施,防止燃烧液体流向楼梯井、管道开口、墙的裂缝等。

2. 电源

电源在这里指的是电力供应和发电装置,以及电加热和电照明设施。在危险地域安装电力设施时,以下电力规范措施是应该认真遵守的公认的准则。

1)应用特殊的导线和导线管。

2)应用防爆电动机,特别是在地平面或低洼地安装时。

3)应用特殊设计的加热设备,警惕加热设备材质的自燃温度,推荐应用热水或蒸汽加热设备。

4)电气控制元件(如热断路器、开关、中继器、变压器、接触器等)容易产生火花或变热,这些元件不宜安装在易燃液体储存区。在易燃液体储存区只能用防爆按钮控制开关。

5)在危险气氛或库房中,仅可应用不透气的球灯。在通风良好的区域才可以用普通灯。最好用固定的吊灯,也可以应用手提安全灯。

6)在危险区,只有在防爆的条件下才可以安装保险丝和电路闸开关。

7)电动机座、控制盒、导线管等都应该按照普通的电力安装要求接地。

3. 过热

过热是指物质的温度超出其物态变化所需的温度。过热过程应避免在可燃建筑物中发生,并应该受到密切监视。推荐应用温度自动控制和高温限开关,而且仍需要密切监视。

4. 热表面

易燃蒸气与燃烧室、干燥器、烤炉、导线管以及蒸气管线接触,常引发易燃蒸气起火。如果运行设备有时会达到高过一些材料的自燃点的温度,要把这些材料与设备隔开至安全距离。对于这样的设备,应该仔细监视和维护,防止偶发的过热。

5. 自燃

许多火灾是由物质自燃引起的,并被来自毗邻的干燥器、烘箱、导线管、蒸气管线的外部热量所加速。有时,在封闭的没有通风的仓库中积累的热量足以使氧化反应加速至着火点。加工易燃液体,特别是容易自热的易燃液体时,要特别注意管理和通风。在所有设备和建筑物中,都应该避免废料、烂布条等的积累或淤积。

6. 火花

机具和设备产生的火花、吸烟产生的热灰、无防护的灯、锅炉、焚烧炉以及汽油发动机的回火,都是起火的潜在因素。在储存和应用易燃液体的区域应该禁止吸烟。这类区域中的所有设备都应该进行一级条件的维护,应该尽可能地应用防火花或无火花的器具和材料。

7. 静电

在碾压、印刷等工业操作中,常由于摩擦而在物质表面产生电荷,即所谓的静电。橡胶和造纸工业中的许多火灾都是以这种方式引发的。在湿度比较小的季节或人工加热的情形下,静电起火更容易发生。在应用易燃液体的场所,应使相对湿度保持在40%~50%,这会大大降低产生静电火花的可能性。为了消除静电火花,必须采用电接地、静电释放设施等。所有易燃液体罐、管线和设备都应该互相连接并接地,并禁止使用传送带,而尽可能采用直接传动或链条传动装置。如果不得不使用传送带,传送带的速度必须限定在 45.7 m/min 以下,或者采用可降低产生静电火花的可能性的特殊传送带。

8. 摩擦

许多起火是由机械摩擦引发的,如通风机叶片与保护罩的摩擦,润滑性能很差的轴承,研磨或其他机械过程,都有可能引发起火。对于通风机和其他设备,应该经常检查并使其维持在尽可能好的状态。对于摩擦产生大量热的工艺过程,应该和储存、应用易燃液体的场所隔开。

【任务实践训练】

探究燃烧条件的实验装置如下。

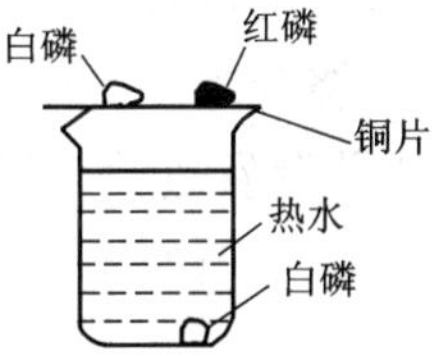

1)由该实验得,可燃物燃烧的条件是:__________;____________。

2)实验中发生反应的化学方程式为 ________________。

3)实验中使用铜片,是利用了铜的 ________________。

4)磁铁矿的主要成分是 ___________。(填化学式)

5)CO 与 Fe_2O_3 在高温条件下反应的化学方程式为 ___________。

6)高炉炼铁得到的主要产品是 _________。(填序号)

A. 纯铁　　B. 生铁　　C. 钢

7)铁生锈的主要条件是铁与水和 __________ 直接接触。

任务二　了解燃烧的形式,掌握物质燃烧类别

一、燃烧形式

可燃物质和助燃物质的相态、混合程度和燃烧过程不尽相同,其燃烧形式是多种多样的。

(一)均相燃烧和非均相燃烧

按照可燃物质和助燃物质相态的差异,燃烧可分为均相燃烧和非均相燃烧。均相燃烧是指可燃物质和助燃物质间的燃烧反应在同一相中进行,如氢气在氧气中的燃烧,煤气在空气中的燃烧。非均相燃烧是指可燃物质和助燃物质并非同相,如石油(液相)、木材(固相)在空气(气相)中的燃烧。与均相燃烧相比,非均相燃烧比较复杂,需要考虑可燃液体或固体的加热,以及由此产生的相变化。

（二）混合燃烧和扩散燃烧

可燃气体与助燃气体的燃烧反应有混合燃烧和扩散燃烧两种形式。可燃气体与助燃气体预先混合而后进行的燃烧称为混合燃烧。可燃气体由容器或管道中喷出，与周围的空气（或氧气）接触扩散而产生的燃烧称为扩散燃烧。混合燃烧速度快、温度高，一般爆炸反应属于这种形式。在扩散燃烧中，由于与可燃气体接触的氧气量偏低，通常会产生不完全燃烧的炭黑。

（三）蒸发燃烧、分解燃烧和表面燃烧

可燃固体或液体的燃烧反应有蒸发燃烧、分解燃烧和表面燃烧几种形式。

蒸发燃烧是指可燃液体蒸发出的可燃蒸气的燃烧。通常液体本身并不燃烧，只是由液体蒸发出的蒸气进行燃烧。很多固体或不挥发性液体经热分解产生的可燃气体的燃烧称为分解燃烧，如木材和煤大都是由热分解产生的可燃气体进行燃烧，而硫黄和萘这类可燃固体是先熔融、蒸发，而后进行燃烧，也可视为蒸发燃烧。

可燃固体或液体的蒸发燃烧和分解燃烧均有火焰产生，属火焰型燃烧。当可燃固体燃烧至分解不出可燃气体时，便没有火焰，燃烧继续在所剩固体的表面进行，称为表面燃烧。金属燃烧即属表面燃烧，无气化过程，无须吸收蒸发热，燃烧温度较高。

此外，根据燃烧产物或燃烧进行的程度，可燃固体或液体的燃烧还可分为完全燃烧和不完全燃烧。

二、燃烧类别、类型及其特征参数

（一）燃烧类别

依据可燃物质的性质，燃烧一般可划分为四个基本类别，每个类别还包含不同的类型。例如，易燃液体的溢流燃烧可以是深度、流动或薄层燃烧；而金属燃烧则可以是粉末型、液体型、切削型或浇铸型燃烧。

1.A 类燃烧

A 类燃烧为普通可燃物质（如木材、纤维织品、纸张等）的燃烧。此类燃烧都生成灼烧余烬，如木炭。容易忽略的是，木炭本身也是 A 类物质。需要特别注意，水和基于碳酸氢盐的干燥化学品并不是有效的灭火剂。橡胶和橡胶类的物质以及塑料在燃烧早期更像 B 类物质，而在燃烧后期则为 A 类物质。

2.B 类燃烧

B 类燃烧为易燃石油制品或其他易燃液体、油脂等的燃烧。然而有些固体，如萘是一个明显的例子，其在燃烧时熔化并显示出易燃液体燃烧的一切特征，而且无灰烬。近些年来，金属烷基化合物频繁地用于化学工业中，这些易燃液体由于自燃温度不寻常得低，而且在许多情况下与水剧烈反应，从而出现一个特殊的问题。

在工艺上，易燃气体的燃烧不属于任何燃烧类别，但实际上易燃气体应作为 B 类物质处理。多年来，由于燃烧的泄漏气体在熄灭后仍继续流动形成爆炸混合物，随之起火燃烧，故对泄漏气体的普通做法是不采取灭火措施。但是实际经验表明，在某些情况下，必须先灭火方能停止气体泄漏。以液体形式储存的气体，如液化天然气、丙烷、氯乙烯等，液态泄漏会比气态泄漏导致更严重的火灾。

3.C 类燃烧

C 类燃烧为供电设备的燃烧。对于这类燃烧,首要的是灭火介质的电绝缘性。电器设备一经切断电源,除非含有易燃液体(如变压器油等),即可采用适用于 A 类燃烧的灭火器材。对于含有毒性易燃液体的情形,应采用适用于 B 类燃烧的灭火器材。如果是 A 类和 B 类燃烧物的复合物,应该用水喷雾或多功能干燥化学品作为灭火剂。

4.D 类燃烧

D 类燃烧为可燃金属的燃烧。钠和钾等低熔点金属的燃烧由于很快会成为低密度液体的燃烧,会使大多数灭火干粉沉没,而液体金属仍继续暴露在空气中,从而给灭火带来困难。这些金属会自发地与水反应,有时很剧烈,也会出现问题。

高熔点金属会以各种形式存在:粉末型、薄片型、切削型、浇铸型、挤压型。适用于浇铸型金属燃烧的灭火剂用于粉末型或切削型金属燃烧时会有很大的危险。金属镁的性质在低熔点金属和高熔点金属之间,一般以固体形式存在,但在燃烧时很容易熔化而成为液体,因而表现得与钠和钾都不同。金属燃烧产生的烟尘有一定的危险,应避免吸入,放射性金属燃烧产生的烟尘对救火者有着极为严重的危险。对于金属氢化物的燃烧,因为氢和金属两者都在燃烧,被认为与金属燃烧相当。对于此类燃烧,需要应用干粉金属灭火剂。

(二)燃烧类型及其特征参数

按照燃烧的起因,燃烧可分为闪燃、点燃和自燃三种类型。闪点、着火点和自燃点分别是上述三种燃烧类型的特征参数。

1. 闪燃和闪点

液体表面都有一定量的蒸气存在,由于蒸气压的大小取决于液体的温度,因此蒸气的浓度也由液体的温度所决定。可燃液体表面的蒸气与空气形成的混合气体与火源接近时会发生瞬间燃烧,出现瞬间火苗或闪光,这种现象称为闪燃。闪燃的最低温度称为闪点。可燃液体的温度高于其闪点时,随时都有被火点燃的危险。

闪点这个概念主要适用于可燃液体。某些可燃固体,如樟脑和萘等,也能蒸发或升华为蒸气,因此也有闪点。一些可燃液体的闪点和自燃点列于表 3-1-2-1 中;常见油品的闪点和自燃点列于表 3-1-2-2 中。

表 3-1-2-1　一些可燃液体的闪点和自燃点

单位:℃

名称	闪点	自燃点	名称	闪点	自燃点	名称	闪点	自燃点
丁烷	−60.0	365	苯	11.1	555	四氢呋喃	−13.0	230
戊烷	<−40.0	285	甲苯	4.4	535	醋酐	38.0	—
己烷	−21.7	233	邻二甲苯	72.0	463	醋酸	49.0	315
庚烷	−4.0	215	间二甲苯	25.0	525	丁二酸酐	88.0	—
辛烷	36.0	—	对二甲苯	25.0	525	甲酸甲酯	<−20.0	450
壬烷	31.0	205	乙苯	15.0	430	环氧乙烷	—	428

续表

名称	闪点	自燃点	名称	闪点	自燃点	名称	闪点	自燃点
癸烷	46.0	205	萘	80.0	540	环氧丙烷	-37.2	430
乙烯	—	425	甲醇	11. 0	455	乙胺	-18.0	—
丁烯	-80.0	—	乙醇	14.0	422	丙胺	<-20.0	—
乙炔	—	305	丙醇	15.0	405	二甲胺	-6.2	—
1,3- 丁二烯	—	415	丁醇	29.0	340	二乙胺	-26.0	—
异戊间二烯	-53.8	220	戊醇	32.7	300	二丙胺	7.2	—
环戊烷	<-20.0	380	乙醚	-45.0	170	氢	—	560
环已烷	-20.0	260	丙酮	-10.0	—	硫化氢	—	260
氯乙烷	—	510	丁酮	-14.0	—	二硫化碳	-30.0	102
氯丙烷	<-20.0	520	甲乙酮	-14.0	—	六氢吡啶	16.0	—
二氯丙烷	15.0	555	乙醛	-17.0	—	水杨醛	90.0	—
溴乙烷	<-20.0	511	丙醛	15.0	—	水杨酸甲酯	101.0	—
氯丁烷	12.0	210	丁醛	-16.0	—	水杨酸乙酯	107.0	—
氯乙烯	—	413	呋喃	—	390	丙烯腈	-5.0	—

表 3-1-2-2 常见油品的闪点和自燃点

单位:℃

名称	闪点	自燃点	名称	闪点	自燃点
汽油	<28	510~530	重柴油	>120	300~330
煤油	28~45	380~425	蜡油	>120	300~380
轻柴油	45~120	350~380	渣油	>120	230~240

2. 点燃和着火点

可燃物质在空气充足的条件下,达到一定温度与火源接触即开始着火,移去火源后仍能持续燃烧 5 min 以上,这种现象称为点燃。点燃的最低温度称为着火点。可燃液体的着火点高于其闪点 5~20 ℃。但闪点在 100 ℃以下时,二者往往相同。在没有闪点数据的情况下,也可以用着火点表征物质的火险。

3. 自燃和自燃点

在无外界火源的条件下,物质自行引发的燃烧称为自燃。自燃的最低温度称为自燃点。表 3-1-2-1 和表 3-1-2-2 列出了一些可燃液体的自燃点。物质自燃有受热自燃和自热燃烧两种类型。

(1)受热自燃

可燃物质在外部热源的作用下温度升高,达到其自燃点而自行燃烧称为受热自燃。可燃物质与空气一起被加热时,先缓慢氧化,氧化反应热使物质温度升高,同时由于散热也有部分热损失;若反应热大于损失热,氧化反应加快,温度继续升高,达到物质的自燃点而自燃。在化工生产中,可燃物质由于接触高温热表面、加热或烘烤、撞击或摩擦等,均有可能自燃。

（2）自热燃烧

可燃物质在无外部热源的影响下，内部发生物理、化学或生化变化而产生热量，并不断积累使物质温度上升，达到其自燃点而燃烧，这种现象称为自热燃烧。引起物质自热的原因有氧化热（如不饱和油脂）、分解热（如赛璐珞）、聚合热（如液相氰化氢）、吸附热（如活性炭）、发酵热（如植物）等。

（3）影响自燃的因素

热量生成速率是影响自燃的重要因素。热量生成速率可以用氧化热、分解热、聚合热、吸附热、发酵热等过程热与反应速率的乘积表示。因此，物质的过程热越大，热量生成速率也越大；温度升高，反应速率增大，热量生成速率亦增大。

热量积累是影响自燃的另一个重要因素。当保温状况良好，导热率小，可燃物质紧密堆积，中心部分处于绝热状态时，热量易于积累并引发自燃。空气流通良好，有利于散热，则很少发生自燃。

（4）自燃点的温度量值

压力、组成和催化剂的性能对可燃物质自燃点的温度量值都有很大的影响。压力越高，自燃点越低。可燃气体与空气混合，混合物的物质组成与化学计量比相同时，自燃点最低。活性催化剂能降低物质的自燃点；而钝性催化剂能提高物质的自燃点。

有机化合物的自燃点呈现下述规律：同系物的自燃点随相对分子质量的增大而降低；直链结构的自燃点低于其异构物的自燃点；饱和链烃的自燃点比相应的不饱和链烃高；芳香族低碳烃的自燃点高于同碳数脂肪烃的自燃点；较低级脂肪酸、酮的自燃点较高；较低级醇类和醋酸酯类的自燃点较低。

可燃性固体粉碎得越细、粒度越小，其自燃点越低。固体受热分解时，产生的气体量越大，自燃点越低。有些固体物质受热时间较长，自燃点也较低。

【任务实践训练】

解释下表中的名词并写出 4 种燃烧类型的特征参数的测试方法。

名词	含义	测试方法
燃烧		—
爆炸		—
自燃		
闪点		
着火点		
自燃点		

单元二 燃烧的过程与原理

【阅读材料】

在黑暗的夜晚，蜡烛为人类带来了光明。蜡烛燃烧时，蜡逐渐变少。仔细观察就会发现，燃烧时蜡烛芯底下的蜡被熔化了。蜡到底是怎样燃烧的呢？

点燃蜡烛时，先点燃的是蜡烛的烛芯，当火焰的温度大约为 60 ℃时，固体的蜡就会熔化成液体。在蜡烛火焰的底下，储存着液态的蜡。液态的蜡会沿着蜡烛芯向上爬，被火加热而变成气体。最靠近蜡烛芯的是刚变成气体的蜡。如果吹熄烛火，可以看到烛芯上面有一缕“白烟”上升，其是没有燃烧的气态的蜡凝结成微细颗粒形成的烟。如果立即点燃这缕“白烟”，火焰会迅速窜回蜡烛芯，蜡烛又重新燃烧起来。蜡由液体状态变成气体状态，是由于蜡烛芯的加热作用。在装有煤油的瓶子里放一根纱线（灯芯），在纱线的上端点火，可以实现持续燃烧，即纱线中的煤油被火焰加热成气体而燃烧起来。纱线起着输送液体，把液体变成气体，使燃烧继续下去的作用。

只要能使液态的蜡爬上来，即使蜡烛芯不是纱线做的，蜡烛也能燃烧。将几根金属丝捻合起来，在金属芯的上端点火，预先涂在金属丝上的蜡就会燃烧起来。燃烧产生的热能使下面的蜡熔化变成液体向上爬，所以用金属丝做成蜡烛芯的蜡烛也能继续燃烧。与纱线相比，金属丝传热快，所以随着蜡烛的燃烧，蜡烛芯周围的蜡很快熔化，形成一个较深的凹坑。蜡和煤油等液体为什么能爬到蜡芯上来呢？可以做一个实验，把玻璃管立在水中，水就能在管子里升上来，管子越细，水上升的位置就越高，这就是毛细现象。变成液体的蜡和水一样，通过蜡烛芯中的缝隙向上爬。因此，蜡一定要附着在蜡烛芯上才可以燃烧。

任务一　了解燃烧的过程，掌握燃烧过程的发展规律

一、燃烧过程

可燃物质的燃烧一般是在气相状态下进行的。可燃物质的状态不同，燃烧过程也不相同。

气体最易燃烧，燃烧所需要的热量只用于气体的氧化分解，并使其达到着火点。气体在极短的时间内就能全部燃尽。

液体在火源作用下，先蒸发成蒸气，而后氧化分解进行燃烧。与气体燃烧相比，液体燃烧多消耗将液体变为蒸气的蒸发热。

固体燃烧有两种情况：对于硫、磷等简单物质，受热时首先熔化，而后蒸发为蒸气进行燃烧，无分解过程；对于复合物质，受热时先分解成其各组成部分，生成气态和液态产物，而后气态产物和液态产物蒸发为蒸气，着火燃烧。

可燃物质的燃烧过程如图 3-2-1-1 所示。从图中可知，任何可燃物质的燃烧都经历氧化分解、着火、燃烧等阶段。物质燃烧时的温度变化如图 3-2-1-2 所示。$T_{初}$为可燃物质开始加热的温度。在初始阶段，大部分加热热量用于可燃物质的熔化或分解，温度上升比较缓慢，直至温度升高达 $T_{氧}$，可燃物质开始氧化。由于温度较低，氧化速度不快，氧化产生的热量尚不足以抵消向外界的散热。此时若停止加热，尚不会引起燃烧。如继续加热，温度上升很快，到达 $T_{自}$，即使停止加热，温度仍自行升高。当温度升高到 $T'_{自}$时，物质就着火燃烧起来。$T_{自}$是理论上的自燃点，$T'_{自}$是开始出现火焰的温度，为实际的自燃点。$T_{燃}$为物质的燃烧温度。$T_{自}$到 $T'_{自}$的时间间隔 t 称为燃烧诱导期，其在安全上有一定的实际意义。

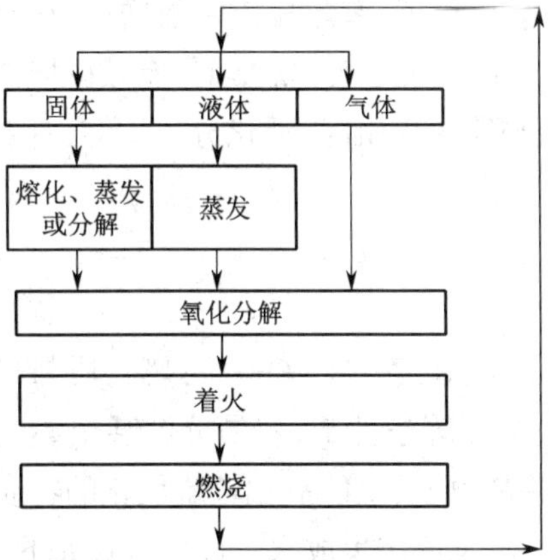

图 3-2-1-1　可燃物质的燃烧过程

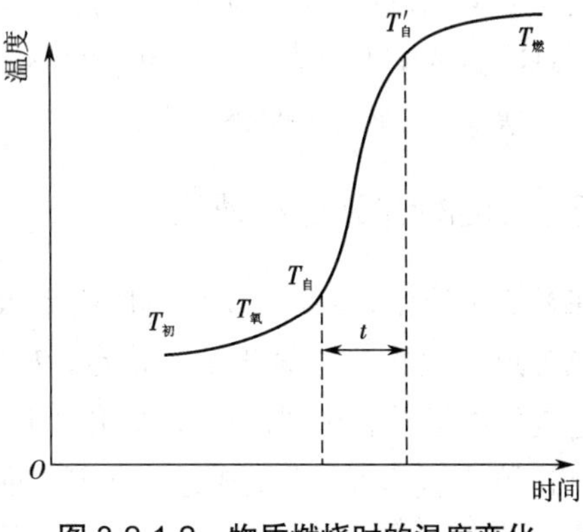

图 3-2-1-2　物质燃烧时的温度变化

二、燃烧的活化能理论

燃烧是化学反应，而分子间发生化学反应的必要条件是互相碰撞。在标准状况下，1 dm^3

的体积内，分子每秒互相碰撞约 1 028 次。但并不是所有碰撞的分子之间都能发生化学反应，只有少数具有一定能量的分子互相碰撞才会发生反应，这些少数分子称为活化分子。活化分子的能量比分子平均能量超出一定值，该超出分子平均能量的一定值称为活化能。活化分子碰撞并发生化学反应的碰撞，称为有效碰撞。

活化能的概念可以用图 3-2-1-3 说明，该图的横坐标表示反应进程，纵坐标表示分子能量。由图可见，能级Ⅰ的能量大于能级Ⅱ的能量，所以能级Ⅰ的反应物转变为能级Ⅱ的产物，反应过程是放热的。反应的热效应 Q_v 等于能级Ⅱ与能级Ⅰ的能量差。能级 K 的能量是反应发生所必需的能量。所以，正向反应的活化能 ΔE_1 等于能级 K 与能级Ⅰ的能量差，而反向反应的活化能 ΔE_2 则等于能级 K 与能级Ⅱ的能量差。ΔE_2 和 ΔE_1 的差值即为反应的热效应。

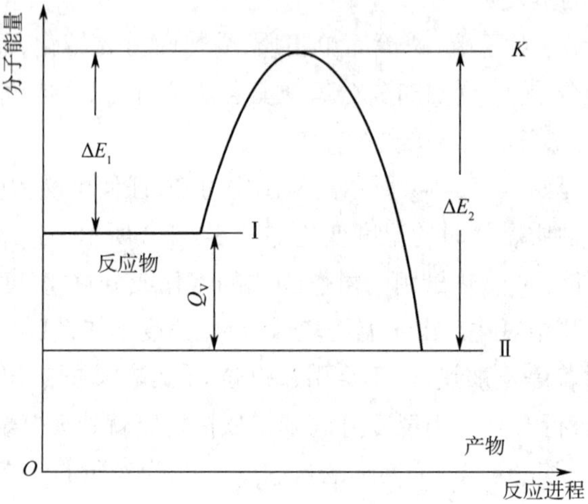

图 3-2-1-3 活化能示意

当可燃物质接触明火时，部分分子获得能量成为活化分子，有效碰撞次数增加，从而发生燃烧反应。例如，氧与氢反应的活化能为 25.10 kJ/mol，在 27 ℃、0.1 MPa 时，有效碰撞次数仅为碰撞总次数的十万分之一，不会引发燃烧反应；而当与明火接触时，活化分子增多，有效碰撞次数大大增加，从而发生燃烧反应。

三、燃烧的过氧化物理论

在燃烧反应中，氧首先在热能作用下被活化而形成过氧键—O—O—，可燃物质与过氧键加和成为过氧化物。过氧化物不稳定，在受热、撞击、摩擦等条件下，容易分解甚至燃烧或爆炸。过氧化物是强氧化剂，不仅能氧化可形成过氧化物的物质，也能氧化较难氧化的物质。例如，氢和氧的燃烧反应，先生成过氧化氢，而后过氧化氢与氢反应生成水。该反应式如下：

$$H_2+O_2 \rightarrow H_2O_2 \quad (3.2.1.1)$$

$$H_2O_2+H_2 \rightarrow 2H_2O \quad (3.2.1.2)$$

有机过氧化物可视为过氧化氢的衍生物，即过氧化氢 H—O—O—H 中的一个或两个氢原子被烷基所取代，生成 H—O—O—R 或 R—O—O—R′。所以过氧化物是可燃物质被氧化的最初产物，是不稳定的化合物，极易燃烧或爆炸。例如，蒸馏乙醚的残渣常由于包含过氧乙醚而自燃或爆炸。

四、燃烧的连锁反应理论

在燃烧反应中，气体分子间互相作用，往往不是两个分子直接反应生成最终产物，而是活性分子自由基与分子作用。活性分子自由基与另一个分子作用产生新的自由基，新自由基又迅速参加反应，如此延续下去发生一系列连锁反应。连锁反应通常分为直链反应和支链反应两种类型。

直链反应的特点是自由基与价饱和的分子反应时，活化能很低，反应后仅生成一个新的自由基。氯和氢的反应是典型的直链反应。在氯和氢的反应中，只要引入一个光子，便能生成上万个氯化氢分子，这正是连锁反应的结果。氯和氢的反应式如下：

链的引发　$$\mathrm{Cl_2} \xrightarrow{h\nu} 2\dot{\mathrm{C}}\mathrm{l} \qquad (3.2.1.3)$$

链的传递　$$\dot{\mathrm{C}}\mathrm{l}+\mathrm{H_2} \longrightarrow \mathrm{HCl}+\dot{\mathrm{H}} \qquad (3.2.1.4)$$

$$\dot{\mathrm{H}}+\mathrm{Cl_2} \longrightarrow \mathrm{HCl}+\dot{\mathrm{C}}\mathrm{l} \qquad (3.2.1.5)$$

式中：h 为普朗克常数；v 为光的频率。

氢和氧的反应是典型的支链反应。支链反应的特点是一个自由基能生成一个以上的自由基活性中心。任何链反应均由三个阶段构成，即链的引发、链的传递（包括支化）和链的终止。用氢和氧的支链反应说明：

链的引发　$$\mathrm{H_2}+\mathrm{O_2} \xrightarrow{\triangle} 2\dot{\mathrm{O}}\mathrm{H} \qquad (3.2.1.6)$$

$$\mathrm{H_2}+\mathrm{M} \xrightarrow{\triangle} 2\dot{\mathrm{H}}+\mathrm{M} \qquad (3.2.1.7)$$

链的传递　$$\dot{\mathrm{O}}\mathrm{H}+\mathrm{H_2} \longrightarrow \dot{\mathrm{H}}+\mathrm{H_2O} \qquad (3.2.1.8)$$

链的支化　$$\dot{\mathrm{H}}+\mathrm{O_2} \longrightarrow \dot{\mathrm{O}}+\dot{\mathrm{O}}\mathrm{H} \qquad (3.2.1.9)$$

$$\dot{\mathrm{O}}+\mathrm{H_2} \longrightarrow \dot{\mathrm{H}}+\dot{\mathrm{O}}\mathrm{H} \qquad (3.2.1.10)$$

链的终止　$$2\dot{\mathrm{H}} \longrightarrow \mathrm{H_2} \qquad (3.2.1.11)$$

$$2\dot{\mathrm{H}}+\dot{\mathrm{O}}+\mathrm{M} \longrightarrow \mathrm{H_2O}+\mathrm{M} \qquad (3.2.1.12)$$

慢速传递　$$\dot{\mathrm{H}}\mathrm{O_2}+\mathrm{H_2} \longrightarrow \dot{\mathrm{H}}+\mathrm{H_2O_2} \qquad (3.2.1.13)$$

$$\dot{\mathrm{H}}\mathrm{O_2}+\mathrm{H_2O} \longrightarrow \dot{\mathrm{O}}\mathrm{H}+\mathrm{H_2O_2} \qquad (3.2.1.14)$$

式中：△表示加热；M 为惰性气体。

链的引发需有外来能源激发，使分子键破坏生成第一个自由基；链的传递、支化是自由基与分子反应；链的终止和慢速传递为导致自由基消失的反应。

【任务实践训练】

观察"方糖取火"实验过程，试说明其现象并分析原理。

（一）实验所需材料

方糖 2 块、香烟 1 根、点火器（打火机）1 个，如图 3-2-1-4 所示。

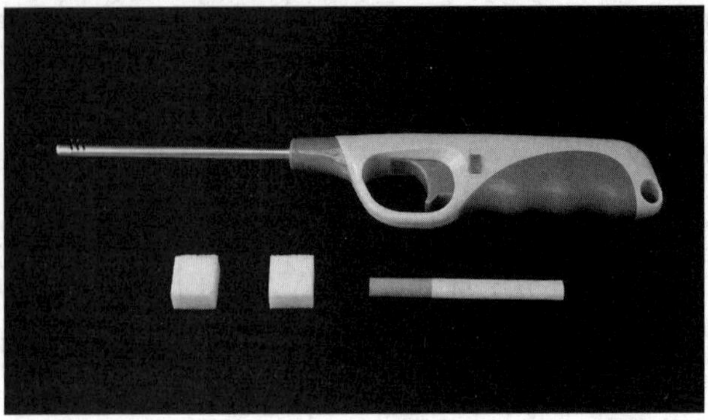

图 3-2-1-4　实验材料

（二）实验操作步骤

1）尝试直接用点火器点燃方糖，并观察方糖的情况，如图 3-2-1-5 所示。

图 3-2-1-5　点燃方糖

2）点燃香烟，获取一定量的烟灰，如图 3-2-1-6 所示。

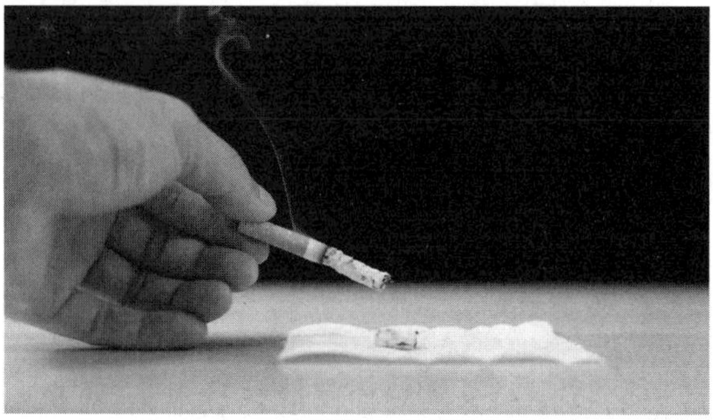

图 3-2-1-6　获取烟灰

3）将适量烟灰撒在方糖上，覆盖方糖的上表面，厚度以 2~3 mm 为宜，如图 3-2-1-7 所示。

图 3-2-1-7　将烟灰置于方糖上

4）再次尝试用点火器点燃方糖，并观察方糖燃烧的情况，如图 3-2-1-8 所示。

图 3-2-1-8　点燃撒有烟灰的方糖

任务二　了解燃烧的参数，掌握描述燃烧特征的方法

一、燃烧温度

可燃物质燃烧所产生的热量在火焰燃烧区域释放出来，火焰温度即为燃烧温度。表3-2-2-1中列出了一些常见可燃物质的燃烧温度。

表 3-2-2-1　常见可燃物质的燃烧温度

单位：℃

物质	燃烧温度	物质	燃烧温度	物质	燃烧温度	物质	燃烧温度
甲烷	1 800	原油	1 100	木材	1 000~1 170	液化气	2 100
乙烷	1 895	汽油	1 200	镁	3 000	天然气	2 020
乙炔	2 127	煤油	700~1 170	钠	1 400	石油气	2 120
甲醇	1 100	重油	1 000	石蜡	1 427	火柴	750~850
乙醇	1 180	烟煤	1 647	一氧化碳	1 680	香烟	700~800
乙醚	2 861	氢气	2 130	硫	1 820	橡胶	1 600
丙酮	1 000	煤气	1 600~1 850	二硫化碳	2 195		

二、燃烧速率

（一）气体燃烧速率

气体燃烧无须像固体、液体那样经过熔化、蒸发等过程，所以气体燃烧很快。气体燃烧速率随物质的成分不同而异。单质气体如氢气的燃烧只需受热、氧化等过程；而化合物气体如天然气、乙炔等的燃烧则需要经过受热、分解、氧化等过程。所以，单质气体的燃烧比化合物气体快。在气体燃烧中，扩散燃烧速率取决于气体扩散速率，而混合燃烧速率则只取决于气体本身的化学反应速率。因此，在通常情况下，混合燃烧速率大于扩散燃烧速率。

气体的燃烧性能常以火焰传播速率来表征，火焰传播速率有时也称为燃烧速率。燃烧速率是指燃烧表面的火焰沿垂直于表面的方向向未燃烧部分传播的速率。在多数火灾或爆炸情况下，已燃和未燃气体都在运动，燃烧速率和火焰传播速率并不相同。这时的火焰传播速率等于燃烧速率和整体运动速率的和。

管道中气体的燃烧速率与管径有关。当管径小于某个小的量值时，火焰在管道中不传播。若管径大于这个小的量值，火焰传播速率随管径的增大而增大，但当管径增大到某个量值时，火焰传播速率便不再增大，此时即为最大燃烧速率。表3-2-2-2中列出了一些烃类气体在空气中的最大燃烧速率。

表 3-2-2-2　烃类气体在空气中的最大燃烧速率

气体	体积分数 /%	最大燃烧速率 /（m/s）	气体	体积分数 /%	最大燃烧速率 /（m/s）
甲烷	10.0	0.338	丙烯	5.0	0.438
乙烷	6.3	0.401	1- 丁烯	3.9	0.432
丙烷	4.5	0.390	1- 戊烯	3.1	0.426
正丁烷	3.5	0.379	1- 己烯	2.7	0.421
正戊烷	2.9	0.385	乙炔	10.1	1.410
正己烷	2.5	0.368	丙炔	5.9	0.669
正庚烷	2.3	0.386	1- 丁炔	4.4	0.581
正癸烷	1.4	0.402	1,2- 丁二烯	4.3	0.580
乙烯	7.4	0.683	1,3- 丁二烯	4.3	0.545
苯	2.9	0.446	叔丁基苯	1.6	0.366
甲苯	2.4	0.338	环丙烷	5.0	0.495
环丁烷	3.9	0.566	环己烷	2.7	0.387
环戊烷	3.2	0.373	环己烯	2.8	0.403
正丁苯	1.7	0.359			

（二）液体燃烧速率

液体燃烧速率取决于液体的蒸发。液体燃烧速率有两种表示方法。

1. 质量速率

质量速率指每平方米可燃液体表面每小时烧掉的液体的质量，单位为 kg/（m^2·h）。

2. 直线速率

直线速率指每小时烧掉的可燃液层的高度，单位为 m/h。

液体的燃烧过程是先蒸发后燃烧。易燃液体在常温下蒸气压就很高，因此有火星、灼热物体等靠近时便能着火。之后，火焰会很快沿液体表面蔓延。另一类液体只有在火焰或灼热物体长久作用下，其表层受强热大量蒸发时才会燃烧。故在常温下生产、使用这类液体没有火灾或爆炸危险。这类液体着火后，火焰在液体表面上蔓延得也很慢。

为了维持液体燃烧，必须向液体传入大量热，使表层液体被加热并蒸发。火焰向液体传热的方式是辐射。故火焰沿液面蔓延的速率取决于液体的初温、热容、蒸发潜热以及火焰的辐射能力。表 3-2-2-3 中列出了几种常见易燃液体的燃烧速率。

表 3-2-2-3　常见易燃液体的燃烧速率

液体	燃烧速率		相对密度	液体	燃烧速率		相对密度
	直线速率 /（m/h）	质量速率 /[kg/m^2·h）]			直线速率 /（m/h）	质量速率 /[kg/m^2·h）]	
甲醇	0.072	57.60	d_{16}=0.8	甲苯	0.161	138.29	d_{17}=0.86
乙醚	0.175	125.84	d_{15}=0.175	航空汽油	0.126	91.98	d_{16}=0.73

续表

液体	燃烧速率		相对密度	液体	燃烧速率		相对密度
	直线速率 / $m \cdot h^{-1}$	质量速率 / $kg \cdot m^{-2} \cdot h^{-1}$			直线速率 / $m \cdot h^{-1}$	质量速率 / $kg \cdot m^{-2} \cdot h^{-1}$	
丙酮	0.084	66.36	d_{18}=0.79	车用汽油	0.105	80.85	—
一氧化碳	0.105	132.97	d=1.27	煤油	0.066	55.11	d_{10}=0.835
苯	0.189	165.37	d_{16}=0.875				

(三)固体燃烧速率

固体燃烧速率一般小于可燃液体和可燃气体的燃烧速率。不同固体物质的燃烧速率有很大的差异。萘及其衍生物、三硫化磷、松香等可燃固体的燃烧过程包括受热熔化、蒸发气化、分解氧化、起火燃烧,一般速率较小。而另外一些可燃固体,如硝基化合物、含硝化纤维素的制品等,其燃烧是分解式的,燃烧剧烈,速度很快。

可燃固体的燃烧速率还取决于燃烧比表面积,即燃烧表面积与体积的比值,燃烧比表面积越大,燃烧速率越大,反之则燃烧速率越小。

三、燃烧热

可燃物质燃烧爆炸时所达到的最高温度、最高压力和爆炸力与物质的燃烧热有关。文献中给出的大多是物质的标准燃烧热,是单位质量的物质在 25 ℃的氧中燃烧释放出的热量。所有物质的燃烧产物,包括水,都假定为气态。物质的标准燃烧热数据不难从一般的物性数据手册中查阅到。

物质的燃烧热数据一般是用量热仪在常压下测得的。因为生成的水蒸气全部冷凝成水和不冷凝时,两种燃烧热的差值为水的蒸发潜热,所以燃烧热有高热值和低热值之分。高热值是指单位质量的燃料完全燃烧,且生成的水蒸气全部冷凝成水时所放出的热量;而低热值是指生成的水蒸气不冷凝时所放出的热量。表 3-2-2-4 中列出了一些可燃气体的燃烧热。

表 3-2-2-4 可燃气体的燃烧热

气体	高热值		低热值		气体	高热值		低热值	
	kJ/kg^2	kJ/m^3	kJ/kg^2	kJ/m^3		kJ/kg^2	kJ/m^3	kJ/kg^2	kJ/m^3
甲烷	55 723	39 861	50 082	35 823	丙烯	48 953	87 027	45 773	81 170
乙烷	51 664	65 605	47 279	58 158	丁烯	48 367	115 060	45 271	107 529
丙烷	50 208	93 722	46 233	83 471	乙炔	49 848	57 873	48 112	55 856
丁烷	49 371	121 336	45 606	108 366	氢	141 955	12 770	119 482	10 753
戊烷	49 162	149 787	45 396	133 888	一氧化碳	10 155	12 694	—	—
己烷	49 857	62 354	46 631	58 283	硫化氢	16 778	65 522	15 606	24 016

【任务实践训练】

设计一个测定圆盘蚊香的燃烧速度的实验,要求如下。

1)写出所需器材。

2)写出实验的主要步骤。

3)写出燃烧速度的表达式。

单元三　爆炸的基础知识

【阅读材料】

面粉、奶粉居然会爆炸！在生活、娱乐中,彩虹跑活动中撒的彩粉,厨房做糕点用的面粉,都可能发生爆炸事故,而且极易引起群体伤亡。

很多人不知道,白乎乎的面粉,其实是只危险的“笑面虎”,它能变成颜值高、味道美的点心(馒头、面包、蛋糕等),也能变成脾气暴、威力大的“粉尘炸弹”。粉尘爆炸并不是一种罕见的爆炸现象,大到工厂、游乐园,小到家里的厨房都有可能发生。

粉尘家族势力广、分支多,包括金属、煤炭、粮食、饲料、农副产品、林产品、合成材料七大类。铝粉、锌粉、钛粉等金属粉尘和面粉、淀粉、糖粉、奶粉、玉米粉等食品粉尘更是粉尘家族中的积极分子。别看它们个子小,威力可不小！只要具备一定的浓度、氧气和火源,瞬间就能爆发“小宇宙”,燃起一片火海。所以,在日常生活和娱乐活动中可得注意防范粉尘爆炸！

家里的面粉、玉米粉、淀粉等要注意存放的位置,远离火源;做饭的时候不要在点燃的灶火旁制作面点,尤其要注意小朋友,千万不能让其随意抛撒面粉等。如果不小心将面粉等扬撒出来,赶紧关闭所有火源,并马上开窗通风！

任务一　认识爆炸的类型,掌握爆炸的分类方式

一、爆炸概述

爆炸是物质发生急剧的物理、化学变化,在瞬间释放出大量能量并伴有巨大声响的过程。在爆炸过程中,爆炸物质所含能量的快速释放变为对爆炸物质本身、爆炸产物及周围介质的压缩能或运动能。物质爆炸时,大量能量在极短的时间和有限的体积内突然释放并聚积,造成高温高压,对邻近介质产生急剧的压力突变并引起随后的复杂运动。爆炸介质在压力作用下,表现出不寻常的运动或机械破坏效应,以及受震动而产生的声响效应。

爆炸常伴随发热、发光、高压、真空、电离等现象,并且具有很大的破坏作用。爆炸的破坏

作用与爆炸物质的数量和性质、爆炸时的条件以及爆炸位置等因素有关。如果爆炸发生在充满均匀介质的自由空间,在以爆炸点为中心的一定范围内,爆炸力的传播是均匀的,并使这个范围内的物体粉碎、飞散。

爆炸的威力是巨大的。在爆炸起作用的整个区域内,有一种令物体震荡、使之松散的力量。爆炸发生时,爆炸力的冲击波最初使气压上升,随后气压下降使空气震动产生局部真空,呈现出所谓的吸收作用。由于爆炸的冲击波呈升降交替的波状气压向四周扩散,从而造成附近建筑物的震荡破坏。

化工装置、机械设备、容器等爆炸后,变成碎片飞散出去,会在相当大的范围内造成危害。化工生产中爆炸碎片造成的伤亡占很大比例。爆炸碎片的飞散距离一般可达 100~500 m。

爆炸气体扩散通常在爆炸的瞬间完成,对一般可燃物质不致造成火灾,而且爆炸冲击波有时能起灭火的作用,但是爆炸的余热或余火会点燃从破损的设备中不断逸出的可燃液体蒸气而造成火灾。

二、爆炸分类

(一)按爆炸性质分类

1. 物理爆炸

物理爆炸是指物质的物理状态发生急剧变化而引起的爆炸。例如,蒸汽锅炉、压缩气体、液化气体过压等引起的爆炸,都属于物理爆炸。物质的化学成分和化学性质在物理爆炸后均不发生变化。

2. 化学爆炸

化学爆炸是指物质发生急剧的化学反应,产生高温高压而引起的爆炸。物质的化学成分和化学性质在化学爆炸后均发生质的变化。化学爆炸又可以进一步分为爆炸物分解爆炸、爆炸物与空气的混合的爆炸两种类型。

爆炸物分解爆炸是爆炸物在爆炸时分解为较小的分子或其他组成元素。爆炸物的组成元素中如果没有氧元素,爆炸时则不会有燃烧反应发生,爆炸所需要的热量是由爆炸物本身分解产生的,属于这一类的物质有叠氮铅、乙炔银、乙炔铜、碘化氮、氯化氮等。爆炸物质中如果含有氧元素,爆炸时则往往伴有燃烧现象,各种氮或氯的氧化物、苦味酸即属于这一类型。爆炸性气体、蒸气或粉尘与空气的混合物爆炸需要一定的条件,对爆炸性物质的含量或氧气的含量以及激发能源等都有要求。因此,混合物爆炸的危险性较分解爆炸低,但这类爆炸更普遍,所造成的危害也较大。

(二)按爆炸速度分类

1. 轻爆

爆炸传播速度在每秒零点几米至数米之间的爆炸过程。

2. 爆炸

爆炸传播速度在每秒 10 米至数百米之间的爆炸过程。

3. 爆轰

爆炸传播速度在每秒 1 千米至数千米的爆炸过程。

（三）按爆炸反应物质分类

1. 纯组元可燃气体热分解爆炸

纯组元可燃气体热分解爆炸是纯组元气体由于分解反应产生大量的热而引起的爆炸。

2. 可燃气体混合物爆炸

可燃气体混合物爆炸是可燃气体或可燃液体蒸气与助燃气体（如空气）按一定比例混合，在引火源的作用下引起的爆炸。

3. 可燃粉尘爆炸

可燃粉尘爆炸是可燃固体的微细粉尘以一定浓度呈悬浮状态分散在空气等助燃气体中，在引火源的作用下引起的爆炸。

4. 可燃液体雾滴爆炸

可燃液体雾滴爆炸是可燃液体在空气中被喷成雾状剧烈燃烧时引起的爆炸。

5. 可燃蒸气云爆炸

可燃蒸气云是设备泄漏的蒸气喷出后所形成的滞留状态。密度比空气小的气体浮于上方，反之则沉于地面，滞留于低洼处。气体随风漂移形成连续气流，与空气混合达到其爆炸极限时，在引火源的作用下即可引起爆炸。

（四）小结

爆炸在化学工业中一般是以突发或偶发事件的形式出现的，而且往往伴随火灾的发生。爆炸所造成的危害严重，损失也较大。下面介绍化工行业中常见的几种爆炸类型。

三、常见爆炸类型

（一）气体爆炸

1. 纯组元气体分解爆炸

具有分解爆炸特性的气体分解时可以产生相当大数量的热量。摩尔分解热为 80~120 kJ 的气体一旦被引燃，火焰就会蔓延开来。摩尔分解热大于上述量值的气体能够发生很激烈的分解爆炸。对于在高压下容易发生分解爆炸的气体，当压力降至某个数值时，其火焰便不再传播，这个压力称作该气体分解爆炸的临界压力。

1）高压乙炔非常危险，其分解爆炸反应方程式为

$$C_2H_2 \rightarrow 2C(\text{固})+H_2+226\ \text{kJ}$$

如果分解反应无热损失，火焰温度可以高达 3 100 ℃。乙炔分解爆炸的临界压力是 0.14 MPa，在这个压力以下储存乙炔就不会发生分解爆炸。此外，乙炔类化合物也具有发生分解爆炸的危险。例如，乙烯基乙炔分解爆炸的临界压力为 0.11 MPa；甲基乙炔在 20 ℃时分解爆炸的临界压力为 0.44 MPa，在 120 ℃时则为 0.31 MPa。从有关物质危险性质手册中查阅到的分解爆炸的临界压力多为 20 ℃下的数据。

2）乙烯的分解爆炸反应方程式为

$$C_2H_4 \rightarrow C（固）+CH_4+127.4\ kJ$$

乙烯分解爆炸所需要的能量随压力的升高而降低，若有氧化铝存在，其分解爆炸更易发生。乙烯在 0 ℃下分解爆炸的临界压力是 4 MPa，故在高压下加工或处理乙烯，具有与可燃气体－空气混合物同样的危险性。

3）氮氧化物在一定压力下也可以发生分解爆炸，反应方程式为

$$N_2O \rightarrow N_2+0.5O_2+81.6\ kJ$$

$$NO \rightarrow 0.5N_2+0.5O_2+90.4\ kJ$$

N_2O 分解爆炸的临界压力是 0.25 MPa；NO 分解爆炸的临界压力是 0.15 MPa。在上述条件下，90% 以上的 N_2O 和 NO 可以分解为 N_2 和 O_2。

4）环氧乙烷的分解爆炸反应方程式为

$$C_2H_4O \rightarrow CH_4+CO+134.3\ kJ$$

$$2C_2H_4O \rightarrow C_2H_4+2CO+33.4\ kJ$$

环氧乙烷分解爆炸的临界压力为 0.038 MPa，故环氧乙烷有较大的爆炸危险性。在 125 ℃时，环氧乙烷的初始压力由 0.25 MPa 增至 1.2 MPa，最大爆炸压力与初压之比则由 2 增至 5.6。可见，爆炸的初始压力对终压有很大影响。

2. 混合气体爆炸

可燃气体或蒸气与空气按一定比例均匀混合，而后点燃，因为气体的扩散过程在燃烧以前已经完成，燃烧速率将只取决于化学反应速率。在这样的条件下，气体的燃烧就有可能达到爆炸的程度。这时气体或蒸气与空气的混合物称为爆炸性混合物。例如，煤气从喷嘴喷出以后，在火焰外层与空气混合，这时的燃烧速率取决于扩散速率，所进行的是扩散燃烧。如果令煤气预先与空气混合并达到适当的比例，燃烧速率将取决于化学反应速率，比扩散燃烧速率大得多，有可能发生爆炸。可燃性混合物的爆炸和燃烧之间的区别就在于爆炸是在瞬间完成的化学反应。

在化工生产中，可燃气体或蒸气从工艺装置、设备管线泄漏到设备或厂房中，就可以与其中的空气形成爆炸性混合物，遇到火种便会造成爆炸事故。化工生产中所发生的爆炸事故，大都是爆炸性混合物所致的爆炸事故。

燃烧的连锁反应理论也可用于解释爆炸。爆炸性混合物与火源接触，便有活性原子或自由基生成，从而成为连锁反应的作用中心。爆炸性混合物起火后，燃烧热和连锁载体都向外传播，引发邻近一层爆炸性混合物的燃烧反应。而后，这一层又成为燃烧热和连锁载体源引发次一层爆炸混合物的燃烧反应。火焰是以一层层同心圆球面的形式向各个方向蔓延的。燃烧的传播速率在距离着火点 0.5~1 m 内是固定的，为每秒若干米或者更小一些。超过这个范围即逐渐增大，传播速率达每秒数百米（爆炸），乃至每秒数千米（爆轰）。如果燃烧传播途中有障碍物，就会造成极大的破坏作用。

爆炸性混合物如果燃烧速率极快，在全部或部分封闭状态下，或在高压下燃烧，可以产生一种与一般爆炸根本不同的现象，称为爆轰。爆轰的特点是突然引发极高的压力，并通过超声

速冲击波的形式传播，每秒可达 2 000~3 000 m。爆轰是在极短的时间内发生的，燃烧性物质和产物以极高的速度膨胀，挤压周围的空气。化学反应所产生的能量有一部分传给压紧的空气，形成冲击波。冲击波传播速率极快，以至于物质的燃烧也落于其后，所以它的传播并不需要物质完全燃烧，而是由其本身的能量支持的。这样，冲击波便能远离爆轰源而独立存在，并能引发所到之处其他化学品的爆炸，称为诱发爆炸，即所谓的“殉爆”。

（二）粉尘爆炸

实际上任何可燃物质呈粉尘形式与空气以适当比例混合时，被热、火花、火焰点燃，都能迅速燃烧并引起严重爆炸。许多灾难性粉尘爆炸事故的发生，都是由于忽略了上述事实。谷物、面粉、煤的粉尘以及金属粉末都有这方面的危险性。化肥、木屑、奶粉、洗衣粉、纸屑、可可粉、香料、软木塞颗粒、硫黄、硬橡胶粉、皮革和其他许多物品的加工业，时有粉尘爆炸发生。为了防止粉尘爆炸，维持清洁十分重要。所有设备都应该无粉尘泄漏。爆炸泄放口应该通至室外安全地区，泄放管道应该相当坚固，足以承受爆炸力。真空吸尘优于清扫，禁止应用压缩空气吹扫设备上的粉尘，以免形成粉尘云。

屋顶下裸露的管线、横梁和其他突出的部分都应该避免积累粉尘。在多尘操作设置区，如果有过顶的管线或其他设施，人们往往错误地认为在其下架设平滑的顶板就可以达到防止粉尘积累的效果。除非顶板是经过特殊设计且精细安装的，否则只会增加危险。粉尘会穿过顶板沉积在管线、设施和顶板上，一次震动就足以使可燃粉尘云充满整个人造空间，一个火星就可以引发粉尘爆炸。如果管线不能移装或拆除，最好使其裸露并定期除尘。

为了防止引发燃烧，在粉尘没有清理干净的区域，严禁明火、吸烟、切割或焊接。电线应该采用适于多尘气氛的，静电也必须消除。对于粉尘类具有高危险性的物质，最好在封闭系统内加工，向系统内导入适宜的惰性气体，把其中的空气置换掉。粉末冶金行业普遍采用这种方法。

（三）熔盐池爆炸

熔盐池爆炸属于事后抢救往往于事无补的灾难性事件，这类事故大多是由于管理和操作人员对熔盐池的潜在危险疏于认识引起的。机械故障、人员失误或两者的复合作用，都有可能导致熔盐池爆炸。现把熔盐池的危险汇总如下。

1）工件预清洗或淬火后携带的水、盐池上方的辅助管线上的冷凝水、屋顶的渗漏水、自动增湿器的操作用水、甚至操作人员在盐池边温热的液体食物，都有可能造成蒸汽急剧产生，引发爆炸。

2）有砂眼的铸件、管道和封闭管线、中空的金属部件浸入盐池时，其中阻塞和淤积的空气会突然剧烈膨胀，引发爆炸。

3）硝酸盐池与毗邻的渗碳池中的油、炭黑、石墨、氰化物等含碳物质间的剧烈的难以控制的化学反应，都有可能诱发爆炸。

4）过热的硝酸盐池与铝合金间的剧烈的爆发性的反应也可能引起爆炸。

5）正常加热的硝酸盐池和不慎掉入池中的镁合金间会发生爆炸反应。

6）落入盐池中的铝合金和池底淤积的氧化铁会发生类似于铝热焊接的反应。

7)盐池设计、制造和安装的结构失误会缩短盐池的正常寿命,盐池的结构金属材料与硝酸盐会发生反应。

8)温控失误会造成盐池过热。

9)大量硝酸钠的储存和管理,废硝酸盐不考虑其反应活性的处理和储存,都有一定的危险性。

10)偶尔超过安全操作限的控温设定也有一定的危险性。

【任务实践训练】

探究面粉厂是否有发生燃烧和爆炸的危险。用钢制小汤勺取份量相等的三勺干面粉,分别进行实验。

实验一:把一勺干面粉在蜡烛火焰上灼烧。

实验二:把一勺干面粉放在蜡烛火焰上吹散。

实验三:把一勺干面粉放在有燃着蜡烛的金属筒中吹散,如图 3-3-1-1 所示。

简述三个实验分别发生了哪些现象。

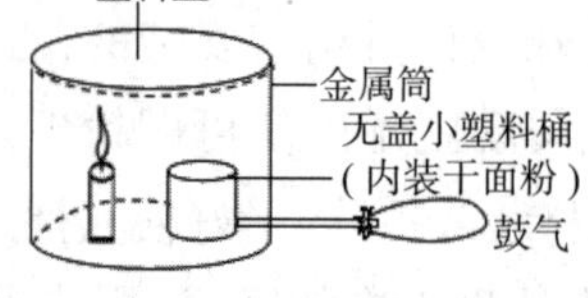

图 3-3-1-1 面粉燃烧 / 爆炸实验

任务二 认识爆炸极限的影响因素,掌握爆炸极限的估算方法

一、爆炸极限理论

可燃气体或蒸气与空气的混合物并不是在任何组成下都可以燃烧或爆炸,而且燃烧(或爆炸)的速率也随混合物的物质组成而变化。实验发现,当混合物中可燃气体或蒸气的浓度接近化学反应式的化学计量比时,燃烧最快、最剧烈。若浓度减小或增大,火焰蔓延速率将降低。当浓度低于或高于某个极限值时,火焰便不再蔓延。可燃气体或蒸气与空气的混合物能使火焰蔓延的最低浓度称为该气体或蒸气的爆炸下限;反之,能使火焰蔓延的最高浓度则称为爆炸上限。可燃气体或蒸气与空气的混合物的浓度在爆炸下限以下或在爆炸上限以上,便不会着火或爆炸。

爆炸极限一般用可燃气体或蒸气在混合气体中的体积百分数(体积分数)表示,有时也用单位体积可燃气体或蒸气的质量(kg/m^3)表示。可燃气体或蒸气的浓度在爆炸下限以下时,含有过量空气,由于空气的冷却作用,活化中心的消失数大于产生数,阻止了火焰的蔓延。若可燃气体或蒸气的浓度在爆炸上限以上，即含有过量的可燃气体或蒸气，助燃气体不足，火焰也不能蔓延。但此时若补充空气，仍有发生火灾和爆炸的危险。所以可燃气体或蒸气的浓度在爆炸上限以上的混合气体不能认为是安全的。

燃烧和爆炸从化学反应的角度看并无本质区别。当混合气体燃烧时，燃烧波面上的化学反应可表示为

$$A+B \rightarrow C+D+Q \quad (3.3.2.1)$$

式中：A、B 为反应物；C、D 为产物；Q 为燃烧热。A、B、C、D 不一定是稳定的分子，也可以是原子或自由基。化学反应前后的能量变化可用图 3-3-2-1 表示。初始状态为 Ⅰ 的反应物 A+B 吸收活化能 E 达到活化状态 Ⅱ，即可进行反应并生成终止状态为 Ⅲ 的产物 C+D，并释放出能量 W，$W=Q+E$。

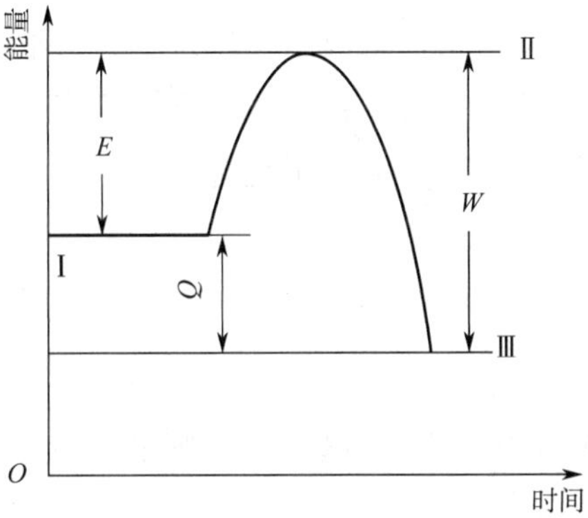

图 3-3-2-1　燃烧反应过程中的能量变化

假定反应系统在受能源激发后，燃烧波的基本反应浓度，即反应系统单位体积的反应数为 n，则单位体积放出的能量为 nW。如果燃烧波连续不断，放出的能量将成为新反应的活化能。设活化概率为 α（$\alpha \leqslant 1$），则第二批单位体积内得到活化的基本反应数为 $\alpha nW/E$，放出的能量为 $\alpha nW^2/E$。后一批分子与前一批分子反应时，放出的能量之比 β 为燃烧波传播系数，其表达式为

$$\beta = \frac{\alpha nW^2/E}{nW} = \alpha\left(1+\frac{Q}{E}\right) \quad (3.3.2.2)$$

接下来讨论 β 的数值。当 $\beta<1$ 时，表示反应系统受能源激发后，放出的热量越来越少，因而发生反应的分子数也越来越少，最后反应会终止，不能发生燃烧或爆炸。当 $\beta=1$ 时，表示反应系统受能源激发后均衡放热，有一定数量的分子持续反应，这是决定爆炸极限的条件（严格地说 β 值略微超过 1 时才能发生爆炸）。当 $\beta>1$ 时，表示放出的热量越来越多，发生反应的分子数也越来越多，从而发生爆炸。

在爆炸极限时，$\beta=1$，即

$$\alpha\left(1+\frac{Q}{E}\right)=1 \quad (3.3.2.3)$$

假设爆炸下限 $L_{下}$（体积分数）与活化概率 α 成正比，则有 $\alpha=KL_{下}$，其中 K 为比例常数。因此

$$\frac{1}{L_{下}} = \left(1+K\frac{Q}{E}\right) \quad (3.3.2.4)$$

当 Q 与 E 相比很大时，式（3.3.2.4）可以近似写为

$$\frac{1}{L_{下}}=K\frac{Q}{E} \tag{3.3.2.5}$$

式（3.3.2.5）近似地表示出了爆炸下限 $L_{下}$ 与燃烧热 Q 和活化能 E 之间的关系。如果各可燃气体的活化能接近于某一常数，则可大体得出

$$L_{下}Q=常数 \tag{3.3.2.6}$$

这说明爆炸下限与燃烧热近似成反比，即可燃气体分子的燃烧热越大，其爆炸下限就越低。各同系物的 $L_{下}Q$ 都接近于一个常数，表明上述结论是正确的。表 3-3-2-1 中列出了一些可燃物质的燃烧热和爆炸极限，以及燃烧热和爆炸下限的乘积。利用爆炸下限与燃烧热的乘积为常数的关系，可以推算同系物的爆炸下限。但此法不适用于氢、乙炔、二硫化碳等少数可燃气体爆炸下限的推算。

在式（3.3.2.6）中，$L_{下}$ 是体积分数，文献数据大都为 20 ℃下的测定数据；Q 为摩尔燃烧热。对于烃类化合物，单位质量（每克）的燃烧热 q 大致相同。如果以 mg/L 为单位表示爆炸下限，记为 $L'_{下}$，则有 $L_{下}=100L'_{下}\times\frac{22.4}{1\,000M}\times\frac{272+20}{273}$，于是有

$$L_{下}=\frac{2.4L'_{下}}{M} \tag{3.3.2.7}$$

式中：M 为可燃气体的相对分子质量。

将式（3.3.2.7）代入式（3.3.2.6），并考虑 $Q=Mq$，则可得到

$$2.4qL'_{下}=常数 \tag{3.3.2.8}$$

可见烃类化合物的 $L'_{下}$ 接近相同。

表 3-3-2-1　可燃物质的燃烧热和爆炸极限

物质名称	Q/（kJ/mol）	（$L_{下}$~$L_{上}$）/%	$L_{下}Q$	物质名称	Q/（kJ/mol）	（$L_{下}$~$L_{上}$）/%	$L_{下}Q$
甲烷	799.1	5.0~15.0	3 995.8	异丁醇	2 447.6	1.7~10.6	4 160.9
乙烷	1 405.8	3.2~12.4	4 522.9	丙烯醇	1 715.4	2.4~18.0	4 117.1
丙烷	2 025.1	2.4~9.5	4 799.0	戊醇	3 054.3	1.2~8.0	3 635.9
丁烷	2 652.7	1.9~8.1	4 932.9	异戊醇	2 974.8	1.2~9.0	3 569.0
异丁烷	2 635.9	1.8~8.4	4 744.7	乙醛	1 075.3	4.0~57.0	4 267.7
戊烷	3 238.4	1.4~7.8	4 531.3	巴豆醛	2 133.8	2.1~15.5	4 522.9
异戊烷	3 263.5	1.3~7.6	4 309.5	糠醛	2 251.0	2.1~19.3	4 727.9
己烷	3 828.4	1.3~6.9	86.5	三聚乙醛	3 297.0	1.3~17.0	4 284.4
庚烷	4 451.8	1.0~6.0	4 451.8	甲乙醚	1 928.8	2.0~10.1	3 857.6
辛烷	5 050.1	1.0~4.6	4 799.0	二乙醚	2 502.0	1.8~36.5	4 627.5
壬烷	5 661.0	0.8~5.6	4 698.6	二乙烯醚	2 380.7	1.7~27.0	4 045.9
癸烷	6 250.9	0.7~5.4	4 188.2	丙酮	1 652.7	2.5~12.8	4 213.3
乙烯	1 297.0	2.7~28.6	3 561.8	丁酮	2 259.4	1.8~9.5	4 087.8

续表

物质名称	Q/(kJ/mol)	($L_{下}$~$L_{上}$)/%	$L_{下}Q$	物质名称	Q/(kJ/mol)	($L_{下}$~$L_{上}$)/%	$L_{下}Q$
丙烯	1 924.6	2.0~11.1	3 849.3	2-戊酮	2 853.5	1.5~8.1	4 422.5
丁烯	2 556.4	1.7~7.4	4 347.2	2-己酮	3 476.9	1.2~8.0	4 242.6
戊烯	3 138.0	1.6~8.7	5 020.8	氰酸	644.3	5.6~10.0	3 606.6
乙炔	1 259.4	2.5~80.0	3 150.6	乙酸	786.6	4.0~19.9	3 184.0
苯	3 138.0	1.4~6.8	4 426.7	甲酸甲酯	887.0	5.1~22.7	4 481.1
甲苯	3 732.1	1.3~7.8	4 740.5	甲酸乙酯	1 502.1	2.7~16.4	4 129.6
二甲苯	4 343.0	1.0~6.0	4 343.0	氢	238.5	4.0~74.2	951.0
环丙烷	1 945.6	2.4~10.4	4 669.3	一氧化碳	280.3	12.5~74.2	3 502.0
环己烷	3 661.0	1.3~8.3	4 870.2	氨	318.0	15.0~27.0	4 769.8
甲基环己烷	4 255.1	1.2~6.7	4 895.3	吡啶	2 728.0	1.8~12.4	4 932.9
松节油	5 794.8	0.8~6.0	4 635.9	硝酸乙酯	1 238.5	3.8~10.0	1 707.0
乙酸甲酯	1 460.2	3.2~15.6	4 602.4	亚硝酸乙酯	1 280.3	3.0~50.0	3 853.5
乙酸乙酯	2 066.9	2.2~11.4	4 506.2	环氧乙烷	1 175.7	3.0~80.0	3 527.1
乙酸丙酯	2 648.5	2.1~8.0	5 430.8	二硫化碳	1 029.3	1.2~50.0	1 284.5
乙酸异丙酯	2 669.4	2.0~7.8	5 338.8	硫化氢	510.4	4.3~45.5	2 196.6
乙酸丁酯	3 213.3	1.7~9.8	5 464.3	氧硫化碳	543.9	11.9~28.5	6 472.6
乙酸戊酯	4 054.3	1.1~7.5	4 460.1	氯甲烷	640.2	8.2~18.7	5 280.2
甲醇	623.4	6.7~36.5	4 188.2	氯乙烷	1 234.3	4.0~14.8	4 937.1
乙醇	1 234.3	3.3~18.9	4 050.1	二氯乙烯	937.2	9.7~12.8	9 091.8
丙醇	1 832.6	2.6~19.2	4 673.5	溴甲烷	723.8	13.5~14.5	9 773.8
异丙醇	1 807.5	2.7~12.0	4 790.7	溴乙烷	1 334.7	6.7~11.2	9 004.0
丁醇	2 447.6	1.7~9.0	4 163.1				

二、影响爆炸极限的因素

爆炸极限不是一个固定值，它受各种外界因素的影响而变化。如果掌握了外界条件变化对爆炸极限的影响，在一定条件下测得的爆炸极限就有着重要的参考价值。影响爆炸极限的因素主要有以下几种。

（一）初始温度

爆炸性混合物的初始温度越高，混合物分子内能越大，燃烧反应越容易进行，则爆炸范围就越宽。所以，温度升高使爆炸性混合物的危险性增加。表 3-3-2-2 中列出了初始温度对丙酮和煤气爆炸极限的影响。

表 3-3-2-2 初始温度对丙酮和煤气爆炸极限的影响

物质	初始温度 /℃	$L_下$/%	$L_上$/%	物质	初始温度 /℃	$L_下$/%	$L_上$/%
丙酮	0	4.2	8.0	煤气	300	4.40	14.25
丙酮	50	4.0	9.8	煤气	400	4.00	14.70
丙酮	100	3.2	10.0	煤气	500	3.65	15.35
煤气	20	6.0	13.4	煤气	600	3.35	16.40
煤气	100	5.45	13.5	煤气	700	3.25	18.75
煤气	200	5.05	13.8				

(二)初始压力

爆炸性混合物的初始压力对爆炸极限影响很大。一般来说,爆炸性混合物在增压的情况下,爆炸的范围扩大。这是因为压力增大,分子间距减小,分子碰撞概率增大,燃烧反应更容易进行,从而爆炸范围扩大。表 3-3-2-3 中列出了初始压力对甲烷爆炸极限的影响。在一般情况下,随着初始压力增大,爆炸上限明显提高。在已知的可燃气体中,只有一氧化碳随着初始压力的增大,爆炸范围缩小。

表 3-3-2-3 初始压力对甲烷爆炸极限的影响

初始压力 /MPa	$L_下$/%	$L_上$/%	初始压力 /MPa	$L_下$/%	$L_上$/%
0.101	5.6	14.3	5.065	5.4	29.4
1.013	5.9	17.2	12.660	5.7	45.7

初始压力降低,爆炸范围缩小。当初始压力降至某个定值时,爆炸极限的上、下限重合,此时的压力称为爆炸临界压力。压力低于爆炸临界压力的系统不爆炸。因此,在密闭容器内进行减压操作对安全有利。

(三)惰性介质或杂质

爆炸性混合物中惰性气体含量增加,其爆炸范围缩小。当惰性气体含量增加到某一值时,混合物不再发生爆炸。气体的种类不同,对爆炸极限的影响亦不相同。例如,甲烷、氩、氦、氮、水蒸气、二氧化碳、四氯化碳对爆炸性混合物的爆炸极限的影响依次增大;汽油、氮、燃烧废气、二氧化碳、氟利昂 -21、氟利昂 -12、氟利昂 -11 对爆炸性混合物的爆炸极限的影响则依次减小。

在一般情况下,爆炸性混合物中惰性气体含量增加,对爆炸上限的影响比对爆炸下限的影响更为显著。这是因为在爆炸性混合物中,随着惰性气体含量的增加,氧的含量相对减少。在爆炸上限浓度下,氧的含量已经很小了,故惰性气体含量稍微增加一点,即产生很大的影响,使爆炸上限剧烈下降。

水等杂质对爆炸性气体的反应影响很大。如果无水,干燥的氯没有氧化功能;干燥的空气不能氧化钠或磷;干燥的氢氧混合物在 1 000 ℃下不会发生爆炸。痕量的水会急剧加速臭氧、氯氧化物等物质的分解;少量的硫化氢会大大降低水煤气及其混合物的燃点,加速其爆炸。

（四）容器的尺寸和材质

实验表明，容器的直径越小，爆炸范围越小。对于同一种可燃物质，管径越小，火焰蔓延速度越小。当管径（或火焰通道）小到一定程度时，火焰便不能通过。这一间距称为最大灭火间距，亦称为临界直径。当管径小于最大灭火间距时，火焰便不能通过而被熄灭。

容器的尺寸对爆炸极限的影响也可以从器壁效应得到解释。燃烧是自由基进行一系列连锁反应的结果。只有自由基的产生数大于消失数时，燃烧才能继续进行。随着管道直径的减小，自由基与器壁碰撞的概率增大，有碍于新自由基的产生。当管道直径小到一定程度时，自由基的消失数大于产生数，燃烧便不能继续进行。

容器的材质对爆炸极限也有很大的影响。例如，氢和氟在玻璃器皿中混合，即使在液态空气温度下，置于黑暗中也会发生爆炸；而在银制器皿中，在一般温度下才会发生反应。

（五）能源

火花能量、热表面面积、火源与混合物的接触时间等，对爆炸极限均有影响。例如，甲烷在电压为 100 V、电流为 1 A 的电火花作用下，无论浓度如何都不会发生爆炸。但当电流增大至 2 A 时，其爆炸极限为 5.9%~13.6%；增大至 3 A 时为 5.85%~14.8%。对于任何一种爆炸性混合物，都有一个引起该混合物爆炸的最低能量。在爆炸性混合物中，可燃物的浓度不同，引爆的最低能量也不同。对于给定的爆炸性混合物，在各种可燃物浓度下引爆的最低能量中的最小值，称为最小引爆能量或最小引燃能量。表 3-3-2-4 中列出了部分气体的最小引爆能量。

表 3-3-2-4　部分气体的最小引爆能量

气体	体积分数 /%	能量 /（$\times 10^6$ J/mol）	气体	体积分数 /%	能量 /（$\times 10^6$ J/mol）
甲烷	8.5	0.280	氧化丙烯	4.97	0.190
乙烷	4.02	0.031	甲醇	12.24	0.215
丁烷	3.42	0.380	乙醛	7.72	0.376
乙烯	6.52	0.016	丙酮	7.72	0.376
丙烯	4.44	0.282	苯	4.87	1.150
乙炔	7.73	0.020	甲苯	2.27	2.500
甲基乙炔	4.97	0.152	氨	21.8	0.770
丁二烯	3.67	0.170	氢	29.2	0.019
环氧乙烷	7.72	0.105	二氧化碳	6.52	0.015

另外，光对爆炸极限也有影响。在黑暗中，氢与氯的反应十分缓慢，而在光照下则会发生连锁反应引起爆炸。甲烷与氯的混合物在黑暗中长时间不反应，但在日光照射下会发生激烈的反应，两种气体比例适当则会发生爆炸。表面活性物质对某些介质也有影响，如在球形器皿中，在 530 ℃下氢与氧不反应，但在器皿中插入石英、玻璃、铜或铁棒，则会发生爆炸。

三、爆炸极限的计算

（一）根据化学计量浓度近似计算

爆炸性气体完全燃烧时的化学计量浓度可以用来确定链烷烃的爆炸下限，计算公式为

$$L_{下}=0.55C_0 \tag{3.3.2.9}$$

式中：C_0 为爆炸性气体完全燃烧时的化学计量浓度；0.55 为常数。如果空气中氧的含量（体积分数）按照 20.9% 计算，C_0 的计算式为

$$C_0=\frac{1}{1+\dfrac{n_0}{0.209}}\times 100=\frac{20.9}{0.209+n_0} \tag{3.3.2.10}$$

式中：n_0 为 1 个可燃气体分子完全燃烧所需的氧分子数。

如甲烷完全燃烧的反应式为 $CH_4+2O_2 \rightarrow CO_2+2H_2O$，将 $n_0=2$ 代入式（3.3.2.10），并应用式（3.3.2.9），可得 $L_{下}=5.2$，即甲烷爆炸下限的计算值为 5.2%，与实验值 5.0% 相差不超过 10%。

此法除用于计算链烷烃的爆炸下限以外，也可用来估算其他有机可燃气体的爆炸下限，但应用于氢、乙炔，以及含有氮、氯、硫等的有机气体时偏差较大，不宜应用。

（二）由爆炸下限估算爆炸上限

在常压下，25 ℃的链烷烃在空气中的爆炸上、下限有如下关系：

$$L_{上}=7.1L_{下}^{0.56} \tag{3.3.2.11}$$

如果在爆炸上限附近伴有冷火焰，式（3.3.2.11）可简化为

$$L_{上}=6.5\sqrt{L_{下}} \tag{3.3.2.12}$$

把式（3.3.2.12）代入式（3.3.2.9），可得

$$L_{上}=4.8\sqrt{C_0} \tag{3.3.2.13}$$

（三）由分子中所含碳原子数估算爆炸极限

脂肪族烃类化合物的爆炸极限与化合物中所含碳原子数有如下近似关系：

$$\frac{1}{L_{下}}=0.134\,7n_0+0.043\,43 \tag{3.3.2.14}$$

$$\frac{1}{L_{上}}=0.134\,7n_0+0.051\,51 \tag{3.3.2.15}$$

（四）根据闪点计算爆炸极限

闪点是可燃液体表面的蒸气与空气的混合物能瞬时燃烧的最低温度，爆炸下限则是该混合物能燃烧的最低浓度，所以两者之间有一定的关系。可燃液体的爆炸下限可以应用闪点下该液体的蒸气压计算，计算式为

$$L_{下}=100\times p_{闪}/p_{总} \tag{3.3.2.16}$$

式中：$p_{闪}$为闪点下可燃液体的蒸气压；$p_{总}$为混合气体的总压。

（五）多组元可燃性气体或蒸气混合物的爆炸极限

两组元或两组元以上可燃气体或蒸气混合物的爆炸极限，可应用各组元已知的爆炸

极限按照下式求取。该式仅适用于各组元间不反应、燃烧时无催化作用的可燃气体或蒸气混合物。

$$L_m = \frac{100}{\frac{V_1}{L_1}+\frac{V_2}{L_2}+\cdots+\frac{V_n}{L_n}} \qquad (3.3.2.17)$$

式中：L_m 为混合气体的爆炸极限（%）；L_n 为 i 组元的爆炸极限（%）；V_n 为扣除空气组元后 i 组元的体积分数（%）。

（六）可燃气体与惰性气体混合物的爆炸极限

有惰性气体混入的多组元可燃气体混合物的爆炸极限可应用下式计算：

$$L_m = L_f \times \frac{\left(1+\frac{B}{1+B}\right)\times 100}{100+L_f\times\frac{B}{1+B}} \qquad (3.3.2.18)$$

式中：L_m 为含惰性气体的可燃气体混合物的爆炸极限（%）；L_f 为混合物中可燃部分的爆炸极限（%）；B 为惰性气体的体积分数（%）。单组元可燃气体和惰性气体混合物的爆炸极限也可以应用式（3.3.2.18）估算，只需用该组元的爆炸极限代换式中的 L_f 即可。因为不同惰性气体的阻燃或阻爆能力不同，式（3.3.2.18）的计算结果不够准确，但仍有一定的参考价值。

（七）压力下爆炸极限的计算

压力升高，物质分子浓度增大，结果是反应加速，释放的热量增多。当压力升高至常压以上时，爆炸范围多数变宽。压力对爆炸范围的影响，在已知气体中，只有一氧化碳例外，其爆炸范围随着压力升高而变小。从低碳烃在氧气中爆炸上限的研究结果得知，在 0.1~1.0 MPa 的范围内比较准确的是以下爆炸上限表达式。

CH_4　　$L_{上}=56.0\times(p-0.9)^{0.040}$　　（3.3.2.19）

C_2H_6　　$L_{上}=52.5\times(p-0.9)^{0.045}$　　（3.3.2.20）

C_3H_8　　$L_{上}=47.7\times(p-0.9)^{0.042}$　　（3.3.2.21）

C_2H_4　　$L_{上}=640\times(p-0.2)^{0.083}$　　（3.3.2.22）

C_3H_6　　$L_{上}=435\times(p-0.2)^{0.095}$　　（3.3.2.23）

式中：$L_{上}$ 为气体的爆炸上限（%）；p 为气体的压力（MPa）；大气压力为 0.101 325 MPa。

【任务实践训练】

经检测分析发现，某混合气体的组成见表 3-3-2-5。

表 3-3-2-5　混合气体的组份

名称	体积分数 /%
乙烷	6

续表

名称	体积分数 /%
氩气	9
空气	85

试计算该混合气体的爆炸极限。

单元四　燃烧性物质的储存、运输和销毁处理

【阅读材料】

你们知道什么是鹤管吗？鹤管可不是鹤这种动物的喉管，而是卸载石油、化学液体这类物质的可以移动的管子。目前，它的运用范围越来越广，同时根据人们的需求不断发展和提升，种类也越来越多。

一般来说，鹤管分为飞机装卸鹤管、汽车装卸鹤管、桶装鹤管和火车装卸鹤管四种。

火车装卸鹤管主要用于火车敞开式车厢的卸载，它的特点是无缝钢管材质的臂管、铝合金材质的插入管，以及结构相对简单、工作安全可靠、操作方便。

汽车装卸鹤管主要用于汽车敞开式车厢的卸载，它的特点是铝合金材质的插入管、无缝钢管材质的臂管，以及操作简单、安全可靠。

任务一　认识燃烧性物质的危险性

一、燃烧性物质概述

在化学工业中，燃烧性物质的应用非常广泛，由于缺乏或忽视必要的控制，火灾和爆炸事故不断发生。例如，烯烃、芳香烃、醚和醇都是典型的燃烧性物质，它们经化学加工制备，又用作其他更复杂的物质的合成原料。同时，它们还用作交通工具或飞行器的驱动燃料或推进剂，以及各种分离过程的溶剂。为了避免或减少灾难性事故，这类物质在储存和应用前必须预先评价燃烧和爆炸危险。

实际上，几乎所有的燃烧过程都是在氧和处于蒸气或其他微细分散状态的燃料之间进行的。固体只有加热到一定程度释放出足够量的蒸气，才能引发燃烧。在一定的温度下，液体一般比固体有更高的蒸气压，所以易燃液体比易燃固体更容易引燃。易燃气体和易燃粉尘无须熔解或蒸发就能直接燃烧，所以其最容易被引燃。固体、液体和气体在燃烧传播速率方面也有量的差异。固体燃烧传播速率最慢，液体相当快，气体和粉尘最快，常能引发爆炸。

化学工业中使用的物料多数是易于起火并能迅速燃烧的液体。一般地，在等于或低于37.8 ℃的温度下便能被引燃的物质称为易燃性物质。必须加热到37.8 ℃以上才能被引燃的物质称为可燃性物质。美国消防协会应用闪点 t_f 和沸点 t_b 对易燃液体和可燃液体进行了更详细的分类，把易燃液体和可燃液体都分为三类，具体分类方法见表 3-4-1-1。

表 3-4-1-1　易燃、可燃液体分类

分类		闪点（t_f）/沸点（t_b）范围
易燃液体（Ⅰ）	A类	$t_f < 22.8$ ℃，$t_b < 37.8$ ℃
	B类	$t_f < 22.8$ ℃，$t_b \geq 37.8$ ℃
	C类	22.8 ℃ $\leq t_f <$ 37.8 ℃
可燃液体（Ⅱ）	A类	37.8 ℃ $\leq t_f <$ 60 ℃
	B类	60 ℃ $\leq t_f <$ 93.4 ℃
	C类	$t_f \geq 93.4$ ℃

在普通工业条件下易于引燃的物质被认为具有严重的火险。这些物质必须储存于清凉处，以防其蒸气与空气混合偶发起火。储存区必须通风良好，这样储存容器常规渗漏出的蒸气能很快稀释到不致被火源点燃的程度。此外，储存区必须远离存在金属切割、焊接等动火作业的火险区。高度易燃物质必须与强氧化剂、易于自热的物质、爆炸品、与空气或潮气反应放热的物质分开，隔离储存。

氧化剂不属于燃烧性物质，但作为氧源与燃烧有着密切的关系。通常空气中含有21%的氧，是主要的供氧源。还有许多其他物质，即使没有空气也能提供反应氧。在这些物质中，有些需要加热才能产生氧，而另外一些在室温下就能释放出大量的氧。以下各类化合物的供氧能力应该引起特别注意：有机和无机的过氧化物、氧化物、高锰酸盐、高铼酸盐、氯酸盐、高氯酸盐、过硫酸盐、过硒酸盐、有机和无机的亚硝酸盐、有机和无机的硝酸盐、溴酸盐、高溴酸盐、碘酸盐、高碘酸盐、铬酸盐、重铬酸盐、臭氧、过硼酸盐。强氧化剂靠近低闪点液体储存是极不安全的，现在普遍认同氧化剂和燃料隔离储存。氧化剂储存区应该保证清凉，通风良好，而且应该是防火的。在氧化剂储存区，普通救火设施往往不起作用，因为氧化剂本身可以供氧，灭火剂的覆盖作用失效。

二、燃烧性物质的危险性

了解燃烧过程，特别是燃烧扩散的概念，有助于理解燃烧性物质的危险性。可燃物质的燃烧历程一般解释为:物质蒸发并被加热至自燃点,在极短的时间内以包含许多自由基的连锁反应的形式与氧化合。所以,燃料、氧和热构成了燃烧的三个基本要素。燃烧三要素中任意两个共存,如果没有第个三要素的加入,都不会引发燃烧。因为几乎所有的活动都是在有氧的气氛中进行的,防火安全的普通做法是把燃烧性物质与所有的火源隔离。

即使很小的火焰从环境温度为 20 ℃的甲醇开口容器上方通过,甲醇液面上的蒸气也会立即起火。在同样的条件下,冰醋酸和萘却不会起火。但是如果将冰醋酸稍微加热,产生足够量的蒸气,便会被火焰引燃,而萘则需要进一步加热才会被引燃。液体和固体只有释放出足够量的蒸气或气体,并与空气混合成为燃烧混合物才会被引燃。很显然,物质的挥发性是其形成燃烧混合物的决定因素。沸点和蒸气压可用来表征物质的挥发性,虽然两者根据定义与燃烧并不直接有关。

闪点经验地、但是令人相当满意地描述了液体的燃烧性能。闪点是液面上的蒸气混合物能够被引燃的最低温度。在使用闪点信息时,必须考虑混合物的组成。氯代烃与低闪点的烃类物质混合时,闪点能够大幅度地提高,但是经过部分蒸发,不燃组分极易失去,留下的依然是低闪点组分。醇和其他极性溶剂的水溶液在低浓度下也有确定的闪点,如 5% 的乙醇水溶液的闪点为 62 ℃。高闪点物质的烟雾易于被引燃,泡沫的起火温度要比预期的低得多。可燃物质当其温度被加热至闪点以上时就变成了易燃物质,这是很多粗心的操作者容易忽略的事实。少量挥发性物质加入高沸点液体后,会极大地降低液体的闪点,使液体的燃烧、爆炸性危险显著增加。

可燃固体粉尘具有严重的爆炸危险。呈微细分散状态的聚合物、金属和非金属元素,以及煤、谷物、糖等天然产物的粉尘,棉花的纤维都有严重的爆炸危险。化学工业中的一个典型事故案例是,一次微小的爆炸扬起了平台上积累的粉尘,从而导致了第二次严重得多的爆炸。

易燃蒸气在空气中的浓度低于其燃烧下限时,蒸气分子间的距离较大,有效碰撞次数锐减,释放出的反应热减少,而且过量的空气吸收部分反应热,这样就不足以把没有燃烧的易燃物质引燃;当其浓度高于燃烧上限时,易燃气体过量而不能完全燃烧,也不足以把周围的易燃物质引燃。易燃气体或蒸气的燃烧范围包括燃烧上、下限之间的所有浓度点。当蒸气浓度在燃烧上、下限附近时,燃烧扩散很慢;当浓度接近燃烧范围的中点,特别是达到反应式的化学计量浓度时,燃烧传播速率加快,能量释放加剧。如果把易燃液体储存于封闭容器中,容器自由空间中蒸气的浓度取决于储存温度下液体的蒸气压。了解自由空间中蒸气的浓度是在燃烧范围之下、之上还是之中,对安全管理有着重要意义。

在空气或其他氧化性气氛中,燃料只有被加热到足以诱发连锁反应时,燃烧才会发生。火焰、热表面和电火花是三种最常见的火源。对于任意给定的燃料 - 氧系统,只要火源有足够高的温度和足够多的能量,都能引发燃烧。

自燃点是指物质没有明显的火源而自发燃烧的最低温度。易燃混合物与热表面接触,当其温度达到自燃点时,便发生冷燃烧。冷燃烧是有机物质低温氧化伴生的可视现象。冷燃烧的反应速率随着温度和压力的升高而增大,如果是在绝热条件下,反应速率增大到一定程度后,冷燃烧就会转化成为失控的热爆炸。事后分析发现,许多以前无法解释的工业火灾和爆炸都是由于冷燃烧随后转变为热燃烧或爆炸。

着火点表示的是纸张、木材之类的固体被加热至能够引燃并持续燃烧的最低温度。对于一定的物质，大小、形状、纯度、湿度和空气运动影响着其着火点的测定数据。焊枪和火柴的火焰，或者炉火，有足够的温度和能量点燃气体、液体或固体。因此，在有易燃物质的区域，必须严禁明火，并排除各种生火设备。

加热器或破损的电灯泡的电热丝只要能产生 2 mJ 的能量，便成为有效的点火源。一些研究表明，点燃大量易燃物质所需要的电热丝的温度与电热丝的直径成反比。对于烃类蒸气以大的金属热表面作为点火源的研究结果表明，大面积热表面的温度要远高于文献报道的自燃点才能引发燃烧。人们用蒸气运动缺少限制和对流来解释需要较高的温度。干燥的、配合较差的轴承和密封圈会产生摩擦热，如果摩擦处恰逢易燃液体、蒸气或气体的泄漏点，就有可能引发燃烧。仅有 0.2 mJ 能量的电火花便能点燃易燃气体或蒸气与空气的混合物。转换开关操作或电动机整流器运行时，会产生电火花；导线偶然破损或电接地松动也会产生电火花。电焊弧是很强的点火源。在易燃物质的应用和储存区，电气设备应该是防爆的，厂房应该能够承受化学计量浓度的蒸气和空气的混合物的内部爆炸，热气体必须冷却到其着火点以下才能排出。

静电是潜在的点火源。在干燥的气候下穿戴合成纤维织物能够产生大量的静电荷；有些绝缘体运动表面的摩擦也可以产生较大的静电势。液体、气体或粉尘流动时会产生静电荷，并在系统中在与地绝缘的金属部件中聚集，由于金属部件间静电势的差异，在其间隙处容易迸发出高能电火花，从而引燃其中存在的任何易燃气体或蒸气。泵送相当纯净的有机流体时，产生的静电荷会聚集在接收容器中液体的表面。一些研究结果表明，高速喷射泵泵送易燃液体时，在液面上的蒸气空间内会发生爆炸。

【任务实践训练】

请补全表 3-4-1-2。

表 3-4-1-2　火灾和爆炸危险性识别汇总表

序号	物质名称	相态	火灾、爆炸危险性					根据环境风险评价导则识别的结果
			闪点 /℃	引燃温度 /℃	爆炸极限 /（体积分数，%）	危险度	火灾危险分类	
1	甲基丙烯酸甲酯	液体	10	435	2.12~12.5	4.90		
2	苯乙烯	液体	34	490	1.1~6.1	4.55		
3	甲基丙烯酸丁酯	液体	41	420	1.8~8.0	3.44		
4	甲基丙烯酸 -2- 羟乙酯	液体	99	—	—	—		
5	丙烯酸乙酯	液体	9	350	1.4~14.0	9.00		
6	丙烯酸丁酯	液体	37	275	1.2~9.9	7.25		
7	甲基丙烯酸	液体	68	—	1.6~8.7	4.44		
8	丙酮	液体	−20	465	2.5~13.0	4.20		
9	甲苯	液体	4	535	1.2~7.0	4.83		

续表

序号	物质名称	相态	火灾、爆炸危险性					根据环境风险评价导则识别结果
			闪点 /℃	引燃温度 /℃	爆炸极限（体积分数，%）	危险度	火灾危险分类	
10	二甲苯	液体	25~33	525	1.1~7.0	5.36		
11	无水乙醇	液体	12	363	3.3~19.0	4.76		
12	异丁醇	液体	27	415	1.7~10.6	5.24		
13	多元醇聚酯	固 / 液	—	—	—	—		

任务二　掌握燃烧性物质的储存要求

（一）储存安全的一般要求

储存容器和储存方法的确定，以及燃烧性物质的操作和管理，对安全都是至关重要的。储存容器和储存方法与储存物质的相态有很大关系。因此，储存安全必须结合物质的相态考虑。

燃烧性气体不得与助燃物质、腐蚀性物质共同储存。例如，氢、乙烷、乙炔、环氧乙烷、环氧丙烷等易燃气体不得与氧、压缩空气、一氧化二氮等助燃气体混合储存。因为易燃气体与助燃气体一旦泄漏，就会形成危险的爆炸混合物。燃烧性气体是以压缩状态储存的，与腐蚀性物质（如硝酸、硫酸等）共同储存时，气体容器容易受到腐蚀造成泄漏，引发燃烧和爆炸事故。易燃气体和液化石油气的储罐、库应该设在通风良好、远离明火的区域。不应将不同类型的燃烧性气体的储存容器设在同一库房内，也不宜同组设置。

燃烧性液体较易挥发，其蒸气和空气以一定比例混合，会形成爆炸性混合物。故燃烧性液体应该储存于通风良好的清凉处，并与明火保持一定距离。在易燃液体储存区内，严禁烟火。沸点低于或接近夏季最高气温的易燃液体，应储存于有降温设施的库房或储罐内。燃烧性液体受热膨胀，容易损坏盛装的容器，容器应留有不小于 5% 容积的空间。

燃烧性固体的着火点较低，燃烧时多数能释放出大量有毒气体。所以燃烧性固体的储存库应该干燥、清凉、有隔热措施、忌阳光曝晒。燃烧性固体多属还原剂，很多具有毒性。燃烧性固体与氧化剂应该隔离储存，要有防毒措施。

自燃性物质性质不稳定，在一定的条件下会自发燃烧，可以引发其他燃烧性物质的燃烧。故自燃性物质不能与其他燃烧性物质共同储存。因灭火方法和各自的稳定性相抵触，自燃性物质和遇水燃烧性物质不能在一起储存。自燃性物质应该储存在清凉、通风、干燥的库房内，对储存温度也有严格的要求。遇水燃烧物质受潮湿作用时，会释放出大量易燃气体和热量，遇到酸类或氧化剂会起剧烈反应。因此，遇水燃烧物质不应与酸类、氧化剂共同储存，储存的库房要保持干燥，对储存湿度也有严格的要求。

（二）燃烧性物质的盛装容器

燃烧性物质许多是有限量的应用，盛装于容量约在 200 kg 以下的容器中。从储运事故案例可以看出，多数事故是由盛装容器不善造成的。根据盛装的燃烧性物质的性质，对盛装容器的种类、材质、强度和气密性都有一定的要求。只有金属容器不适宜时才允许使用有限容量的玻璃和塑料容器。工厂和实验室都倾向于使用容量在 20 kg 以下的安全罐,其弹簧帽可以防止通常温度下液体或气体的损失,但在内压增大时要适当排放降压。安全罐出口处的阻火器可以阻止火焰进入,从而排除了内爆的危险。使用塑料容器时,要防止对热的暴露,以免塑料软化或熔化造成物料的泄放或渗漏。液体燃料储存库要有防火墙和防火门,要用防爆电线,通风必须良好。输送燃烧性物质时,所有金属部件必须电接地。液体流动或自由下落产生的静电足以达到发火的能量,因此必须加以注意。

燃烧性物质有桶装、袋装、箱装、瓶装、罐装等多种盛装形式。盛装的形式和要求因所盛装物料的性质而异。这里仅介绍几种常见的盛装形式。金属制桶装容器有铁桶、马口铁桶、镀锌铁桶、铅桶等,规格一般为 200 kg 或更小。一般要求金属桶桶形完整,桶体不倾斜、不弯曲、不锈蚀,焊缝牢固密实,桶盖应该是旋塞式的,封口要有垫圈,以保证桶口的气密性。金属桶在使用前应该进行气密性检验。耐酸坛用来盛装硝酸、硫酸、盐酸等强酸性液体。耐酸坛表面必须光洁,无斑点、气泡、裂纹、凹凸不平或其他变形;坛体必须耐酸、耐压,经坚固烧结而成;坛盖不得松动,可用石棉绳浸水玻璃缠绕坛盖螺丝,旋紧坛盖后用沙子加水玻璃或耐酸水泥加石膏封口。

（三）大容量燃烧性液体储罐

储存大容量燃烧性液体一般采用大型储罐。储罐分地下、半地下、地上三种类型。起火乃至爆炸是燃烧性液体储罐区最主要的危险。为了储存安全,所有储罐在安装前都必须试压、检漏,储罐区要有充分的救火设施。应充分考虑储罐的尺寸、类型和位置,与建筑物或其他罐间的距离,所储存液体的闪点、容量和价值,以及物料损失中断生产的可能性等因素,确定需要采取的防火措施。

对于地下和半地下储罐,要根据所储存液体的性质,选定的埋罐区的地形和地质条件,确定埋罐的最佳尺寸和地点,以及采用竖直的还是水平的储罐。埋罐选点时,还要结合同区中的建筑物、地下室、坑洞统筹考虑。罐体掩埋要足够牢固,以防洪水、暴雨以及其他可能危及罐体装配安全的事件造成的影响。要考虑邻近工厂排放腐蚀性污水、存在腐蚀性矿渣或地下水的可能性,确有腐蚀性状况时,在埋罐前就要采取必要的防腐措施。对罐体要进行充分的遮盖,罐区要建设混凝土围墙。

对于地上储罐,罐体破裂或液面以下的罐体发生泄漏极易引发严重的火灾,对邻近的社区也会造成较大的危害。为了周边的安全,储罐应该设置在比建筑物和工厂公用设备低洼的地区。为了防止火焰扩散,储罐间要有较大的间隙,要有适宜的排液设施和充分的阻液渠。

【任务实践训练】

请找出以下易燃液体仓库存在的隐患。

任务三　掌握燃烧性物质的装卸与运输安全措施

燃烧性物质是化学工业中加工量最大、应用面最广的危险物质。这些物质由火车、货运卡车经陆路，由内河中的驳船、海洋中的货轮经水路，由地下管道中转，抵达目的地。危险物质的装卸和运输是化学工业中最为复杂而又重要的操作。

一、车船运输安全

燃烧性物质经铁路、水路发货、中转或到达，应在郊区或远离市区的指定专用车站或码头装卸。装运燃烧性物质的车船应悬挂明显的危险货物标记。车船上应设有防火、防爆、防水、防日晒以及其他必要的消防设施。车船卸货后应进行必要的清洗和处理。

火车装运燃烧性物质应按《铁路危险货物运输管理规则》办理。汽车装运燃烧性物质应按规定的时间和车速、指定的路线行驶，停车时应与其他车辆、高压电线、明火和人口稠密处保持一定的安全距离。船舶装运燃烧性物质，在航行和停泊期间应与其他船只、码头仓库和人口稠密区保持一定的安全距离。

二、管道输送安全

高压天然气、液化石油气、石油原油、汽油或其他燃料油一般采用管道输送。在美国，天然气输送管道管径略大于 1.2 m，石油输送管道管径约为 0.9 m。例如，从俄克拉荷马到芝加哥的汽油输送管道管径为 1.02 m。这些管道埋设于深度为 0.76~0.91 m 的地下，操作压力高达 8.27 MPa。

为保证安全输送，在管道上应安装多功能的安全设施，如有自动报警和关闭功能的火焰检测器、自动灭火系统以及用于远程监视管道运行状况的闭路电视。例如，在正常情况下，管道中各处的流量读数应该相同，压力读数应该保持恒定，一旦某处的读数出现变化，在排除监测设备故障的条件下可以立即断定该处发生泄漏，立即采取应急措施，把损失降至最小。

三、装卸操作安全

装卸的普通安全要求是安全接近车辆的顶盖，这对于顶部装卸的情形特别重要。计量、采样等操作也是如此。这样就需要架设适宜的扶梯、装卸台、跳板，车辆上要安装永久的扶手。所有燃烧性物质的装卸都要配置相应的防火、防爆、消防设施。

装卸燃烧性固体时，必须做到轻装、轻卸，防止撞击、滚动、重压和摩擦。气动传送系统的应用使燃烧性固体的卸料变得相当容易，燃烧性固体物料在惰性气体中分散，并通过封闭管道进入受槽。卸料系统的主要组件包括拾取装置、传送气体的大容量鼓风机、把物料从气体中分离出的旋风分离器和阻止物料进入大气的过滤器。卸料系统的安全设施主要有高压报警和连锁关闭装置，以及防止静电的电接地设施。

装卸燃烧性液体时，液体蒸气有可能扩散至整个装卸区，因而需要有和整个装卸区配套的灭火设施。装运燃烧性液体的车船如果采用气体压力卸料，压缩气体应该采用氮气等惰性气体。用于卸料的气体管道应该配置设定值不大于 0.14 MPa 的减压阀，以及压力略高（约 0.17 MPa）的排空阀。有时待卸液体需要用蒸汽加热，蒸汽管道和接口必须与液罐接口匹配，避免使用软管，蒸汽压力一般不超过 0.34 MPa。装卸区应配置供水管和软管，以便冲洗装卸时的洒落液。

【任务实践训练】

请找出以下现场存在的隐患。

任务四　掌握爆炸性物质的储存和销毁措施

一、爆炸性物质概述

爆炸性物质是指在一定的温度、震动或受其他物质激发的条件下，能够在极短的时间内发生剧烈的化学反应，释放出大量的气体和热量，并伴有巨大的声响而爆炸的物质。爆炸性物质按照管理要求可以分为八种类型：起爆器材和起爆剂、硝基芳香类炸药、硝酸酯类炸药、硝化甘油类混合炸药、硝酸铵类混合炸药、氯酸类混合炸药和高氯酸盐类混合炸药、液氧炸药、黑色火药。爆炸性物质的爆炸反应极快，可在万分之一秒或更短的时间内完成。爆炸反应释放出大量的反应热，温度可达数千摄式度，同时产生高压。爆炸反应可以产生大量的气体产物。爆炸的高温高压形成的冲击波能够使周围的建筑物和设备受到极大的破坏。

爆炸性物质被引爆所需要的能量称为引爆能。爆炸性物质在高热、震动、冲击等外力作用下发生爆炸的难易程度称为敏感度。爆炸性物质的引爆能越小，敏感度就越高。为了爆炸性物质的储存、运输和使用安全，对其敏感度应有充分的了解。影响爆炸性物质的敏感度的因素有物质分子的组成和结构等内部因素，还有温度、杂质等外部因素。

爆炸性物质的爆炸力大小、敏感度高低可以由物质的组成和结构来解释。物质的不稳定性和物质分子中含有不稳定的结构基团有关。这些基团容易被活化，其化学键很容易断裂，从而激发爆炸反应。分子中不稳定的结构基团越活泼、数量越多，爆炸敏感度就越高。例如，叠氮钠中的叠氮基、三硝基苯中的硝基都是不稳定的结构基团。再如，硝基化合物中的硝基苯只有一个硝基，加热分解不易发生爆炸；二硝基苯中有两个硝基，有爆炸性，但不敏感；三硝基苯中有三个硝基，容易发生爆炸。

爆炸性物质的敏感度和温度有关。温度越高，起爆所需要的能量越小，爆炸敏感度越高。爆炸性物质在储运过程中必须远离火源，防止日光曝晒，就是为了避免温度升高，引发储运爆炸事故。杂质对爆炸敏感度也有很大的影响。特别是硬度大、有尖棱的杂质，其冲击能会集中在尖棱上，以致产生高能中心，加速爆炸。例如，三硝基甲苯（Trinitrotoluence，TNT）在储运过程中由于包装破裂而撒落，收集时混入砂粒，提高了爆炸敏感度，很容易爆炸。

爆炸性物质除对温度、摩擦、撞击敏感之外，还有遇酸分解、光照分解和与某些金属接触生成不稳定的盐类等特性。雷汞 $[Hg(ONC)_2]$ 遇浓硫酸会发生剧烈的分解而爆炸；叠氮铅遇浓硫酸或浓硝酸会爆炸；TNT 受日光照射会爆炸；硝铵炸药容易吸潮而变质，降低了爆炸能力甚至拒爆；硝化甘油混合炸药的储存温度过高时会自动分解，甚至发生爆炸。为了保持炸药的理化性能和爆炸能力，对不同种类的炸药规定有不同的保存期限。例如，硝化甘油混合炸药的保存期一般不超过 8 个月。爆炸性物质有一种特殊的性质，就是其爆炸时能够引起位于一定距离的另一处的炸药也发生爆炸，这就是所谓的“殉爆”。所以爆炸性物质储存时应该保持一定的安全距离。

二、爆炸性物质的储存

爆炸性物质必须储存在专用仓库内。储存条件应该是既能保证爆炸物安全,又能保证爆炸物功能完好。储存温度、储存湿度、储存期、出厂日期等对爆炸物的性能都有重要的影响。储存爆炸性物质时,必须考虑爆炸性物质本身的状况。同时,爆炸性物质是巨大的危险源,储存时必须考虑其对周边安全的影响。所以对于储存仓库的位置有严格的要求。

(一)储存安全的一般要求

在爆炸性物质仓库内,不得同时存放性质相抵触的爆炸性物质,如起爆器材和起爆剂不得存入已经存有爆炸性物质的仓库内。同样地,起爆器材或起爆剂仓库也不能同时存放任何爆炸性物质或爆破器材加热器。一切爆炸性物质都不得与酸、碱、盐、氧化剂以及某些金属同库储存。黑火药和其他高爆炸品也不能同库存放。

装有爆炸性物质的箱体堆垛不宜过高、过密,堆垛高度一般不超过 1.8 m,墙距不小于 0.5 m,垛与垛的间距不小于 1 m,这样有利于通风、装卸和出入检查。这类箱体要轻举轻放,严防箱体滑落至其他箱体或地面上。只能用木制或其他非金属材料制的工具开启装有爆炸性物质的箱体。

(二)储存仓库及其防火

爆炸性物质仓库的地板应该是由木材或其他不产生电火花的材料制造的。如果仓库是钢制结构或由铁板覆盖,则仓库应该建于地上,并保证所有金属构件接地。仓库照明应该是自然光线或防爆灯,如果采用电灯,必须是防蒸汽的,导线应该置于导线管内,开关应该设在仓库外。

对于爆炸性物质仓库,温、湿度也是不容忽视的安全因素。在库房内应该设置干湿度计,并设专人定时观测、记录,采取通风、保暖、吸湿等措施,使库温在夏季一般不超过 30 ℃,相对湿度保持在 75% 以下。

仓库内应该保持清洁,仓库周围不得堆放用尽的空箱和容器,以及其他可燃性物质。仓库四周 8 m(最好是 15 m)内不得有垃圾、干草或其他可燃性物质。如果方便的话,仓库四周最好用防止杂草、灌木生长的材料覆盖。

仓库周围严禁吸烟、灯火或其他明火,不得携带火柴或其他吸烟物件接近仓库。严禁非职能人员进入仓库。

(三)储存仓库的位置和安全距离

爆炸性物质仓库禁止设在城镇、市区和居民聚居的地区,与周围建筑物、交通要道、输电输气管线应该保持一定的安全距离。爆炸性物质仓库与电站、江河堤坝、矿井、隧道等重要建筑物的距离不得小于 60 m。爆炸性物质仓库与起爆器材或起爆剂仓库之间的距离,在仓库无围墙时不得小于 30 m,在仓库有围墙时不得小于 15 m。表 3-4-4-1 中列出了爆炸性物质仓库与其他建筑间的安全距离。表中数据摘自美国爆炸品制造者协会的爆炸品储存距离表,表中的“铁路等”指的是铁路、输电线路和输气管线。

表 3-4-4-1 爆炸性物质仓库与其他建筑间的安全距离

储存量/kg		安全距离/m			
最小量	最大量	居民建筑物	铁路等	公路	其他仓库
0.9	2.3	21.3	9.1	9.1	1.8
2.3	4.5	27.4	10.6	10.6	2.4
4.5	9.1	33.4	13.7	13.7	3.0
9.1	13.6	38.0	15.2	15.2	3.3
13.6	18.1	42.6	16.7	16.7	3.6
18.1	22.7	45.6	18.2	18.2	4.3
22.7	34.0	51.7	21.3	21.3	4.6
34.0	45.4	57.8	22.8	22.8	4.9
45.4	56.7	60.8	24.3	24.3	5.5
56.7	68.0	65.4	25.8	25.8	5.8
68.0	90.7	71.4	28.9	28.9	6.4
90.7	113.4	77.5	31.9	31.9	7.0
113.4	136.1	82.1	33.4	33.4	7.3
136.1	181.4	89.7	36.5	36.5	8.2
181.4	226.8	97.3	39.5	39.5	8.8
226.8	272.2	103.4	41.0	41.0	9.4
272.2	317.5	107.9	44.1	44.1	9.7
317.5	362.9	114.0	45.6	45.6	10.0
362.9	408.2	118.6	47.1	47.1	10.6
408.2	453.6	121.6	48.6	48.6	10.9
453.6	544.3	129.2	51.7	50.2	11.9
544.3	635.0	136.8	54.7	51.7	12.5
635.0	725.8	142.9	57.8	53.2	13.1
725.8	816.5	149.0	59.3	54.7	13.4
816.5	907.2	153.5	62.3	56.2	13.7
907.2	1 134.0	165.7	66.9	57.8	14.9
1 134.0	1 360.8	176.3	71.4	59.3	15.8
1 360.8	1 814.4	193.0	77.5	63.8	17.6
1 814.4	2 268.0	208.2	83.6	68. 4	18.5
2 268.0	2 721.6	221.9	89.7	71.4	19.8
2 721.6	3 175.2	234.1	94.2	74.5	20.7
3 175.2	3 628.8	243.2	97.3	76.0	21.9
3 628.8	4 082.4	253.8	101.8	77.5	22.8
4 082.4	4 536.0	263.0	104.9	79.0	23.7
4 536.0	5 443.2	266.0	112.5	82.1	24.9

三、爆炸性物质的销毁

待销毁的爆炸性物质，有些本身完好但包装损坏，有些则由于自然老化或管理不当而变质。处理变质的爆炸性物质，常比处理状况良好的爆炸性物质更具危险性。除起爆器材和起爆剂以外的绝大多数爆炸性物质，推荐采用焚烧销毁。即使在最适宜的条件下，爆炸性物质焚烧时发生爆炸的危险总是存在的。所以，头等重要的是选择不会危及人身和财产的焚烧地点。焚烧地点与建筑物、交通要道以及任何可能有人员暴露的地方之间，必须保持足够的安全距离。各类爆炸性物质销毁时，都应该禁绝烟火，防止爆炸性物质提前被引燃。要仔细查看，严禁起爆剂混入待焚毁的爆炸性物质中。一次只能焚毁一种爆炸性物质，高爆炸性物质不得成箱或成垛焚毁。硝化甘油，特别是胶质硝化甘油，点火前过热会提高爆炸敏感度。普通硝化甘油每次的焚毁量不应该超过 45 kg，胶质硝化甘油则不应该超过 4.5 kg。

起爆器材，如雷管、电雷管和延迟电雷管等，由于老化或储存不当变质不适于应用时，应该予以销毁。这些器材如果浸泡过水，也应该销毁。管壳如果是潮湿的，干后就会出现锈迹。这样的雷管处理起来更具危险性。起爆器材最常用的处理方法是爆炸销毁。有引信的普通雷管在原储存箱内去掉箱盖引爆是可行的。这些雷管也可以放在一个小箱或小袋中，在地（最好是干沙土地）上挖掘一个深度不小于 0.3 m 的坑，把装有废雷管的容器置于坑底，在其上放置一个黄色炸药（硝化甘油）包和一个完好的雷管，并用纸张仔细盖好，再用干沙或细土覆盖，而后在安全处引火起爆。每次销毁的雷管数量不得超过 100 只。每次爆炸后都要仔细检查，在爆炸范围内还有没有未爆炸的雷管。电雷管或延迟电雷管的销毁，必须首先在距雷管顶部 2.5 mm 处剪断导线，而后按普通雷管的销毁程序进行。

有些爆炸性物质能溶于水而失去爆炸性能，销毁这些爆炸性物质的方法是把它们置于水中，使其永远失去爆炸性能。还有一些爆炸性物质能与某些化学物质反应而分解，失去原有的爆炸性能。例如，用作起爆剂的二硝基重氮酚（DDNP）有遇碱分解的特性，常用 10%~15% 的碱溶液冲洗和处理；硝化甘油可以用酒精或碱液进行破坏处理。

【任务实践训练】

现有一批即将过期的爆炸性物质：乳化炸药 16 kg、导爆管雷管 954 只、电雷管 1 280 只。按有关法律法规的要求，这些爆炸性物质应予以销毁。请选择适当的销毁方式并制定规范的销毁方案。

单元五　燃烧和爆炸事故的调查和分析

【阅读材料】

进入夏季,火灾的发生率迅速上升,其中烟头燃烧、电器短路占了很大比例。查明火灾发生的原因,就能够举一反三,有效预防火灾。在冲锋陷阵的"灭火英雄"背后,还有这样一个默默无闻的群体——火灾调查员。他们被誉为火场的福尔摩斯,火灾真相的迷雾就在他们的一次次勘察中被逐渐拨开。在废墟中千百次地寻找,只为那一点决定性的证据。

任务一　认识事故调查的程序,掌握事故调查的基本步骤

一、概述

在燃烧和爆炸的工艺技术领域,人们的认识往往滞后于通常是灾难性事件的经验。例如,1880 年在英国伦敦,一条地下污水管道沼气泄漏偶发的火灾使人类首次观察到了燃烧波的作用。在这之前,人们普遍认为燃烧的传播并不比在本森(Bunsen)灯的内焰中观察到的快多少。在此事件之后不久提出的一种理论阐明了燃烧波的本质。在之后的 70 年中,虽然有往复内燃机、喷气发动机和火箭的成功开发,加之两次世界大战的促进,但人们对燃烧过程的认识仍然停留在对无约束的蒸气云爆炸知之甚少的阶段。比如,对于 1967 年发生在美国路易斯安那州, 1968 年发生在荷兰鹿特丹港附近, 1974 年发生在英国弗利克斯伯勒镇地区的蒸气云爆炸,至今还没有令人满意的解释。

对于燃烧和爆炸事故,特别是规模很大的事故,研究其作用的再生实验耗费巨大。所以,必须从事故调查中得到最大量的信息。从很小的事故和近似失误的调查中也可以得到有价值的信息。这种认识已被大的化工和石油企业普遍接受。即使有幸不是很严重的事故,也提倡进行详尽调查,将其经验广泛推广。然而,人们倾向于重视较大的灾难显现出来的教训,从小事故中得到的同样的结果往往会受到忽视。至于基于实验数据的纯理论预测,人们的反应则更加冷淡。

第一次世界大战时,人们已经熟知硝酸铵的爆炸性质,但硝酸铵储存和应用中的许多严重问题还没有引起广泛关注。1922 年, 6 000 t 硝酸铵炸药爆炸,毁灭了德国的奥堡(Oppau)镇,使 1 100 人丧生。在这次事件之后人们才发现,大量的硝酸铵化肥在室外成堆垛存放,暴露在

风雨中,会结一层固体硬壳,在装运前就转化成了采石惯用的炸药。

所有事故对于缺乏经验的人来说,都是梦幻般地发生的。这对于造成巨大生命和财产损失的燃烧和爆炸事故,是千真万确的。婴儿在不断跌倒中学会了走路。类似地,化学加工工业经历了过去的许多灾难,今天变得更加安全一些。对事故开展适当的调查,对结果广泛推广,无疑发挥了重要作用。调查的意义远远超越了事故本身,它不仅可以避免同类事故的再现,而且可以提供燃烧和爆炸作用的许多有价值的信息,有助于人类对燃烧和爆炸本质的探索和认识。

二、事故调查的程序和步骤

(一)调查程序

对于任何事故的调查,在确定事故的致因之前,都必须尽可能多地收集证据。人们常根据过去的经验推测事故的致因,但这种推测不能作为事故调查的结论。仍然需要广泛地收集证据,包括意料中的,特别是被忽略的证据,对推测进行严格的检验,这样才能产生准确的调查结论。经过时间考验且受到高度认可的正规调查程序包括以下七个步骤:

1)调查授权;

2)事故初步了解;

3)事故前实际情况调查;

4)损坏检查;

5)证人探访;

6)研究和分析;

7)调查报告准备。

步骤1)、2)和3)应该循序进行。步骤4)、5)和6)不需要排定任何特别的顺序,可以分别进行。随着调查的进展,就可以开始步骤7)的工作。前面步骤的进一步信息应该不断补充进后面步骤的工作中。

(二)调查授权和事故初步了解

调查授权是指调查者从上一级领导那里接受调查任务。在这一阶段,调查者得到的只是事故调查的总体指令和笼统的事故描述,没有太多的事故细节。这一步骤的必要性仅在于,只有完成了这一步骤,调查者才能展开后续工作。

事故初步了解这一步骤的目的是使调查者概括了解事故的全貌,以便更容易理解下一阶段收集到的信息的价值和意义。在这一阶段,调查者像是从高远处观察事故,对事故还不会有中肯、恰当的评价。在许多情况下,事故初步了解只需要消耗很短的时间就能完成。

(三)事故前实际情况调查

如果调查者不熟悉事故发生前事发地的一般条件,花费时间了解事故发生前的实际情况是值得的。这会在后续步骤中,特别是在损坏检查和证人探访阶段节省时间。损坏检查和证人探访需要结合事故前的实际情况进行。可以把实际情况划分为硬件和工艺过程两部分。

对于调查者来说,工程设计图纸是很有价值的信息源。甚至事故发生前其他活动的旧照片都有可能成为有用的信息源。从上述信息源中可以了解到设备和物料的状况，即所谓的硬件条件。对于工艺过程，调查者可以考察设计几乎相同的邻近工厂的类似的工艺过程，也可以与对工艺过程熟悉的证人进行讨论。石油炼厂和化学加工厂都是一天 24 h 轮班运转，其他班的人员也可以提供硬件和工艺过程方面的帮助。总之，调查者对于事故工厂的设备、工艺过程、有关物料的性质必须相当熟悉。只有这样，才能恰当地使用证据，形成的事故发生前实际情况的完整印象。

（四）损坏检查和证人探访

损坏检查的最初目的是找到事故原发区，很可能还包括找出失误所在。然而在调查重大灾难时，还应该慎重考虑次生作用，这些信息只有在事故之后才能得到。对于爆炸的情形，爆裂断片区和远离爆炸源的冲击波作用区都有可能存在对事故调查有价值的证据。这些证据的价值不会立即显现出来，但在没有发生任何扰动的时候应该把这些证据拍照记录下来。还会有一些存疑项，应标上地点后搁置一边，留待以后核查。应该仔细考察爆炸废墟确定损坏的程度，不能心存侥幸忽略目前还无法解释的任何现象。

目击者的证据是很有价值的。除去事故现场人员外，还应该从目睹事发的公众那里取得证据。应该鼓励所有证人事后尽可能快地完成他们的目击记录。这些记录应该在证人间有机会议论事故之前完成。预先不准备出证的证人，应该要求他们在没有探访者提示的条件下给出他们自己的事故说明。后来询问时的意见改变也应该记录下来，但是原始记录永远不能销毁。应该尽量把证人引至探访室外，鼓励证人在事故现场或重设的事故场景中讲述他们的经历。在许多情况下，目击者的证据是矛盾的，但仍然要把它们记录下来，留待借助技术资料分析鉴定。在关联事故致因的显著水平时，目击者证据前不能加权重因子。

（五）研究后分析

随着证据的收集，必须考虑进一步的研究。如果试样需要化学分析，则应该尽快进行。另一方面，对于某些特定的试验，为了保证结果的真实性，只有证据收集全后才能进行。对于需要长期试验的情形，调查者需等至试验完成后才能得到结果。

（六）调查报告准备

调查报告的形式因写作模式而异。但所有的调查报告都应该做到让读者能够从事前情况逐步深入事故，从事故证据逐步过渡到逻辑结论。正文内容过多会分散读者对主要问题的注意力，次要内容应该归入附录中。大型事故的调查报告推荐采用主件和附件的正式呈文形式撰写。

【任务实践训练】

（一）事故案例

某厂一名起重工在用过轨吊吊装磨煤机磨辊的过程中，因控制器“停”按钮失灵，造成过轨吊和磨辊掉落，砸坏磨煤机平台及护栏，2 名作业人员跌落摔伤。

（二）简要经过

某年 7 月 6 日晚，某厂进行磨煤机检修，起重工姚某操作过轨吊吊装磨辊，当磨辊升至磨煤机壳体上沿约 175 mm 时，姚某按“停”按钮，但“停”按钮失灵，在磨辊继续上升的过程中，起吊用的卸扣卡在磨煤机壳体处，造成过轨吊和磨辊掉落，将磨煤机平台（高度为 4.3 m）及护栏砸坏，在平台上作业的 2 名人员跌落摔伤。

（三）事故原因及暴露的问题

1）起重机械日常维护、检查不到位，控制器“停”按钮失灵，未及时发现并处理。

2）作业人员在使用起重机械前，未检查起重机械是否完好。

3）起重工未掌握“启动 / 停止”磁性条的“紧急停止”作用。

（四）事故调查

请根据以上案例，设计事故调查模拟过程。

1）模拟情景：实验室爆炸事故现场。

2）模拟调查角色：被询问人（当事人等）；询问人（按照事故调查组的组成要求）；记录人（按照事故调查组的组成要求）；在场人（目击者等）；其他角色（根据案例还原模拟的需求自拟）。

任务二　认识燃烧和爆炸分析的内容，掌握分析原则

（一）燃烧分析

损坏分布可以提供有关火源区域的有力证据。木器燃烧持续的时间最长，炭化的程度也最深。假如火焰是连带燃烧的经典扩散型的，根据经验，木材炭化 2.5 cm 需要 40 min 的时间。如果从救火者那里了解到灭火的时间，就可以根据炭化深度确定火源区域。对于气体或蒸气迅速释放的火炬火焰的情形，木器的炭化速率更快一些。

火灾后容器的状况可以提供有关燃烧时间的有价值的证据。任何容器暴露在火焰中，所装载的液体都可以防止容器内的油漆涂层损坏，液面之上的容器壁涂层则会爆皮。如果容器内原来的液面是已知的，火灾后的液面结合容器的上述特征可以检查出来，从而不难确定液体的蒸发量和蒸发热。对于重灾非火炬燃烧的情形，如果容器是直立的并被火焰所包围，容器壁润湿面单位面积的最大传热速率确定为 17 W/cm，这样就可以根据热平衡近似估算出燃烧的最短可能暴露时间。

化工厂的多数火灾火温不超过 1 000 ℃。易燃液体和易燃固体的燃烧温度相近。除去高扰动火焰刷排逸出的射流气体或蒸气的燃烧外，很少遇到特别高的燃烧温度。因为纯铜的熔点是 1 080 ℃，虽然铜导线由于表面氧化会损耗，但一般纯铜能够承受燃烧的作用。铜合金，如黄铜和青铜，其熔点在 800~1 000 ℃，在火灾中通常会熔化，火灾后会有铜合金液滴不引人注目地黏附在其他金属表面上。如果在导体上发现纯铜液滴，表明在火灾中有电流通过，强化了燃烧的热量。只是火焰单独作用，即使局部温度超过了纯铜的熔点，纯铜通常会损耗而不会产生液滴。纯铜液滴以及纯铜导体由于在电弧焰中蒸发而产生凹痕，这些证据与火灾或爆炸的原始火源之间不一定有密切的联系。但是如果有电缆通过，电流在燃烧的早期由于电缆熔断而被切断，纯铜液滴和纯铜导体上的电弧焰凹痕则成为火源区域的有力证据。

铁和钢的熔点在 1 300~1 500 ℃,在火灾中一般不会熔化。但结构钢制件在 550~600 ℃下强度会严重下降,发生惊人的扭曲变形。结构钢制件扭曲变形现象在火灾中随处可见,在火灾调查中意义不大。

(二)爆炸分析

1. 爆炸作用的表现模式

多种因素影响着内压增加容器破坏的方式。除去与静负荷有关的强度因素外,容器壁的状况甚至比内压增加速率起更重要的作用。在静负荷超量的极限情形,凝聚相的爆轰会产生材料的脆性坏裂。对于气体爆燃比较缓慢的情形,断裂的方式则是纯粹弹性的,与物理过压产生静负荷的坏裂方式类似。然而,在爆燃断裂之后,压力仍继续上升,所以爆燃往往比静负荷的情形产生更多的碎片。容器内缓慢的加压过程最初会产生经典的弹性断裂,继而会裂口,最后会加速至脆性断裂。所以,找到初始断裂点是重要的。对于脆性坏裂的情形,容器断片的断口标记会指回到初始点。对于绝大多数弹性坏裂的情形,初始点通常在容器最薄的地方附近。

2. 物理过压

容器,如锅炉或被火焰包围的其他密封容器,由于物理过压而破裂是常见的事情。过压中的压力指的是气压或者液压。液压过压产生的发射物比气压过压产生的发射物要少。对于物理过压,破裂的初始点往往在容器潜在的薄弱点处。

3. 单一容积系统气相爆炸

如果易燃气体混合物在一个加工容器中,如一个罐或室,燃烧过程会使压力不断升高,最后会引起器壁爆裂。在单一容器中,火焰扩散通常是亚声速的,爆炸应力总是均匀分布的,而破裂模式则与物理过压产生的破裂模式类似。容器会在其薄弱点破裂,这可能是由于容器中某处的砂眼或夹层。对于固相物质起火,其初始火源的识别比气相物质起火要容易得多。一般来说,固相物质起火,需要点火源持续一些时间,而能够点燃气体混合物的静电释放只有几分之一秒。电动机或电缆的电力故障、隔板上的易燃液体玷污液以及人员的活动,是化工厂火灾的普通原因。虽然已经证明,除非所处环境的氧浓度高于空气的氧浓度,燃着的香烟一般不能点燃汽油蒸气,但是如果把未熄灭的香烟头丢在能够阴燃的垫托上却能引发燃烧。随着阴燃过程的加速,稍后物质就会迸发出火焰。焊接和切割的火花的引火能力超过了人们的想象,如果这些火花被怀疑是火灾或爆炸的起因,应该考虑模拟实验,而且不应该忽略高浓度氧的可能作用。

初始火源的确定常被认为是所有调查的最终目的。对于火灾的情形,很可能是这样的。但对于偶发的气相爆炸事故,无法确定初始火源的占很大比例。空气突然进入蒸馏装置常引发爆炸,这表明杂质或金属表面因长期对烃类物质暴露而处于还原态,一旦对大气中的氧暴露就会形成局部热点,易于起火。

【任务实践训练】

进行一次燃烧和爆炸后果分析的一般程序演讲,自行设计制作电子幻灯片,演讲时间为 10 min。

单元六　火灾和爆炸的控制

【阅读材料】

“这个点出发，又是木里，心中五味杂陈，呵呵。”这是凉山州森林消防支队西昌大队四中队中队长张浩的最后一个微信朋友圈帖子，时间停留在了 3 月 31 号，配发的是一张漆黑的夜色中他们乘坐的消防车闪灯前行的图片。而他朋友圈的封面是他和新婚妻子的婚纱照，金色的湖面旁，一对璧人四目凝望。

从张浩的朋友圈帖子可以看出，从春节后他就和战友们一起转战在各个扑火现场。在 3 月 2 号的朋友圈帖子里他调侃地写道：“又有火情，兄弟们太想我了，带上我的扑火服，直接把车开到家门口接我，盐源，我们又来了。”而他的老家就在距他们驻地 20 余千米的地方，他那份生前未尽的孝心就这样成了他一生的遗憾，在朋友圈留言里，他永远无悔的就是当初的选择。

任务一　掌握有火灾和爆炸危险性的物质的加工处理方法

为了防火、防爆安全，对火灾和爆炸危险性比较大的物料，应该采取安全措施。应先考虑通过工艺改进，用危险性小的物料代替火灾和爆炸危险性比较大的物料。如果不具备上述条件，则应该根据物料的燃烧爆炸性能采取相应的措施，如密闭或通风、惰性介质保护、降低物料蒸气浓度、减压操作以及其他能提高安全性的措施。

一、用难燃溶剂代替可燃溶剂

在萃取、吸收等单元操作中，采用的多为易燃有机溶剂。用燃烧性能较差的溶剂代替易燃溶剂，会显著提高操作的安全性。选择燃烧危险性较小的液体溶剂，沸点和蒸气压数据是重要依据。沸点高于 110 ℃的液体溶剂常温（约 20 ℃）时蒸气压较低，产生的蒸气不足以达到爆炸浓度，如醋酸戊酯在 20 ℃下的蒸气压为 6 mmHg，其蒸气浓度 c 为

$$c=\frac{Mp}{RT}=\frac{130\times6\times100\ 000}{760\times8.314\times293}=42\ \text{g/m}^3$$

式中：M 为相对分子质量；p 为压强（Pa）；R 为气体常数 [（$\text{Pa}\cdot\text{m}^3$）/（$\text{mol}\cdot\text{K}$）]；T 为热力学温度（K）。

而醋酸戊酯的爆炸浓度范围为 119~541 g/m^3，常温浓度只比爆炸浓度下限的三分之一略高一些。除醋酸戊酯以外，丁醇、戊醇、乙二醇、氯苯、二甲苯等都是沸点在 110 ℃以上的燃烧危险性较小的液体。

在许多情况下，可以用难燃成不燃液体代替可燃液体，这类液体有氯代甲烷及乙烯衍生物，如二氯甲烷、三氯甲烷、四氯化碳、三氯乙烯等。例如，为了溶解脂肪、油脂、树脂、沥青、橡

胶以及油漆,可以用四氯化碳代替有燃烧危险的液体溶剂。

使用氯代烃时,必须考虑其蒸气的毒性,以及发生火灾时可能分解释放出光气。为了防止中毒,设备必须密闭,室内的氯代烃浓度不应超过规定值,且在发生事故时要戴防毒面具。

二、根据燃烧性物质的特性分别处理

遇空气或遇水燃烧的物质,应该隔绝空气或采取防水、防潮措施,以免燃烧或爆炸事故发生;燃烧性物质不能与性质相抵触的物质混存、混用;遇酸、碱有分解爆炸危险的物质应该防止与酸、碱接触;对机械作用比较敏感的物质要轻拿轻放。燃烧性液体或气体,应该根据它们的密度考虑适宜的排污方法;根据它们的闪点、爆炸范围、扩散性等采取相应的防火、防爆措施。

对于自燃性物质,在加工或储存时应该采取通风、散热、降温等措施,以防其达到自燃点,引发燃烧或爆炸。多数气体、蒸气或粉尘的自燃点都在 400 ℃以上,在很多场合要有明火或火花才能起火,只要消除任何形式的明火,就基本达到了防火的目的。有些气体、蒸气或固体易燃物的自燃点很低,只有采取充分的降温措施,才能有效地避免自燃。有些液体如乙醚,受阳光作用能生成危险的过氧化物,这些液体应采取避光措施,盛放于金属桶或深色玻璃瓶中。

有些物质能够提高易燃液体的自燃点,如在汽油中添加四乙基铅,就是为了提高汽油的自燃点。而另外一些物质,如铈、钒、铁、钴、镍的氧化物,则可以降低易燃液体的自燃点,对这些物质应予以注意。

三、密闭和通风措施

为了防止易燃气体、蒸气或可燃粉尘泄漏与空气混合形成爆炸性混合物,设备应该密闭,特别是带压设备更需要保持密闭性。如果设备或管道密封不良,正压操作时会因可燃物泄漏使附近的空气达到爆炸下限;负压操作时会因空气进入而达到可燃物的爆炸上限。开口容器、破损的铁桶、没有防护措施的玻璃瓶不得盛储易燃液体。不耐压的容器不得盛储压缩气体或加压液体,以防容器破裂造成事故。

为了保证设备的密闭性,危险设备和系统应尽量少用法兰连接。输送危险液体或气体的管路应采用无缝管。负压操作可防止爆炸性气体逸入厂房,但在负压下操作要特别注意清理设备或打开排空阀时不要让大量空气吸入。

对于加压或减压设备,在投产或定期检验时,应检查其密闭性和耐压程度。应该经常检查所有压缩机、液泵、导管、阀门、法兰、接头等容易漏油、漏气的机件和部位,填料如有损坏应立即更换,以防渗漏。操作压力必须加以限制,压力过高,轻则密闭性遭到破坏,渗漏加剧;重则设备破裂,造成事故。

加工粉状氧化剂(如高锰酸钾、氯酸钾、铬酸钠、硝酸铵、漂白粉等)的设备的传动装置密闭性能必须良好,并定期清洗,及时更换润滑剂,以防止粉尘渗进传动装置与润滑剂相混,并因蜗轮、蜗杆摩擦生热而引发爆炸。

即使设备密封很严密,也总会有部分气体、蒸气或粉尘渗漏到室内,必须采取措施使可燃物的浓度降至最低。同时还要考虑到爆炸物的量虽然极微,但也有局部浓度达到爆炸范围的可能。完全依靠设备密闭消除厂房内的可燃物是不可能的。往往借助于通风来降低车间内空气中可燃物的浓度。通风可分为机械通风和自然通风；按换气方式也可分为排风和送风。

对于有火灾和爆炸危险的厂房的通风，由于空气中含有易燃气体，所以不能循环使用。排除或输送温度超过 80 ℃的空气、燃烧性气体或粉尘的设备，应该用非燃烧材料制成。空气中含有易燃气体或粉尘的厂房，应选用不产生火花的通风机械和调节设备。含有爆炸性粉尘的空气在进入排风机前应进行净化，防止粉尘进入排风机。排风管道应直接通往室外安全处，不宜穿过防火墙或非燃烧材料的楼板等防火分隔物，以免发生火灾时，火焰顺管道通过防火分隔物。

四、惰性介质的惰化和稀释作用

（一）惰性气体保护作用

惰性气体的反应活性较差，常用作保护气体。惰性气体保护是指用惰性气体稀释可燃气体、蒸气或粉尘的爆炸性混合物，以抑制其燃烧或爆炸。常用的惰性气体有氮气、二氧化碳、水蒸气以及卤代烃等燃烧阻滞剂。

在粉碎、研磨、筛分、混合易燃固体物料，以及输送粉状物料时，应施加惰性气体保护。输送易燃液体物料的压缩气体应该选用惰性气体。易燃气体物料在加工过程中应该用惰性气体作稀释剂。有火灾和爆炸危险的工艺装置、储罐、管道等应该配备惰性气体，以备发生危险时使用。

（二）惰性气体用量

在易燃物料的加工中，惰性气体的用量取决于系统中氧的最高允许浓度。氧的最高允许浓度因采用不同的惰性气体而有所不同。表 3-6-1-1 中列出了不同物质采用二氧化碳或氮气稀释时氧的最高允许体积分数。

表 3-6-1-1　用惰性气体稀释不同可燃物质时氧的最高允许体积分数

可燃物质	CO_2 稀释	N_2 稀释	可燃物质	CO_2 稀释	N_2 稀释
甲烷	11.5%	9.5%	丁二醇	10.5%	8.5%
乙烷	10.5%	9.0%	丙酮	12.5%	11.0%
丙烷	11.5%	9.5%	苯	11.0%	9.0%
丁烷	11.5%	9.5%	一氧化碳	5.0%	4.5%
汽油	11.0%	9.0%	二硫化碳	8.0%	—
乙烯	9.0%	8.0%	氢	5.0%	4.0%
丙烯	11.0%	9.0%	煤粉	12.0%~15.0%	—
乙醚	10.5%	—	硫黄粉	9.0%	—
甲醇	11.0%	8.0%	铝粉	2.5%	7.0%
乙醇	10.5%	8.5%	锌粉	8.0%	8.0%

惰性气体的用量可根据表 3-6-1-1 中的数据按下式计算：

$$V=\frac{21-O}{O}V \tag{3.6.1.1}$$

式中：V 为惰性气体的用量（m^3）；O 为查得的氧的最高允许体积分数（%）；V 为设备中原有的空气（含氧 21%）的容积（m^3）。如果惰性气体中含有部分氧，式（3.6.1.1）则修正为

$$V=\frac{21-O}{O'}V \tag{3.6.1.2}$$

式中：O' 为惰性气体中氧的体积分数（%）。

从式（3.6.1.1）和式（3.6.1.2）可以看出，不必用惰性气体取代空气中的全部氧，只要稀释到一定程度即可。惰性气体的这种功能称作惰化防爆。有些易燃气体溶解在溶剂中比在气相中稳定，这也是由于溶剂的惰化作用。例如，在总压为 0.7 MPa 以下时，溶解在丙酮中的乙炔比气相乙炔稳定。

五、减压操作

化工物料的干燥过程，许多是从湿物料中蒸发出其中的易燃溶剂。如果易燃溶剂蒸气的浓度在爆炸下限以下，便不会引发燃烧或爆炸。为了满足上述条件，这类物料的干燥一般在负压下操作。文献中的爆炸极限数据多为 20 ℃、0.101 325 MPa 下的体积分数。所以由爆炸下限不难计算出溶剂蒸气的分压，如果干燥压力在此分压以下，便不会发生燃烧或爆炸。比如，乙醚的爆炸下限为 1.7%，在爆炸下限的条件下，乙醚蒸气的分压为 0.101 325 × 1.7% = 0.001 7 MPa（13 mmHg）。在爆炸下限时易燃蒸气的分压即为减压操作的安全压力。

实际上在减压条件下，干燥箱中的空气完全被溶剂蒸气排除，从而消除了爆炸条件。此时溶剂蒸气与空气比较相对浓度很大，但单位体积的质量却很小。减压操作应用的实质上是爆炸下限时的质量浓度。

六、燃烧爆炸性物料的处理

化学工业污水中往往混有易燃物质或可燃物质，为了防止下水系统发生燃烧爆炸事故，对易燃或可燃物质排放必须严格控制。如果将苯、汽油等有机溶剂的废液排入下水道，因为这类溶剂在水中的溶解度很小，而且密度比水小，其会浮于水面之上，并在水面上形成一层易燃蒸气，遇火会引发燃烧或爆炸，且因为随波逐流，火势会很快蔓延。

性质互相抵触的不同废水排入同一下水道，容易发生化学反应，导致发生事故，如硫化碱废液与酸性废水排入同一下水道，会生成硫化氢，造成中毒或爆炸事故。输送易燃液体的管道沟如果管理不善，易燃液体外溢会造成大量易燃液体积存，一旦引发火灾，后果严重。

【任务实践训练】

请论述如何加工有火灾爆炸危险性的物质，自行设计和制作电子幻灯片并做一次公开说明的演讲，时间为 10 min。

任务二　认识燃烧和爆炸敏感工艺参数的控制方式

在化学工业生产中，工艺参数主要是指温度、压力、流量、物料配比等。将工艺参数严格控制在安全限度以内，是实现安全生产的基本保证。

一、反应温度的控制

温度是化学工业生产中的主要控制参数之一。各种化学反应都有最适宜的温度范围，正确控制反应温度不但可以保证产品的质量，而且也是防火、防爆所必需的。如果超温，反应物有可能分解起火，造成压力升高，甚至导致爆炸；也可能因温度过高而发生副反应，生成危险的副产物或过反应物。升温过快、过高或冷却设施发生故障，可能引起剧烈反应，乃至冲料或爆炸。温度过低会造成反应速度减慢或停滞，温度一旦恢复正常，往往会因为未反应物料过多而使反应加剧，有可能引起爆炸。温度过低还会使某些物料冻结，造成管道堵塞或破裂，致使易燃物料泄漏，引发火灾或爆炸。

（一）移出反应热

化学反应总是伴随着热效应，放出或吸收一定的热量。大多数反应，如各种有机物质的氧化反应、卤化反应、水合反应、缩合反应等都是放热反应。为了使反应在一定的温度下进行，必须从反应系统中移出一定的热量，以免因过热而引发爆炸。例如，乙烯氧化制取环氧乙烷是典型的放热反应。环氧乙烷沸点低，只有 10.7 ℃，其爆炸范围极宽，为 3%~100%，即使没有氧气其也能分解爆炸。此外，杂质的存在易引发自聚放热，使温度升高；遇水发生水合反应，也释放出热量。如果不及时移出反应热，温度不断升高，会使乙烯燃烧放出更多的热量，从而引发爆炸。

温度的控制可以靠传热介质的流动移出反应热来实现。移出反应热的方法有夹套冷却、内蛇管冷却，或两者兼用，还有稀释剂回流冷却、惰性气体循环冷却等。还可以采用一些具有特殊结构的反应器或在工艺上采取一些措施，以达到移走反应热，控制温度的目的。例如，合成甲醇是强放热反应，必须及时移出反应热，以控制反应温度，同时对废热应加以利用。因此，可在反应器内装配热交换器，混合合成气分两路，其中一路用于控制流量，以控制反应温度。目前，强放热反应的大型反应器中普遍装有废热锅炉，靠废热产生蒸汽并带走反应热，同时废热蒸汽作为加热源利用。

加入其他介质，如通入水蒸气带走部分反应热，也是常用的方法。乙醇氧化制取乙醛就是将乙醇蒸气、空气和水蒸气的混合气体送入氧化炉，在催化剂作用下生成乙醛。利用水蒸气的吸热作用将多余的反应热带走。

（二）传热介质的选择

传热介质，即热载体，包括水、水蒸气、碳氢化合物、熔盐、汞和其他熔融金属、烟道气等。充分了解传热介质的性质，正确选择传热介质，对传热过程安全十分重要。

1. 避免使用性质与反应物料相抵触的介质

应尽量避免使用性质与反应物料相抵触的物质作为传热介质。例如，环氧乙烷很容易与水剧烈反应，极微量的水分渗入液态环氧乙烷中，也会引发自聚放热发生爆炸；金属钠遇水剧烈反应而爆炸。所以在加工过程中，这些物料的冷却介质不得用水，一般采用液体石蜡。

2. 防止传热面结垢

在化学工业中，设备的传热面结垢是普遍现象。传热面结垢不仅会影响传热效率，更危险的是在结垢处易形成局部过热点，造成物料分解而引发爆炸。结垢的原因：由于水质不好而结成水垢；物料黏结在传热面上。特别是因物料聚合、缩合、凝聚、炭化而引起结垢，极具危险性。换热器内的传热流体宜采用较高的流速，这样既可以提高传热效率，又可以减少污垢在传热面上的沉积。

3. 传热介质使用安全

传热介质在使用过程中常处于高温状态，安全问题十分重要。高温传热介质，如联苯混合物（73.5% 联苯醚和 26.5% 联苯）在使用过程中要防止低沸点液体（如水）进入，低沸点液体进入高温系统，会立即汽化超压，从而引起爆炸。传热介质运行系统不得有死角，以免容器试压时积存水或其他低沸点液体。传热介质运行系统在水压试验后，一定要有可靠的脱水措施，在运行前应进行干燥吹扫处理。

（三）热不稳定物质的处理

在化工生产过程中，对热不稳定物质的温度控制十分重要。对于热不稳定物质，要特别注意降温和隔热。对能生成过氧化物的物质，在加热之前应该除去。热不稳定物质的储存温度应该控制在安全限度之内。例如，乐果原油的储存温度超过 55 ℃以及原油与乳化剂共用一根保温管道，都曾发生过爆炸事故。对于热不稳定物质，在使用时应该注意将其与其他热源隔绝。对于受热后易发生分解爆炸的危险物质，如偶氮染料及其半成品重氮盐等，在反应过程中要严格控制温度，反应后必须清除反应釜壁上的剩余物。

二、物料配比和投料速率的控制

（一）物料配比的控制

在化工生产中，物料配比极为重要，它不仅决定着反应进程和产品质量，而且对安全也有着重要影响。例如，松香钙皂的生产，是把松香投入反应釜内，加热至 240 ℃，缓慢加入氢氧化钙，生成目的产物和水。反应生成的水在高温下会变成蒸气。投入的氢氧化钙如果过量，水的生成量也相应增加，容易使生成的水蒸气量过多而造成“跑锅”，与火源接触有可能引发燃烧。对于危险性较大的化学反应，应该特别注意物料配比关系。比如，环氧乙烷生产利用乙烯和氧的反应，其反应物浓度接近爆炸极限，尤其是在开车时催化剂活性较低，容易造成反应器出口氧浓度过高，为保证安全，应设置连锁装置，经常核查循环气的组成。

催化剂对化学反应速率的影响很大，如果催化剂过量，就有可能发生危险。对于可燃或易燃物料与氧化剂的反应，要严格控制氧化剂的投料速率和投料量。对于能形成爆炸性混合物的生产，物料配比应严格控制在爆炸范围以外。如果工艺条件允许，可以添加水蒸气、氮气等惰性气体稀释。

（二）投料速率的控制

对于放热反应，投料速率不能超过设备的传热能力，否则物料温度将会急剧升高，引起物料的分解、突沸，造成事故。加料时如果温度过低，往往造成物料的积累、过量，温度一旦适宜反应加剧，加之热量不能及时导出，温度和压力都会超过正常指标，导致事故。例如，某农药厂的“保棉丰”反应釜，按工艺要求，应在不低于 75 ℃的温度下，4 h 内加完 100 kg 双氧水。但由于投料温度为 70 ℃，开始反应速率慢，加之投入冷的双氧水使反应温度降至 52 ℃，因此将投料速率加快，在 1 h 20 min 内投入双氧水 80 kg，造成双氧水与原油剧烈反应，反应热来不及导出而使温度骤升，仅在 6 s 内温度就升至 200 ℃以上，使釜内物料汽化引起爆炸。

投料速率太快，除影响反应速率外，也可能造成尾气吸收不完全，引起毒性或可燃性气体外逸。例如，某农药厂的乐果生产硫化岗位由于投料速太快，硫化氢尾气来不及吸收而外逸，引起中毒事故。当反应温度不正常时，先要判明原因，不能随意采用补加反应物的办法提高反应温度，更不能采用先增加投料量而后补热的办法。

在投料过程中，值得注意的是投料顺序的问题。例如，合成氯化氢时，应先加氢后加氯；合成三氯化磷时，应先投磷后加氯；磷酸酯与甲胺反应时，应先投磷酸酯再滴加甲胺等。如不按顺序投料就有可能发生爆炸。投料过少也可能引起事故，加料过少，会使温度计接触不到物料表面，温度计显示出的不是物料的真实温度，导致操作人员判断错误，引起事故。

三、物料成分和过反应的控制

对许多化学反应，反应物料中的危险杂质会导致副反应或过反应，引发燃烧或爆炸事故。对于化工原料和产品，纯度和成分是质量要求的重要指标，对生产和管理安全也有着重要影响。比如，用乙炔和氯化氢合成氯乙烯时，氯化氢中游离氯不允许超过 0.005%，因为过量的游离氯与乙炔反应生成的四氯乙烷会立即起火爆炸。又如在乙炔生产中，电石含磷量不得超过 0.08%，因为磷在电石中主要以磷化钙的形式存在，磷化钙遇水生成磷化氢，遇空气燃烧，导致乙炔和空气混合物的爆炸。

反应原料气含有的有害气体如果不清除干净，在物料循环过程中会不断积累，最终会导致燃烧或爆炸等事故的发生。清除有害气体时，可以采用吸收的方法，也可以在工艺上采取措施，使之无法积累。例如，高压法合成甲醇，可在甲醇分离器之后的气体管道上设置放空管，通过控制放空量保证系统中有用气体的比例。这种将部分反应气体放空或对其进行处理的方法也可以用来防止其他爆炸性介质的积累。有时有害杂质来自未清除干净的设备。例如，在六六六（六氯环己烷）生产中，合成塔内可能留有少量的水，通氯后水与氯反应生成次氯酸，次氯酸受光照射产生氧气，与苯混合发生爆炸。所以这类设备一定要清理干净，符合要求后才能投料。

有时在物料的储存和处理中加入一定量的稳定剂，可防止某些杂质引起事故。例如，氰化氢在常温下呈液态，储存时水分含量必须低于 1% 并置于低温密闭容器中。如果有水存在，可生成氨，其作为催化剂引起聚合反应，聚合热使蒸气压力上升，导致发生爆炸事故。为了提高氰化氢的稳定性，常加入体积分数为 0.001%~0.5% 的硫酸、磷酸或甲酸等酸性物质作为稳定剂或将其吸附在活性炭上加以保存。丙烯腈具有氰基和双键，有很强的反应活性，容易发生聚合、共聚或其他反应，在有氧或氧化剂存在或接受光照的条件下，其迅速聚合并放热，压力升高，引发爆炸。在储存时一般添加对苯二酚作为稳定剂。

许多过反应的生成物是不稳定的，容易造成事故。所以在反应过程中要防止过反应的发生。例如，三氯化磷合成过程是把氯气通入黄磷中，产物三氯化磷的沸点为 75 ℃，很容易从反应釜中移出。但如果反应过头，则生成固体五氯化磷，其 100 ℃时才升华。五氯化磷的反应活性比三氯化磷高得多，由于黄磷的过氧化而发生爆炸的事故时有发生。苯和甲苯硝化生成硝基苯和硝基甲苯，如果发生过反应，则生成二硝基苯和二硝基甲苯，二硝基化合物不如硝基化合物稳定，在精馏时容易发生爆炸。所以，对于这一类反应，往往保留一部分未反应物，使过反应不至于发生。在某些化工过程中，要防止物料与空气中的氧反应生成不稳定的过氧化物。有些物料，如乙醚、异丙醚、四氢呋喃等，如果在蒸馏时有过氧化物存在，极易发生爆炸。

四、自动控制系统和安全保险装置

（一）自动控制系统

自动控制系统按功能分为四类：自动检测系统，自动调节系统，自动操纵系统，自动信号、连锁和保护系统。自动检测系统是对机械、设备或过程进行连续检测，把检测对象的参数如温度、压力、流量、液位、物料成分等信号通过自动装置转换为数字，并显示或记录下来的系统。自动调节系统是通过自动装置的作用，使工艺参数保持在设定值的系统。自动操纵系统是对机械、设备或过程的启动、停止及交换、接通等通过自动装置进行操纵的系统。自动信号、连锁和保护系统是机械、设备或过程出现不正常情况时，会发出警报并自动采取措施，以防发生事故的安全系统。

化工自动化系统大多数对连续变化的参数，如温度、压力、流量、液位等进行自动调节。但是还有一些参数，需要按一定的时间间隔做周期性的变化，这样就需要对调节设施如阀门等进行周期性的切换。上述操作一般是靠程序控制来完成的。如生产小氮肥的煤气发生炉，其造气过程由制气循环的六个工序组成。整个过程由气动执行机构操纵旋塞做两次正转和两次逆转 90° 实现。电子控制器按工艺要求发出指令，程序控制气动机构做一次正转和两次逆转，并且在二次回收、吹风、回收时打开空气阀门，在其余各阶段关闭空气阀门，阻止空气进入气柜，防止氧含量升高而发生爆炸。

（二）信号报警、保险装置和安全连锁

在化学工业生产中，可配置信号报警装置，其在情况失常时发出警告，以便及时采取措施消除隐患。信号报警装置与测量仪表连接，用声、光或颜色示警。例如，在硝化反应中，硝化器的冷却水为负压，为了防止器壁泄漏造成事故，在冷却水排出口装有带铃的导电性测量仪，若冷却水中混有酸，导电率提高，则会响铃示警。随着化学工业的发展，信号报警系统的自动化程度不断提高。例如，监测反应塔温度上升的自动报警系统可分为两级：急剧升温检测系统；与进出口流量相对应的温差检测系统。警报的传送方式根据故障的轻重而有所区别。

信号报警装置只能提醒人们注意事故正在形成或即将发生,但不能自动排除事故。而保险装置则能在危险状态下使系统自动脱离危险状态。例如,氨的氧化反应是在氨和空气的混合物的爆炸极限边缘进行的,应该在气体输送管路上安装保险装置,以便在紧急状态下切断气体的输入。在反应过程中,空气的压力过低或氨的温度过低,都有可能使混合气体中氨的浓度提高,甚至达到爆炸下限。在这种情况下,保险装置就会切断氨的输送,只允许空气流过,因而可以防止爆炸事故的发生。

安全连锁就是利用机械或电气控制依次接通各个仪器和设备,使之彼此发生联系,达到安全运行的目的。例如,硫酸与水混合的操作,必须先把水加入设备,再注入硫酸,否则将会发生喷溅和灼伤事故。把注水阀门和注酸阀门依次连锁起来,就可以达到此目的。某些需要经常打开孔盖的带压反应容器,在开盖之前必须卸压。频繁地操作容易因疏忽而出现差错,如果把卸掉罐内压力和打开孔盖连锁起来,就可以做到安全无误。

【任务实践训练】

下面是某精馏实验的步骤描述,请根据燃烧和爆炸敏感工艺参数的控制方式知识设计该精馏实验的参数控制和优化方案。

1)配制体积分数约为 5% 的酒精水溶液,由供料泵注入蒸馏釜内至液位计上的标记为止。

2)在供料槽内配制体积分数为 15%~20% 的酒精水溶液。

3)通电启动设备,调节电压到 220 V,对釜内料液加温,并开启冷水阀,仔细观察塔内气液的活动,控制加热量。

4)进行全回流操作,控制蒸发量,这时灵敏板温度应在 80 ℃左右。

5)开泵,加料控制一定的流量,进行部分回流操作。

6)为了首先满足回流要求,回流分配器中的产品管口高于回流管管口 15 mm,所以调小回流比进行部分回流,控制一定的回流比,至产品达到要求的浓度。

7)控制釜底排料量,使釜液液位保持不变。

8)测样品浓度。

任务三　掌握火灾和爆炸的局限化措施

一、火灾和爆炸局限化概述

在化工生产中,火灾和爆炸事故一旦发生,就必须采取局限化措施,限制事故的蔓延和扩散,把损失降低到最低限度。在多数火灾和爆炸事故中,伤害和损失的很大一部分不是在事故的初始阶段造成的,而是在事故的蔓延和扩散中造成的。目前,许多大的化工企业把防灾的重点普遍放在火灾和爆炸发生并转而使事故扩大的危险性上。多数火灾和爆炸事故是由于人们忽视在正常操作中并无危险,但在紧急情况下无应急措施的物料、设备或工艺过程。灾害的扩大则往往是由于人们对于物料或工艺装置置于火灾和爆炸现场的危险性认识不足。

对于火灾和爆炸的局限化措施，在建厂初期的设计阶段就应该考虑到。工艺装置的布局、建筑结构以及防火区域的划分，不仅要有利于工艺要求和运行管理，而且要有利于预防火灾和爆炸，把事故局限在有限的范围内。从投资方面考虑，布局越紧凑越好，但这样对于防止火灾蔓延，限制火灾区域是不利的。所以要统筹兼顾，留有必要的防火间距。对槽罐间距、防油堤、防火墙、耐火结构及阻火灭火设施，大量物料泄漏的处理及灭火措施，以及紧急情况下的指挥系统等都要统筹考虑。

二、安全装置和局限化设施

（一）安全装置

一般安全装置有成分控制装置、温度控制装置和火源切断装置。异常抑制装置包括防止火焰传播的装置，如冷却器、安全罩、填充环、阻火器、隔离设施等；控制聚合或分解的装置，主要用于添加反应抑制剂，提供冷却作用等；预防着火的装置，包括蒸汽幕、惰性气体幕、水幕等。

（二）局限化设施

局限化设施包括泄压设施、截流设施和应急设施等。高压泄压设施有安全阀、回流阀、泄料阀、放空阀等；低压泄压设施有密封装置、排气装置、吸收装置、安全板等。截流设施有紧急截断阀、防止过流阀、逆止阀等。应急设施有紧急切断电源、紧急停车、紧急断流、紧急分流、紧急排放、紧急冷却装置，以及紧急通入惰性气体、紧急加入反应抑制剂的装置和设施等。

有警示作用的测量仪表有液面计、压力计、温度计、流量计、浓度计、密度计、pH 值测量仪、气体检测器等。警示装置则有蜂鸣器、警铃、指示灯等。

局限化的防护设施有防油堤、燃烧池、隔断墙、防火墙、防爆墙等。避难设施有电话、警笛、扩音器等信号装置，指示撤离方向的标志以及安全通道、安全梯等。

（三）阻火防爆设施

阻火设备包括安全液封、阻火器和单向阀等，其作用是防止外部火焰窜入有燃烧爆炸危险的设备、容器和管道，或阻止火焰在设备和管道间蔓延和扩散。各种气体发生器或气柜多用液封阻火。高热设备、燃烧室和高温反应器与输送易燃蒸气或气体的管道之间，以及易燃液体或气体的容器和设备的排气管中，多用阻火器阻火。对于只允许流体单向流动，防止高压物质窜入低压区以及防止回火的情形，应采用单向阀。为了防止火焰沿通风管道或生产管道蔓延，宜采用阻火闸门。

防爆泄压设施包括安全阀、爆破片、防爆门和放空管等。安全阀主要用于防止物理性爆炸；爆破片主要用于防止化学性爆炸；防爆门、防爆球阀主要用在加热炉上；放空阀用来紧急排泄有超温、超压、爆聚和分解爆炸危险的物料。有些化学反应设备除有紧急放空管外，还设置有安全阀、爆破片、事故槽等一种或多种设施。

三、火灾和爆炸局限化布局和措施

（一）局限化工厂布局

在化学工业中，危险性较大的化工装置应采取隔离安装和远距离操纵等措施。在厂区总体设计时，应慎重考虑危险车间的位置，与其他车间或装置保持一定的间距。应充分估计相邻车间、构筑物的相互影响，采用相应的建筑材料和结构形式等。例如，在合成氨生产中，合成车间压缩岗位的设置，焦化、炼焦、副产品回收车间的定位和间隔，都应该统筹考虑。再如染料厂的原料库、生产车间、高压加氢装置的间隔，工艺装置区、管理区和生活区的划分，都必须合理布局。

对于同一车间的各个工段，应视其生产性质和危险程度适当隔离；各种原料、半成品、成品的存放，应按其性质、储量做分隔处理；对个别有危险的过程，应采取隔离操作和设置防护屏的方法；操作人员和生产设备也应适当隔离。

为了便于易燃有害气体扩散，减少因设备泄漏造成的易燃气体积聚的危险性，相关装置或设备应尽可能露天或半露天设置。例如，石化企业的大多数设备都是露天安装的。对于露天安装的设备，应考虑气象条件对设备、工艺参数、操作人员健康的影响，并应有合理的夜间照明。

大多数连续生产过程，主要是根据反应进程调节各种阀门。对于有些操作人员难以接近、启闭比较吃力或需要迅速启闭的阀门，应该设置远距离机构。对于多数过程和设备，都提倡采用操作室隔离操作。人员与危险工作环境隔离，可以消除人为误差，并提高工作效率。

（二）防爆泄压措施

可燃蒸气、气体或粉尘与空气形成的爆炸性混合物的最高爆炸压力可达 0.4~1.1 MPa，而 0.3 m 厚的砖墙只能耐受 0.002 MPa 的压力。建造能够耐受这样高压力的厂房和库房是不现实的。通常为具有爆炸危险的厂房设置轻质板的屋顶、外墙或泄压窗，发生爆炸时这些薄弱部位首先遭受破坏，卸掉爆炸压力，从而使承重结构免遭倒塌破坏。

（三）阻止火灾和爆炸扩大化的措施

对于储存可燃或易燃液体的罐、槽，为防止火灾发生后危险液体流出，使灾害扩大，应在其周围筑起防油堤，减小燃烧面积。

为了避免爆炸灾害的扩大，在有爆炸危险和无爆炸危险的装置间，以及具有较大爆炸危险的设备周围，要设置防爆墙、壁障等，阻止爆炸飞散物、火焰和冲击波的袭击。

防爆墙一般为钢筋混凝土墙，钢筋交错的地方应捆扎牢固。墙厚通常为 0.3~0.4 m，加厚的墙脚埋入地下的深度应大于 1 m。防爆墙应能承受一定的冲击压力。

四、可燃物泄漏的预防措施

工艺过程中排污或取样时的误操作，泵压盖或密封发生故障，设备腐蚀或结合处损坏，装置准备维修或维修后试运转时出现故障，机械损坏或材料缺陷等，都可能造成可燃物大量泄漏。大量可燃物泄漏对化工安全生产威胁极大，许多重大事故都是从泄漏开始的。

泄漏可以分为从设备向大气泄漏、设备内部泄漏以及由设备外部吸入三种类型。按照压力划分则有高压喷出、常压流出和真空吸入。预防泄漏时，应根据泄漏的类型、泄漏压力和泄漏时间选择适当的方法。在装置设计和安装时，应该同时着手防止泄漏方案的设计；在装置运行和维护时，应该实行操作检查的预防措施；在紧急情况下，要有制止突然泄漏的应急措施。

为了防止可燃物大量泄漏引起燃烧爆炸事故,必须设置完善的检测报警系统,并尽可能与生产调节系统和处理装置连锁,尽量减少损失。装置区应设置可燃气体检测仪,一旦物料泄漏,立即报警。在紧急情况下,中央控制室可以自动进行停车处理。对于可燃蒸气,可启动灭火喷水器把蒸气冷凝;对于液态烃,可用事故处理槽回收,并施加惰性介质保护。大量喷水系统可以在起火装置周围和内部布成水幕,冷却泄漏的有机介质,同时防止其泄漏到其他装置中。自动洒水系统可以由火焰或温度引发动作。此外,也可以采用蒸汽幕进行灭火。

【任务实践训练】

某小型工厂拟引进一个卧式储罐,容积为 50 m^3,用于储存某易燃液体(无其他危险性),如图 3-6-3-1 所示。请为其设计相应的局限化措施,并形成规范方案。

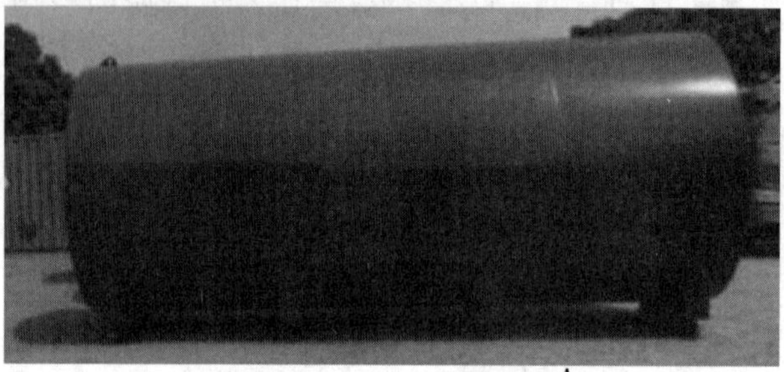

图 3-6-3-1 卧式储罐

任务四 认识灭火原理,掌握灭火剂与灭火设施的使用方法

一、灭火的原理及措施

根据燃烧三要素,消除可燃物或把可燃物浓度充分降低,隔绝氧气或把氧气量充分减少,把可燃物冷却至燃点以下,均可达到灭火的目的。

(一)抑制反应物接触

抑制可燃物与氧气接触,可以减少反应热,使之小于移出的热量,把可燃物冷却到燃点以下,起到控制火灾乃至灭火的作用。水蒸气、泡沫、粉末等覆盖在燃烧物表面上,都是使可燃物与氧气脱离接触的窒息灭火方法。矿井火灾的密闭措施,则是大规模抑制与氧气接触的灭火方法。

对于固体可燃物,抑制其与氧气接触的方法除移开可燃物外,还可以将整个仓库密闭起来防止火势蔓延,也可以用挡板阻止火势扩大。对于可燃液体或蒸气的泄漏,可以关闭总阀门,切断可燃物的来源。如果关闭总阀门尚不足以抑制泄漏,可以向排气管道排放,或将泄漏物转移至其他罐内,减少可燃物的供给量。对于可燃蒸气或气体,可以移走或排放,降低压力以抑制喷出。如果是液化气，由于蒸发消耗了潜热而自身被冷却，蒸气压会自动降低。此外，容器冷却也可降低压力，所以发生火灾时喷水也可以起抑制可燃气体供给的作用。

（二）减小反应物浓度

氧气含量在 15% 以下，燃烧速度就会明显变慢。减小氧气浓度是抑制火灾的有效手段。在火灾现场，水、不燃蒸发性液体、氮气、二氧化碳以及水蒸气都有降低可燃物浓度的作用。降低可燃物蒸气压或抑制其蒸发速度，均能收到降低可燃气体浓度的效果。

（三）降低反应物温度

把火灾燃烧热排到燃烧体系之外，降低温度使燃烧速度下降，从而减小火灾规模，最后将燃烧温度降至燃点以下，起到灭火作用。温度低于火灾温度的不燃性物质都有降温作用。对于灭火剂，除利用其显热外，还可利用它的蒸发潜热和分解热起降温作用。

冷却剂只有停留在燃烧体系内，才有降温作用。水的蒸发潜热较大，降温效果好，但多数情况下水易流失到燃烧体系之外，利用率不高。强化液、泡沫等可以克服水的这个弱点。

（四）初期灭火

火灾发生后，许多情形都是火灾规模随时间呈指数扩大。在灾情扩大之前的初期迅速灭火，是事半功倍的明智之举。在火灾扩大之前，一个人用少量的灭火剂就能扑灭的火灾称为初期火灾。初期火灾的灭火活动称为初期灭火。对于可燃液体，其灭火工作的难易取决于燃烧表面积的大小。一般把 1 m^2 可燃液体表面着火视为初期灭火范围。通常建筑物起火 3 min 后，就会有约 10 m^2 的地板、7 m^2 的墙壁和 5 m^2 的天花板着火，火灾温度可达 700 ℃左右。此时已超出了初期灭火范围。

为了做到初期灭火，应彻底清查、消除能引起火灾扩大的条件。要有完善的防火计划，火灾发生时能够恰当应对。对消防器材应经常检查维护，使其在紧急情况时能及时投入使用。

二、灭火剂及其应用

（一）水

1. 灭火作用

水是应用历史最长、范围最广、价格最廉的灭火剂。水的蒸发潜热较大，与燃烧性物质接触被加热汽化时会吸收大量的热，使燃烧性物质冷却降温，从而减弱燃烧的强度。水遇到燃烧物后汽化生成大量的蒸气，能够阻止燃烧物与空气接触，并能稀释燃烧区的氧，使火势减小。

对于水溶性可燃、易燃液体的火灾，如果允许用水扑救，水与可燃、易燃液体混合，可降低燃烧液体浓度以及燃烧区内可燃蒸气浓度，从而减弱燃烧强度。由水枪喷射出的加压水流压力可达几兆帕，高压水流强烈冲击燃烧物和火焰，会使燃烧强度显著降低。

2. 灭火形式

经水泵加压由直流水枪喷出的柱状水流称作直流水；由开花水枪喷出的滴状水流称作开花水；由喷雾水枪喷出，水滴直径小于 100 μm 的水流称作雾状水。直流水、开花水可用于扑救一般固体（如煤炭、木制品、粮食、棉麻、橡胶、纸张等）的火灾，也可用于扑救闪点高于 120 ℃，在常温下呈半凝固态的重油的火灾。雾状水大大增大了水与燃烧物的接触面积，降温快、效率高,常用于扑灭可燃粉尘、纤维状物质、谷物堆囤等固体物质的火灾,也可用于扑灭电气设备的火灾。与直流水相比,开花水和雾状水射程均较近,不适于远距离使用。

3. 注意事项

禁水性物质如碱金属和一些轻金属,以及电石、熔融状金属的火灾不能用水扑救。非水溶性,特别是密度比水小的可燃、易燃液体的火灾,原则上也不能用水扑救。直流水不能用于扑救电气设备的火灾,浓硫酸、浓硝酸场所的火灾以及可燃粉尘的火灾。原油、重油的火灾,浓硫酸、浓硝酸场所的火灾,必要时可用雾状水扑救。

(二)泡沫灭火剂

泡沫灭火剂是重要的灭火物质。多数泡沫灭火装置是小型手提式的,对于小面积火焰覆盖极为有效。也有少数泡沫灭火装置配置的固定的管线,可在紧急火灾中提供大面积的泡沫覆盖。对于密度比水小的液体的火灾,泡沫灭火剂有着明显的长处。

泡沫灭火剂由发泡剂、泡沫稳定剂和其他添加剂组成。发泡剂称为基料,稳定剂和添加剂则称为辅料。泡沫灭火剂由于基料不同有多种类型,如化学泡沫灭火剂、蛋白泡沫灭火剂、水成膜泡沫灭火剂、抗溶性泡沫灭火剂、高倍数泡沫灭火剂等。

(三)干粉灭火剂

干粉灭火剂是一种干燥且易于流动的粉末,又称粉末灭火剂。干粉灭火剂由能灭火的基料,以及防潮剂、流动促进剂、结块防止剂等添加剂组成。一般借助于专用的灭火器或灭火设备中的气体压力将其喷出,以粉雾形式灭火。

(四)其他灭火剂

其他灭火剂指二氧化碳、卤代烃等灭火剂。手提式的二氧化碳灭火器适于扑灭小型火灾,大规模的火灾则需要固定管输出的二氧化碳系统,其能释放出足够量的二氧化碳覆盖在燃烧性物质之上。采用卤代烃灭火时应特别注意,这类物质加热至高温时会释放出高毒性的分解产物。例如,应用四氯化碳灭火时,光气是分解产物之一。

三、灭火器及其应用

(一)灭火器的类型

根据盛装的灭火剂的种类,灭火器有泡沫灭火器、干粉灭火器、二氧化碳灭火器等多种类型;根据移动方式,则有手提式灭火器、背负式灭火器、推车式灭火器等几种类型。

(二)灭火器的使用与保养

泡沫灭火器使用前需要倒置并稍加摇动,而后打开开关对着火焰喷出药剂。二氧化碳灭火器只需一手持喇叭筒对着火源,一手打开开关即可。四氯化碳灭火器只需打开开关液体即可喷出。干粉灭火器只需提起圈环干粉即可喷出。

灭火器应放置在使用方便的地方,并注意有效期限。要防止灭火器的喷嘴堵塞,当灭火器的压力或质量小于一定值时,应及时充气或加料。

(三)灭火器的配置

小型灭火器配置的种类与数量,应根据火险场所的险情、消防面积、有无其他消防设施等综合考虑。小型灭火器是指 10 L 泡沫、8 kg 干粉、5 kg 二氧化碳等手提式灭火器。应根据装置的类别和所占的面积配置不同数量的灭火器。在易发生火灾的高险地点,可适当增设较大的泡沫或干粉等推车式灭火器。

四、灭火设施

(一)水灭火装置

1. 喷淋装置

喷淋装置由喷淋头、支管、干管、总管、报警阀、控制盘、水泵、重力水箱等组成。当防火对象起火后,喷淋头自动打开喷水,具有可迅速控制火势或灭火的特点。

喷淋头有易熔合金锁封喷淋头和玻璃球阀喷淋头两种形式。对于前者,当防火区温度达到一定值时,易熔合金熔化锁片脱落,喷口打开,水经溅水盘向四周均匀喷洒;对于后者,当防火区温度达到释放温度时,玻璃球破裂,水自喷口喷出。可根据防火场所的火险情况设置淋头的释放温度和喷淋头的流量。喷淋头的安装高度为 3.0~3.5 m,防火面积为 7~9 m^2。

2. 水幕装置

水幕装置是能喷出幕状水流的管网设备。它由水幕头、干管、支管、自动控制阀等构成,用于隔离和冷却防火对象。每组水幕头需在与供水管连接的配管上安装自动控制装置,所控制的水幕头一般不超过 8 只。供水量应能满足全部水幕头同时开放时所需的流量,水压应能保证最高、最远的水幕头有 3 m 以上的压头。

(二)泡沫灭火装置

泡沫灭火装置按发泡剂不同,分为化学泡沫装置和空气机械泡沫装置两种类型;按泡沫发泡倍数分为低倍数、中倍数和高倍数三种类型;按设备形式分为固定式、半固定式和移动式三种类型。泡沫灭火装置一般由泡沫液罐、比例混合器、混合液管线、泡沫室、消防水泵等组成。泡沫灭火装置主要用于罐区灭火。

(三)蒸汽灭火装置

蒸汽灭火装置一般由蒸汽源、蒸汽分配箱、蒸汽干管、蒸汽支管、配汽管等组成。其原理是把蒸汽施放到燃烧区,使氧气浓度降至一定程度,从而终止燃烧。研究结果表明,对于汽油、煤油、柴油、原油的灭火,燃烧区每立方米空间内蒸汽的量应不少于 0.284 kg。经验表明,饱和蒸汽的灭火效果优于过热蒸汽。

(四)二氧化碳灭火装置

二氧化碳灭火装置一般由储气钢瓶组、配管和喷头组成。其按设备形式分为固定和移动两种类型;按灭火用途分为全淹没系统和局部应用系统。灭火时,二氧化碳用量与可燃物料的物性、防火场所的容积和密闭性等有关。

(五)氮气灭火装置

氮气灭火装置的结构与二氧化碳灭火装置类似,适于扑灭高温高压物料的火灾。用钢瓶储存时,1 kg 氮气的体积为 0.8 m^3,灭火氮气的储备量不应少于灭火估算用量的 3 倍。

（六）干粉灭火装置

干粉是微细固体颗粒，有碳酸氢钠、碳酸氢钾、磷酸二氢铵、尿素干粉等。对密闭库房、厂房、洞室灭火时，干粉用量为每立方米空间不少于 0.6 kg；对易燃、可燃液体灭火时干粉用量为每平方米燃烧面积不少于 2.4 kg；空间有障碍或垂直向上喷射时，干粉用量应适当增加。

（七）烟雾灭火装置

烟雾灭火装置由发烟器和浮漂两部分组成。烟雾剂盘分层装在发烟器的筒体内；浮漂借助液体浮力使发烟器漂浮在液面上，发烟器头盖上的喷孔要高出液面 350~370 mm。

烟雾灭火剂由硝酸钾、木炭、硫黄、三聚氰胺和碳酸氢钠组成。硝酸钾是氧化剂，木炭、硫黄和三聚氰胺是还原剂，它们在密闭系统中可维持燃烧而不需要外部供氧。碳酸氢钠作为缓燃剂，使发烟剂燃烧速度维持在适当范围内而不至于引燃或爆炸。烟雾灭火剂的燃烧产物中有 85% 以上是二氧化碳和氮气等不燃气体。灭液体火灾时，烟雾从喷孔向四周喷出，在燃烧液面上形成一个均匀的云雾状惰性气体层，使液面与空气隔绝，同时降低可燃蒸气浓度，达到灭火的目的。

【任务实践训练】

为一个 A 类火灾中危险级的火灾场所配置灭火器，保护面积为 1 000 m^2，在无消火栓和灭火系统时，给出合理的灭火器配置方案。

思考与练习题

一、单选题

1）浓度在爆炸上限以上的混合气体（　　）是安全的。

A. 肯定　　B. 可以认为　　C. 不能认为　　D. 不知道

2）硝化甘油，特别是胶质硝化甘油只能采用（　　）的方法销毁。

A. 水溶解　　B. 焚烧　　C. 爆炸　　D. 化学分解

3）火灾发生后，许多情形都是火灾规模随时间呈（　　）扩大。

A. 乘积　　B. 指数　　C. 对数　　D. 线性

4）可燃粉尘的粒度越（　　），燃烧和爆炸的危险性越大。

A. 小　　B. 大　　C. 干　　D. 湿

5）雷管、电雷管和延迟电雷管等只能采用（　　）的方法销毁。

A. 水溶解　　B. 焚烧　　C. 爆炸　　D. 化学分解

6）对于一般可燃物质，当空气中氧含量低于（　　）时便不会引发燃烧。

A.14%　　B.4%　　C.17%　　D.21%

7）下列氧差额为正的物质是（　　）。

A. 过甲酸　B. 甲醇　C. 硝酸铵　D. 甲烷

8）甲烷的燃烧速率（　　）萘的燃烧速率。

A. 小于　B. 大于　C. 等于　D. 无法比较

9）爆炸极限（　　）一个固定值。

A. 不是　B. 是　C. 可能为　D. 不知道是不是

10）化工厂的中控室着火后只能用（　　）灭火。

A. 水　B. 干粉灭火器　C. 二氧化碳　D. 泡沫灭火器

二、多选题

1）按爆炸速度分类，爆炸可分为（　　）。

A. 轻爆　B. 爆炸　C. 爆轰　D. 微爆　E. 殉爆

2）可能发生粉尘爆炸的物质有（　　）。

A. 铁粉　B. 面粉　C. 洗衣粉　D. 化肥　E. 煤粉

3）自燃温度受（　　）的影响。

A. 加热表面的大小　B. 物料数量的多少　C. 物料的形状

D. 加热速率　E. 湿度

4）爆炸常伴随（　　）等现象，并且具有很大的破坏作用。

A. 发热　B. 发光　C. 高压　D. 真空　E. 电离

5）以下灭火剂中，（　　）因为会破坏大气的臭氧层要逐步淘汰。

A.1211 灭火剂　B. 二氧化碳　C. 七氟丙烷　D.1301 灭火剂

三、名词解释

1）最小引爆能量。

2）氧差额。

3）爆炸临界压力。

4）最大燃烧速率。

5）爆炸极限。

6）燃烧三要素。

7）闪点。

模块四

特种设备安全技术

【模块导读】

党的二十大报告中指出：推进安全生产风险专项整治，加强重点行业、重点领域安全监管。提高防灾减灾救灾和重大突发公共事件处置保障能力，加强国家区域应急力量建设。特种设备作为现代工业生产和生活的重要组成部分，承担着关键的功能和任务。然而，由于特种设备的特殊性质和工作环境的复杂性，其安全性问题不容忽视，它直接关系到企业的生产安全和可持续发展，也关系到人们的生命财产安全以及社会的稳定和发展。我们应当落实党的二十大加强重点行业、重点领域安全监管的指示精神，高度重视特种设备安全，加强监管力度，推动全社会形成安全第一的意识和文化，促进特种设备行业的规范化和安全化发展。

特种设备是指涉及生命安全、危险性较大的锅炉、压力容器（含气瓶）、压力管道、电梯、起重机械、客运索道、大型游乐设施和场（厂）内专用机动车辆。特种设备的危险性较大，容易发生事故，其安全性能对生产安全的影响很大。为加强特种设备的安全监察，防止和减少事故，保障人民生命和财产安全，促进经济发展，国务院于 2009 年 1 月 24 日发布了第 549 号令《国务院关于修改〈特种设备安全监察条例〉的决定》。新的《特种设备安全监察条例》于 2009 年 5 月 1 日起实施。特种设备中的锅炉、压力容器、气瓶、压力管道在化工生产中广泛使用。因此，化工生产的设备安全在很大程度上取决于特种设备的安全使用与管理。

单元一　压力容器安全技术

【阅读材料】

压力容器的工作条件差，在运行和使用中损坏的可能性比较大。因为压力容器内部的介质具有很高的压力，有一定的温度和程度不同的腐蚀性等，并且在不停地运动，不停地对压力容器产生各种物理的、化学的作用，因而会使容器产生腐蚀、变形、裂纹、渗漏等缺陷。即使压力容器的设计合理，制造质量很好，在使用过程中也会产生缺陷。压力容器一旦发生事故不仅容器本身遭到破坏，而且会引起一连串恶性事故，如破坏其他设备及建筑物，危及人员生命安全，污染环境等，给国民经济造成重大损失。因此，为了避免在使用过程中导致严重爆炸事故，压力容器的设计合理性、制造质量非常关键。制定和更新与压力容器安全相关的规范，对压力容器的制造与维护有指导性意义。1981 年，国家劳动总局颁发了《压力容器安全监察规程》；1990 年和 1999 年又两次对《压力容器安全监察规程》进行修订，并将其更名为《压力容器安全技术监察规程》；2009 年 8 月 31 日，国家质量监督检查检疫总局颁布了自 2009 年 12 月 1 日起正式实施的《固定式压力容器安全技术监察规程》。制定该版《固定式压力容器安全技术监察规程》的原则是：充分吸收事故教训；提出基本安全要求，重要变化要有调研、数据的支撑；强化使用管理，强化应急救援预案；体现节能原则；促进生产，方便企业；有利于技术进步、科学发展；兼顾国际发展，具有中国特色；规范与标准协调一致。

任务一 认识压力容器及其分类

一、压力容器概述

压力是物质状态的基本参数，大多数物质的熔点、沸点随着压力的变化而变化，超高压下许多物质的性质和形态与常压时完全不同；压力还可以改变化学反应过程的速率和反应的转化率。因此，几乎每一个化工工艺过程都离不开压力容器。在化工生产中普遍使用的塔、釜、罐、槽大多数属于压力容器，其具有各种各样的形式和结构，从几十升的瓶、罐到上万立方米的球形容器或高达上百米的塔式容器，如图 4-1-1-1 和 4-1-1-2 所示。压力容器的工作条件复杂、作用重要、危险性大。加强压力容器的安全管理是实现化工安全生产的重要环节之一。

图 4-1-1-1 球形储罐

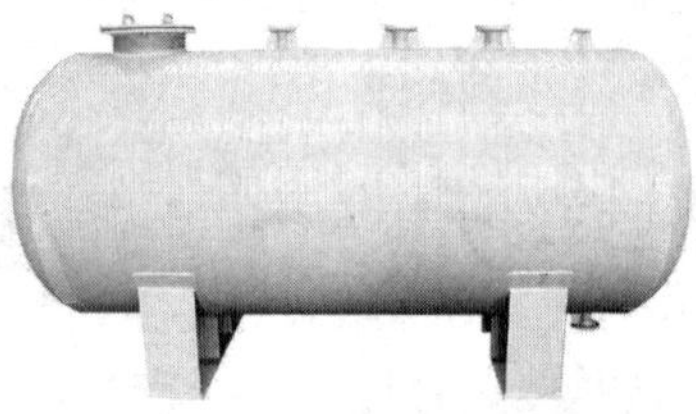

图 4-1-1-2 卧式圆筒形储罐

压力容器是一种能承受压力载荷的密闭容器，它的主要作用是储存、运输有压力的气体、液化气体或某些液体，或者为这些流体的传热、传质过程提供一个密闭的空间。

压力容器一般由筒体、封头、法兰、密封组件、开孔与接管、安全附件及支座等部分组成。对于储存容器，外壳即是容器；而对于反应器、换热器、分离器等，还需要在其内部装设工艺所需的内部构件才能构成完整的容器。

《特种设备安全监察条例》规定的监察对象为同时具备下列条件的压力容器：最高工作压力 $p_w \geqslant 0.1$ MPa（表压）；内径 $D_i \geqslant 0.15$ m；容积 $V \geqslant 0.025$ m^3；所盛装介质为气体、液化气体或最高工作温度高于或等于标准沸点的液体。

二、压力容器分类

（一）按工作压力分类

低压容器（代号 L）：压力为 0.1 MPa $\leqslant p<$1.6 MPa，多用于化工、机械制造、冶金采矿等企业。

中压容器（代号 M）：压力为 1.6 MPa $\leqslant p<$10 MPa，多用于石油化工企业。

高压容器（代号 H）：压力为 10 MPa $\leqslant p<$100 MPa，主要用于氮肥企业和一部分石油化工

企业。

超高压容器(代号U):压力为 $100\ \mathrm{MPa} \leqslant p<1\,000\ \mathrm{MPa}$,主要作为高分子聚合设备。

(二)按用途分类

按在生产工艺过程中的作用原理,压力容器分为反应压力容器、分离压力容器、换热压力容器、储存压力容器。

1)反应压力容器(代号R),主要是用于完成介质的物理、化学反应的压力容器,如反应器、反应釜、聚合釜、合成塔、煤气发生炉等。

2)分离压力容器(代号S),主要是用于完成介质的流体平衡和气体的净化分离的压力容器,如过滤器、缓冲器、吸收塔、干燥塔、洗涤器等。

3)换热压力容器(代号E),主要是用于完成介质的热量交换的压力容器,如管壳式余热锅炉、冷却器、预热器、蒸发器、硫化锅等。

4)储存压力容器(代号C,其中球罐代号B),主要是用于盛装生产用气体、液体、液化气体等的压力容器,如各种形式的储罐。

(三)按安装方式分类

1. 固定式压力容器

固定式压力容器是有固定安装和使用地点,工艺条件和操作人员也较固定的压力容器,如换热器、反应器。

2. 移动式压力容器

移动式压力容器在使用时不仅承受内压或外压载荷,在搬运过程中还会受到由于内部介质晃动引起的冲击力,以及运输过程带来的外部撞击和振动载荷,因而其在结构、使用和安全方面均有特殊的要求,如各类气瓶。

(四)按危险性和危害性分类

1. 第一类容器

非易燃或无毒介质的低压容器,易燃或有毒介质的低压传热容器和分离容器属于第一类容器。

2. 第二类容器

储存任何介质的中压容器,储存剧毒介质的低压容器,储存易燃或有毒介质的低压反应容器和储运容器属于第二类容器。

3. 第三类容器

高压、超高压容器,储存 $pV \geqslant 0.2\ \mathrm{MPa \cdot m^3}$ 的剧毒介质的低压容器和储存剧毒介质的中压容器,储存 $pV \geqslant 0.5\ \mathrm{MPa \cdot m^3}$ 的易燃或有毒介质的中压反应容器,储存 $pV \geqslant 10\ \mathrm{MPa \cdot m^3}$ 的介质的中压储运容器,中压废热锅炉和内径大于1 m的低压废热锅炉等,均属于第三类容器。

易燃介质是指爆炸下限小于10%,或爆炸上限和下限之差≥20%的气体。介质的毒性程度参照《职业性接触毒物危害程度分级》(GBZ 230—2010)的规定。例如,氨合成塔的设计压力为32 MPa,介质为氢气、氮气及氨气,该合成塔属于第三类高压反应压力容器;氯气分配器的设计压力为0.6 MPa(低压),介质为氯气(极毒),该容器属于第三类低压分离压力容器。

【任务实践训练】

结合图 4-1-1-3 所示的卧式圆筒形储罐的结构示意图，识别实训基地中储罐设备的结构。

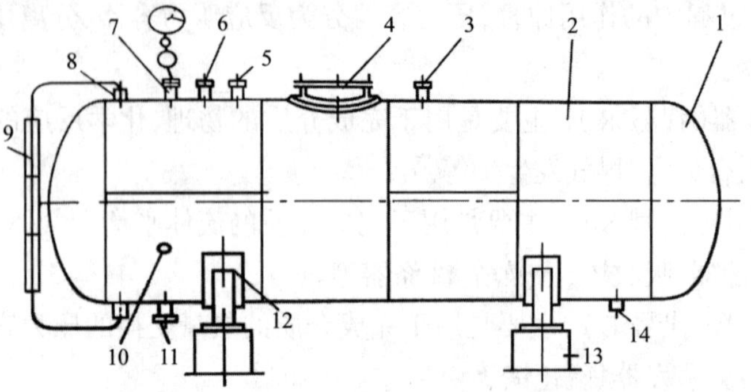

图 4-1-1-3　卧式圆筒形储罐

1—封头；2—筒体；3—气相接管；4—人孔；5—液相回流接管；6—安全阀接管；7—压力表接管；8—液位计接管；9—液位计；10—温度计插孔；11—液相接管；12—鞍式支座；13—基础；14—排污接管

任务二　熟悉压力容器的安全附件

一、安全附件的类型

压力容器的安全附件又称为安全装置，是指为了使压力容器能够安全运行而装设在其上的附属装置。压力容器的安全附件按使用性能或用途来分，一般包括以下四大类型。

1）连锁装置是为防止操作失误而设置的控制机构，如连锁开关、联动阀等。

2）警报装置是压力容器在运行中出现不安全因素致使容器处于危险状态时能自动发出声响或其他明显的警报信号的仪器，如压力警报器、水位监测仪等。

3）计量装置是能自动显示压力容器运行中与安全有关的工艺参数的仪表，如压力表、温度计等。

4）泄压装置是能自动、迅速地排出容器内的介质，使容器内的压力不超过它的最高许用压力的装置。

二、安全附件

（一）安全泄压装置

压力容器在运行过程中，由于种种原因，可能出现器内压力超过它的最高许用压力（一般为设计压力）的情况。为了防止超压。确保压力容器安全运行，一般都装有安全泄压装置，以自动、迅速地排出容器内的介质，使容器内的压力不超过它的最高许用压力。压力容器常见的安全泄压装置有安全阀和爆破片。

1. 安全阀

安全阀是一种由进口静压开启的自动泄压的防护装置，它是压力容器最重要的安全附件之一。

压力容器在正常工作压力下运行时，安全阀保持严密不漏；当压力超过设定值时，安全阀在压力作用下自行开启，使容器泄压，以防止容器或管线破坏；当容器压力泄至正常值时，它又能自行关闭，停止泄放。

按整体结构及加载机构的形式来分，常用的安全阀有杠杆式和弹簧式两种类型。它们分别利用杠杆与重锤、弹簧弹力的作用压住容器内的介质，当介质的压力超过杠杆与重锤、弹簧弹力所能维持的压力时，阀芯被顶起，介质向外排放，器内压力迅速降低；当器内压力小于杠杆与重锤、弹簧弹力维持的压力后，阀芯再次与阀座闭合。

弹簧式安全阀的加载装置是一个弹簧，通过调节螺母，可以改变弹簧的压缩量，调整阀瓣对阀座的压紧力，从而改变其开启压力的大小。弹簧式安全阀结构紧凑、体积小、动作灵敏，对震动不太敏感，可以装在移动式容器上，缺点是阀内弹簧受高温影响时，弹性有所降低。

杠杆式安全阀靠移动重锤的位置或改变重锤的质量来调节安全阀的开启压力。它具有结构简单、调整方便、比较准确以及适用于较高温度的优点。但杠杆式安全阀结构比较笨重，难以用于高压容器上。

为保证压力容器安全正常运行，安全阀应满足以下基本要求。

1）新装安全阀应有产品合格证，安装前，应由安装单位连续复校后加铅封，并出具安全阀校验报告。

2）在正常工作压力下安全阀可以保持严密不漏。

3）在压力达到开启压力时，阀能迅速自动开启，并能顺利排出气体。

4）阀在开启状态下，阀瓣稳定无振荡现象。

5）在排放状态下，阀瓣处于全开位置，并达到额定排气量。

6）泄压完毕后，安全阀应能继续保持良好的密封状态。

2. 爆破片

爆破片又称防爆膜、防爆板，是一种断裂型安全泄压装置。它具有密封性能好、反应动作快以及不易受介质中黏性污物影响等优点。但它是通过膜片的断裂来泄压的，所以泄压后不能继续使用，容器也被迫停止运行。因此它只在不宜装设安全阀的压力容器上使用。

随着化学工业的发展，业内对爆破片的要求越来越高，爆破片的结构也越来越多，常见的有剪切破坏型、弯曲破坏型、破裂型、失稳型和型孔式拉伸破坏型。

爆破片的防爆效率取决于它的质量、厚度和泄压面积。选用爆破片时，应根据介质的性质、工艺条件及载荷特性等，且首先要考虑介质在工艺条件下对膜片有无腐蚀作用。另外，爆破片应定期更换，更换期限由使用单位根据本单位的具体情况确定。

（二）压力表

压力表是测量压力容器中介质压力的一种计量装置。凡是需要单独装设安全泄压装置的压力容器都必须安装压力表。压力表的种类较多，有液柱式、弹性元件式、活塞式和电量式四大类。压力容器大多使用弹性元件式的单弹簧管压力表。

压力表的装设必须符合下列规定。

1)压力表的连接管必须与压力容器本体相连,同时要有足够的照明和便于观察、检验的地方,并要防止高温辐射或震动。

2)为便于更换、校验压力表,在压力表与容器的连接管上应装有旋塞,旋塞装在垂直的管段上。对于工作介质为高温蒸气的压力容器,连接管上应装一段弯管,避免高温蒸气直接进入压力表的弹簧管内,进而影响压力表的精度,此时旋塞应装在弯管和压力表之间的垂直管段上。

3)若工作介质对压力表有腐蚀性,则应在弹簧式压力表与容器的连接管上装设充填有液体的隔离装置,且充填液与工作介质不发生任何作用。若操作条件不允许采用这种保护措施,则应选用抗腐蚀的压力表。

4)压力表最好固定在相同工作压力的容器上,这样可以根据最高许用压力在压力表的刻度盘上刻上警戒红线,但不应将警戒线涂在压力表的玻璃上,以防止玻璃转动发生误判造成事故。

(三)液位计

液位计是显示容器内液面(气液交界面)位置的一种装置。盛装液化气体的储运容器(如大型球形储罐、卧式储槽和罐车等),以及液体蒸发用的换热器,都应装设液位计或液位自动指示器,以防容器因满液而发生液体膨胀导致容器超压,发生事故。液位计是根据连通器原理制成的装置,其结构非常简单,有玻璃管式和平板玻璃式两种。压力容器多选用平板玻璃式液位计。选用、装设和使用液位计或液位自动指示器时,应注意以下事项。

1)工作介质易燃或有毒的压力容器,应采用平板玻璃式液位计或液位自动指示器。大型液化气体储罐应装设安全可靠的液位自动指示器。

2)液位计或液位自动指示器上应有防泄漏的装置和保护罩。

3)液位计或液位自动指示器应装设在便于观察液位的地方,并有良好的照明。

4)应保持液位计的清洁,玻璃板必须清晰明亮,液位清楚易见。

5)应经常检查液位计的工作状态,检查内容有气液连通开关是否处于开启状态、连通管或开关是否有堵塞现象、各连接处是否有渗漏现象等。

扫一扫:安全阀工作原理动画视频

【任务实践训练】

学习压力容器安全附件(安全阀)的工作原理动画视频,熟悉压力容器的安全附件。

任务三　进行压力容器使用安全管理

一、压力容器的安全管理

压力容器使用单位应按以下内容和要求做好压力容器的安全管理工作。

(1)设置负责人

压力容器使用单位的技术负责人(主管厂长或总工程师)必须对压力容器的安全技术管理负责,并根据设备的数量和对安全性能的要求,设置专门的机构或指定具有专业知识的技术人员,具体负责压力容器的安全工作。

(2)制定相关规章制度

使用单位必须执行压力容器有关的规程、规章和技术规范,编制本单位的压力容器安全管理规章制度及安全操作规程。安全管理规章制度主要包括各级岗位责任制、基础工作管理制度以及使用过程中的管理制度。

1)制定各级岗位责任制,明确各级各类人员对压力容器的安全运行应承担的具体责任和义务。

2)制定基础工作管理制度,包括压力容器的选购、验收、安装调试、使用登记、备件管理、操作人员培训及考核、技术档案管理和统计报表等制度。

3)制定使用过程中的管理制度,包括压力容器定期检验制度,压力容器修理、改造、检验、报废的技术审查和报批制度,压力容器安装、改造、移装的竣工验收制度,压力容器安全检查制度,交接班制度,压力容器维护保养制度,安全附件校验与修理制度,压力容器紧急情况处理制度,压力容器事故报告与处理制度等。

4)制定安全操作规程,主要包括压力容器的操作工艺控制指标,包括最高工作压力、最高或最低工作温度波动幅度的控制值,介质成分特别是有腐蚀性的成分的控制值等,压力容器岗位操作方法,开、停车操作程序和注意事项,压力容器运行中日常检查的部位和内容要求,压力容器运行中可能出现的异常情况的判断和处理方法以及防范措施,压力容器的防腐措施和停用时的维护保养方法。

(3)建档管理设备

使用单位必须持压力容器有关的技术资料到当地锅炉压力容器安全监察机构逐台办理使用登记手续,建立压力容器技术档案,并管理好有关的技术资料。

(4)定期进行年检

使用单位应编制压力容器的年度检验计划,并负责组织实施。每年年底应将当年检验计划的完成情况和第二年度的检验计划报到主管部门和当地质量技术监督部门。

(5)做好技术审查

压力容器使用单位应做好压力容器运行、维修和安全附件校验情况的检查,做好压力容器校验、修理、改造和报废等的技术审查工作。对压力容器的受压部件的重大修理、改造方案应报当地压力容器安全监察机构审查批准。

(6)及时报告事故

发生压力容器爆炸及重大事故的单位应迅速报告当地政府以及质量技术监督部门和有关部门,并立即组织抢救,积极配合有关部门进行事故调查。

(7)组织技术培训

使用单位必须对压力容器校验、焊接和操作人员进行安全技术培训,经过考核取得合格证后，方可上岗操作。

二、压力容器的安全运行

正确、合理地操作和使用压力容器，是保证容器安全运行的重要措施。容器使用单位应在容器运行过程中从使用条件、环境条件和维修条件等方面采取控制措施，以保证容器的安全运行。

（一）压力容器投用前的准备工作

1）检查容器安装、检验、修理工作后遗留的辅助设施是否全部拆除，容器内有无遗留的工具、杂物等。

2）检查附属设备及安全防护设施是否完好。

3）检查水、电、气等的供给是否恢复，道路是否畅通，操作环境是否符合安全运行的要求。

4）检查系统中压力容器连接部位、连接管等的连接情况，该抽出的盲板是否抽出，阀门是否处于规定的启闭状态。

5）检查安全附件、仪器仪表是否齐全，并检查其灵敏程度及校验情况，若发现安全附件无产品合格证或规格、性能不符合要求或逾期未校验等情况，不得使用。

6）编制压力容器的有关管理制度及安全操作规程，操作人员应熟悉和掌握有关内容，并了解工艺流程和工艺条件。

（二）压力容器安全操作的一般要求

1）压力容器操作人员必须持证上岗，并定期接受专业培训与安全教育。

2）压力容器操作人员要熟悉本岗位的工艺流程，熟悉容器的类别、结构、主要技术参数和技术性能；严格按操作规程操作，掌握处理一般事故的方法，认真填写操作记录。

3）严格控制工艺参数，严禁容器超温、超压运行；随时检查容器安全附件的运行情况，保证其灵敏、可靠。

4）要平稳操作，在压力容器运行期间，应尽量避免压力、温度的频繁和大幅度波动。

5）压力容器内有压力时，不得对其进行任何修理。对于特殊的生产工艺过程，需要带温带压紧固螺栓，或出现紧急泄漏需进行带压堵漏时，使用单位必须按设计规定制定有效的操作密闭防护措施。

6）坚持压力容器运行期间的巡回检查，及时发现操作中或设备上出现的不正常状态，并采取相应的措施进行调整或消除。

7）正确处理紧急情况。

（三）压力容器运行中工艺参数的控制

1. 压力和温度的控制

压力和温度是压力容器使用过程中的两个主要参数。压力的控制要点是控制容器的操作压力不超过最高工作压力；温度的控制要点是控制容器极端的工作温度。对于在高温下使用的压力容器，主要控制其内部介质的最高温度，并保证器壁温度不高于设计温度；对于在低温下使用的压力容器，主要控制介质的最低温度，并保证器壁温度不低于设计温度。

在压力容器运行过程中，操作人员应严格按照容器安全操作规程中规定的压力和温度进行操作，严禁盲目提高工作压力。可采用连锁装置、实行安全操作挂牌制度来防止操作失误。对于反应容器，必须严格按照规定的工艺要求投料、升温、升压和控制反应速率，注意投料顺序，严格控制反应物料的配比，并按照规定的顺序降温、卸压和出料。

2. 液位的控制

液位的控制主要针对液化气体介质的容器和部分反应容器的介质比例而言。对于盛装液化气体的容器，应严格按照规定的充装系数充装，以保证在设计温度下容器内有足够的气相空间；对于反应容器，则需通过控制液位来控制反应速率和不正常反应的产生。

3. 介质腐蚀性的控制

在操作过程中，介质的工艺条件对容器的腐蚀有很大影响。因此，必须严格控制介质的成分及杂质含量、流速、温度、水分及 pH 值等工艺指标，以减小腐蚀速度，延长使用寿命。

4. 交变载荷的控制

压力容器在反复变化的载荷作用下会产生疲劳破坏，为了防止容器疲劳破坏，就容器使用过程中工艺参数的控制而言，应尽量使压力、温度的升降平稳，尽量避免突然开、停车，避免不必要的频繁加压和卸压。对要求压力、温度稳定的工艺过程，要防止压力、温度急剧升降，使操作工艺指标稳定。对于高温压力容器，应尽可能减缓温度的突变，以减小热应力。

（四）压力容器运行中的检查

操作人员在容器运行期间应经常对容器进行检查，及时发现操作中或设备的不正常状态，并及时处理。

1. 设备状况检查

检查设备状况，主要是检查阀门开关功能是否正常；检查各连接部位有无泄漏、渗漏现象；检查容器有无明显的变形，外表面有无腐蚀，保温层是否完好，连接管道有无异常振动、磨损等现象；检查支承、支座、紧固螺栓是否完好，基础有无下沉、倾斜。

2. 工艺条件检查

工艺条件方面的检查，主要是检查操作压力、温度、液位是否在安全操作规程规定的范围内；检查工作介质的化学成分，特别是那些影响容器安全（如产生应力腐蚀、使压力或温度升高等）的成分是否符合要求。

3. 安全装置检查

检查安全装置，主要是检查安全装置以及与安全有关的仪表量具（如温度计、计量用的衡器及流量计等）是否保持良好状态，连锁装置是否完好。

（五）压力容器的紧急停运

使容器停止运行的操作是停止向容器内输入气体或其他物料，泄放容器内的气体或其他物料，使容器内的压力下降。压力容器紧急停运时，操作人员必须做到保持镇定、判断准确、操作正确、处理迅速，防止事故扩大。在执行紧急停运的同时，还应按规定程序及时向本单位有关部门报告；对涉及系统连续生产的，还必须做好与停运容器有关的前、后岗位的联系工作；紧急停运前，操作人员应根据容器内介质的状况做好个人防护。

压力容器在运行过程中出现下列异常现象之一时,操作人员应立即采取紧急措施,停止容器运行。

1)压力容器的工作压力、介质温度或器壁温度超过允许值,采取措施仍得不到有效控制。

2)压力容器的主要承压部件出现裂纹、鼓包、变形、泄漏等危及安全的现象。

3)发生火灾并直接威胁到压力容器的安全运行。

4)安全装置失效,连接管件断裂,紧固件损坏,难以保证安全运行。

5)过量充装,容器液位失去控制,采取措施仍得不到有效控制。

6)压力容器与管道发生严重振动,危及安全运行。

(六)压力容器的维护保养

压力容器的使用安全与其维护保养工作密切相关。做好容器的维护保养工作,使容器在完好状态下运行,就能防患于未然,提高容器的使用效率,延长容器的使用寿命。

1. 容器运行期间的维护保养

(1)保持完好的防腐层

工艺介质对材料有腐蚀性的容器,通常采用防腐层来防止介质对器壁的腐蚀,如涂层、搪瓷、衬里等。防腐层一旦损坏,介质接触器壁,局部腐蚀加速,会产生严重的后果。因此,要经常检查防腐层是否自行脱落,衬里是否开裂,焊缝处有无渗漏现象。发现防腐层损坏时,即使是局部的,也应该经过修补等妥善处理后才能继续使用。

(2)保持完好的保温层

对于有保温层的压力容器,要检查保温层是否完好,防止容器壁裸露。

(3)维护保养好安全装置

容器的安全装置是防止容器发生超压事故的重要装置,应使它们处于灵敏准确、使用可靠的状态。因此,必须在容器运行过程中按照有关规定加强对安全装置的维护保养。

(4)减轻或消除容器的振动

容器的振动对其正常使用有很大影响。当发现容器有振动时,应及时查找原因,采取措施,如隔离振动源、加强支承装置等,以消除或减轻容器的振动。

(5)消除泄漏现象

彻底消除容器的"跑""冒""滴""漏"现象。

2. 容器停用期间的维护保养

对长期停用或临时停用的压力容器,也应加强维护保养工作。停用期间保养不善的容器甚至比正常使用的容器损坏得更快。有些事故就是因为忽略了停用期间对容器的维护保养而造成的。对于停止运行的容器尤其是长期停用的容器,一定要将内部介质排放干净,清除内壁的污垢、附着物和腐蚀产物。对于储存腐蚀性介质的容器,排空后还需经过置换、清洗、吹干等技术处理,使容器内部干燥和洁净。应保持容器表面清洁,并保持容器及周围环境的干燥。此外,要保持容器外表面的防腐油漆等完好无损。对于有保温层的容器,还要注意保温层下的防腐和支座处的防腐。

【任务实践训练】

阅读以下案例,进行事故原因分析。

(一)事故简介

2004年4月15日21:00,重庆天原化工总厂氯氢分厂1号氯冷凝器列管发生腐蚀穿孔,造成含铵的盐水泄漏到液氯系统,生成大量三氯化氮。4月16日凌晨发生排污罐爆炸;1:33全厂停车;2:15左右,排完盐水4 h后的1号盐水泵在停止状态下发生粉碎性爆炸。

4月16日17:57,在抢险过程中突然听到两声爆响,经查是5号、6号液氯储罐内的三氯化氮发生了爆炸。爆炸使5号、6号液氯储罐罐体破裂解体,并将地面炸出长9 m、宽4 m、深2 m的坑。以坑为中心,半径200 m范围内的地面与建筑物上散落着大量的爆炸碎片。

此次事故造成9人死亡,3人受伤,15万名群众疏散,直接经济损失277万元。

(二)事故直接原因

1)设备腐蚀穿孔导致盐水泄漏,是造成三氯化氮形成和富集的原因。根据重庆大学的技术鉴定和专家分析,造成氯气泄漏和含铵的盐水流失的原因是1号氯冷凝器列管发生腐蚀穿孔。

2)三氯化氮富集达到爆炸浓度和启动事故氯处理装置造成振动引起三氯化氮爆炸。

(三)事故间接原因

1)该厂压力容器设备管理混乱,技术档案资料不全。2台氯液气分离器未见任何技术资料和检验报告。发生事故的冷凝器于1996年3月投入使用,2001年1月才进行首次检验,但未进行耐压试验。也无事故发生时近2年的维修、保养和检查记录,致使未能及早发现设备腐蚀现象并采取措施。

2)安全生产责任制落实不到位。

3)安全生产整改监督检查不力。

任务四　进行压力容器的检验

压力容器的定期检验是指在压力容器使用过程中,每隔一定时间采用适当有效的方法对容器的各承压部件和安全装置进行检查和试验。通过检查,及时发现容器存在的缺陷,在没有发生危害容器安全的事件之前即停用或采取适当的措施进行特殊监护,以防压力容器在运行中发生事故。

一、定期检验的要求

压力容器使用单位在使用压力容器之前,必须认真安排压力容器的定期检验工作,按照《在用压力容器检验规程》的规定,由取得压力容器检验资格的单位和人员进行检验,并将压力容器的年检计划报主管部门和当地的锅炉压力容器安全监察机构,由锅炉压力容器安全监察机构负责监督检查。

二、定期检验的内容

压力容器定期检验包括容器的外部检查、内外部检验和全面检验。

(一)外部检查

外部检查指专业人员在压力容器运行过程中进行的在线检查。

外部检查的主要内容如下。

1)压力容器及其管道的保温层、防腐层,设备铭牌是否完好,外表面有无裂痕、变形、腐蚀及鼓包现象。

2)压力容器及其管道上的所有焊缝、承压元件及连接部位有无泄漏,安全附件是否齐全、可靠、灵活、好用。

3)压力容器的基础有无下沉、倾斜,地脚螺丝、螺母是否齐全、完好,有无振动和摩擦。

4)压力容器的运行参数是否符合安全技术操作规程。

5)压力容器的运行日志与检修记录是否完整。

(二)内外部检验

内外部检验指专业人员在压力容器停用时进行的检验。其检验内容除包括外部检查的全部内容外,还包括对压力容器的腐蚀情况、磨损情况、裂纹情况、衬里情况的检查,以及壁厚测量、金相检验、化学成分分析和硬度测定。

(三)全面检验

全面检验指专业人员对压力容器进行的包括内外部检验的全部内容,还包括焊缝无损探伤和设备耐压试验。焊缝无损探伤的检验长度一般为容器焊缝总长的20%;耐压试验的目的是检验压力容器的整体强度和致密性,是承压设备定期检验的主要内容之一。

三、定期检验的周期

外部检查每年至少开展一次;内部检验每三年一次;全面检验一般每六年一次。

对于装有催化剂的反应器以及装有填充物的大型压力容器,其检验周期由使用单位根据设计图纸和实际使用情况来确定。检验周期也可以根据下列情况适当缩短或延长。

(一)内外部检验周期应缩短的情况

1)介质对压力容器材料的腐蚀情况不明,介质对材料的腐蚀速率大于0.25 mm/a,以及设计腐蚀数据严重不准确。

2)材料焊接性能差,制造时曾多次返修。

3)首次检验。

4)使用条件差,管理水平低。

5)设备使用期限超过15年,经技术鉴定,确认不能按正常检验周期使用,检验人员确定应该缩短检验周期。

(二)内外部检验周期可延长的情况

1)非金属衬里完好,但检验周期不应超过9年。

2）介质对材料的腐蚀速率小于 0.1 mm/a，有可靠的金属衬里，通过一至两次内外部检验确认符合安全要求，但检验周期不应超过 10 年。

（三）内外部检验合格后必须进行耐压试验的情况

1）用焊接方法进行修理或更换受压元件的设备。

2）改变使用条件且超过原设计参数的压力容器。

3）压力容器更换新衬里前。

4）停止使用两年又重新使用的压力容器。

5）新安装或移装的压力容器。

6）无法进行内部检验的压力容器，如列管换热器的壳程。

7）使用单位对其安全性能表示怀疑的压力容器。

【任务实践训练】

学习法兰泄漏检修视频，熟悉压力容器的检修技术。

扫一扫：法兰泄漏检修视频

单元二 压力管道安全技术

【阅读材料】

压力管道是化工生产中必不可少的重要部件，用以连接化工设备与机械，输送和控制流体介质，共同完成化工工艺过程。化工压力管道内部的介质多为有毒、易燃、具有腐蚀性的物料，由于长期腐蚀、磨损会使管壁变薄，极易造成泄漏而引起火灾、爆炸事故。因此，在化工生产中，压力管道的安全与其他特种设备一样，具有极其重要的地位。

任务一 压力管道的安装

一、压力管道的定义

压力管道是指利用一定的压力输送气体或者液体的管状设备。其可输送最高工作压力大于或等于 0.1 MPa（表压）的气体、液化气体、蒸气或者可燃、易爆、有毒、有腐蚀性、最高工作温度高于或者等于标准沸点的液体，且公称直径大于 25 mm。

二、压力管道的分类

按管道的设计压力，压力管道可分为低压管道（$0.1\ \text{MPa} \leqslant p < 1.6\ \text{MPa}$）、中压管道

（$1.6\ MPa \leqslant p < 10\ MPa$）、高压管道（$p \geqslant 10\ MPa$）。

按管道的材质，压力管道可分为碳钢管、合金钢管、铸铁管、有色金属管等。

三、管路的管件、阀门及管路的连接

化工管路包括管件、阀门及连接。管件的作用是连接管路，使管路改变方向、延长、分路、汇流缩小或扩大等。阀门的作用是控制和调节流量。连接包括管子与管子、管子与阀门及管件和管子与设备的连接。

（一）管路的管件

管件的种类较多，改变流体方向的管件有 45°、90° 弯头和回弯管；连接管路支路的管件有三通、四通等；改变管路直径的管件有大小头等；连接两管的管件有外牙管、内牙管等；堵塞管路的管件有管塞、管帽等。

（二）阀门

阀门的种类较多，按其作用分，有截止阀、止逆阀、减压阀及调节阀等；按其形状和结构分，有闸阀、旋塞阀、针形阀及蝶形阀等。截止阀又叫球形阀，用于调节流量，它启闭缓慢，是各种管道上常用的阀门。止逆阀又叫单向阀，当工艺管道只允许流体向一个方向流动时，就需要使用止逆阀。减压阀的作用是自动地将高压流体按工艺要求减压为低压流体，一般经减压后的压力低于阀前压力的 50%，通常用于蒸气和压缩空气管道上。闸阀又称闸板阀，它利用闸板的起落来开启和关闭阀门，并通过闸板的高度来调节流量。闸阀广泛应用于各种压力管道，但由于其闭合面易磨损，故不宜用于输送腐蚀性介质的管道。旋塞阀又叫考克阀，是利用旋塞孔和阀体孔的重合程度来截止和调节流量的，它启闭迅速，经久耐用，但由于摩擦面大，受热后旋塞膨胀，难以转动，不能精确调节流量，故只适用于压力小于 1.0 MPa 和温度不高的管道。针形阀的结构与球形阀相似，只是将工艺阀盘做成锥形，阀盘与阀座接触面积大，密封性能好，易于启闭，特别适用于高压操作和精确调节流量的管道。

（三）管路的连接

常用的管路连接方式有三种：法兰连接、螺纹连接和焊接。无缝钢管一般采用法兰连接或焊接；水煤气管只用螺纹连接；玻璃钢管大多采用活套法兰连接。小口径管道和低压管道一般采用螺纹连接，其形式又分为固定螺纹连接和卡套连接两种。大口径管道、高压管道和需要经常拆卸的管道常用法兰连接。用法兰连接管路时，必须加上垫片，以保证连接处的严密性。

扫一扫：管路拆装实训视频

【任务实践训练】

学习管路拆装实训视频，熟悉管路连接技术。

任务二 压力管道的防腐与检验

压力管道泄漏而引起的火灾、爆炸事故在化工行业常有发生，其原因主要是介质腐蚀、磨损使管壁变薄。因此，防止压力管道事故，应着重从防腐入手。

一、压力管道的防腐

（一）管道的腐蚀及预防

工业管道的腐蚀以全面腐蚀最多，其次是局部腐蚀和特殊腐蚀。遭受腐蚀最为严重的装置通常为换热设备、燃烧炉的配管。工业管道的腐蚀一般易出现在以下部位，需特别予以关注。

1）管道的弯曲、拐弯部位，流线型管段中有液体流入而流向又有变化的部位。

2）排液管中经常没有液体流动的管段易出现局部腐蚀。

3）发生汽化现象时，与液体接触的部位比与蒸气接触的部位更易遭受腐蚀。

4）液体或蒸气管道在有温差的状态下使用，易出现严重的局部腐蚀。

5）埋设管道外部的下表面容易产生腐蚀。

防止管道腐蚀应从三个方面入手。

一是设计强度足够的管道。管道设计应根据管内介质的特性、流速、压力，管道材质，使用年限等，计算出介质对管材的腐蚀速率，在此基础上选取适当的腐蚀裕度。

二是合理选择管材。依据管道内部介质的性质，选择对该种介质具有耐腐蚀性能的管道材料。

三是采取合理的防腐措施。可采用涂层防腐、衬里防腐、电化学防腐及使用缓蚀剂等进行管道防腐，其中使用最为广泛的是涂层防腐，最常见的是涂料涂层防腐。

（二）管道的绝热

在工业生产中，由于工艺条件的需要，很多管道和设备都需要保温、保冷和加热保护，其均属于管道和设备的绝热。

1. 保温、保冷

管道、设备在控制或保持热量的情况下应予保温、保冷。为了减少介质由于日晒或外界温度过高而引起的蒸发，对相关管线、设备应予保温；对于温度高于 65 ℃的管道、设备，如果工艺不要求保温，但为避免烫伤，在操作人员可能触及的范围内也应保温。为了减少低温介质因为日晒或外界温度过高而引起的冷损失，对相关管线、设备应予保冷。

2. 加热保护

对于连续或间断输送具有下列特性的流体的管道，应进行加热保护：凝固点高于环境温度的流体；能形成有害操作的冰或结晶的流体；含有 H_2S、HCl、Cl_2 等气体，能冷凝或形成水合物的流体；在环境温度下黏度很大的流体。加热保护的方式有蒸汽伴管、夹套管及电热带三种。

3. 绝热材料

无论是保温、保冷，还是加热保护，都离不开绝热材料。材料的导热系数越小、单位体积的质量越大、吸水性越差，其绝热性能就越好。此外，材质稳定、不可燃、耐腐蚀、有一定的强度也是绝热材料所必需的条件。工业管道常用的绝热材料有毛毡、石棉、玻璃棉、石棉水泥、岩棉及各种绝热泡沫塑料等。

二、压力管道的质量检验

对压力管道进行检查和检验是掌握管道技术现状、消除缺陷、防范事故发生的主要手段。检查和检验工作由检验部门或受委托的有检验资格的单位进行，并对检验结果负责。压力管道检查和检验的重点是质量检验。压力管道是连接机械和设备的工艺管线，在进行质量检验时要注意以下事项。

1）机械和设备出口的工艺参数不得超过压力管道设计或缺陷评定后的许用工艺参数，高压管道严禁在高温、超压、强腐蚀和强振动条件下运行。

2）检查管道、管件、阀门和紧固件有无严重腐蚀、泄漏、变形、移位和破损，检查保温层的完好程度。

3）检查管道有无强烈振动，管与管、管与相邻件之间有无摩擦，管卡、吊架和支承件有无松动或断裂。

4）检查管内有无异物撞击或摩擦的声响。

5）检查安全附件、指示仪表有无异常，发现缺陷及时报告，妥善处理，必要时须停机处理。

压力管道的质量检验应包括管道的强度试验、严密性试验、真空度试验和泄漏试验。对于埋地压力管道还应进行渗水量检查。通过压力试验，可以检查管道的强度、严密性、接口或接头的质量、管道焊接的质量。在对管道进行强度试验之后，进行严密性试验之前，还必须对管道进行吹扫或清洗，以清除管内的杂物。对规模较大、较复杂的管网系统进行试压、吹洗时，须事先制订专门的工作计划，并绘制试压及吹洗的路线图，明确规定如何分段，各段的试验压力、吹洗介质和进行的方向、先后次序等具体要求，以便质量检验工作能顺利进行。

三、压力管道的监督检验

压力管道的监督检验（也称压力管道安装安全质量监督检验）是对压力管道安装安全质量进行的监督检验，具有法定检验性质。监督检验工作是在压力管道安装现场，且在安装施工过程中进行的。在压力管道安装施工中，建设单位、设计单位、安装单位、监理单位、检测单位、防腐单位和受监督检验单位一起接受并配合监督检验工作，并应承担压力管道安装安全质量责任。

（一）检验内容

压力管道的监督检验工作由具有资格并经授权的检验单位（即监督检验单位）承担。各级质量技术监督行政部门锅炉压力容器安全监察机构必须按照《压力管道监督检验规则》的要求对压力管道进行安全监察，并加强对监督检验单位的监督检查。压力管道安全性能监督检验的重点内容主要包括以下项目。

1)管道元件及焊接材料的材质。

2)管道焊接或其他固定连接和可拆卸连接的装配质量。

3)影响管道热补偿和热传导的支承件的安装质量。

4)管道的防腐质量。

5)管道焊接、防腐质量检验检测质量。

6)管道附属设施和设备的安装质量。

7)管道穿跨越、隐蔽工程等重要项目的安装质量。

8)管道强度试验、严密性试验及管道安全保护装置、密封性能测试。

9)管道通球、扫线、干燥。

10)管道单体试验及整体试运行。

(二)检验方式

压力管道的监督检验是根据压力管道的等级和技术要求等具体情况确定检验方式的。其中,管道强度试验、严密性试验和管道安全保护装置、密封性能测试为现场监督检验项目,监督检验人员必须到安装现场监督检验并出具监督检验专项报告;其他监督检验项目一般采用抽样的方式进行。为保证监督检验结果客观、准确,监督检验人员在确定抽样方案时,应考虑抽样的数量和代表性,合理确定抽样方案。具体地,检验方式可以是以下一种或几种的组合。

1)查阅有关文件、记录或有关证据。

2)观察安装施工活动过程。

3)抽样进行检验检测。

4)必要时,也可进行有关的验证试验。

5)书面记录会议或与有关人员交谈的内容并经相关人员签字。

6)其他方法。

四、在用压力管道的定期检验

正在使用的压力管道应该按照规定的要求定期进行检验。检验周期应根据压力管道的技术状况和使用条件,由使用单位和检验单位确定。在用压力管道的定期检验包括运行初期检查、巡线检查及在线监测、末期检查及寿命评估三部分。

(一)运行初期检查

可能存在的设计、制造、施工等问题会在管道初期升温和升压后暴露出来。此时,操作人员应会同设计、施工等技术人员对运行的管道进行全面、系统的检查,以便及时发现问题,并及时解决问题。在对管道进行全面、系统的检查的过程中,应着重从管道的位移情况、振动情况、支承情况、阀门及法兰的严密性等方面进行检查。

(二)巡线检查及在线检测

在装置运行过程中,由于操作波动等其他因素的影响,或压力管道及其附件在使用一段时期后因介质腐蚀、磨损、疲劳、老化、蠕变等产生损伤,随时都有可能发生压力管道的破坏,故应对在用压力管道进行定期或不定期的巡检，及时发现可能发生事故的苗头，并及时采取措施以避免造成较大的危害。压力管道的巡线检查内容除全面进行检查外，还可着重从管道的位移、振动、支承情况，以及阀门及法兰的严密性等方面检查。

除了进行巡线检查外，对于重要管道或管道的重点部位还可利用现代检测技术进行在线检测，即可利用工业电视系统、声发射检漏技术、红外线成像技术等对在线管道的运行状态、裂纹扩展动态、泄漏等进行不间断的监测，并判断管道的安定性和可靠性，从而保证压力管道的安全运行。

（三）末期检查及寿命评估

压力管道经过长时期运行，会因介质腐蚀、磨损、疲劳、老化、蠕变等产生损伤，一些管道处于不稳定状态或临近寿命终点。因此更应对其加强在线监测，并制定好应急措施和救援方案，随时准备抢险救灾。

在做好在线监测和抢险救灾准备的同时，还应加强对在用压力管道的寿命评估，从而变被动安全管理为主动安全管理。

压力管道的寿命评估应根据压力管道的损伤情况和检测数据进行。总的来说，主要针对管道材料已发生的蠕变、疲劳、相变、均匀腐蚀和裂纹等方面的情况进行评估。

扫一扫：压力管道检修实训视频

【任务实践训练】

学习压力管道检修实训视频，熟悉压力管道检修技术。

任务三　压力管道的安全管理

一、安全管理职责

按照《压力管道安全管理与监察规定》，压力管道使用单位负责本单位的压力管道安全管理工作，并应履行以下职责。

1）贯彻执行有关安全法律、法规和压力管道的技术规程、标准，建立、健全本单位的压力管道安全管理制度。

2）配备专职或兼职专业技术人员负责压力管道安全管理工作。

3）确保压力管道及其安全设施符合国家的有关规定；对于新建、改建、扩建的压力管道及其安全设施不符合国家有关规定时，应拒绝验收。

4）建立压力管道技术档案，并到企业所在地的主管部门办理登记手续。

5）对压力管道操作人员和压力管道检查维护人员进行安全技术培训；相关人员经考试合格后，才能上岗。

6）制定并实施压力管道定期检验计划，安排对附属仪器仪表、安全保护装置、测量调控装置的定期校验和检修工作。

7）对事故隐患及时采取措施进行整改，对重大事故隐患应以书面形式报告省级以上安全主管部门和省级以上行政主管部门。

8）对输送可燃、易爆或有毒介质的压力管道应建立巡线检查制度，制定应急措施和救援方案，根据需要建立抢险队伍，并定期演练。

9）按有关规定及时如实向主管部门和当地劳动行政部门报告压力管道事故，并协助做好事故调查和善后处理，认真总结经验教训，防止事故的发生。

10）压力管道管理人员、检查人员和操作人员应严格遵守有关安全法律、法规、技术规程、标准和企业的安全生产制度。

二、维护保养内容

在压力管道的日常安全管理过程中，加强对压力管道的维护保养至关重要。主要内容如下。

1）经常检查压力管道的防腐措施，保证其完好无损，保持管道表面光洁，从而减少各种腐蚀。

2）经常对阀门的操作机构除锈上油，并配置保护塑料套管，定期进行活动，确保其开关灵活。

3）经常擦拭安全阀、压力表，确保其灵活、准确，并按时进行检查和校验。

4）定期检查紧固螺栓的状况，确保其齐全、不锈蚀、丝扣完整、连接可靠。

5）压力管道因外界因素产生较大的振动时，应采取隔断振源、加强支承等减振措施。

6）保证静电跨接、接地装置良好、完整，及时消除缺陷。

7）对于停用的压力管道，应排除其内部的腐蚀性介质，并进行置换、清洗和干燥，必要时做惰性气体保护，应对管道外表面涂刷防腐油漆，防止环境因素腐蚀。

8）禁止将管道及支架作为电焊的零线和起重作业的支点。

9）及时消除跑、冒、滴、漏现象。

10）管道的底部和弯曲处是系统的薄弱环节，这些地方最易发生腐蚀和磨损，因此必须经常对这些部位进行检查，以便及时发现问题，及时进行修理或更换。

【任务实践训练】

学习以下案例材料。

一、事故简介

某厂进行消防管道改造，在事故发生 5 天前进行了气密加压试验，压力为 0.5 MPa，但试验后未对管道进行泄压。4 月 12 日，一名作业人员拆卸法兰，当拧松最后一个螺丝时，气体冲开法兰，迸出的法兰击中作业人员的胸部，导致其死亡。

二、原因及暴露的问题

1)严重违章,管道未泄压即直接拆卸法兰。

2)违章试验,管道气密试验压力达 0.5 MPa,远远超过规定值 0.28 MPa。

三、知识点

1)不准在有压力的管道上进行任何检修工作。

2)按照规范进行管道气密试验,严禁超压试验。

四、制度规定

1)《电业安全工作规程　第 1 部分:热力和机械》(GB 26164.1—2010)的第 359 条规定:“不准在有压力的管道上进行任何检修工作”。

2)《自动喷水灭火系统施工及验收规范》(GB 50261—2017)的 6.3.1 条规定:“气压严密性试验压力应为 0.28 MPa”。

单元三　锅炉安全技术

【阅读材料】

锅炉是生产和生活中广泛使用的提供热能的承压设备。由于承受压力,就存在着爆炸的危险。因此确保锅炉安全运行,有着特殊的意义。国家把它列为特种设备,要求企业进行特殊管理。

任务一　认识锅炉及其安全附件

一、锅炉基础知识

锅炉是燃烧煤、油等燃料产生热能把水加热或使其变为蒸汽的热力设备。锅炉尽管种类很多、结构各异,但均由“锅”“炉”和保证二者正常运行所必需的附件、仪表及附属设备三大部分组成。

“锅”是锅炉中盛放水和蒸汽的密封受压部件,是锅炉的受热部分,主要包括蒸汽包、对流管、水冷壁、联箱、过热器、省煤(或油)器等。“锅”和给水设备构成锅炉的汽水系统。

“炉”是锅炉中燃烧燃料、产生热能的部件,是锅炉的给热部分,主要包括燃烧设备、炉墙、炉拱、钢架、烟道及排烟除尘设备等。

锅炉除了上述的吸热、放热部分外，还有很多附件（如安全阀、高低水位报警器、燃烧自动调节装置等）、仪表（如水位表、压力表、测温仪表等）及附属设备（如水处理装置、给煤装置、引风机、出渣机等），故锅炉是一个非常复杂的组合设备。在化工企业中常用的大、中容量的锅炉除了锅炉本身体积庞大、结构复杂外，还有众多辅机、附件及仪表。锅炉在运行时，需要各个部分、各个环节密切协作，任何一个部分、环节发生故障，都会影响锅炉的正常安全运行。所以，对作为化工特种设备的锅炉的安全运行应加强监督、予以重视。

二、锅炉安全附件

锅炉的安全附件是保证、监测锅炉正常安全运行的部件，包括安全阀、压力表、水位表及高低水位报警器。

（一）安全阀

安全阀是锅炉中最重要的安全附件之一，它能自动开启排汽，以防止锅炉超过规定的压力，从而保护锅炉。其功能和作用原理与压力容器的安全阀相同。

安全阀必须有足够的排汽能力，即安全阀开启排汽后能起到降低锅内压力的作用，否则虽然安全阀开启排汽，但锅炉内的压力仍不断上升而引起锅炉爆炸。所以，锅炉上所有的安全阀的排汽总量必须大于锅炉的最大连续蒸发量，以保证在锅炉用汽单位全部停汽时也不致锅炉超压。

锅炉的安全阀必须竖直安装在蒸汽包、联箱的最高位置，在安全阀和蒸汽包、安全阀和联箱之间应装设取用蒸汽的出口管和阀门，且安全阀上要安装排汽管，以防止排汽伤人；排汽管应尽量直通室外，并有足够的截面积，以保证排汽畅通；排汽管底部应该直接连到地面的泄水管，排汽管和泄水管上都不允许安装阀门；安全阀应该每年至少做一次定期检验，每天人工开启一次，排放压力最好定在最高工作压力的 80% 以上。

（二）压力表

压力表是测量和显示锅炉的汽水系统的实际压力的仪表。它严格监视着锅炉的各受压元件实际承受的压力。将压力控制在安全范围内，是锅炉实现安全运行的基本条件和基本要求，故压力表是锅炉操作人员必不可少的“耳目”。锅炉没有压力表、压力表损坏或压力表装设不合要求，锅炉一律不得投入运行或继续运行。

锅炉中应用最为广泛的压力表是弹簧管式压力表，它具有结构简单、使用方便、准确可靠、测量范围大等优点。

压力表的量程是与锅炉的工作压力相适应的，通常为锅炉工作压力的 1.5~3 倍，最好为 2 倍。压力表上应该刻有红线，指示最高允许工作压力；压力表每半年应该检验一次，检验后应该封铅；压力表的连接管应该没有漏气现象，否则会影响指示值的真实性。

压力表应该装在便于观察和吹洗的位置，应具有耐高温、冰冻和震动的能力；同时压力表下端应装设存水弯管，以避免蒸汽直接进入弹簧管而影响压力表内弹簧管的弹性。

（三）水位表

水位表是用来显示锅炉汽包内水位高低的仪表。操作人员可以通过水位表观察和调节锅炉内的水位,防止锅炉发生缺水或满水事故,保证锅炉安全运行。

水位表是依据连通器的原理设置的,其水连管和汽连管分别与汽包的水空间、汽空间相连,水位表和汽包构成连通器,故水位表显示的水位即是汽包内的水位。锅炉上常用的水位表有玻璃管式和玻璃板式。

水位表应装在便于观察、冲洗的位置,并有足够的照明;其水连管和汽连管必须水平放置,以防止造成假水位;连接管应尽可能短,且内径不得小于 18 mm;连接管上应避免装设阀门,若有则应在锅炉正常运行时全开阀门;水位表应装有放水旋塞和接到安全地点的放水管,其水、汽旋塞和放水旋塞的内径不得小于 8 mm;水位表应有指示最高、最低水位的明显标志,其玻璃管(板)的最低可见边缘应比最低安全水位低 25 mm,最高可见边缘应比最高安全水位高 5 mm。

(四)高低水位报警器

高低水位报警器用于在炉水位异常(高于最高安全水位或低于最低安全水位)时发出警报,提醒操作人员立即采取措施、消除险情。额定蒸发量≥ 2 t/h 的锅炉必须装设高低水位高低报警器,且报警信号能区分水位的高低。

【任务实践训练】

查阅相关资料,结合图 4-3-1-1,了解锅炉的基本结构。

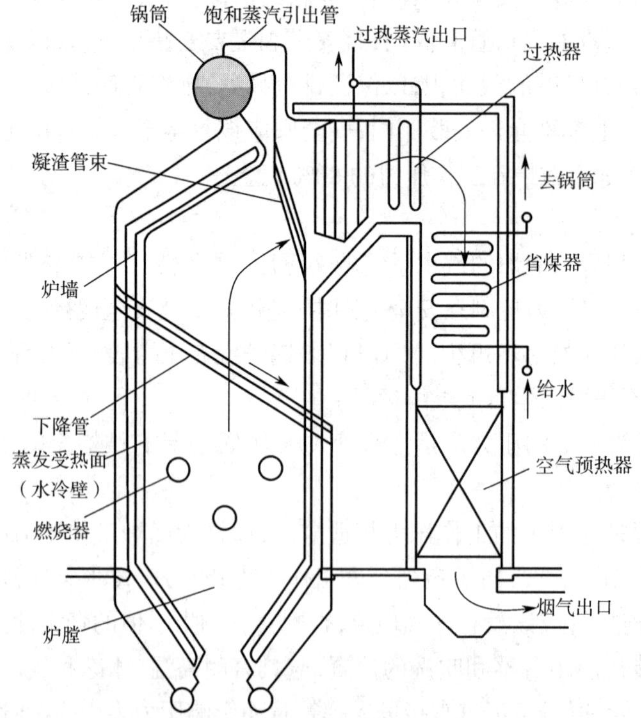

图 4-3-1-1 锅炉的结构

任务二　锅炉的安全运行

一、锅炉的运行

锅炉的运行包括锅炉启动、锅炉正常运行及锅炉停炉三个部分。由于锅炉是带压操作的装置，必须注意其安全运行，避免发生锅炉爆炸事故。

（一）锅炉的安全启动

锅炉是一个复杂的装置，包含着一系列部件、辅机。锅炉的正常运行还包含燃料的燃烧、传热及工质的流动等过程，故启动一台锅炉要进行多项操作，要用较长的时间，且需要各个环节有机协调，逐步使锅炉达到正常工作状态。

在锅炉启动过程中，锅炉的各部件、附件均由冷态变为受热状态，由不承压状态转变为承压状态，各部件、附件的物理形态、受力情况均发生很大的变化，此时最易发生各类事故。据不完全统计，锅炉事故中约有半数的事故是在锅炉启动过程中发生的，故在锅炉启动前必须进行认真的准备。

1. 全面检查

在锅炉启动前一定要进行全面检查，符合启动要求才能进行下一步的操作。启动前的检查应当按照锅炉运行规程逐项进行。检查内容主要包括：检查汽水系统、燃烧系统、风烟系统、锅炉本体和辅机是否完好；检查锅炉上的人孔、手孔、看火门、防爆门及各类阀门、接板是否正常；检查安全附件是否齐全、完好并处于启动所要求的位置；检查各类测量仪表是否正常等。

2. 锅炉上水

给锅炉上水时，为避免产生过大的热应力，上水温度最高不应超过 90~100 ℃；上水速度要缓慢，全部上水时间在夏季不短于 1 h，在冬季不短于 2 h；冷炉上水至最低安全水位即可，以防受热膨胀后水位过高。

3. 烘炉和煮炉

新装、大修和长期停用的锅炉炉膛和烟道壁都非常潮湿，一旦骤然接触高温烟气，就会产生裂纹、变形甚至发生倒塌事故，为防止这种情况，锅炉在上水后启动前需要进行烘炉。

烘炉就是在炉膛中用小火缓慢加热锅炉，使炉墙中的水分逐渐蒸发。烘炉应根据事先制定的烘炉升温曲线进行，烘炉时间要依据锅炉的大小、型号而定，一般为 3~14 d。烘炉后期可同时进行煮炉。

煮炉是为了清除锅炉蒸发受热面上的铁锈、油污和其他污物，减少其对受热面的腐蚀，提高锅炉内水和蒸汽的品质。煮炉时在炉水中加入碱性药剂，如 Na_2CO_3、NaOH、Na_3PO_4 等。煮炉步骤：上水至最高水位；加适量药剂（2~4 kg/t）；燃烧加热锅炉水至沸腾但不升压（开启空气阀或抬起安全阀排汽），维持 10~12 h；减弱燃烧，排污后适当放水；加强燃烧并使锅炉升压到 25%~100% 的工作压力，运行 12~24 h；停炉冷却，排除锅炉水并清洗受热面。

烘炉和煮炉虽然不是正常启动锅炉，但锅炉的燃烧系统和汽水系统已部分或大部分处于工作状态，锅炉已开始承受压力和温度，故必须认真进行操作。

4. 锅炉点火与升压

锅炉上水后即可点火升压；对于经过烘炉、煮炉的锅炉，待煮炉完毕，排水清洗后重新上水，然后点火升压。

从锅炉点火到锅炉内的蒸汽压力升到工作压力，是锅炉启动的关键环节，需要特别注意以下几个问题。

（1）防止炉膛内爆炸

点火前应开动引风机数分钟给炉膛通风，分析炉膛内可燃物的含量，低于爆炸下限时，才可点火。

（2）防止热应力和热膨胀造成破坏

为了防止产生过大的热应力，锅炉的升压过程一定要缓慢进行。例如：水管锅炉在夏季点火升压需要 2~4 h，在冬季点火升压需 2~6 h；立式锅壳锅炉和快装锅炉需要的点火升压时间较短，为 1~2 h。

（3）监视和调整各种变化

在点火升压过程中，锅炉的蒸汽参数、水位及各部件的工作状况不断变化。为了防止出现异常情况及事故，要严密监视各种仪表数值的变化。另外，也要注意观察各受热面，使各部位冷热交换温度变化均匀，防止局部过热，烧坏设备。

5. 锅炉暖管与并汽

锅炉暖管是用蒸汽缓慢加热管道上的阀门、法兰等部件，使其温度缓慢上升，避免向冷态或温度较低的管道突然输入蒸汽时，热应力过大而损坏管道、阀门、法兰等部件；在暖管的同时可将管道中的冷凝水排出，防止供汽时发生水击现象。冷态蒸汽管道的暖管时间一般长于 2 h，热态蒸汽管道的暖管时间一般为 0.5~l h。

并汽也叫并炉（并列），是投入运行的锅炉向公用的蒸汽总管供汽。并汽的条件：燃烧稳定、锅炉运行正常、蒸汽质量合格、蒸汽压力稍低于蒸汽总管内压力（低压锅炉低 0.02~0.05 MPa，中压锅炉低 0.1~0.2 MPa）。

（二）锅炉的安全运行

为保证锅炉安全运行，锅炉一般安装在单独建造的锅炉房内，与其他建筑物的距离应符合安全要求，锅炉房每层至少有两个出口，分别设在两侧。锅炉房通向室外的门应向外开，在锅炉运行期间不准锁住或拴住，锅炉房内工作室或生活室的门向外开。使用锅炉的单位必须办理锅炉使用登记手续，设专职或兼职的锅炉管理人员；司炉人员、炉水质化验人员必须经过培训考核，持证上岗。建立健全各项规章制度，建立完整的锅炉技术档案，做好各项记录。

在锅炉运行过程中，应不定期地查看锅炉的安全附件是否灵敏、可靠，辅机运行是否正常，锅炉本体的可见部分有无明显的缺陷。同时应定期对锅炉的运行工况进行全面的检测，了解各项热损失的大小，及时调整燃烧工况，将各项热损失降至最低。

（三）锅炉的安全停炉

锅炉停炉包括正常停炉和紧急停炉（也叫事故停炉）两类。

1. 正常停炉

正常停炉是锅炉的计划内停炉。正常停炉时，应注意的主要问题是防止降温降压过快，避免锅炉元件因降温收缩不均而产生过大的热应力，进而遭到破坏。故停炉应按规定的顺序进行，即停燃料，停送风，减少引风，逐渐降低锅炉负荷，相应减少锅炉上水，但必须维持炉水位稍高于正常水位。锅炉停止供汽后，应关闭进蒸汽总管阀门，隔绝锅炉与蒸汽总管的连接，并排汽降压；待降至常压时，开启放空阀，避免锅内因降温形成真空。为防止降温过快，必须控制降温速度，在正常停炉 4~6 h 内，应紧闭炉门和烟道接板，之后逐渐打开烟道接板，缓慢加强通风，适当放水；停炉 18~24 h 后，锅水温度降至 70 ℃以下时，方可全部放水。

2. 紧急停炉

紧急停炉是锅炉在运行过程中不能正常运转时进行的停炉操作。锅炉在运行中出现以下任何一种情况，均须紧急停炉。

1）水位低于水位表的下部可见边缘。

2）不断加大向锅炉送水及采取其他措施，仍不能控制水位下降。

3）水位超过最高水位，通过放水仍不能在水位表上看见水位。

4）给水泵失效或给水系统出现故障，不能向锅炉给水。

5）水位表、安全阀等锅炉附件全部失效。

6）锅炉元件损坏严重，已威胁到锅炉的安全运行。

锅炉紧急停炉的操作也必须按操作规程进行。当出现上述须紧急停炉的任何情况之一时，首先立即停止添加燃料和送风，减少引风，同时设法熄灭炉内的燃料（对于一般层炉采用沙土或湿灰灭火，链条炉可以开快挡使炉排快速运转，把红火送入灰坑）；灭火后即把炉门、灰门及烟道接板打开，以加强通风冷却。锅内可以较快降压并更换锅水，锅水冷却至 70 ℃左右时允许排水。但因缺水紧急停炉时，严禁给锅炉上水，并不得开启空气阀及安全阀快速降压。

二、锅炉的给水

为确保锅炉安全、经济地运行，必须对锅炉的给水进行必要的处理。供给锅炉的水，不管是地表水还是地下水，都含有各种杂质，主要包括固体杂质（如悬浮固体、溶解于水中的盐等）、液体杂质（如各种油类、酸类和工业废液等）和气体杂质（如溶解于水中的 O_2、CO_2 等）。含有杂质的水若不进行处理就进入锅炉，会严重威胁锅炉的安全运行。例如，溶解在水中的钙、镁的碳酸盐、碳酸氢盐、硫酸盐在加热过程中会在锅炉的受热表面沉淀下来形成坚硬的水垢，水垢的存在会给锅炉的运行带来许多不安全隐患。水垢的导热系数小，会使受热面传热不均而引起锅炉壁温升高，强度下降。例如，水垢常常在热负荷很大的管路中生成，导致管路局部过热，进而在一定压力下发生变形或鼓包，最终引起爆管。水垢导热系数小，使加热同样量的水时消耗更多的燃料。

此外，溶解在水中的一些盐会在锅炉加热时分解出 OH^-，若浓度过高会使锅炉的某些部位发生碱性脆化而影响锅炉的安全运行。溶解在水中的 O_2、CO_2 也会导致锅炉的金属腐蚀而缩短锅炉的使用寿命。

（一）锅炉给水标准

锅炉给水标准依据锅炉的类型不同而不同。使用锅炉的单位应根据锅炉的炉型、生产要求及本地区的水质情况，按照国家现行的低压炉水质、水汽等相关标准，制定本单位的锅炉给水质量标准和锅炉给水管理制度并严格执行。

（二）锅炉给水处理方法

因各地的水质不同，锅炉炉型多，各种锅炉对水的要求也不一样，故对水的处理方法也不尽相同。一般的水处理方法要依据炉型、水质而定。目前，对锅炉用水的处理一般从两方面进行：炉内水处理和炉外水处理。

1. 炉内水处理

炉内水处理是将自来水或经过沉淀的天然水直接加入汽包内，并向汽包内加入适当的药剂，使其与炉内水中的钙、镁盐生成松散的泥渣，沉降后经排污装置排出。此法适用于小型锅炉，也可用于中、高压锅炉的炉外补充水的处理，以调整炉水的质量。用于炉内水处理的常用药剂有 Na_2CO_3、$NaOH$、Na_3PO_4、NaH_2PO_4 和一些新型有机防垢剂。

2. 炉外水处理

炉外水处理是在给水进入锅炉前通过各种物理、化学方法将对锅炉运行有害的杂质除去，使给水达到标准，避免锅炉结垢和对锅炉的腐蚀。常用的方法有离子交换法、电渗析法。离子交换法能除去水中的钙、镁离子，使水软化，可防止炉壁结垢，中小型锅炉已普遍采用该方法。离子交换法能除去水中的盐类，生产纯水（脱盐水），高压锅炉均采用该方法，而超高压锅炉和直流锅炉的用水还需经二次脱盐处理。电渗析法也能除去水中的盐类，但是该方法常用于离子交换法用水的预处理。另外，有些水还须在软化前经过滤或用石灰法除碱。

溶解在锅炉给水中的 O_2、CO_2 会使锅炉的给水管路和锅炉本体发生电化学腐蚀，特别是二者同时存在时，腐蚀加剧，故给水进入锅炉前必须除去溶解在水中的 O_2、CO_2。常见的除氧的方法有喷雾热力除氧、真空除氧和化学除氧。

【任务实践训练】

阅读以下案例，进行事故原因分析，制定防范和整改措施。

一、事故简介

2014 年 12 月 13 日 3：15 左右，某甲醇厂水汽车间的当班司炉在监盘时发现 2 号锅炉出口压力突然涨至 3 500 Pa 左右，同时主燃料跳闸（MFT）动作，汽包液位迅速下降。班长纪某立即汇报车间主任及调度人员，锅炉降负荷。现场检查时，发现 2 号锅炉尾部竖井北侧有大量蒸汽喷出，判断 2 号锅炉爆管，汇报车间领导及调度人员后，对 2 号锅炉进行停炉处理。经检查，2 号炉水冷蒸发屏的 2 根管路和屏式过热器的 1 根管路发生爆管。

二、事故原因分析

1)直接原因是炉水冷壁管内结垢,造成垢下腐蚀及二次氢脆破坏,使锅炉在运行过程中水冷壁管爆破性破裂。

2)间接原因是空分机组凝汽器管束泄漏,循环水漏入冷凝液系统,冷凝液进入锅炉给水系统,污染锅炉给水。

三、防范和整改措施

1)当锅炉炉水的磷酸盐含量出现异常后应立即对锅炉给水,对机组冷凝液加样分析,确保锅炉给水水质合格。

2)严格执行锅炉检修计划,定期对水冷壁进行测厚检查,对磨损超标管段进行更换。

任务三　锅炉常见事故的处理

一、水位异常引起的事故

(一)缺水事故

缺水事故是最常见的锅炉事故。炉水位低于最低许可水位即为缺水。在缺水后锅筒和锅管被烧红的情况下,若大量上水,水接触到烧红的锅筒和锅管会产生大量蒸汽,蒸汽压力剧增会导致锅炉损坏,甚至爆炸。

1. 缺水原因

1)违规脱岗,工作疏忽,判断错误或误操作。

2)水位测量或警报系统失灵。

3)自动给水控制设备发生故障。

4)排污不当或排污设施发生故障,加热面损坏。

5)负荷骤变。

6)炉水含盐量过大。

2. 处理措施

1)严密监视水位,定期校对水位计和水位警报器,发现缺陷及时消除。

2)注意观察缺水现象,缺水时水位计玻璃管(板)呈白色。

3)注意监视和调整给水压力和给水流量,使其与蒸汽流量相适应。

4)应按规程的规定排污,每开一次排污阀的时间不超 30 s;排污后关紧阀门,并检查排污阀处是否有泄漏。

5)监视汽水品质,控制炉水含量。

6)严重缺水时,须立即按紧急停炉程序停炉,关闭蒸汽阀和给水阀,严禁向锅炉内给水,再按应急专项预案的处理方案实施。

（二）满水事故

满水事故是炉水位超过了最高许可水位，也是常见事故之一。满水事故会引起蒸汽管道发生水击，易把锅炉本体、蒸汽管道和阀门震坏。此外，满水时蒸汽携带大量炉水，使蒸汽品质下降。

1. 满水原因

1）操作人员疏忽大意，违章操作或误操作。

2）水位计、柱塞阀存在缺陷或水连管堵塞。

3）自动给水控制设备发生故障或自动给水调节器失灵，锅炉负荷降低，未及时减少给水量等。

2. 处理措施

1）如果轻微满水，应关小鼓风机和引风机的调节阀，使燃烧减弱。

2）停止给水，开启排污阀放水，直到水位正常；然后关闭所有放水阀，恢复正常运行。

3）如果严重满水，首先应按紧急停炉程序停炉，停止给水，开启排污阀放水，开启蒸汽母管及过热器疏水阀，迅速疏水；水位正常后，关闭排污阀和疏水阀，再点火运行。

二、汽水共腾引起的事故

汽水共腾是锅炉内水位波动幅度超出正常情况，水面翻腾程度异常剧烈的现象。其后果是蒸汽大量带水，使蒸汽品质下降；易发生水击，使过热器管壁上积附盐垢，影响传热而使过热器超温，严重时会烧坏过热器而引发爆管事故。

（一）汽水共腾原因

1）炉水质没有达到标准。

2）没有及时排污或排污不够，造成炉水中盐碱含量过高。

3）炉水中油污或悬浮物过多。

4）负荷突然增大。

（二）处理措施

1）降低负荷，减少蒸汽量。

2）开启表面连续排污阀，降低炉水的含盐量。

3）适当增加下部排污量，增加给水，使炉水不断调换新水。

三、燃烧异常引起的事故

燃烧异常的主要表现为烟道尾部发生二次燃烧和烟气爆炸，该类事故多发于燃油锅炉和煤粉锅炉中。没有燃尽的可燃物附着在受热面上，在一定的条件下，会重新着火燃烧。烟道尾部燃烧常将省煤器、空气预热器甚至引风机烧坏。

（一）二次燃烧原因

1）炭黑、煤粉、油等可燃物（燃油雾化不好）沉积在对流受热面上，或煤粉粒度较大，不易完全燃烧而进入烟道。

2)点火或停炉时,炉膛温度太低,发生不完全燃烧,大量未燃烧的可燃物被烟气带入烟道。

3)炉膛负压过大,燃料在炉膛内停留时间太短,来不及燃烧就进入尾部烟道。

尾部烟道温度过高的原因:尾部受热面上黏附可燃物后,传热效率低,烟气得不到冷却;可燃物在高温下氧化放热;在低负荷特别是停炉的情况下,烟气流速很低,散热条件差,可燃物氧化产生的热量积蓄起来,温度不断升高,引起自燃;烟道各部分的门孔或风挡板不严,漏入新鲜空气,起到助燃的作用。

(二)处理措施

1)立即停止供给燃料,进行紧急停炉,严密关闭烟道、风挡板及各门孔,防止漏风,严禁开引风机。

2)在烟道尾部使用灭火装置或用蒸汽灭火器灭火。

3)加强锅炉的给水和排水,保证省煤器不被烧坏。

4)待灭火后方可打开门孔进行检查。在确认可以继续运行后,先开启引风机 10~15 min,然后重新点火。

四、承压部件损坏引起的事故

(一)锅管爆破事故

在锅炉运行中,水冷壁管和对流管爆破是较常见的事故,其性质严重,需停炉检修。爆破时有显著的声响,爆破后有喷汽声,水位迅速下降,汽压、给水压力、排烟温度均下降;火焰发暗,燃烧不稳定或熄灭。发生此事故时,如仍能维持正常水位,可紧急通知有关部门后再停炉;如水位、汽压均不能保持正常,必须按程序紧急停炉。

1. 事故原因

1)水质不符合要求,管壁结垢、管壁受腐蚀或受飞灰磨损而变薄。

2)升火过猛,停炉过快,使锅炉管受热不均匀,造成焊口破裂。

3)下集箱积泥垢未排除,阻塞锅炉管水循环,锅炉管得不到冷却而过热爆破。

2. 预防措施

1)加强水质监督。

2)定期检查锅炉管。

3)按规定点火、停炉并防止超负荷运行。

(二)过热器管道损坏事故

过热器管道损坏会伴随以下现象:过热器附近有蒸汽喷出的响声;蒸汽流量不正常,给水量明显增加;炉膛负压降低或产生正压,严重时从炉膛中喷出蒸汽或火焰;排烟温度显著下降。

1. 事故原因

1)水质不良,或水位经常偏高,或汽水共腾,以致过热器结垢。

2)引风量过大,使炉膛出口烟温升高,过热器长期超温使用;也可能烟气偏流使过热器局部超温。

3)检修不良,使焊口损坏或水压试验后管内积水。

2. 预防措施

1)控制水、汽品质。

2)防止热偏差,注意疏水。

3)保证检修质量。

【任务实践训练】

阅读以下案例,进行事故原因分析。

一、事故简介

2009 年 7 月 27 日,唐山市某化工有限公司一台燃气锅炉发生爆炸事故。该锅炉于 2008 年 4 月制造,并于 2009 年 3 月 20 日经安装调试合格后投入使用。事故发生时,爆炸声响巨大,锅炉本体被炸倒,炉顶被炸飞,锅炉防爆门打开,锅炉烟道尾部爆裂,省煤器受损,供水、供汽管道扭曲变形,距地面 15 m 的锅炉房屋顶上的玻璃钢瓦被掀开,锅炉房所有门窗变形破损严重,死亡 2 人,事故直接经济损失为 40 万元。

二、事故原因分析

根据事故现场调查和安全性能检测分析,确认事故锅炉损坏是由于炉膛爆燃引起的爆炸所致。综合分析该事故,锅炉爆炸是由以下两方面原因引起的。

(一)直接原因

焦炉煤气进入导热油炉内瞬间达到爆燃下限,恰好遇到明火发生爆燃,同时锅炉火焰监视和保护装置被移除,最终引发了锅炉爆炸。

(二)间接原因

1. 维修人员违规作业

导热油炉的电气控制系统触摸屏发生故障后,维修人员未经批准,擅自决定对电气系统进行修改,移除了炉膛连锁保护装置,采用空气开关直接启动点火系统。同时,违章指挥无司炉工操作证的电仪工违规操作锅炉系统设备。

2. 安全管理不到位

该化工公司各级管理人员对维修现场重视不够,责任意识不强,安全管理存在死角,对维修现场作业人员违章作业没有及时发现和制止。

3. 安全教育不到位

该化工公司对作业人员规章制度的教育实效性不强,致使维修作业人员对作业现场可能存在的危险因素认识不足,在维修人员进行故障处理后,启动设备试运行时,操作人员没有及时撤离炉顶。

4. 安全管理机构不健全

该化工公司虽成立了安全健康环保部,但安全管理机构与其他机构合并设置,没有依法设置独立的安全管理机构。

单元四　气瓶安全技术

【阅读材料】

气瓶应用非常广泛，无论是生产领域，还是生活领域，几乎都离不开气瓶。气瓶是一种承压设备，具有爆炸危险，且其盛装的介质一般具有易燃、易爆、有毒、强腐蚀等性质，又因移动、重复充装、操作使用人员不固定和使用环境变化等，使用环境比其他压力容器更为复杂、恶劣。气瓶一旦发生爆炸或泄漏，往往发生火灾或中毒事故，甚至引起灾难性事故，带来严重的财产损失、人员伤亡和环境污染。要保证气瓶的安全使用，除了要求它符合压力容器的一般要求外，还需要有一些专门的规定和要求。

任务一　认识气瓶及其安全附件

一、气瓶的定义

气瓶是指在正常环境温度（-40~60 ℃）下可重复充气使用的工作压力（表压）为1.0~30.0 MPa，工作容积为 0.4~1 000.0 L 的，盛装压缩气体、液化气体或溶解气体的可移动的压力容器。

二、气瓶的分类

（一）按充装介质的性质分类

1. 压缩气体气瓶

有些气体因临界温度低于 -10 ℃，在常温下呈气态，所以称为压缩气体，如氢、氧、氮、空气、燃气及氩、氦、氖、氪等。储存这类气体的气瓶一般有较高的充装压力，目的是增加气瓶的单位容积储气量，提高气瓶利用率和运输效率。常见的充装压力为 15 MPa，有些可达20~30 MPa。

2. 液化气体气瓶

向气瓶充装液化气体时都以低温液态灌装。有些液化气体的临界温度较低，装入瓶内后受环境温度的影响而全部汽化。有些液化气体的临界温度较高，装瓶后在瓶内始终保持气液平衡状态，因此可分为高压液化气体和低压液化气体。

（1）高压液化气体

临界温度高于或等于 -109 ℃，且低于或等于 -70 ℃的气体为高压液化气体。常见的有乙烯、乙烷、二氧化碳、氧化亚氙、六氟化硫、氯化氢、三氟氯甲烷（F-13）、三氟甲烷（F-23）、六氟乙烷（F-116）、氟己烯等。常见的充装压力为 15 MPa 和 12. 5 MPa 等。

（2）低压液化气体

临界温度高于 -70 ℃的气体为低压液化气体，如溴化氢、硫化氢、氨、丙烷、丙烯、异丁烯、1，3- 丁二烯、1- 丁烯、环氧乙烷、液化石油气等。《气瓶安全技术规程》（TSG 23—2021）规定，液化气体气瓶的最高工作温度为 60 ℃。低压液化气体在 60 ℃时的饱和蒸气压都在 10 MPa 以下，所以这类气体的充装压力都不高于 10 MPa。

3. 溶解气体气瓶

溶解气体气瓶是专门用于盛装乙炔的气瓶。由于乙炔气体极不稳定，故必须把它溶解在溶剂（常用丙酮）中。气瓶内装满多孔性材料，以吸收溶剂。乙炔瓶充装乙炔气时，一般要求分两次进行，第一次充气后静置 8 h 以上，再进行第二次充气。

（二）按制造方法分类

1. 钢制无缝气瓶

钢制无缝气瓶是以钢坯为原料，经冲压拉伸制造，或以无缝钢管为材料，经热旋压收口收底制造的钢瓶。瓶体材料为采用碱性平炉、电炉或吹氧碱性转炉冶炼的镇静钢，如优质碳钢、锰钢、铬钼钢或其他合金钢。这类气瓶用于盛装压缩气体和高压液化气体。

2. 钢制焊接气瓶

钢制焊接气瓶是以钢板为原料，经冲压卷焊制造的钢瓶。瓶体及受压元件材料为采用平炉、电炉或氧化转炉冶炼的镇静钢，有良好的冲压和焊接性能。这类气瓶用于盛装低压液化气体。

3. 缠绕玻璃纤维气瓶

缠绕玻璃纤维气瓶是以玻璃纤维加黏结剂缠绕或用碳纤维制造的气瓶。其一般有一个铝制内筒，作用是保证气瓶的气密性，承压强度则依靠以玻璃纤维缠绕的外筒。这类气瓶由于绝热性能好、质量轻，多用于盛装呼吸用压缩空气，供消防、毒区或缺氧区域作业人员随身背挎并配以面罩使用。其一般容积较小（1~10 L），充装压力多为 15~30 MPa。

（三）按公称工作压力分类

气瓶按公称工作压力分为高压气瓶和低压气瓶。高压气瓶的公称工作压力分别为 30 MPa、20 MPa、15 MPa 和 8 MPa；低压气瓶的公称工作压力分别为 5 MPa、3 MPa、2 MPa、1.6 MPa 和 1 MPa。

三、气瓶的颜色

《气瓶颜色标志》（GB/T 7144—2016）中对气瓶的颜色、字样和色环做了严格的规定。常见气瓶的颜色见表 4-4-1-1。

表 4-4-1-1 常见气瓶的颜色

序号	盛装气体	化学式	外表面颜色	字样	字样颜色	工作压力 /MPa	色环
1	氢气	H_2	深绿	氢	红	14.7 19.6 29.4	不加色环 黄色环一道 黄色环两道

续表

序号	盛装气体	化学式	外表面颜色	字样	字样颜色	工作压力 /MPa	色环
2	氧气	O_2	天蓝	氧	黑	14.7 19.6 29.4	不加色环 白色环一道 白色环两道
3	氨气	NH_3	黄	液氨	黑	—	—
4	氯气	Cl_2	草绿	液氯	白	—	—
5	空气	—	黑	空气	黄	—	—
6	氮气	N_2	黑	氮	黄	14.7 19.6 29.4	不加色环 白色环一道 白色环两道
7	二氧化碳	CO_2	铝白	液化 CO_2	黑	14.7 19.6	不加色环 黑色环一道
8	乙烯	C_2H_4	棕	液化乙烯	淡黄	14.7 19.6 29.4	不加色环 白色环一道 白色环两道

四、气瓶的安全附件

（一）安全泄压装置

气瓶的安全泄压装置的作用是防止气瓶在遇到火灾等高温时，瓶内气体受热膨胀而发生破裂爆炸。

1. 爆破片

爆破片装在瓶阀上，其爆破压力略高于瓶内气体的最高温升压力。爆破片多用于高压气瓶上，有的气瓶不装爆破片。《气瓶安全技术规程》（TSG 23—2021）对是否必须装设爆破片未做明确规定。气瓶装设爆破片有利有弊，一些国家的气瓶不采用爆破片这种安全泄压装置。

2. 易熔塞

易熔塞一般装在低压气瓶的瓶肩上，当周围环境温度超过气瓶的最高使用温度时，易熔塞上的易熔合金熔化，瓶内气体排出，避免气瓶爆炸。

（二）防震圈

防震圈是为了避免气瓶在充装、使用、搬运过程中因滚动、震动、碰撞而损伤瓶壁，导致气瓶发生脆性破坏而装在气瓶瓶体上的保护装置。

（三）瓶帽

瓶帽是为了避免气瓶在搬运过程中因碰撞损坏瓶阀而设置的保护瓶阀的装置。其可保护出气口螺纹不被损坏，防止灰尘、水分或油脂等杂物落入阀内。

（四）瓶阀

瓶阀是安装在气瓶一端，控制气体出入的装置，一般由黄铜或钢材料制造。对于充装可燃气体的钢瓶,其瓶阀的出气口螺纹为左旋;对于盛装助燃气体的气瓶,其瓶阀的出气口螺纹为右旋。这样是为了防止可燃气体和非可燃气体错装。

【任务实践训练】

查阅相关资料,结合图 4-4-1-1,了解气瓶的基本结构。

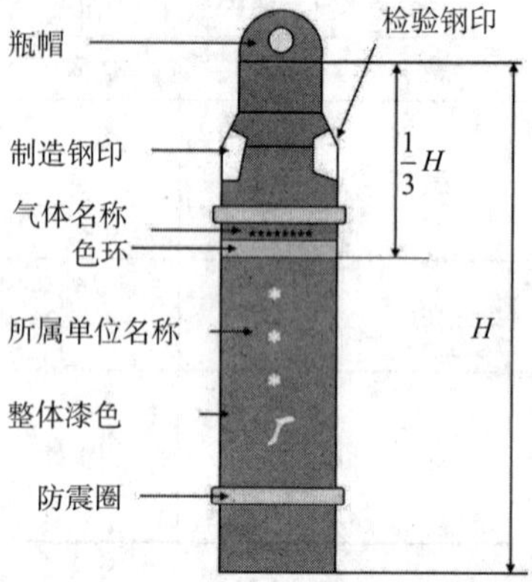

图 4-4-1-1　气瓶的基本结构

任务二　气瓶的充装与储运

一、气瓶的充装

为了保证气瓶在使用或充装过程中不因环境温度升高而处于超压状态,必须严格控制气瓶的充装量。确定压缩气体及高压液化气体气瓶的充装量时,要求瓶内气体在最高使用温度(60 ℃)下的压力不超过气瓶的最高许用压力。对低压液化气体气瓶,则要求瓶内液体在最高使用温度下不会膨胀至瓶内满液,即要求瓶内始终保留有一定的气相空间。

(一)防止气瓶充装过量

气瓶充装过量是气瓶破裂爆炸的常见原因之一,故必须在气瓶充装过程中加强管理,严格按照《气瓶安全技术规程》(TSG 23—2021)的要求执行,防止充装过量。

对压缩气体气瓶进行充装时,要按不同温度下的最高允许充装压力充装,防止气瓶在最高使用温度下的压力超过气瓶的最高许用压力。

对液化气体气瓶进行充装时,必须严格按照充装系数的要求进行充装,不得超量。

(二)防止不同性质的气体混装

气体混装是指在同一气瓶内灌装两种气体(或液体)。若这两种介质在瓶内发生化学反应,很容易造成气瓶爆炸事故。如原来充装可燃气体氢气的气瓶,未经置换、清洗等处理,甚至瓶内还有一定量的余气,就充装氧气,结果瓶内的氢气和氧气会发生剧烈的化学反应,产生大量的反应热,瓶内压力急剧升高,气瓶爆炸,酿成严重的事故。

对于如下情况的气瓶，必须先进行处理，才允许充装。

1）气瓶的钢印标记、颜色标记不符合规定，瓶内有不明气体或无剩余压力的。

2）气瓶的改装不符合规定或是用户自行改装的。

3）气瓶的安全附件不全、有损坏或不符合规定的。

4）气瓶超过检验期或外观检查存在明显的损伤，须做进一步检查的。

5）充装具有氧化性或强氧化性气体的气瓶粘有油脂的。

6）首次充装易燃气体，事先未经置换或抽空的。

二、气瓶的储运

（一）气瓶的储存

1）气瓶在储存时，应由专人负责管理。管理人员、操作人员和消防人员应经过安全技术培训，了解气体的性质及气瓶的安全放置知识。

2）气瓶在储存时，应实施空瓶、实瓶分开放置，不同类型的气瓶不能放置于一室。

3）储存气瓶的仓库应符合《建筑设计防火规范》（GB 50016—2014），应采取二级以上的防火建筑，与明火或其他建筑物之间的距离应符合规定的安全要求。储存充装有易燃、易爆、有毒及腐蚀性气体的气瓶库的安全距离不得小于 15 m。

4）气瓶的储存室应通风、干燥，防止雨（雪）淋、水浸，避免阳光直射，故地下室和半地下室不能用作气瓶的储存室。

5）气瓶的储存室要有便于装卸、运输的设施，有运输、消防通道，并设置消防栓和消防水池，在固定地点备有专用灭火器、灭火工具和防毒用具。

6）气瓶的储存室不能有暖气、水、煤气等管道通过，也不能有地下管道或暗沟，照明灯具及电器设备应有防爆功能，在储存室显眼的地方有“禁止烟火”“当心爆炸”等各类必要的安全标志。

7）储气的气瓶应戴好固定的瓶帽并立放储存。卧放气瓶时，应防止其滚动，瓶头朝向一致。垛放气瓶时，不得超过 5 层，并排放整齐，固定牢靠。气瓶的数量、号位的标志要清晰明显，并留有通道。

8）充气的实瓶储存数量要有限制，在满足当天使用量和周转量的情况下，应尽量减少储存量，对充装有易发生聚合反应的气体的气瓶，还应规定储存期限。

9）严格执行气瓶进出库制度，瓶库账目清楚、数量准确，按时盘点，账物相符。

（二）气瓶的运输

运输气瓶时，应严格遵守公安和交通部门颁发的危险品运输规则、条例。气瓶运输的安全要求见表 4-4-2-1。

表 4-4-2-1　气瓶运输的安全要求

名称	安全要求
装车固定	横向放置，头朝一方，旋紧瓶帽；备齐防震圈，瓶下用三角形木块等卡牢，装车不超高
分类装运	氧气、强氧化剂气瓶不得与油脂、易燃和带油污的物品同车混装，所装介质相互接触能引起燃烧、爆炸的气瓶不得混装

续表

名称	安全要求
轻装轻卸	不抛、不滑、不碰、不撞,不得用电磁起重机搬运
禁止烟火	禁止吸烟,不得接触明火
遮阳防晒	夏季要有遮阳防雨设施,防止曝晒雨淋
灭火防毒	车上应备有灭火器材和防毒用具
安全标志	车前应悬挂黄底黑字的有"危险品"字样的三角旗

【任务实践训练】

阅读以下案例,进行事故原因分析。

一、事故简介

2003 年 9 月 16 日上午 9 时许,非法经营户何某在西塘翠南船厂氧气瓶仓库打电话通知位于陶庄镇陶庄村的天凝氧气充灌站陶庄新站的沈某,称其将派李某(死者,安徽籍)来充装氧气。9 月 16 日中午 12 时多,非法运输户李某请沈某为其充装 20 瓶氧气。9 月 16 日下午 13 时左右,李某将装有氧气瓶的自备车驶入位于原西汾公路北侧的西塘镇新胜村陆家浜铁场内的项某堆场。当李某卸第一瓶氧气瓶时,气瓶突然爆炸,李某被炸死亡。当时周边幸无他人伤及。

二、事故原因分析

(一)直接原因

1)在卸瓶作业过程中运输车左后轮胎爆裂,造成车辆左倾,氧气瓶掉落与地面上的废钢材发生碰撞,瓶阀中间断裂,泄漏的气体与油渍接触引发化学爆炸。

2)氧气瓶本身有缺陷。据调查,属何某产权的 32 只氧气瓶与其他瓶相比,明显黑不溜秋,长短不一,手轮等附件残缺不全。据市监局特种设备检测院现场勘查报告,爆炸的氧气瓶底部正中部位已被机械钻孔,直径为 42 mm,且该孔周围有明显的电弧痕迹。事故气瓶属报废瓶。

(二)间接原因

氧气充灌及流转混乱是造成这次事故的间接原因。

1)个体运输户李某未经交通部门批准运输及装卸危险化学品,属严重安全生产违法行为。

2)爆炸的氧气瓶产权属何某,而何某经营、运输氧气未经政府任何职能部门批准。

3)陶庄新站在明知何某的气瓶有缺陷的情况下,仍多次为其充装,违反了《气瓶安全技术规程》(TSG23—2021)的相关规定。

任务三　气瓶的安全使用及定期检验

一、气瓶的安全使用

使用气瓶时应遵守《气瓶安全技术规程》的规定，使用人员应学习气体和气瓶的安全技术知识，并在技术熟练的操作人员的指导、监督下进行操作练习，操作合格后方能单独使用。使用前应对气瓶进行检查，确认气瓶和瓶内气体的质量安全才能使用。若发现气瓶漆色、钢印等辨别不清，检查超期，气瓶有损伤或气体存在质量问题，均应拒绝使用。

在气瓶使用过程中，应注意以下几点。

1）气瓶应立放（乙炔瓶严禁卧放使用）；不得靠近热源，明火与可燃、助燃气体气瓶之间的距离不得小于 10 m；充装有易发生聚合反应的气体的气瓶还应远离射线、电磁波、震动源；要防止气瓶受日光曝晒、雨（雪）淋、水浸。

2）移动气瓶时，应手搬瓶肩转动瓶底，移动距离较远时可用轻便的小车运送，严禁抛、滚、滑、翻和肩扛、脚踹；严禁敲击、碰撞气瓶；绝对禁止在气瓶上焊接、引弧；禁止用气瓶作支架和砧铁。

3）注意气瓶的操作顺序。操作气瓶时，操作者应站在瓶阀出口侧后；开启瓶阀时要轻缓；关闭瓶阀时要轻，不能用力过大，避免关得过紧；瓶阀冻结时，不能用火烤。

4）注意保持气瓶及其附件的清洁、干燥，禁止沾染油脂、腐蚀性介质、灰尘等；保护瓶外的油漆保护层，防止瓶体被腐蚀，同时也便于识别，可防止误用和混装；瓶帽、防震圈、瓶阀等附件均要妥善维护、合理使用。

5）瓶内气体不得用尽，必须留有剩余压力或质量。永久气体气瓶的剩余压力应不小于 0.05 MPa；液化气体气瓶应留有不少于 0.5%~1.0% 规定充装量的剩余气体。

6）气瓶用完后，要及时送回瓶库或妥善保管。

二、气瓶的定期检验

气瓶的定期检验应由取得检验资格的专门单位负责进行，未取得检验资格的单位及个人不得从事气瓶的定期检验工作。各类气瓶的检验周期见表 4-4-3-1。

表 4-4-3-1　各类气瓶的检验周期

气瓶	腐蚀性气体气瓶	一般气体气瓶	液化石油气气瓶	惰性气体气瓶
检验周期	1 次 /2 年	1 次 /3 年	使用未超过 20 年的，1 次 /5 年； 使用超过 20 年的，1 次 /2 年	1 次 /5 年

在使用过程中，如发现气瓶有严重的腐蚀、损伤，或对其安全可靠性有怀疑，应提前进行检验。库存和使用时间超过一个检验周期的气瓶，在启用前也应进行检验。气瓶检验单位要对

待检验的气瓶逐一进行检验,并按规定出具检验报告。未经检验的或经检验不合格的气瓶不得使用。

【任务实践训练】

阅读以下案例,学习其事故原因分析及提出的事故预防措施。

一、事故简介

某厂的芳烃分离装置开工前,储气站工人向氢气瓶群中的一个气瓶充装外购的高纯度电解氢。充装结束后,拆装瓶口的法兰的“8”字形转换盲板时,瓶口着火引起单瓶粉碎性爆炸,造成了站毁人亡的特大事故。该储气站共有氢气瓶 12 只和氮气瓶 10 只。站内有面积为 109 m^2 的充氢压缩机房,内设氢气压缩机 2 台,并有附属的充氢管系。爆炸由 V204/4 瓶引起,其粉碎性破裂,使紧靠它的 V204/8 瓶被爆炸冲击波损坏,拔断 M30 的螺栓 6 只,整体飞出 16 m。

二、事故原因分析

1)储气站是为芳烃分离装置设置的,而设备、管系、阀门常年维修计划不落实,阀门内漏情况不清楚,使用前的气密检查又没有发现问题,使用中存在泄漏的阀门。

2)对充氢量没有检查、平衡、控制。现场已完成充氢 250 瓶,按每瓶 0.04 m^3 计,已充 10 m^3 的氢气,而 V204/4 的设计容积为 4.3 m^3。若稍加平衡,在事故发生前发现充氢过程中的不正常状况,事故就有可能避免。

3)法兰拆装作业不合规。工人在爆炸环境中用铁质扳手拆装,当有氢气泄漏时,铁质金属间的机械撞击、摩擦均可导致爆燃事故的发生。

4)储气站中其他气瓶的性能问题。对 V204/4 残片的力学性能分析结果表明,瓶体在瞬时高压的冲击下,气瓶外壁发生塑性减薄,使材料的强度增大,塑性下降。此种状态的材料对氢脆特别敏感,易发生氢脆开裂。

三、事故预防措施

1)对氢气充装系统进行定期的维护保养,及时发现并更换存在缺陷的部件。

2)对充装计量系统进行改造,将原有的人工控制改为带安全连锁的自动化控制,防止出现超量充装的问题。

3)加强对作业人员的安全教育,杜绝再次发生在爆炸危险区域内使用铁质扳手等工具的情况。

4)对储气、加氢站内的储氢容器进行定期检测,保证其壁厚符合安全强度要求。对不适用于长期储存氢气的设备材料进行更换,增强其防氢脆的能力。

5)对事故责任人进行严肃处理,并加强日常安全教育,增强站内人员的安全意识。

思考与练习题

一、填空题

1)根据《特种设备安全监察条例》(国务院令第 373 号),_____是指涉及生命安全、危险性较大的锅炉、压力容器(含气瓶)、压力管道、电梯、起重机械、客运索道、大型游乐设施和场(厂)内专用机动车辆。

2)根据《锅炉定期检验规则》,将锅炉检验分为 _____、_____、_____。

3)特种设备使用单位在安全检验合格有效期届满前___个月向特种设备检验检测机构提出定期检验的申请。

4)压力容器的安全附件按使用性能或用途来分,一般包括_____、_____、_____、_____四大类型。

5)锅炉的安全附件是保证、监测锅炉正常安全运行的部件,包括_____、_____、_____、及_____。

6)压力管道常用的管路连接方式有三种:_____、_____和_____。

7)瓶内气体不得用尽,必须留有剩余压力或质量。永久气体气瓶的剩余压力应不小于 MPa;液化气体气瓶应留有不少于_____%~_____% 规定充装量的剩余气体。

二、判断题

1)在压力容器运行过程中,操作人员应严格按照容器安全操作规程中规定的压力和温度进行操作,严禁盲目提高工作压力。可采用连锁装置、实行安全操作挂牌制度来防止操作失误。(　　)

2)压力容器的全面检验指专业人员对压力容器进行的包括内外部检验的全部内容,还包括焊缝无损探伤和设备耐压试验。(　　)

3)大口径管道、高压管道和需要经常拆卸的管道常用螺纹连接。(　　)

4)锅炉点火前应开动引风机数分钟给炉膛通风,分析炉膛内可燃物的含量,高于爆炸下限时,才可点火。(　　)

5)气瓶应立放(乙炔瓶严禁卧放使用);不得靠近热源,明火与可燃、助燃气体气瓶之间的距离不得小于 10 m。(　　)

6)对压缩气体气瓶进行充装时,要按不同温度下的最高允许充装压力充装,防止气瓶在最高使用温度下的压力超过气瓶的最高许用压力。(　　)

三、简答题

1)如何进行压力容器的安全管理?

2)压力容器在运行期间和停用期间如何进行维护保养?

3)锅炉运行时在什么情况下必须停炉?

4)为了保证气瓶的充装安全,应做好哪些工作?

5)压力管道安全性能监督检验的重点内容有哪些?

安全生产与防护

模块五

电气安全技术

【模块导读】

电能是一种方便的能源，其广泛应用形成了人类近代史上的第二次技术革命，推动了人类社会发展。但是一直以来，由于缺乏电气安全知识、电气安全技术缺陷等造成的诸如人身事故、设备事故、电气火灾和爆炸等时有发生，占比很大。因此，熟悉触电事故的种类、形式和规律，了解静电和雷电的产生、类型及影响因素，掌握电气火灾、爆炸等事故的原因、对策，对保证人们的生产、生活以及社会安全，都具有十分重要的意义。

单元一　触电事故与安全防范

党的二十大报告中提出：建设现代化产业体系。坚持把发展经济的着力点放在实体经济上，推进新型工业化，加快建设制造强国、质量强国、航天强国、交通强国、网络强国、数字中国。实施产业基础再造工程和重大技术装备攻关工程，支持专精特新企业发展，推动制造业高端化、智能化、绿色化发展。巩固优势产业领先地位，在关系安全发展的领域加快补齐短板，提升战略性资源供应保障能力。推动战略性新兴产业融合集群发展，构建新一代信息技术、人工智能、生物技术、新能源、新材料、高端装备、绿色环保等一批新的增长引擎。

届时，实现了制造业高端化、智能化、绿色化发展，将有效减少触电事故的发生。

【阅读材料】

从每年的安全生产事故统计可以发现，触电事故造成的死亡人数占非常大的比例，每年由触电造成的死亡人数超过 8 000 人。

低压触电案例：2013 年 7 月 17 日上午 7 时左右，某电力工程有限公司下属的配电工程公司的职工吕某在对某低压用户进行线路施工时，手臂不慎与相邻的带电导线接触，因夏季高温人体大量出汗，造成工作服潮湿下垂且导电，使其间接触电身亡。

高压触电案例：2001 年 4 月 20 日，某局安装公司检修班班长安排工作负责人李某带领赵某去处理高压套管渗油缺陷，未办理工作票，上午 10：20，两人来到变压器台架旁边，断开跌落式熔断器后（跌落式熔断器上侧装有隔离开关），李某在下边监护，赵某登上台架对高压侧 A 相套管的渗油进行处理，这时赵某的熟人路过此地，赵某举起扳手与之打招呼，触碰到 A 相套管上端造成直接放电，致使赵某从台架上摔下，经现场抢救无效死亡。

任务一　触电及救治

一、电流对人体的伤害

触电对人体造成的伤害大多数是由电流对人体的作用引起的。电流通过人体时，会破坏体内细胞的正常工作，引起机体内的液体物质离解、分解，还会使机体的各种组织产生蒸汽，乃至发生剥离、断裂等严重的破坏。

小电流通过人体，会引起麻感、针刺感、压迫感、打击感、痉挛、疼痛、呼吸困难、血压异常、昏迷、心律不齐、窒息、心室颤动等症状。数安培以上的电流通过人体，还可能导致严重的烧伤。

电流对人体的伤害程度与通过人体的电流的大小、种类、持续时间、通过途径及人体状况等很多因素有关，主要表现为生物学效应、热效应、化学效应和机械效应。

（一）电流大小

在活的机体，特别是肌肉和神经系统中，有微弱的生物电存在。如果引入外部电流，生物电的正常规律将受到破坏，人体也将受到不同程度的伤害。

通过人体的电流越大，人的生理反应和病理反应越明显，致命危险性越大。按照通过人体的电流的大小以及人体所呈现的状态，可将电流划分为感知电流、摆脱电流和室颤电流三级。

1. 感知电流

在一定概率下，通过人体引起人有任何感觉的最小电流，如轻微针刺、发麻等，称为该概率下的感知电流。概率为 50% 时，男性的感知电流为 1.1 mA；女性约为 0.7 mA。

感知电流一般不会对人体造成伤害，但当电流增大时，感觉增强，反应加剧，可能导致坠落等二次事故。

2. 摆脱电流

当通过人体的电流超过感知电流时，肌肉收缩增加，刺痛感增强，感觉部位扩展。当电流增大到一定程度时，由于中枢神经反射和肌肉收缩、痉挛，触电人不能自行摆脱带电体。在一定概率下，人触电后能自行摆脱带电体的最大电流称为该概率下的摆脱电流。

摆脱电流导致触电者中枢神经麻痹、呼吸停止时，若立即切断电源，可使触电者恢复呼吸，一般不会造成较严重的不良后果。

电流超过摆脱电流以后，触电者会感到异常痛苦、恐慌和难以忍受。若时间过长，可致触电者昏迷、窒息，甚至死亡。

就平均值而言，男性的摆脱电流为 16 mA，女性为 10.5 mA；就最小值而言，男性约为 9 mA，女性约为 6 mA。

3. 室颤电流

室颤电流是引起心室纤维性颤动的最小电流。室颤电流与电流持续时间关系密切。当电流持续时间超过心脏周期时，室颤电流仅为 50 mA 左右；当电流持续时间短于心脏周期时，室颤电流为数百毫安。当电流持续时间短于 0.1 s 时，只有电击发生在心室易损期，500 mA 以上乃至数安的电流才能够引起心室颤动。当电流直接通过心脏时，数十微安的电流即可导致心室颤动。电流对人体作用的实验资料见表 5-1-1-1。

表 5-1-1-1　电流对人体作用的实验资料

电流 /mA	交流电（50~60 Hz）	直流电
0.6~1.5	手指开始感觉麻刺	无感觉
2~3	手指感觉强烈麻刺	无感觉
5~7	手指感觉肌肉痉挛	感到灼热和刺痛
8~10	手指关节与手掌感觉痛	灼热感增强
20~25	手指迅速麻痹，不能摆脱电源，呼吸困难	灼热感更强，手肌肉开始痉挛
50~80	呼吸麻痹，心室开始颤动	手肌肉痉挛，呼吸困难
90~100	呼吸麻痹，心脏麻痹或心房停止跳动	呼吸麻痹

（二）电流持续时间

通过人体的电流持续时间越长，越容易引起心室颤动，危险性就越大。

1）电流持续时间越长，则体内积累的局外电能越多，伤害越严重，表现为室颤电流减小。

2）心电图上心脏收缩与舒张之间约 0.2 s 的 T 波（特别是 T 波的前半部）是对电流最为敏感的心室易损期。电流持续时间延长，必然与心脏易损期重合，危险性增大。

3）随着电流持续时间的延长，人体的电阻由于出汗、击穿、电解而减小，如接触电压不变，流经人体的电流必然增大，危险性随之增大。

4）电流持续时间越长，中枢神经反射越强烈，危险性越大。

电流持续时间的长短和心室颤动有密切关系。从现有资料来看，最短的电击时间是 8.3 ms，超过 5 s 的很少。从 5 s 到 30 s 引起心室颤动的极限电流基本保持稳定，并略有减小。更长的电击时间引起心室颤动的效果不明显，而对窒息的危险性有较大的影响，从而使致命电流减小。

（三）电流途径

电流通过心脏会引起心室颤动，促使心脏停止跳动，中断血液循环，导致死亡。电流通过中枢神经或有关部位，会引起中枢神经严重失调而导致死亡。电流通过脊髓，可导致半截肢体瘫痪。从左手到胸部，电流途经心脏是最危险的电流途径；从手到手，电流也途经心脏，因此也是很危险的电流途径；从脚到脚是危险性较小的电流途径，但可能因痉挛而摔倒，导致电流通过全身或发生摔伤、坠落等二次事故。

人体在电流的作用下没有绝对安全的途径。但总的来说，流过心脏的电流越大、电流路线越短，危险性越大。可用心脏电流因数粗略衡量不同电流途径的危险程度。

心脏电流因数是反映电流途径的影响的无量纲系数，即电流通过某一通路在心脏内产生的电场强度（电流密度）与该电流从左手到双脚时在心脏内产生的电场强度（电流密度）之比，见表 5-1-1-2。

表 5-1-1-2 心脏电流因数

电流途径	心脏电流因数
左手—左脚、右脚或双脚	1.0
双手—双脚	1.0
右手—左脚、右脚或双脚	0.8
左手—右手	0.4
背—左手	0.7
背—右手	0.3
胸—左手	1.5
胸—右手	1.3
臀部—左手、右手或双手	0.7

（四）电流种类

各种电流对人体都有危险，但不同种类的电流对人体的危害程度不尽相同。直流电流在接通和断开的瞬间，平均感知电流约为 2 mA。300 mA 以下的直流电流没有确定的摆脱电流，300 mA 以上的直流电流将导致不能摆脱带电体，或数秒至数分钟以后才能摆脱带电体。

交流电对人体的危害程度与电流的频率有关，见表 5-1-1-3。案例表明，工频电危害最大，造成的死亡率最高。

表 5-1-1-3 不同频率的电流对人体的危害程度

电流的频率 /Hz	对人体的危害程度	电流频率（Hz）	对人体的危害程度
10~25	有 50% 的死亡率	120	有 31% 的死亡率
50	有 95% 的死亡率	200	有 22% 的死亡率
50~100	有 45% 的死亡率	500	有 14% 的死亡率

（五）人体电阻

人体触电时，若接触电压一定，流过人体的电流与人体电阻有关。人体电阻越小，流过人体的电流越大，也就越危险。

人体电阻主要包括人体内部电阻和皮肤电阻。人体内部电阻是不稳定的，一般人的平均人体电阻为 1 000~1 500 Ω，当皮肤有损伤时，皮肤的绝缘层被击穿，人体电阻就只剩下人体内部电阻了。潮湿、出汗、沾染导电的化学物质和尘埃（如金属或炭质粉末）等，都能使皮肤电阻显著减小，电流对人体的破坏作用就会增大。

（六）人体状况

不同人体条件的人对电流的敏感程度亦不同，遭受同样电流的电击时，危险程度也就不完全相同。人体状况与触电对人体的伤害程度的关系见表 5-1-1-4。

表 5-1-1-4　人体状况与触电对人体的伤害程度的关系

人体状况	触电对人体的伤害程度
性别	女性较男性对电流敏感，女性的感知电流和摆脱电流约比男性小 1/3，因此在同等的触电电流下，女性比男性更难以摆脱带电体
年龄	小孩的摆脱电流较小，遭受电击时比成人危险
健康状况	凡患有心脏病、神经系统疾病、肺病等严重的疾病或体弱多病者，由于自身抵抗能力较差，比健康人更易受触电伤害
心理、精神状态	有无思想准备的人对电的敏感程度是有差异的，醉酒、过度疲劳、心情欠佳等情况会增加触电伤害程度

二、触电事故的种类、形式与规律

（一）触电事故的种类

按照构成方式，触电事故可分为电击和电伤。人体触电时，可同时受到电击和电伤的危害。

1. 电击

电击是电流对人体内部组织的伤害，是最危险的一种伤害，绝大多数（约 85%）触电死亡事故都是由电击造成的。电击主要伤害人体内部，人体的外表多无显著的痕迹，致命电流较小。

按照发生电击时电器设备的状态，电击可分为直接接触电击和间接接触电击。直接接触电击是指人体直接接触及正常运行的带电体所发生的电击，也称为正常状态下的电击。间接接触电击是指电器设备发生故障后人体触及意外带电部位所发生的电击，也称为故障状态下的电击。

2. 电伤

电伤是由电流的热效应、化学效应、机械效应等效应对人造成的伤害，其特点是电流很大，但电流并不流经人体。在触电伤亡事故中，纯电伤性质的及带有电伤性质的约占 75%。电伤的形式表现为电烧伤、电灼伤、电烙印、皮肤金属化等，其中电烧伤最多，约占 40%。

（1）电烧伤

电烧伤是由电流的热效应造成的伤害，分为电流灼伤和电弧烧伤。

电流灼伤是人体与带电体接触，电流通过人体由电能转换成热能造成的伤害，电流灼伤一般发生在低压设备或低压线路上。

电弧烧伤是由弧光放电造成的伤害，分为直接电弧烧伤和间接电弧烧伤。前者是带电体与人体发生电弧，有电流流过人体的烧伤；后者是电弧发生在人体附近对人体的烧伤，包含熔化了的炽热金属溅出所造成的烫伤。直接电弧烧伤是与电击同时发生的。

电弧温度高达 80 000 ℃以上，可造成大面积、大深度的烧伤，甚至烧焦，可能烧掉四肢或其他人体部位。大电流通过人体，也可能烘干、烧焦机体组织。高压电弧烧伤较低压电弧烧伤严重，直接电弧烧伤较工频交流电弧烧伤严重。

（2）电烙印

电烙印通常在人体与带电体良好接触的情况下发生，在皮肤上留下青色或浅黄色斑痕，形状与被接触带电体形状相似，如受雷电击伤的图形颇似闪电状。有时电烙印在触电后并不立即出现，而是隔一段时间后才出现。电烙印一般不会发炎或化脓，若长期不处理，皮肤将发生硬变，失去原有的弹性和色泽，表层坏死，造成局部麻木和失去知觉。

（3）皮肤金属化

皮肤金属化常发生在带负荷拉断路开关或闸刀开关所形成的弧光短路的情况下。此时，熔化了的金属微粒四处飞溅，如果撞击到人体的裸露部分，则渗入皮肤表层，形成表面粗糙的灼伤。经过一段时间后，损伤的皮肤会完全脱落。

皮肤金属化的另一种原因是人体的某部位长时间紧密接触带电体，使皮肤发生电解作用，一方面电流把金属粒子带入皮肤，另一方面有机组织液被分解为碱性和酸性离子，金属粒子与酸性离子化合成盐，呈现特殊的颜色，根据颜色可知皮肤内含有哪种金属，如金属铅会造成皮肤呈灰黄色，紫铜会造成皮肤呈绿色等。

有时在皮肤金属化的同时伴有电弧烧伤，情况就会严重些。

（4）电光眼

电光眼即电光性眼炎，又称紫外线性眼炎，是因眼睛的角膜和结膜受到强烈的紫外线照射而引起的急性炎症。一般来说，凡能发射强烈紫外线的光源都能使眼睛受伤，如电焊光、紫外线灯等。此外，冰雪、盐田、广阔的水面等处的反光也含有大量紫外线，在这些地方作业时，若不戴防护眼镜，时间久了也会引起电光性眼炎。

电光性眼炎的主要症状：两眼同时出现剧痛、畏光、流泪及异物感，并感到头痛，有时眼前有闪光，甚至看东西不太清楚；外观可见眼睑水肿、痉挛及结膜充血。

（5）机械性损伤

电流作用于人体时，由于中枢神经反射和肌肉强烈收缩等作用导致的机体组织断裂、骨折等伤害，是电流的机械性损伤。

（二）触电的形式

1. 单相触电

单相触电是指人体站在地面上，触及电源的一根相线或漏电设备的外壳而触电。对于高压带电体，人体虽未直接接触，但由于未达到安全距离，高电压对人体放电，造成单相接地而引起的触电也属于单相触电。

单相触电时，人体只接触带电的一根相线，电流通过人体的路径不同，危险性也不一样。

电源变压器中性点接地系统发生单相触电，相当于电源的相电压加在人体电阻与接地电阻上，形成串联电路，如图 5-1-1-1 所示。由于接地电阻较人体电阻小很多，所以加在人体上的电压接近于电源的相电压，在电压为 380 V/220 V 的供电系统中，人体将承受 220 V 的电压，是很危险的。

电源变压器中性点不接地系统发生单相触电时，电流通过人体、大地和输电线间的分布电容构成回路，如图 5-1-1-2 所示。这时如果人体和大地绝缘良好，流经人体的电流就会很小，触电对人体的伤害就会大大减轻。

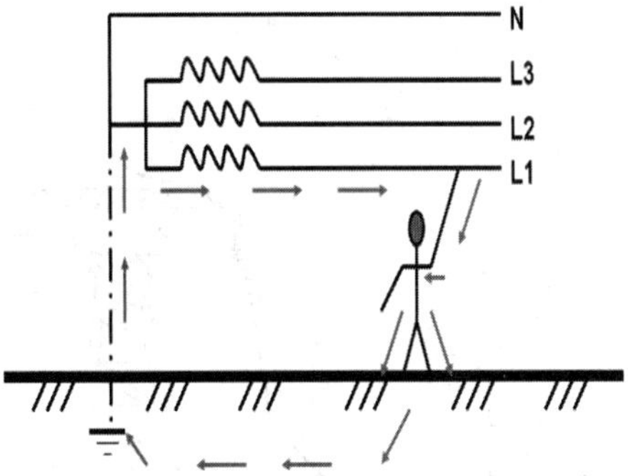

图 5-1-1-1　中性点接地系统单相触电示意

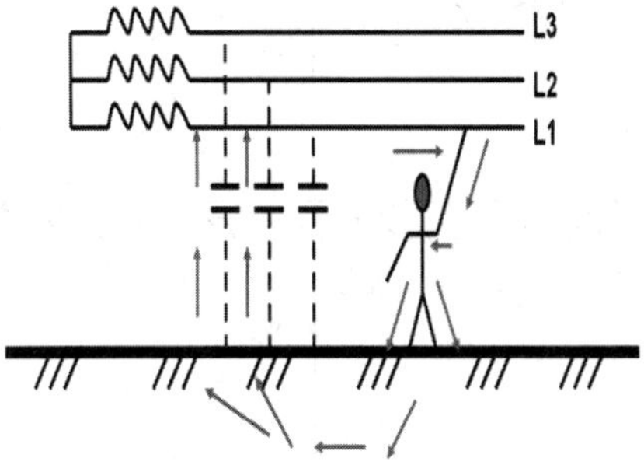

图 5-1-1-2　中性点不接地系统单相触电示意

2. 两相触电

人体的两处（如两手、或手和脚）同时触及电源的两根相线发生的触电现象，称为两相触电。在两相触电时，即使人体与大地有良好的绝缘，但因人体同时和两根相线接触，处于 380 V 的电压下，并且电流大部分通过心脏，因此是最危险的，如图 5-1-1-3 所示。

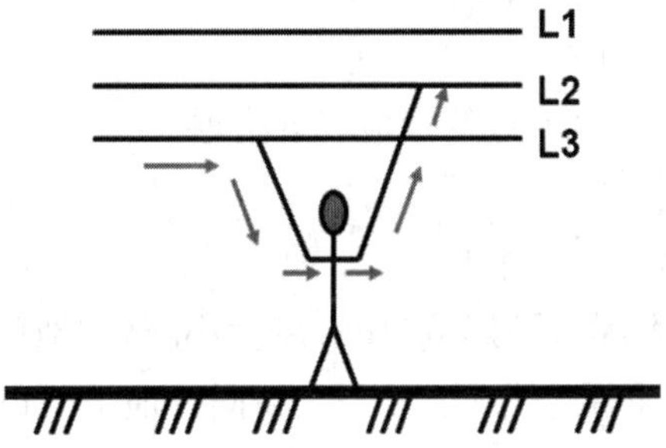

图 5-1-1-3　两相触电示意

3. 跨步电压触电

当电气装置发生对地短路故障后，故障电流从故障点向大地流散，于是在故障点周围产生一个电场。若人行走在这个电场内，由于两脚分开约 0.8 m，处于不同的电位点，便形成一个电位差，此电位差即为跨步电压，如图 5-1-1-4 所示。

当架空线路的一根带电导线断开并落在地上时，以导线落地点为中心，直径为 8~10 m 的地面范围内可能发生跨步电压触电事故，20 m 以外则可视电位差为零。

人受到跨步电压时，虽然电流沿着人的下身从脚经腿、胯部又到脚与大地形成通路，没有经过人体的重要器官，好像比较安全，但是实际并非如此。因为人受到较高的跨步电压作用时，双脚会抽筋，使身体倒在地上，这不仅使作用于身体上的电流增大，而且使电流经过人体的路径改变，可能流经人体的重要器官，如从头到手或脚。案例证明，人倒地后电流在体内持续作用 2 s,即会导致触电致命。

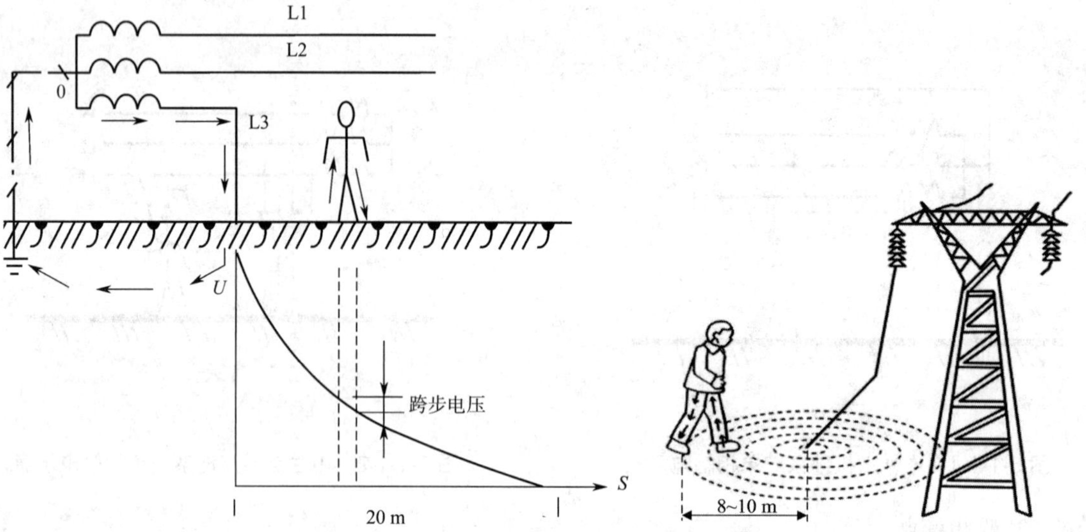

图 5-1-1-4 跨步电压触电

下列情况和部位可能发生跨步电压触电:

(1)带电导体,特别是高压导体故障接地处;

(2)故障电流流过接地装置时;

(3)正常时有较大的工作电流流过的接地装置附近;

(4)防雷装置遭受雷击时;

(5)高大设施或高大树木遭受雷击时。

跨步电压的大小受到很多因素的影响,如电流大小、鞋和地面特征、两脚跨距、两脚方位、距离远近等,加之地面电位分布的复杂性,几个人在同一地带(如同一棵大树下或同一故障接地点附近)遭到跨步电压电击时,完全可能出现截然不同的后果。

(三)触电事故的规律

从造成触电事故的原因看,电器设备或电气线路安装不符合要求,会直接造成触电事故;电器设备运行管理不当,使绝缘损坏而漏电,又没有切实有效的安全措施,会造成触电事故;制度不完善或违章作业,特别是非电工擅自处理电气事故,也很容易造成触电事故。

应当注意,很多触电事故都不是由单一原因造成的,而是由两个及以上的原因造成的。掌握触电事故的规律对于安全检查、实施安全技术措施以及安排其他电气安全工作有很大的意义。

1. 触电事故的季节性

一般每年第二、三季度触电事故多,特别是 6~9 月份最集中。主要是因为夏秋季天气炎热,人衣着单薄且易出汗,因而触电危险性大。另外,这段时间多雨、潮湿,地面导电性增强,容易构成电流回路,电器设备的绝缘电阻减小,操作人员常因气温高而不穿戴工作服和绝缘护具等，都是触电危险性增大的原因。

2. 低压设备触电事故多

对一般人员而言，低压触电事故数量远远多于高压触电事故。主要原因：低压设备数量远远多于高压设备；低压电网广，与人接触的机会多；管理不严，缺乏电气安全知识。而专业电工的触电事故比例与之相反，他们接触高压电的机会多，因而高压触电事故比低压触电事故多。

3. 携带式设备和移动式设备触电事故多

主要原因是这些设备需要经常移动，工作条件差，电源处容易发生故障或损坏，而且经常在人的紧握之下工作，一旦触电就难以摆脱。

4. 电气连接触电事故多

触电事故多发生在接线端子、缠接接头、压接接头、焊接接头、电缆头、灯座、插销、插座、控制开关、接触器、熔断器等分支线和接户线处，主要是由于这些连接部位机械牢固性较差、接触电阻较大、绝缘强度较低。

5. 错误操作和违章作业造成的触电事故多

大量触电事故的统计资料表明，有 87% 以上的事故是由错误操作和违章作业造成的，如安全教育不够、安全制度不严、安全措施不完善、操作者素质不高等。

6. 触电事故的行业性特征

冶金、矿业、建筑、机械行业触电事故多。由于这些行业的生产现场经常伴有潮湿、高温、现场复杂、移动式设备和携带式设备以及金属设备多等不安全因素，以致触电事故较其他行业多。

7. 触电事故的人员分布

中青年工人、非专业电工、合同工和临时工触电事故多。主要原因是这些人是主要操作者，经常接触电器设备。同时，这些人经验不足，比较缺乏电气安全知识，有的责任心不够强，以致触电事故多。

应当注意，很多触电事故都不是由单一原因造成的，而是由两个及以上的原因造成的，而且触电事故的规律也不是一成不变的。在一定的条件下，触电事故的规律会发生一定的变化。例如，低压触电事故多于高压触电事故在一般情况下是成立的，但对于专业电气工作人员来说，情况往往是相反的。因此，应当在实践中不断分析和总结触电事故的规律，为做好电气安全工作积累经验。

三、现场触电急救

电流致命最主要的原因是引起心室颤动。发生心室颤动时，心脏每分钟跳动 1 000 次以上，但幅值很小，而且没有规律，血液基本上呈中止循环状态。心室颤动能够持续的时间是不会太长的，如不及时抢救，心脏将很快停止跳动，并导致生物性死亡。

人体触电时，如果有电流通过心脏，可能直接作用于心肌，引起心室颤动；如果没有电流通过心脏，亦可能经中枢神经系统反射作用于心肌，引起心室颤动。

由于电流的瞬时作用而发生心室颤动时，呼吸可能持续 2~3 min。触电者在丧失知觉之前,有时还能叫喊几声,有的还能走几步。但是由于其心脏已进入心室颤动状态,血液基本中止循环,大脑和全身迅速缺氧,身体状况急剧恶化,如不及时抢救,将很快导致生物性死亡。

触电急救的基本原则是在现场采取积极的措施挽救触电者的生命,减少伤害,提高生存者的生命质量。

(一)脱离电源

脱离电源就是把触电者接触的那一部分带电设备的开关、刀闸或其他断路设备断开,或设法使触电者与带电设备脱离。在脱离电源时,救护人员既要救人,也要注意保护自己。如触电者处于高处,要同时考虑脱离电源后防止从高处坠落的措施。

1. 触电者自行脱离电源

人们遇到的电击多数是 220 V 的民用电或 380 V 的工业用电,而不是高压电。如果自己触电,附近又无人救援,此时需要触电者镇定地进行自救。因为在触电后的最初几秒钟内,处于轻度触电状态,人的意识并未丧失,理智、有序地判断、处置是成功脱离电源的关键。

交流电可引起肌肉持续性痉挛,所以手部触电后就会出现一把抓住电源,而且越抓越紧的现象。此时,触电者可用另一只手迅速抓住电线的绝缘处,将电线从手中拉出,摆脱触电状态。如果触电时电器是固定在墙上的,可用脚猛力蹬墙,同时身体向后倒,借助身体的重量和外力脱离电源。

能够自行脱离电源的触电者一般不会出现后遗症。

2. 帮助触电者脱离电源

触电的危害与时间有关,触电后,人体可能由于痉挛或失去知觉等原因而紧抓带电体,不能自行脱离电源。因此,越早通过外力使触电者脱离电源,救治成功的可能性越大。

帮助触电者脱离电源进行触电急救的原则是迅速脱离电源、就地进行抢救、准确进行救治、坚持救治到底。

(1)脱离低压电源

脱离低压电源的方法可用拉、切、挑、拽、垫五个字来概括。

①拉开关。出事附近有电源开关或电源插头时,可立即将闸刀打开或将插头拨掉,以切断电源。

②切断电源线。当电源开关、电源插座等距离触电现场较远时,可用有绝缘手柄的电工钳或有干燥木柄的斧头、铁锨等利器将电源线切断。切断电源线时应防止断落的带电导线触及周围的人。

③挑开导线。如果导线搭落在触电者身上或被其压在身下,可用干燥的木棒、竹竿等挑开导线或用干燥的绝缘绳套拉导线或触电者,使之脱离电源。注意千万不能挑到自己或他人身上。

④拽触电者。救护人可戴上手套或在手上包缠干燥的衣服、围巾、帽子等绝缘物品拖拽触电者,使之脱离电源。注意不能直接拽触电者的脚和手,也不能用两只手拽触电者。

⑤垫绝缘板。如果触电者由于痉挛手指紧握导线或导线缠绕在其身上,救护人可先将干燥的木板塞到触电者身下使其与地绝缘来隔断电源,然后采取其他办法切断电源。

注意事项：不可用手、金属及潮湿的物体作为救护工具，救护者宜单手操作，注意自身和被救者与附近的带电设备之间的安全距离；当触电者位于高位时，应采取措施预防触电者在脱离电源后坠地摔伤；夜间发生触电事故时，应考虑切断电源后设置临时照明灯，以利救护。

(2)脱离高压电源

由于装置的电压等级高，一般的绝缘物品不能保证救护人的安全，而且高压电源开关距离现场较远，不便拉闸。因此，脱离高压电源的方法与脱离低压电源的方法不同。

①立即打电话通知有关供电部门拉闸停电。

②如果电源开关离触电现场不远，可戴上绝缘手套，穿上绝缘靴，拉开高压断路器，或用绝缘棒拉开高压跌落保险，以切断电源。

③抛挂裸金属软导线，人为造成短路，迫使开关跳闸。抛掷者要注意自身和其他人的安全，防止跨步电压和电弧伤人。

注意事项：断落在地面上的带电高压导线 8~10 m 范围内有跨步电压，危害极大，救护人不穿绝缘靴不可靠近此范围，如图 5-1-1-5 所示；当发觉有跨步电压威胁时，应赶快把双脚并在一起或用一条腿跳着离开危险区 20 m；只有在确定线路已经无电时，才可在触电者离开触电导线后，立即就地进行急救。

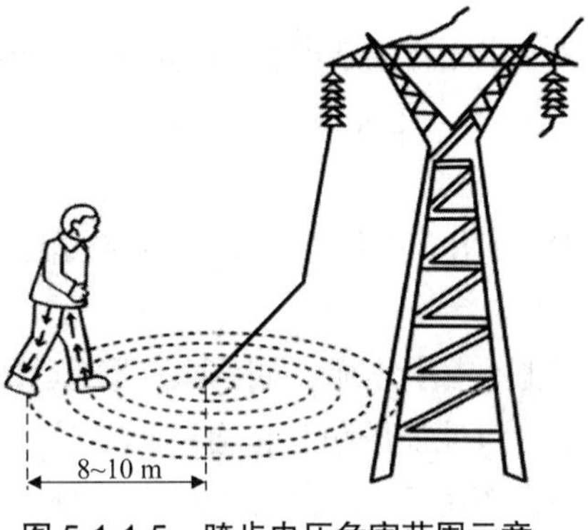

图 5-1-1-5　跨步电压危害范围示意

(二)现场救护

触电者脱离电源后，应立即争分夺秒就地进行抢救，同时通知医务人员到现场并做好将触电者送往医院的准备工作。

注意事项：为救护触电者切断电源，有时会同时使照明失电，因此应考虑事故照明、应急灯等临时照明；设置的临时照明要符合使用场所的防火、防爆要求，但不能因设置临时照明而延误切断电源和进行急救。

1. 触电者未失去知觉的救护

如果触电者所受的伤害不太严重，神志尚清醒，只是心悸、头晕、出冷汗、恶心、呕吐、四肢发麻、全身乏力，甚至一度昏迷，但未失去知觉，应让触电者在通风、暖和的处所静卧休息，派人严密观察，同时请医生前来或送往医院诊治。

2. 触电者已失去知觉(但心肺功能正常)的救护

如果触电者已失去知觉,但呼吸和心跳尚正常,应使其在安全的地方舒适平卧,解开衣服以利呼吸,保持空气流通,注意保暖,拨打 120 急救电话或送往医院就诊。

3. 对电休克者的救护

如果触电者呈电休克状态,即“假死”状态,呼吸和心跳停止,应立即实施心肺复苏术就地抢救,并拨打 120 急救电话启动紧急医疗服务(EMS)。

4. 触电者好转后的处理

如触电者的心跳和呼吸经抢救后均已恢复,可暂停心肺复苏。但心跳、呼吸在恢复的早期仍有可能再次骤停,救护人员应严密监护,随时准备再次抢救。触电者在恢复之初往往神志不清、精神恍惚或情绪躁动、不安,应设法使其安静下来,等待急救人员进一步进行生命支持。

5. 触电者死亡的认定

触电后失去知觉、呼吸和心跳停止的触电者在未经心肺复苏急救之前,只能视为“假死”。任何在事故现场的人员一旦发现有人触电,都有责任及时和不间断地进行抢救。有抢救近 5 h 终使触电者复活的实例,因此抢救一般应持续 6 h 以上,直到救活或医生做出触电者已临床死亡的认定为止。

6. 关于电伤的处理

电伤是触电引起的人体外部损伤,包括电击引起的摔伤、电灼伤、电烙伤以及皮肤金属化等组织损伤,需要到医院治疗。但现场也必须进行预处理,以防细菌感染、损伤扩大,还可减轻触电者的痛苦,并便于转送医院。

1)对于一般性的外伤创面,可用无菌生理盐水或清洁的温开水冲洗,再用消毒绷带或干净的纱布包扎。

2)如伤口大出血,要立即进行指压止血,同时火速送医。如果伤口出血不严重,可将消毒纱布或干净的布料叠几层盖在伤口处加压包扎止血。

3)高压触电造成的电弧灼伤往往深达骨骼,处理十分复杂。现场救护可用无菌生理盐水或清洁的温开水冲洗,再用酒精全面涂擦,最后用消毒被单或干净的布包裹好送往医院处理。

4)对于因触电摔跌而骨折的触电者,进行止血、包扎、固定搬运,并迅速送往医院处理。

扫一扫:现场触电急救视频

【任务实践训练】

阅读以下案例,参阅相关资料,进行事故原因分析,制定整改措施。

一、事故简介

2017 年 4 月 19 日,天津大港油田电力公司新世纪 110 kV 变电站例行检修工作结束后,在变电站值班员恢复送电进行倒闸操作的过程中,发生一起触电事故,造成 1 人死亡。

二、事故经过

2017 年 4 月 19 日，该电力公司所属的检修分公司负责对新世纪 110 kV 变电站的 1# 站用变、3013 开关和 3015 开关进行检修。当天站内值班员为正值班员张某一、副值班员张某二。按照当天的检修计划，检修人员完成 1# 站用变和 3013 开关的检修任务后，进行 3015 开关的检修。10:44 完成 3015 开关的检修工作，办理完工作终结手续后，检修人员离开检修现场。

10:54，值班员张某一接到电力调度命令，进行 3015 开关由检修转运行操作。11:00，张某一与张某二在高压室完成 3015-1 刀闸和 3015-2 刀闸的合闸操作。两人回到主控室后，发现后台计算机监控系统显示 3015-2 刀闸仍处于分闸状态，初步判断刀闸没有完全处于合闸状态。两人再次来到 3015 开关柜前，用力将 3015-2 刀闸的手柄向上推。

11:03，张某一左手向左扳动开关柜柜门闭锁手柄，右手用力将开关柜柜门打开，观察柜内设备。11:06，张某一身体探入已带电的 3015 开关柜内进行观察，柜内 6 kV 的带电体对身体放电，引发弧光短路，造成张某一全身瞬间起火燃烧，当场死亡。

事故发生后，张某二立即向港中变电分公司领导进行了汇报，拨打 120 急救电话并通知属地公安部门。

11:25 左右，电力公司相关负责人先后赶到事故现场，按规定向油田公司、地方政府等进行了事故报告。

电力公司立即启动应急预案，生产调度中心组织运行方式调整，对新世纪变电站负荷进行转移，至 12:10 全部转移完毕，未影响负荷供电。

三、事故原因分析

（一）直接原因

值班员张某一违规进入高压开关柜，遭受 6 kV 高压电击。

（二）间接原因

1）本地信号传输系统异常，刀闸位置信号显示有误。同时采集信号的电力公司生产调度中心、港中变电分公司监控中心显示 3015-2 刀闸处于合入状态，而变电站主控室监控屏显示分闸状态。

2）超出岗位职责，违章进行故障处理。变电站的两名值班人员发现 3015-2 刀闸没有变位指示后，没有执行报告制度，也没有向电力公司生产调度中心进行核实，而是蛮力操纵刀闸，强力扭开柜门，探头、探身进柜内，违反了公司的企业标准《变电站运行规程》（Q/SYDG 1407—2014）中的 4.2.6 条“操作过程中遇有故障或异常时，应停止操作，报告调度；遇有疑问时，应询问清楚，待发令人再行许可后再进行操作”的规定。

3）3015 开关柜型号老旧，闭锁机构磨损，防护性能下降，在当事人违规强行操作下闭锁失效，柜门被打开。

（三）管理原因

1）《变电站运行规程》条款不完善。倒闸操作人员工作的基本要求中缺少运行人员“针对信号异常情况的确认”的规定。在该起事故中,当事人在合闸操作后到主控室监控屏确认刀闸的分合指示时,二次信号系统传输出现异常,现场刀闸状态与主控室监控屏显示不符,导致运行人员误判断。

2)未严格履行工作职责。正值班员在进行 3015 开关的操作过程中代替副值班员操作,违反了《变电站运行规程》“正值班员为监护人,副值班员为操作人”的规定。

3)现场管理存在欠缺。检修现场没有安排人员实施现场安全监督,非检修人员进入现场,现场人员安全护具佩戴不合规。

4)检修工作组织协调有漏洞。电力公司应在电力例检时同步开展二次系统检查;检修人员应在送电操作正常完成后办理验收交接。

5)安全教育不到位,员工安全意识淡薄。值班人员对高压带电作业的危险认识不足,两名当事人在倒闸送电过程强行打开开关柜柜门,进入开关柜观察、处理问题,共同违章。

四、事故防范与整改措施

1)完善规章制度。修订《变电站运行规程》的相应条款,增加“刀闸操作后,确认刀闸分合信号状态,并与调度核实是否同步”。

2)全面排查,治理习惯性违章。依据相关管理办法、标准和《电力安全工作规程》中的要求,在岗位员工中全方面开展习惯性违章的自查自改和治理工作,要求岗位员工深刻剖析习惯性违章行为,做到自身排查与相互监督相结合。同时,各级领导干部要认真履行岗位职责,严格落实、执行《电力安全工作规程》的有关要求,强化检查指导,集中力量治理和消除习惯性违章行为。

3)强化电力制度执行情况的监督考核。加强员工对相关规章制度的掌握,要求岗位人员在工作中严格落实各项制度,一旦发现员工在工作中存在违反规定的情况,严格处理。继续排查仍未按相关制度落实执行的环节,立即组织整改,加大执行情况的监督力度,加强运行操作和检修作业的现场监督、检查,加强“两票”及倒闸操作执行情况的考核,确保各项电力制度得到严格执行。

4)深入开展作业风险排查防控工作。立即组织员工再次对工作所涉及的作业风险进行全面排查,将以往遗漏或未重视的作业风险查找出来,组织骨干人员开展风险评价,制定出可操作性强、切实有效的风险削减控制措施,在工作中严加落实。

5)组织员工开展事故反思活动。组织各级员工开展此次事故的大反思活动,详细通报事故的经过,以安全经验分享的形式警示员工,使员工深刻认识到严格执行操作规程的重要性和必要性,时刻绷紧安全这根弦。同时,要举一反三,深刻吸取此次事故的教训,还要加强员工专业知识和安全技能的培养锻炼,杜绝各类安全事故的发生。

任务二　直接接触电击防护

触及正常运行的带电体所发生的电击,称为直接接触电击。直接接触电击防护就是使危险的带电部分不会被有意或无意地触及，常用的防护措施主要有绝缘、屏护和间距。

一、绝缘防护

所谓绝缘，就是用不导电的材料将带电体隔离或包裹起来，以对触电起保护作用的一种安全措施。良好的绝缘是保证电器设备与线路安全运行、防止人身触电事故发生的最基本和最可靠的措施。

（一）绝缘材料的电气性能

绝缘材料的电气性能主要表现为在电场作用下材料的导电性能、介电性能及绝缘强度。它们分别以绝缘电阻率 ρ（或电导率 γ）、介电常数 ε_r、介质损耗角 $\tan\delta$ 及击穿强度 E_B 四个参数来表示。

1. 绝缘电阻率

绝缘电阻率和绝缘电阻分别是绝缘材料和绝缘结构的主要电气性能参数之一。为了检验绝缘性能的优劣，在绝缘材料的生产和应用中，经常需要测定其绝缘电阻率，包括体积电阻率和表面电阻率；而在绝缘结构的生产和应用中，经常需要测定其绝缘电阻。温度、湿度、杂质含量和电场强度增大都会降低电介质的绝缘电阻率。

2. 介电常数

介电常数 ε_r 是表明电介质的极化特征的性能参数，又称相对电容率。介电常数愈大，电介质极化能力愈强，产生的束缚电荷就愈多。绝缘材料的介电常数随电源频率、温度、湿度等因素变化而产生变化。电源频率增大，介电常数减小；湿度增大，电介质的介电常数明显增大。

3. 介质损耗

在交流电压作用下，电介质中的部分电能转变成热能，这部分能量叫作介质损耗。介质损耗分两种：一种是由漏导电流引起的；另一种是由极化引起的。介质损耗使介质发热，是电介质热击穿的根源。

4. 绝缘强度

绝缘强度主要用击穿强度来表示，击穿强度又称击穿场强、介电强度，是指在匀强电场中，使单位厚度的电介质击穿的电压值，单位为 kV/mm。当电介质中含有水分、气泡及细微杂质时，会降低其击穿强度。

（二）绝缘的种类及结构

绝缘的种类有工作绝缘、保护绝缘、双重绝缘、加强绝缘；绝缘的结构有双重绝缘和加强绝缘，如图 5-1-2-1 所示。其中，图 5-1-2-1（a）、（b）所示的结构属于双重绝缘，图 5-1-2-1（e）、（f）所示的结构属于加强绝缘。

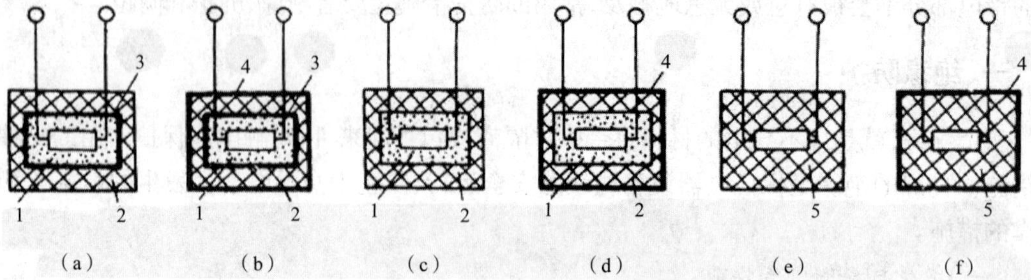

图 5-1-2-1　绝缘的种类及结构

1—工作绝缘;2—保护绝缘;3—不可触及的金属件;4—可触及的金属件;5—加强绝缘

1. 工作绝缘

工作绝缘又称基本绝缘或功能绝缘,是保证电器设备正常工作和防止触电的基本绝缘,位于带电体与不可触及的金属件之间,如电动机转子的槽绝缘、整流器的沥青或树脂填料、电气装置的胶木外壳等。

2. 保护绝缘

保护绝缘又称附加绝缘、补充绝缘,是在工作绝缘因机械破损或击穿等而失效的情况下,可防止触电的独立绝缘。其位于不可触及的金属件与可触及的金属件之间, 如一般日用电器的塑料绝缘外壳、电缆的外护套等。

3. 双重绝缘

双重绝缘是由基本绝缘和补充绝缘两部分组成的绝缘,如具有两层护套的电线等。

4. 加强绝缘

加强绝缘是基本绝缘经改进后,在绝缘强度和力学性能上具备了与双重绝缘同等能力的单一绝缘,在构成上可以包含一层或多层绝缘材料,如开关与手柄之间的绝缘等。

(三)绝缘破坏

1. 绝缘击穿

绝缘击穿是指绝缘物在强电场的作用下,通过电介质的电流突然猛增,绝缘物受到急剧的破坏,丧失绝缘性能的现象。将绝缘材料击穿的最小电压叫作击穿电压,此时的电场强度称为材料的击穿场强。

气体绝缘被击穿后能自动恢复绝缘性能,液体绝缘多次被击穿后可能失去绝缘性能,固体绝缘被击穿后不能恢复绝缘性能。

实际上,绝缘结构被击穿往往是电、热、放电、电化学等多种形式同时存在、共同作用的结果,很难截然分开。一般来说,对于低压电器设备,若工作温度高、散热条件差,热击穿较为多见;而对于高压电器设备,放电击穿的概率大一些。脉冲电压下的击穿一般属电击穿;当电压作用时间达数十小时乃至数年时,大多数属于电化学击穿。

2. 绝缘老化

绝缘老化是指电器设备在运行过程中,绝缘材料由于受热、电、光、氧、机械力、辐射线、微生物等因素的长期作用,产生一系列不可逆的物理变化和化学变化,导致绝缘材料的电气性能和力学性能劣化。

绝缘老化过程十分复杂，就老化机理而言，主要有热老化和电老化。在低压电器设备中，促使绝缘材料老化的主要因素是热；在高压电器设备中，促使绝缘材料老化的主要原因是局部放电，其会促使材料性能恶化。

3. 绝缘损坏

绝缘损坏是指材料在较短或很短的时间内失去电气性能或机械性能的现象。其主要是由于不正确地选用绝缘材料，不正确地进行电器设备及线路的安装，不合理地使用电器设备等，导致绝缘材料受到外界腐蚀性液体、气体、蒸气、潮气、粉尘的污染和侵蚀，或受到外界热源、机械因素的作用，破坏电器设备和电气线路的绝缘结构造成的。

二、电器设备的外壳防护

(一)电器设备触电防护的分类

按电击防护条件，电器设备分为0类、Ⅰ类、Ⅱ类、Ⅲ类和0 Ⅰ类5类。

1.0 类设备

0类设备是指靠基本绝缘进行触电防护的设备，一旦基本绝缘失效，设备的安全性能就完全取决于周围环境。这类设备要求在“绝缘良好”的环境中使用，如木质地板、木质墙壁、周围环境干燥的场所等。

2. 0 Ⅰ类设备

这类设备是指任何部件都至少基本绝缘并装有接地端子的设备，其电源线与保护线固定在一起，共用一个插头，插入插座后保护线即可接地。这类设备实际上是按Ⅰ类设计的，主要用于家电领域，如电水壶、电熨斗等。

3. Ⅰ类设备

Ⅰ类设备是指设备的触电防护不仅靠基本绝缘，还需将能触及的可导电部分与设备布线中的保护线相连接，即需要采用保护接地或保护接零的设备。这样一旦基本绝缘失效，由于能触及的可导电部分已与地线连接，因而使用人员的安全有了保证。目前我国绝大部分电器设备属于此类。

4. Ⅱ类设备

Ⅱ类设备是指设备的触电防护不仅靠基本绝缘，还另有附加绝缘等安全措施。一旦基本绝缘失效，附加绝缘可保证使用者的安全。若使用加强绝缘，其绝缘性能相当于基本绝缘加附加绝缘的水平。

5. Ⅲ类设备

Ⅲ类设备靠安全特低电压供电，这类设备内部出现的电压也不能高于安全特低电压，从电源方面就保证了安全。

各类电器设备触电防护的分类见表5-1-2-1。

表 5-1-2-1　电器设备触电防护的分类

类型	保护功能
0 类设备	仅依靠基本绝缘来防止触电的电器设备
0Ⅰ类设备	依靠基本绝缘来防止触电，或有双重绝缘或加强绝缘部件，在安全电压下工作的电器设备
Ⅰ类设备	除依靠基本绝缘外，还有接零或接地等附加措施的电器设备
Ⅱ类设备	采用双重绝缘和加强绝缘措施的电器设备
Ⅲ类设备	采用基本绝缘和安全电压措施的电器设备

根据各类工具的触电保护特性，在不同的场所应选用不同类型的工具，并配备相应的保护装置，以保证使用者的安全。

在一般场所，为保证使用者的安全，应选用Ⅱ类工具，装设漏电保护器、安全隔离变压器等。否则，使用者必须戴绝缘手套，穿绝缘鞋或站在绝缘垫上。

在潮湿的场所或金属构架等导电性能良好的作业场所中工作时，必须使用Ⅱ或Ⅲ类工具。

在特殊环境，如湿热、雨雪以及存在爆炸性或腐蚀性气体的场所中工作时，所使用的工具必须符合相应防护等级的安全技术要求。

（二）电器设备外壳防护

电器设备外壳防护是指电器设备（额定电压≤ 72.5 kV）的外壳对下列内容的防护：①防止人体接近壳内的危险部件；②防止固体异物进入壳内；③防止水进入壳内对设备造成有害影响。

这种防护能力在国际上用国际防护（International Protection，IP）代码表示。IP 代码由第一位特征数字、第二位特征数字、附加字母、补充字母组成。

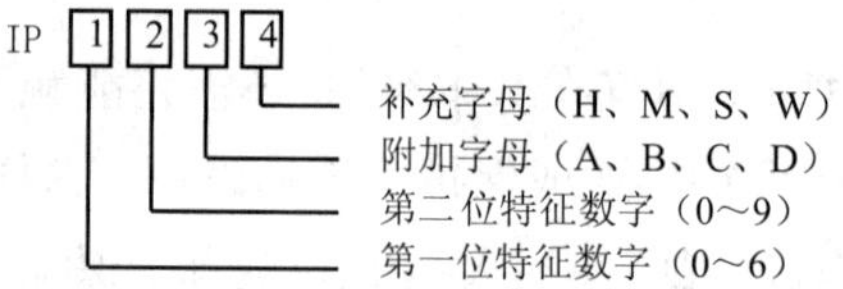

IP 代码中，第一位特征数字表示第一种防护的等级；第二位特征数字表示第二种防护的等级，仅考虑第一种防护时，第二位特征数字用 X 代替。

第一种防护是对固体异物进入内部以及对人体触及内部带电部分或运动部分的防护；第二种防护是对水进入内部的防护。

第一种防护的等级分为 6 级，各级防护性能见表 5-1-2-2。

表 5-1-2-2　电器设备的第一种防护

防护等级	防护性能	说明
0	无防护	没有专门的防护
1	防护大于 50 mm 的固体	能防止直径大于 50 mm 的固体异物进入壳内；能防止人体的某一大面积部分（如手）偶然或意外触及壳内的带电或运动部分，但不能防止人有意识地接近这些部分

续表

防护等级	防护性能	说明
2	防护大于 12 mm 的固体	能防止直径大于 12 mm 的固体异物进入壳内；能防止人体的手指触及壳内的带电或运动部分
3	防护大于 2.5 mm 的固体	能防止直径大于 2.5 mm 的固体异物进入壳内；能防止厚度（或直径）大于 2.5 mm 的工具、金属线等触及壳内的带电或运动部分
4	防护大于 1 mm 的固体	能防止直径大于 1 mm 的固体异物进入壳内；能防止厚度（或直径）大于 1 mm 的工具、金属线等触及壳内的带电或运动部分
5	防尘	能防止灰尘进入影响产品的正常运行；能完全防止人体触及壳内的带电或运动部分
6	尘密	能完全防止灰尘进入壳内；能完全防止人体触及壳内的带电或运动部分

第二种防护的等级分为 9 级，各级防护性能见表 5-1-2-3。

表 5-1-2-3　电器设备的第二种防护

防护等级	防护性能	说明
0	无防护	没有专门的防护
1	防滴水	垂直落下的水滴不能直接进入产品内部
2	15° 防滴水	与垂线成 15° 角范围内的滴水不能直接进入产品内部
3	防淋水	与垂线成 60° 角范围内的淋水不能直接进入产品内部
4	防溅水	任何方向的溅水对产品都应无有害的影响
5	防喷水	任何方向的喷水对产品都应无有害的影响
6	防海浪或强力喷水	强烈的海浪或强力喷水对产品应无有害的影响
7	防浸水	产品在规定压力和时间下浸在水中，进水量应无有害的影响
8	防潜水	产品在规定压力下长时间浸在水中，进水量应无有害的影响
9	防高温 / 高压喷水	以小外壳设备为例，要求在 0°、30°、60°、90° 四种状态下连续高压喷水 30 s，设备应仍能正常工作

例如：IP54 表示防尘、防溅水型电器设备；IP65 为尘密、防喷水型电器设备。

附加字母表示与人接触的危险部件的防护等级；补充字母放在第二位特征数字或附加字母之后，代表某些需特别标识的内容。

三、屏障防护与安全用电标志

（一）屏障防护

屏障防护简称屏护，是指采用遮栏、护罩、护盖、箱匣等装置把危险的带电体同外界隔离开来的安全防护措施。屏障防护是一种对电击危险因素进行隔离的手段，是最为常用的电气安全措施，可防止人体触及或接近带电体所引起的触电事故，还能起到防止电弧伤人、防止弧光短路、便利检修工作的作用。

从防止电击的角度而言，屏障防护属于防止直接接触的安全措施。

1. 屏护装置的种类

（1）按使用要求分类

屏障防护装置按使用要求可分为永久性屏障防护装置和临时性屏障防护装置。例如，配电装置的遮栏、开关的罩盖等属于永久性屏障防护装置；检修工作中使用的临时屏障防护装置和临时设备的屏障防护装置等属于临时性屏障防护装置。

（2）按使用对象分类

屏障防护装置按使用对象分为固定屏障防护装置和移动屏障防护装置。例如，母线的护网属于固定屏障防护装置；而跟随天车移动的天车滑线屏障防护装置就属于移动屏障防护装置。

2. 屏护的特点

屏障防护的特点是屏障防护装置不直接与带电体接触，因此对所用材料的电气性能无严格要求，但应有足够的力学强度和良好的耐火性能，使用时应满足以下要求。

1）用金属材料制成的屏障防护装置，为了防止其意外带电造成触电事故，应将屏障防护装置接地或接零。

2）屏障防护装置一般不宜随便打开、拆卸或挪移，必要时还应安装连锁装置。

3）应根据被屏护对象在屏障防护装置上挂上"止步""禁止攀登，高压危险！""当心触电"等警告牌。带电部分应有明显的标志，标明规定的符号或涂上规定的颜色，以及装设遮栏、栅栏等。

3. 屏护装置的应用

屏障防护装置广泛应用于工矿企业、变电所等部门中，电器设备不便于绝缘或绝缘不足以保证安全的场合。主要有以下场合需要屏障防护。

1）开关电器的可动部分，如闸刀开关的胶盖、铁壳开关的铁壳等。

2）人体可能接近或触及的裸线、行车滑线、母线等。

3）高压设备，无论是否有绝缘。

4）安装在人体可能接近或触及的场所的变配电装置。

5）在带电体附近作业时，作业人员与带电体之间、过道、入口等处应装设可移动的临时性屏障防护装置。

4. 屏护装置的要求

屏护装置是简单装置，为了保证其有效性，必须满足如下条件。

1）屏护装置所用材料应有足够的力学强度和良好的耐火性能。为防止因意外带电而造成触电事故，由金属材料制成的屏护装置必须可靠连接保护线。

2）屏护装置应有足够的尺寸，与带电体之间应保持必要的距离。遮栏的高度不应小于1.7 m，下部边缘离地不应超过0.1 m。栅栏的高度户内不应小于1.2 m、户外不应小于1.5 m，栏条的间距不应大于0.2 m。对于低压设备，遮栏与裸导体之间的距离不应小于0.8 m。户外变配电装置围墙的高度一般不应小于2.5 m。

3）遮栏、栅栏等屏护装置上应有"止步""高压危险！"等标志。

4）必要时应配合采用声光报警信号和连锁装置。

（二）安全用电标志

安全标志是提醒人员注意或按标志上注明的要求去执行，保障人身和设施安全的重要措施。安全标志一般设置在光线充足、醒目、稍高于视线的地方。

隐蔽工程（如埋地电缆）在地面上要有标志桩或依靠永久性建筑挂标志牌，注明工程位置。容易被人忽视的电气部位，如封闭的架线槽、设备上的电气盒，要用红漆画上电气箭头。另外，在电气工作中还常用移动标志牌，以提醒工作人员不得接近带电部分，不得随意改变刀闸的位置等。各类安全用电标志牌的规格见表 5-1-2-4。

表 5-1-2-4　安全用电标志牌的规格

名称	悬挂位置	尺寸 /mm × mm	底色	字色
禁止合闸 有人工作	一经合闸即可送电到施工设备的开关和刀闸的操作手柄上	200 × 100	白底	红字
禁止合闸 线路有人工作	一经合闸即可送电到施工设备的开关和刀闸的操作手柄上	200 × 100	红底	白字
在此工作	室内和室外的工作地点或施工设备上	250 × 250	绿底，中间有直径为 210 mm 的白圆圈	黑字，位于白圆圈中
止步 高压危险	工作地点临近带电设备的遮栏上，室外工作地点附近带电设备构架的横梁上，禁止通行的过道上，高压试验地点等	250 × 200	白底红边	黑字，有红箭头
从此上下	工作人员上下的铁架、梯子上	250 × 250	绿底，中间有直径为 210 mm 的白圆圈	黑字，位于白圆圈中
禁止攀登 高压危险	工作临近可能上下的铁架上	250 × 200	白底红边	黑字
已接地	看不到接地线的工作设备上	200 × 100	绿底	黑字

四、安全间距

为了防止人体触及或接近带电体造成触电事故，避免车辆或其他器具碰撞或过分接近带电体造成事故，防止火灾、过电压放电和各种短路事故，且为了操作方便，带电体与地面之间、带电体与其他设施和设备之间、带电体与带电体之间均需保持一定的距离，这个距离称为安全间距。

安全间距的大小取决于电压高低、设备类型、安装方式等因素。同时，各项距离均需考虑当地温度、覆冰、风力等气象条件的影响。

（一）线路间距

1. 架空线路

架空线路应避免跨越建筑物，不应跨越用燃烧材料作屋顶的建筑物。必须跨越建筑物时，应与有关单位协商并取得有关单位的同意，按照相关规定架设。

架空线路导线与建筑物的最小距离见表 5-1-2-5。

表 5-1-2-5　架空线路导线与建筑物的最小距离

线路电压 /kV	＜1	10	35
竖直距离 /m	2.5	3.0	4.0
水平距离 /m	1.0	1.5	3.0

架空线路导线在弛度最大时与地面或水面的最小距离见表 5-1-2-6。

表 5-1-2-6　架空线路导线与地面或水面的最小距离　　单位：m

线路经过地区	线路电压		
	≤ 1 kV	10 kV	35 kV
居民区	6	6.5	7
非居民区	5	5.5	6
不能通航或浮运的河、湖（冬季表面）	5	5	—
不能通航或浮运的河、湖（50 年一遇的洪水水面）	3	3	—
交通困难地区	4	4.5	5
步行可以到达的山坡	3	4.5	5
步行不能到达的山坡、峭壁或岩石	1	1.5	3

架空线路导线与铁路、道路、通航河流、电气线路及特殊管道等设施的距离见表 5-1-2-7。

表 5-1-2-7　架空线路导线与工业设施的最小距离　　单位：m

<table>
<tr><th colspan="5" rowspan="2">项目</th><th colspan="3">线路电压</th></tr>
<tr><th>1 kV</th><th>10 kV</th><th>35 kV</th></tr>
<tr><td rowspan="4">铁路</td><td rowspan="4">标准轨距</td><td rowspan="2">竖直距离</td><td colspan="2">至钢轨顶面</td><td>7.5</td><td>7.5</td><td>7.5</td></tr>
<tr><td colspan="2">至承力索接触线</td><td>3.0</td><td>3.0</td><td>3.0</td></tr>
<tr><td rowspan="2">水平距离</td><td rowspan="2">电杆外缘至轨道中心</td><td>交叉</td><td colspan="3">5.0</td></tr>
<tr><td>平行</td><td colspan="3">杆加高 3.0</td></tr>
<tr><td rowspan="2">道路</td><td colspan="4">竖直距离</td><td>6.0</td><td>7.0</td><td>7.0</td></tr>
<tr><td colspan="4">水平距离（电杆至道路边缘）</td><td>0.5</td><td>0.5</td><td>0.5</td></tr>
<tr><td rowspan="3">通航河流</td><td rowspan="2">垂直距离</td><td colspan="3">至 50 年一遇的洪水位</td><td>6.0</td><td>6.0</td><td>6.0</td></tr>
<tr><td colspan="3">至最高航行水位的最高桅顶</td><td>1.0</td><td>1.5</td><td>2.0</td></tr>
<tr><td>水平距离</td><td colspan="3">边导线至河岸上缘</td><td colspan="3">最高杆（塔）高</td></tr>
<tr><td rowspan="2">弱电线路</td><td colspan="4">垂直距离</td><td>6.0</td><td>7.0</td><td>7.0</td></tr>
<tr><td colspan="4">水平距离（两线路边导线间）</td><td>0.5</td><td>0.5</td><td>0.5</td></tr>
</table>

续表

项目			线路电压		
			1 kV	10 kV	35 kV
电力线路	≤ 1 kV	垂直距离	1.0	2.0	3.0
		水平距离（两线路边导线间）	2.5	2.5	5.0
	10 kV	垂直距离	2.0	2.0	3.0
		水平距离（两线路边导线间）	2.5	2.5	5.0
	35 kV	垂直距离	3.0	2.0	3.0
		水平距离（两线路边导线间）	5.0	5.0	5.0
特殊管道	垂直距离	电力线路在上方	1.5	3.0	3.0
		电力线路在下方	1.5	—	—
	水平距离（边导线至管道）		1.5	2.0	4.0

表中的特殊管道指的是输送易燃易爆介质的管道，各项的水平距离在开阔地区的不应小于电杆的高度。

2. 直埋电缆

直埋电缆埋设深度不应小于 0.7 m，并应位于冻土层之下。当电缆与热力管道接近时，电缆周围的土壤升温不应超过 10 ℃，超过时需进行隔热处理。直埋电缆与工艺设备的最小距离见表 5-1-2-8。

表 5-1-2-8　直埋电缆与工艺设备的最小距离　单位：m

敷设条件	平行敷设	交叉敷设
与电杆或建筑物的地下基础之间，控制电缆与控制电缆之间	0.6	—
10 kV 以下的电力电缆之间或控制电缆之间	1	0.5
10~35 kV 的电力电缆之间或其他电缆之间	0.25	0.5
不同部门的电缆（包括通信电缆）之间	0.5	0.5
与热力管沟之间	2	0.5
与可燃气体、可燃液体管道之间	1	0.5
与水管、压缩空气管道之间	0.5	0.5
与道路之间	1.5	1
与普通铁路路轨之间	3	1
与直流电气化铁路路轨之间	10	—

3. 户内低压线路

户内低压线路有多种敷设方式，间距要求各不相同。户内低压线路与工业管道和工艺设备之间的最小距离见表 5-1-2-9。

表 5-1-2-9　户内低压线路与工业管道和工艺设备之间的最小距离　单位：mm

布线方式		穿金属管导线	电缆	明设绝缘导线	裸导线	起重机滑触线	配电设备
煤气管	平行	100	500	1 000	1 000	1 500	1 500
	交叉	100	300	300	500	500	—
乙炔管	平行	100	1 000	1 000	2 000	3 000	3 000
	交叉	100	500	500	500	500	—
氧气管	平行	100	500	500	1 000	1 500	1 500
	交叉	100	300	300	500	500	—
蒸汽管	平行	1 000	1 000	1 000	1 000	1 000	500
	交叉	300	300	300	500	500	—
暖热水管	平行	300	500	300	1 000	1 000	100
	交叉	100	100	100	500	500	—
通风管	平行	—	200	200	1 000	1 000	100
	交叉	—	100	100	500	500	—
上下水管	平行	—	200	200	1 000	1 000	100
	交叉	—	100	100	500	500	—
压缩空气管	平行	—	200	200	1 000	1 000	100
	交叉	—	100	100	500	500	—
工艺设备	平行	—	—	—	1 500	1 500	100
	交叉	—	—	—	1 500	1 500	—

（二）设备间距

1. 变配电设备的最小允许距离

为了工作人员的安全，配电装置需设置必要的安全通道。配电装置的布置应考虑设备搬运、检修、操作和试验方便。

低压配电装置正面通道宽度，单列布置时不应小于 1.5 m；双列布置时不应小于 2 m。

低压配电装置背面通道应符合以下要求：宽度一般不应小于 1 m，有困难时可减为 0.8 m；通道内高度小于 2.3 m；无遮拦的裸导电部分与对面墙或设备的距离不应小于 1 m，与对面其他裸导电部分的距离不应小于 1.5 m。通道上方裸导电部分的高度小于 2.3 m 时，应加遮护，遮护后的通道高度不应小于 1.9 m。

室内吊灯高度一般应大于 2.5 m，受条件限制时可减为 2.2 m；如果还要减小，应采取适当的安全措施。当灯具在桌面上方或其他人碰不到的地方时，高度可减为 1.5 m。户外照明灯具一般不应低于 3 m；墙上灯具高度允许减为 2.5 m。

2. 安全检修间距

为了防止检修作业中人体及其所携带的工具触及或接近带电体，必须保持的最小距离称为安全检修间距，其大小取决于电压的高低、设备的类型以及安装的方式等因素。

在低压作业中，人体或其所携带的工具与带电体的距离不应小于 0.1 m。在架空线路附近进行起重作业时，起重机具（包括被吊物）与低压线路导线的最小距离为 1.5 m。

高压作业时，各种作业所要求的最小距离见表 5-1-2-10。

表 5-1-2-10　高压作业的最小距离　单位：m

类别	电压等级	
	10 kV	35 kV
无遮拦作业，人体及其所携带的工具与带电体之间	0.7	1.0
无遮拦作业，人体及其所携带的工具与带电体之间用绝缘杆操作	0.4	0.6
线路作业，人体及其所携带的工具与带电体之间	1.0	2.5
带电水冲洗，小型喷嘴与带电体之间	0.4	0.6
喷灯或气焊火焰与带电体之间	1.5	3.0

【任务实践训练】

阅读以下案例，参阅相关资料，进行事故原因分析，制定整改措施。

一、事故简介

2015 年 8 月 8 日 16 时 20 分左右，位于长沙市高新区麓谷街道的湖南天劲制药有限责任公司污水处理改造工程施工工地发生一起触电事故，造成 1 人死亡，直接经济损失 73.7 万元。

二、事故经过

事故发生在 8 月 8 日下午 4 点 20 分左右，当时施工队正在进行混凝土浇筑，参与施工作业的包括现场负责人邹某在内共有 19 人。作业期间，工人唐某发现两台潜水泵都未正常抽水，怀疑潜水泵的滤网被泥沙堵塞导致潜水泵不能正常工作，于是在未关闭电源的情况下下到基坑底部积水处处理潜水泵故障。唐某先将 1.1 kW 潜水泵进水口滤网上的泥沙抖落，使该潜水泵恢复了正常运转。他继续前行几步，当他弯腰双手伸入水中并接触到 0.75 kW 潜水泵时发生了触电。触电后的唐某迅速呼叫其他作业人员切断电源，负责人邹某立即跑到配电房关闭了电源总开关。

随后，邹某和其他作业人员下到基坑底部，只见唐某手捂胸口，身体斜靠在墙上。作业人员迅速将唐某抬至工地旁的一块木模板上，进行人工呼吸等急救措施，同时拨打 120 急救电话（电话占线）。由于 120 急救电话未接通，邹某安排车辆将唐某送往航天医院进行抢救，在抢救 40 min 后，医生宣布抢救无效，唐某死亡。

三、事故原因分析

（一）直接原因

1）引发事故的潜水泵主绕组绝缘损坏，线圈与外壳短接，导致潜水泵漏电。

2）电源配电系统未按规定采用TN-S接零保护，总配电箱漏电断路器不起作用，开关箱未按照要求安装漏电保护装置，当用电设备漏电时，系统没有自动保护功能。

3）作业人员唐某违反《施工现场临时用电安全技术规范》的相关规定，在未采取安全防护措施和没有断开电源的情况下接触带电设施，引发事故。

（二）间接原因

1）相关公司违反《中华人民共和国建筑法》第二十八、第二十九条的规定，违法将主体结构工程分包给不具备施工资质的个人；安全生产主体责任不落实，未向项目派出安全生产管理人员，未组织施工人员进行安全生产教育培训，未制定施工组织设计方案和施工临时用电方案，未对特种作业人员持证情况进行审核把关，至事故发生当日，公司领导和公司工程部工作人员均未对项目的安全管理情况进行过督促检查。

2）相关公司对改造施工项目安全管理不到位，未对施工单位的施工组织设计方案和施工临时用电方案进行审查，未对施工队伍的施工资质和特种作业人员的持证上岗情况进行审核把关；对施工现场安全检查不力，未及时发现施工队伍临时用电存在的安全隐患。

3）邹某雇佣未取得特种作业操作资格证的人员从事电工作业，该作业人员不熟悉相关的专业知识，未按照相关的规范安装临时用电线路；安全管理不到位，未及时发现和制止作业人员带电维护用电设施的不安全行为。

四、事故防范与整改措施

1）相关公司要严格按照有关法律、法规规定的程序和标准组织项目施工，严禁将主体结构工程分包，严禁将分包项目承包给无施工资质的单位和个人；要进一步增强安全生产主体责任意识，加大对施工项目的组织领导、力量投入和监督检查力度，及时发现和消除事故隐患；要严格履行安全生产管理职责，加大安全生产教育培训力度，全面提高作业人员安全生产意识，督促作业人员遵守作业规定和技术措施，杜绝违章作业行为。

2）相关公司要严格依法依规组织公司的工程建设；要加强对安全生产工作的组织领导，进一步落实安全生产责任制，进一步完善各项管理制度，形成一级抓一级，层层抓落实的良好工作局面；要加强对在建工程的监督检查，督促施工单位严格遵守国家基本建设相关法律法规，严格落实安全和质量责任；要加大隐患排查和整改力度，确保安全生产。

任务三 间接接触电击防护

间接接触电击即电器设备发生故障带电（如绝缘损坏、设备外壳意外带电等），人体触及意外带电体所发生的电击。保护接地与保护接零是防止间接接触电击最基本的措施。

一、保护接地

大地是一个电阻非常小，电容量非常大的物体，它拥有吸收无限电荷的能力，而且在吸收大量电荷后仍能保持电位不变，因此电气上把它作为一个系统的参考电位体，这种“地”称为电气地。

（一）接地的概念

由于大地中自然电场和人工电场的影响，大地各点的电位是不同的，工程上把距人工电场（接地体）20 m 远处的地电位视为零电位。将电力系统或电气装置的某一部分连接到具有零电位的接地极上称为电气接地，简称接地。

电力系统中接地的部分一般是中性点，也可以是相线上的某一点。电气装置的接地部分则是正常情况下不带电的金属导体，一般为金属外壳。为了安全保护的需要，把不属于电气装置的导体（也可称为电气装置外的导体），如水管、风管、输油管及建筑物的金属构件，以及幕墙玻璃的金属立柱等和接地极相连，也称为接地。

接地的作用主要是防止人身受到电击，保证电力系统正常运行，保护线路和设备免遭损坏，预防电气火灾，防止雷击和防止静电损害。

（二）电力系统中性点运行方式

我国的电力系统按照中性点接地方式可划分为两大类：大电流接地方式和小电流接地方式。大电流接地方式就是指中性点有效接地方式，包括中性点直接接地和中性点经低阻抗接地等。小电流接地方式就是指中性点非有效接地方式，包括中性点不接地、中性点经高阻抗接地和中性点经消弧线圈接地等。

1. 中性点接地

中性点直接接地的系统发生单相接地故障时，接地短路电流很大，这种系统称为大电流接地系统。一般 110 kV 及以上的系统采用大电流接地系统。

在接地电网中，设备外壳也采取接地措施的配电防护系统称为 TT 系统（第一个字母 T 表示电源直接接地，第二个字母 T 表示电器设备外壳接地）。如有一相漏电，则故障相电流主要经接地电阻 R_E 和工作接地电阻 R_N 构成回路，如图 5-1-3-1 所示。

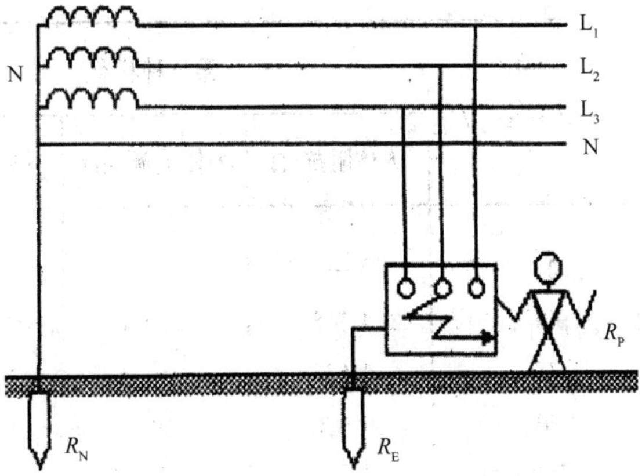

图 5-1-3-1　中性点接地系统电击示意

发生单相电击时,人体承受的电压接近相电压,其危险性大于不接地的配电网中的单相电击,因此一般情况下不能采用TT系统,除非采取其他防止间接接触电击的措施确有困难,且土壤电阻率较低,才可考虑采用TT系统。TT系统主要用于低压共用用户,即用于未装备配电变压器,从外面引进低压电源的小型用户,一般系统中装设漏电保护装置或过电流保护装置。

在大电流接地系统中发生一相接地时,出现除中性点以外的另一个接地点,构成了短路回路,接地故障相电流很大,为了防止设备损坏,必须迅速切断电源,启动保护装置动作跳闸,因而供电可靠性低,易发生停电事故。

但这种系统中发生单相接地故障时,由于系统中性点的钳位作用,使非故障相的对地电压不会有明显的上升,因而对系统绝缘是有利的。因而这种大电流接地系统不装设绝缘监察装置。

由于中性点直接接地系统产生的接地电流大,故对通信系统的干扰也大。当电力线路与通信线路走向平行时,由于耦合产生感应电压,易对通信造成干扰。

中性点直接接地的系统在运行中发生单相接地故障时,其接地点还会产生较大的跨步电压与接触电压。此时,若工作人员误登杆或误碰带电导体,容易发生触电伤害事故。

2. 中性点不接地

中性点不接地或经消弧线圈接地的系统发生单相接地故障时,由于不构成短路回路,接地短路电流比负荷电流小很多,这种系统称为小电流接地系统。一般66 kV及以下的系统常采用这种系统。

中性点不接地的系统即中性点对地绝缘,其结构简单、运行方便,不需任何附加设备。在不接地配电网中采用接地保护的配电防护系统,即IT系统(I表示配电网不接地或经高阻抗接地,T表示电器设备外壳接地)。

采用该接地方式的系统在运行中若发生单相接地故障,流过故障点的电流仅为电网对地的电容电流,其值很小,需装设绝缘监察(接地故障监视)装置,以便及时发现单相接地故障,迅速处理,以免故障发展为两相短路,造成停电事故。

中性点不接地的系统发生单相接地故障时,接地电流很小,若是瞬时故障,一般能自动熄弧,非故障相电压升高不大,不会破坏系统的对称性,一般可带故障连续供电2 h,从而获得排除故障的时间,相对地提高了供电可靠性。

为了减小过电压的危险,在不接地低压配电网中,可把低压配电网的中性点或者一相经击穿保险器接地。但如果击穿保险器绝缘不好,不接地配电网会变成接地配电网,因此应经常检查穿保险器的状态,或者接入两只相同的高内阻电压表进行监视。

3. 中性点经消弧线圈接地

中性点经消弧线圈接地即在中性点和大地之间接入一个电感消弧线圈。当电网发生单相接地故障时,接地电流大于30 A,产生的电弧往往不能自熄,造成弧光接地过电压的概率增大,不利于电网安全运行。为此,利用消弧线圈的电感电流对接地电容电流进行补偿,使通过故障点的电流减小到能自行熄弧的范围。

通过对消弧线圈无载分接开关的操作，使之在一定范围内过补偿运行，从而实现减小接地电流的效果。这可使电网持续运行一段时间，相对地提高了供电可靠性。

因电网发生单相接地故障是随机的，造成单相接地保护装置动作情况复杂，采用该接地方式时寻找故障点比较难。

消弧线圈采用无载分接开关，靠人工凭经验操作比较难实现过补偿。消弧线圈本身是感性元件，与对地电容构成谐振回路，在一定条件下能发生谐振过电压。消弧线圈能使单相接地电流得到补偿而变小，这对实现继电保护比较困难。

4. 中性点经电阻接地

中性点经电阻接地即在中性点与大地之间接入一定电阻值的电阻。该电阻与系统对地电容构成并联回路，由于电阻是耗能元件，也是电容电荷释放元件和谐振阻压元件，对防止谐振过电压和间歇性电弧接地过电压有一定的优越性。

（三）保护接地的概念

保护接地就是将正常情况下不带电，而在绝缘材料损坏后或其他情况下可能带电的金属外壳（即与带电部分绝缘的金属结构部分）用导线与接地体可靠连接起来的一种保护接线方式。其适用于各种不接地配电网，包括交流电网和直流电网，也包括低压电网和高压电网。

需采用保护接地的设备、装置如下。

1）电动机、变压器、电器、携带式或移动式用电器具的金属底座和外壳。

2）电器设备的传动装置。

3）屋内外配电装置的金属或钢筋混凝土构架，以及靠近带电部分的金属遮栏和金属门。

4）配电、控制、保护用的屏、柜、箱及操作台等的金属框架和底座。

5）交、直流电力电缆的金属接头盒、终端头和膨胀器的金属外壳和电缆的金属护层，可触及的金属保护管和穿线的钢管。

6）电缆桥架、支架和井架。

7）装有避雷线的电力线路杆、塔。

8）装在配电线路杆上的电力设备。

9）在非沥青地面的居民区内，无避雷线的小接地短路电流架空电力线路的金属杆塔和钢筋混凝土杆塔。

10）电除尘器的构架。

11）封闭母线的外壳及其他裸露的金属部分。

12）六氟化硫封闭式组合电器和箱式变电站的金属箱体。

13）电热设备的金属外壳。

14）控制电缆的金属护层。

电动机采用的保护接地如图 5-1-3-2 所示。当一相绕组因绝缘损坏而碰壳（即与外壳短路）时，若工作人员触及带电的设备外壳，因人体的电阻（R_r）远较接地极的电阻（R_b）大，大部分电流经接地极入地，而通过人体的电流（I_r）极其微小，从而保证了人身的安全。

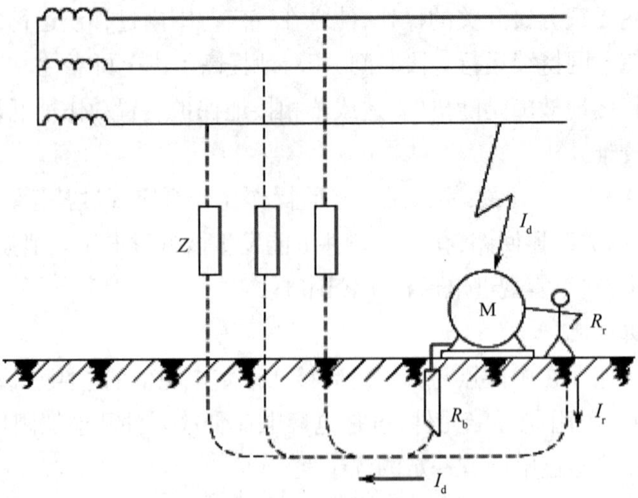

图 5-1-3-2 电动机保护接地示意

（四）接地电阻

因为故障对地电压等于故障接地电流与接地电阻的乘积，所以各种保护接地电阻不得超过规定的限值。对于低压配电网，由于分布电容很小，单相故障接地电流也很小，限制电器设备的保护接地电阻不超过 4 Ω 即能将其发生故障时的对地电压限制在安全范围以内。如配电容量在 100 kV · A 以下，由于配电网分布范围很小，单相故障接地电流更小，限制电器设备的保护接地电阻不超过 10 Ω 即可满足安全要求。在高压配电网中，由于故障接地电流比低压配电网的大得多，将故障电压限制在安全范围以内是难以实现的。因此，对高压电器设备规定了数值较低的保护接地电阻允许值，并限制了故障持续时间。

低压电器设备和高压电器设备的保护接地电阻允许值见表 5-1-3-1。

表 5-1-3-1 保护接地电阻允许值

<table>
<tr><th colspan="2">设备类别</th><th>接地电阻 /Ω</th><th>备注</th></tr>
<tr><td colspan="2" rowspan="2">低压电器设备</td><td>4</td><td>电源容量≥ 100 kV·A</td></tr>
<tr><td>10</td><td>电源容量 <100 kV·A</td></tr>
<tr><td rowspan="4">高压电器设备</td><td rowspan="2">小接地短路电流系统（中性点不接地或经消弧线圈接地系统）</td><td>$120/I_E$</td><td>与低压共用接地装置</td></tr>
<tr><td>$250/I_E$</td><td>高压单独接地</td></tr>
<tr><td rowspan="2">大接地短路电流系统（中性点接地系统）</td><td>$200/I_E$</td><td>$I_E \leqslant 1\,000$ A</td></tr>
<tr><td>0.5</td><td>$I_E > 4\,000$ A</td></tr>
</table>

注：I_E 为接地电流或接地短路电流。

二、保护接零

将电器设备在正常情况下不带电的金属部分用导线直接与低压配电系统的零线相连接，便称为保护接零。采用保护接零的系统称为 TN 系统，其中 T 表示配电网低压中性点直接接地,N 表示电器设备在正常情况下不带电的金属部分与配电网的保护零线之间的金属性连接。

(一)保护接零的特点

与保护接地相比,保护接零能在更多的情况下保证人身安全,防止触电事故。

在实施保护接零的低压系统中,电器设备一旦发生单相碰壳漏电故障,便形成了一个单相短路回路。因该回路内不包含工作接地电阻与保护接地电阻,整个回路的阻抗很小,因此故障电流必将很大,就足以保证在最短的时间内使熔丝熔断、保护装置或自动开关跳闸,从而切断电源,保障人身安全。

当某一相绝缘损坏致使电源相线碰壳,电器设备的外壳及导体部分带电时,因为外壳及导体部分采取了接零措施,该相线和零线构成回路。由于单相短路电流很大,能使保护线路的熔断器熔断,从而使设备与电源断开,有效避免触电事故,如图 5-1-3-3 所示。

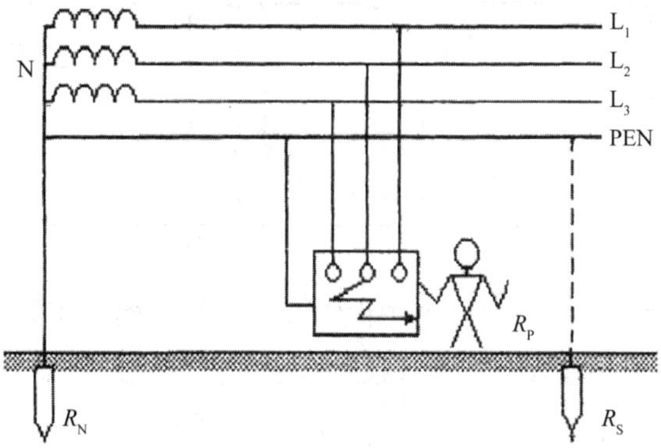

图 5-1-3-3　保护接零示意

显然,采取保护接零方式可扩大安全保护的范围,同时也可克服保护接地方式的局限性。

(二)保护接零的应用范围

保护接零适用于中性点接地的三相四线配电网,所有电器设备的保护零线均应以并联方式接在电源的零线上。零线上禁止安装保险和单独的开关。

TN 系统分为 TN-S、TN-C-S、TN-C 三类,见表 5-1-3-2。

表 5-1-3-2　保护接零系统的类别

类型	图例	说明
TN-S 系统	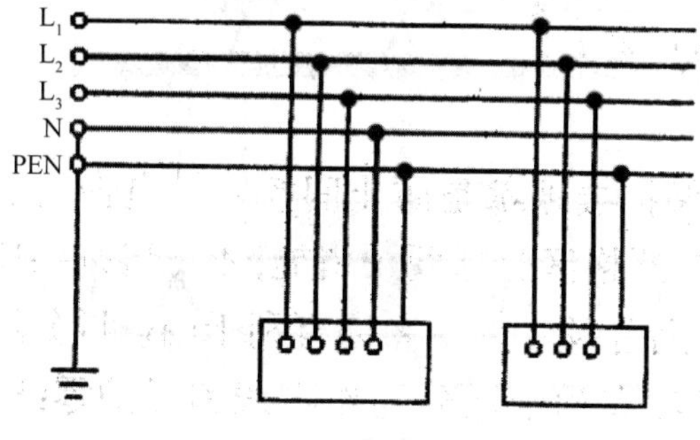	保护零线与工作零线完全分开,可用于有爆炸危险、火灾危险性较大或对安全要求较高的场所,宜用于独立附设变电站的车间

续表

类型	图例	说明
TN-C-S 系统	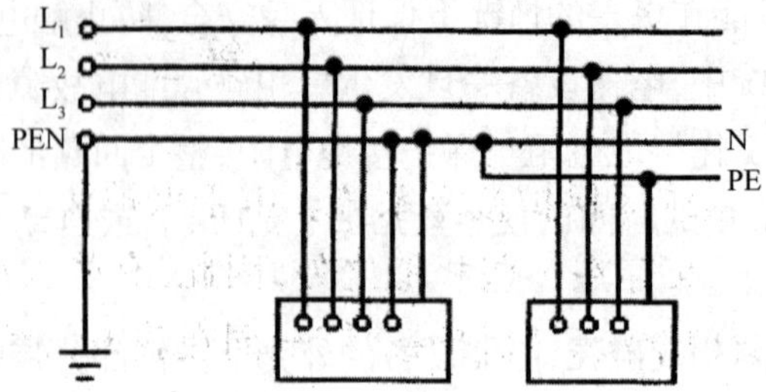	干线部分的前一部分保护零线是与工作零线共用的，宜用于厂内设有总变电站，厂内低压配电的场所及民用楼房
TN-C 系统	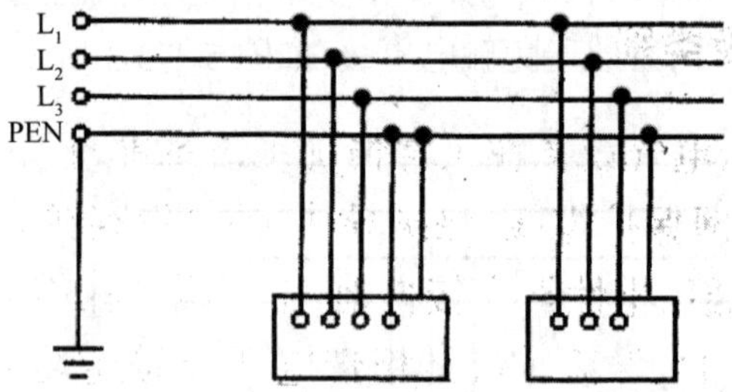	干线部分的保护零线是与工作零线完全共用的，可用于无爆炸危险、火灾危险性不大、用电设备较少、用电线路简单且安全条件较好的场所

注意，在三相四线配电网中，应当区别工作零线和保护零线。工作零线即中性线，用 N 表示；保护零线即保护导体，用 PE 表示；如果一根线既是工作零线又是保护零线，则用 PEN 表示。

三、重复接地

重复接地指零线上除工作接地以外的其他点的再次接地，是为了保护导体在发生故障时尽量接近大地电位的在其他附加点的接地，是提高 TN 系统的安全性能的重要措施，如图 5-1-3-4 所示。

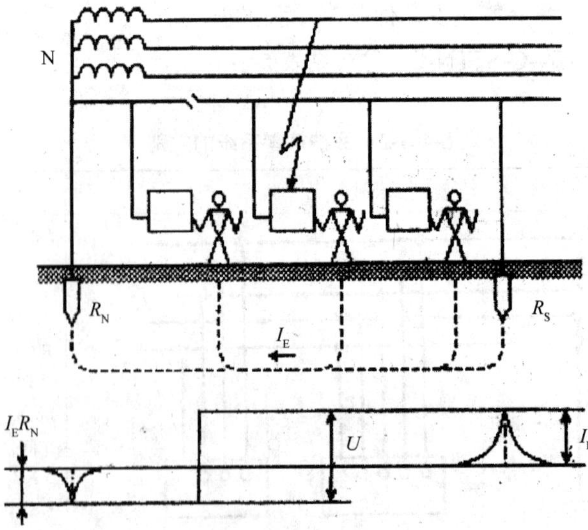

图 5-1-3-4　重复接地

采用零线后的重复接地时，较大的故障电流经过重复接地电阻 R_S 和 R_N 构成回路。在断线处后方，设备的对地电压 $U_{SE}=I_ER_S$；在断线处前方，设备的对地电压 $U_{NE}=I_ER_N$。因为 U_{SE} 和 U_{NE} 都小于相电压 U，所以事故严重程度一般都较轻。图 5-1-3-4 的下方是相应情况下的电位分布曲线。

（一）重复接地的作用

重复接地具有减小零线断开或接触不良时电击的危险，降低漏电设备的对地电压，缩短漏电故障的持续时间，改善架空线路的防雷性能等作用。

（二）重复接地的要求

电缆或架空线路引入车间或大型建筑物处、配电线路的最远端及每 1 km 处、高低压线路同杆架设时，共同敷段的两端应设置重复接地。

线路上的重复接地宜采用集中埋设的接地体，车间内宜采用环形重复接地或网络重复接地。零线与接地装置至少有两点连接，除进线处的一点外，对角线的最远点也应连接，而且车间周围过长，即超过 400 m 者，每 200 m 应有一点连接。

一个配电系统可设置多处重复接地，并尽量均匀分布，以等化各点电位。每一重复接地的接地电阻不得超过 10 Ω。在变压器低压工作接地的接地电阻不大于 10 Ω 的场合，每一重复接地的接地电阻不得大于 30 Ω，但不得少于 3 处。

【任务实践训练】

阅读以下案例，参阅相关资料，进行事故原因分析，制定整改措施。

一、事故简介

2016 年 8 月 18 日 19 时 30 分许，由南通新华建筑集团有限公司（以下简称“新华公司”）施工的无锡外国语学校（吴桥校区）修缮工程发生一起触电事故，致 1 名施工作业人员死亡。

二、事故经过

2016 年 6 月，新华公司承包无锡外国语学校（吴桥校区）修缮工程，工期至 2016 年 8 月底。8 月 18 日，新华公司瓦工班组长黄某安排本班作业人员陈某、鲍某、张某三人进行地坪（水泥地）打磨作业。因晚上加班需要，鲍某去仓库领取了一个拖线板和一个带有钢管支架的碘钨灯，钢管支架高约 2 m，可垂直立于地面。鲍某先将拖线板的插头插于教学楼一楼的插座处，后将连接碘钨灯的插头插于拖线板上，看到碘钨灯亮后即离去。

晚 7 时 30 分许，张某推着打磨机在打磨地坪，陈某双手握着固定着碘钨灯的钢管支架准备往张某的方向移动时，突然“啊”地一声仰面倒于水泥地面上，钢管支架随后翻倒并横压在陈某身上。张某见状后判断钢管支架带电，便立即跑到拖线板处拔掉连接碘钨灯的电线插头，并朝着宿舍方向呼救。之后，张某和听到呼喊声赶过来的工友一起对陈某进行紧急施救，并第一时间将陈某送至无锡 101 医院。但最终陈某经抢救无效于当日死亡。

三、事故原因分析

(一)直接原因

施工临时用电线路未使用保护零线,且未设置漏电保护装置,违章作业,在施工电器发生漏电时,失去保护,导致触电事故发生。

(二)间接原因

1)施工现场安全管理存在明显的漏洞,临时用电管理混乱,临时照明线未按规定架设;同时,安全检查制度执行不严,未及时发现未设置漏电保护装置的事故隐患,这是本起事故发生的主要原因。

2)新华公司安全管理存在薄弱环节,对施工现场的安全生产工作督促检查不力,未及时发现和纠正施工现场临时用电管理和事故隐患排查治理工作等方面存在的问题,这是本起事故发生的重要原因。

四、事故防范与整改措施

新华公司应深刻吸取事故教训,认真落实安全生产责任制,确保各级各类人员充分履行安全生产岗位职责;要切实加强施工现场临时用电管理,严格落实事故隐患排查治理工作,及时发现和消除施工现场存在的事故隐患,防止类似事故再次发生。

任务四　通用预防触电措施

一、特低电压

特低电压又称安全电压,是指使通过人体的电流不超过允许范围的电压。其保护原理:通过对系统中可能作用于人体的电压进行限制,从而使触电时流过人体的电流受到抑制,将触电危险性控制在没有危险的范围内。

(一)简介

据欧姆定律,电压越高,电流也就越大。因此,可以把可能加在人身上的电压限制在某一范围之内,使得在这种电压下,通过人体的电流不超过允许的范围。但是,安全电压不能理解为绝对没有危险的电压。

我国安全电压的限值:工频交流电压有效值的限值为 50 V,直流电压的限值为 120 V。

(二)要求

我国安全电压额定值的等级规定为 42、36、24、12 和 6。

1)特别危险环境中使用的手持电动工具应采用 42 V 安全电压。

2)有电击危险环境中使用的手持照明灯和局部照明灯应采用 36 V 或 24 V 安全电压。

3)金属容器中、特别潮湿处等特别危险环境中使用的手持照明灯应采用 12 V 安全电压。

4)水下作业等场所应采用 6 V 安全电压。

（三）特低电压防护

1. 类型

特低电压电击防护分为特低电压（ELV）防护和功能特低电压（FELV）防护。其中，ELV防护又包括安全特低电压（SELV）和保护特低电压（PELV）两种类型的防护。

1）安全特低电压（SELV），只作为不接地系统的安全特低电压用防护，目前应用最广。

2）保护特低电压（PELV），只作为保护接地系统的安全特低电压用防护。

3）功能特低电压（FELV），由于功能上的原因采用了特低电压，但不能满足或没有必要满足 SELV 和 PELV 的所有条件。

2. 安全条件

要达到兼有直接接触电击防护和间接接触电击防护功能的保护要求，特低电压必须满足以下条件。

1）线路或设备的标准电压不超过标准所规定的安全特低电压。

2）SELV 和 PELV 必须满足安全电源、回路配置盒各自的特殊要求。

3）FELV 必须满足辅助要求。

3. 安全隔离变压器

通常采用安全隔离变压器作为安全电压的电源，接线如图 5-1-4-1 所示。除安全隔离变压器外，具有同等隔离能力的发电机、蓄电池、电子装置等均可作为安全电压的电源。但不论采用什么电源，安全电压边均应与高压边保持加强绝缘的水平。

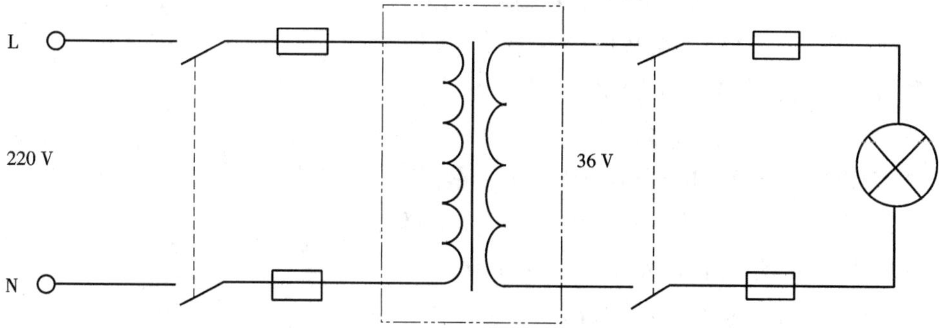

图 5-1-4-1　安全隔离变压器接线图

二、漏电保护器

电气线路或电器设备发生单相接地短路故障时会产生剩余电流，利用剩余电流来切断故障线路或设备电源的保护电器称为剩余电流装置（Residual Current Device，RCD），即漏电保护器。由于漏电保护器动作灵敏、切断电源的时间短，因此正确选用、安装与使用漏电保护器具有重要作用。

（一）漏电保护的意义

电器设备已经采取了保护接零措施，就是把电器设备的金属外壳与电网的零线连接，并在电源侧加装熔断器。

当用电设备发生碰壳故障时，则形成该相对零线的单相电路，由于短路电流很大，迅速将保险熔断，断开电源进行保护。

其工作原理是把“碰壳故障”改变为“单相短路故障”，从而获得大的短路电流切断保险。

1）当发生人体触电时，十几毫安的触电电流就能使漏电保护器动作，直接或间接地切断电源，从而保证人身安全。

2）当发生设备漏电，保护接地或保护接零不能切断电源时，十几毫安的漏电电流也能使漏电保护器切断电源，防止事故发生。

（二）漏电保护器的安装场所

漏电保护器按动作原理分为电压动作型和电流动作型两大类。电流动作型漏电保护器又分为电磁式、电子式和中性点接地式三种，其中电磁式漏电保护器应用较广。

电磁式漏电保护器由放大器、零序互感器和脱扣装置组成。漏电保护器正常工作时，电路中除了工作电流外没有漏电流通过漏电保护器，此时流过零序互感器的电流大小相等，方向相反，总和为零，互感器铁芯中的感应磁通也等于零，二次绕组无输出，自动开关保持在接通状态，漏电保护器处于正常运行状态。

当被保护电器与线路漏电或有人触电时，就产生一个接地故障电流，使流过检测互感器的电流总和不为零，互感器铁芯中出现感应磁通，二次绕组有感应电流产生，经放大后输出，使漏电脱扣器动作，推动自动开关跳闸，达到漏电保护的目的。

必须安装漏电保护器的设备和场所如下。

1）属于第Ⅰ类的移动式电器设备及手持电动工具。

2）安装在潮湿、强腐蚀性等环境恶劣场所的电器设备。

3）建筑施工工地的电气施工机械设备。

4）暂设临时用电的电器设备。

5）宾馆、饭店及招待所的客房内的插座回路。

6）机关、学校、企业、住宅等建筑物内的插座回路。

7）游泳池、喷水池、浴池的水中照明设备。

8）安装在水中的供电线路和设备。

9）医院中直接接触人体的电气医用设备。

10）其他需要安装漏电保护器的场所。

（三）漏电保护器的选用

1. 基本技术参数

漏电保护器的最基本技术参数是额定剩余动作电流和分断时间。

（1）额定剩余动作电流

额定剩余动作电流反映了漏电保护器的灵敏度。我国相关标准规定的额定剩余动作电流值为 0.006、0.01、0.03、0.05、0.1、0.3、0.5、1、3、5、10、20、30 A 共 13 个等级。其中，0.03 A 及以下者属高灵敏度，主要用于防止各种人身触电事故；0.03 A 至 1 A 者属于中灵敏度，用于防止触电事故和漏电火灾；1 A 以上者属低敏度，用于防止漏电火灾和监视一相接地事故。

（2）分断时间

分断时间指从突然施加剩余动作电流的瞬间起，到所有极电弧熄灭的瞬间，即到被保护电路被安全切断所经过的时间。漏电保护器根据分断时间分为一般型和延时型两种。延时型漏电保护器的分断时间优选值为0.2、0.4、0.8、1、1.5、2 s。分级保护时，延时型漏电保护器的分断时间的级差为0.2 s。

2. 漏电保护器的选择

根据安装地点的实际情况，可选用的漏电保护器有漏电继电器、漏电开关等。进行末级保护时，多采用漏电开关。漏电插座是把漏电开关和插座组合在一起的漏电保护装置，特别适用于移动设备和家用电器。

（1）额定剩余动作电流数值的选择

手握式用电设备为15 mA；环境恶劣或潮湿场所中的用电设备为6~10 mA；医疗电器设备为6 mA；建筑施工工地的用电设备为15~30 mA；家用电器回路为30 mA；成套开关柜、分配电盘等为100 mA以上；防止电气火灾为300 mA。

（2）漏电保护器的选择

根据使用目的由被保护回路的泄漏电流等因素选择漏电保护器。一般漏电保护器的功能是提供间接接触保护。若作为直接接触保护，则要求额定剩余动作电流≤30 mA，且动作时间$t \leqslant 0.1$ s。

3. 漏电保护器的运行维护

由于漏电保护器是涉及人身安全的重要电气产品，因此在日常工作中要按照国家有关漏电保护器运行的规定做好运行维护工作，发现问题要及时处理。

1）漏电保护器投入运行后，应每年对保护系统进行一次普查，普查重点项目包括：测试漏电动作电流值是否符合规定；测量电网和设备的绝缘电阻；测量中性点漏电流，消除电网中的各种漏电隐患；检查变压器和电机接地装置有无松动和接触不良。

2）电工每月至少对漏电保护器用试跳器试验一次，每当雷击或其他原因使漏电保护器动作后，应做一次试验。雷雨季节需增加试验次数。停用的漏电保护器在使用前，应试验一次。

3）漏电保护器动作后，若经检查未发现事故点，允许试送电一次。如果漏电保护器再次动作，应查明原因，找出故障，不得连续强迫送电。

4）严禁私自撤除漏电保护器或强迫送电。

5）漏电保护器发生故障后要及时更换，并由专业人员修理。

6）在保护范围内发生人身触电伤亡事故，应检查漏电保护器的动作情况，分析未能起到保护作用的原因，在调查前要保护好现场，不得改动漏电保护器。

三、电气安全用具

电气安全用具是用来直接保护电工的人身安全的基本工具，分为绝缘安全用具和一般防护安全用具两大类。

绝缘安全用具是用来防止工作人员直接触电的安全用具，又有基本安全用具和辅助安全用具之分。

（一）绝缘安全用具

1. 基本安全用具

基本安全用具指的是在长期接触带电部分作业的情况下，其绝缘强度能可靠地承受电器设备工作电压的工具，如绝缘杆、绝缘夹钳等。

（1）绝缘杆

绝缘杆又称绝缘棒或拉闸杆，由工作部分、绝缘部分和握手部分组成。工作部分一般用金属制成，绝缘和握手部分一般由浸过绝缘漆的木材、硬塑料、胶木或玻璃钢等材料制成并用隔离环隔开。

在 110 kV 以上的电器设备上使用的绝缘棒，其绝缘部分长达 2~3 m，为了便于携带，一般在制造时将其分段制成，每段端头用金属螺丝镶接或用其他方式连接，使用时将其接上即可。绝缘棒的一般结构如图 5-1-4-2 所示。

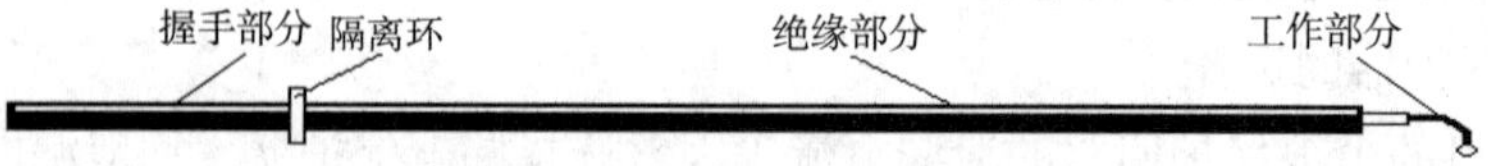

图 5-1-4-2 绝缘棒的一般结构

虽然绝缘棒本身已经具有足够的绝缘强度，能承受设备的工作电压，但在使用时，作业人员还有必要使用辅助安全用具，如绝缘手套、绝缘靴等。

遇下雨、下雪或潮湿天气，在室外使用绝缘棒时，棒上应装有防雨伞形罩，使在伞下的绝缘棒保持干燥。

绝缘棒主要用于断开或闭合高压隔离开关、跌落式熔断器，安装和拆除携带型接地线，进行带电测量和试验工作等。

（2）绝缘夹钳

绝缘夹钳是用来安装和拆卸高压熔断器或执行其他类似工作的工具，主要用于 35 kV 及以下的电力系统。绝缘夹钳的钳口必须能夹紧熔断器，如图 5-1-4-3 所示。

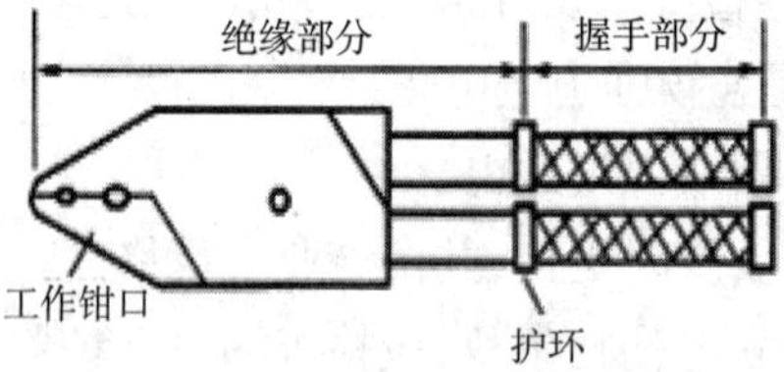

图 5-1-4-3 绝缘夹钳

2. 辅助安全用具

辅助安全用具的绝缘强度不能承受电器设备的工作电压，只能加强基本安全用具的保安作用，或用来防止跨步电压或电弧伤，如绝缘手套、绝缘靴（鞋）、绝缘垫等。

（1）绝缘手套

绝缘手套可使人的两只手与带电物绝缘，是防止触电的个人防护用品，分为橡胶制品和乳胶制品两类。绝缘手套应质地柔软，耐曲折，有足够的长度，至少超过手腕 10 cm，以便戴上后手套的伸入部分能套到外衣袖口上。

作为辅助安全用具，12 kV 绝缘手套适用于在电压为 1 000 V 以上的高压区作业，5 kV 绝缘手套适用于一般低压电气作业时使用。

（2）绝缘靴（鞋）

绝缘靴（鞋）的作用是使人体与地面绝缘，还能防止跨步电压对人体的危害，对任何电压等级的设备，均能作为辅助安全用具。

5 kV 绝缘鞋亦称为电工鞋，在电压为 1 000 V 以下时作为辅助安全用具使用。其是一种布面胶鞋，有高腰和低腰两种形式。电工鞋一般用缝帮法成型后，经硫化而成，大底、海绵底垫和沿条用料基本与普通布胶鞋相同，大底内加一层黄色绝缘胶层。在 5 kV 以下的室外变电所，其可防止跨步电压对人体的危害。

（3）绝缘站台与绝缘垫

绝缘站台如图 5-1-4-4 所示，可在任何电压等级的电力装置中带电工作时使用，多用于变电所和配电室。使用时不应使台脚陷入泥土或台面触及地面，以免过多地降低其绝缘性能。

绝缘垫如图 5-1-4-5 所示，又称绝缘胶板、绝缘地毯。其由绝缘橡胶压片成型后硫化而成，厚度不应小于 5 mm，表面应有防滑条纹，一般铺在配电装置周围的地面上，带电操作时用来与地绝缘，最小尺寸不得小于 0.8 m × 0.8 m。

在使用过程中要经常检查绝缘垫有无裂纹、划痕等，发现问题要立即禁止使用并及时更换。应保持绝缘垫干燥、清洁，注意防止与酸、碱及各种油类物质接触，以免受腐蚀后老化、龟裂或变黏，降低其绝缘性能。避免阳光直射或锐利的金属划刺，存放时应避免与热源（如暖气等）距离太近，以免急剧老化变质，使绝缘性能下降。

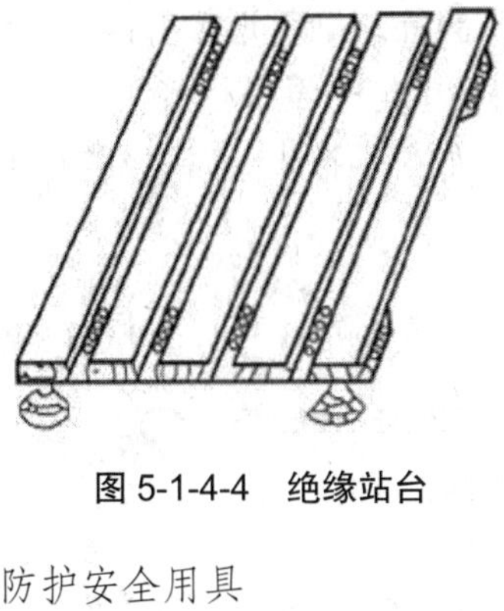

图 5-1-4-4　绝缘站台

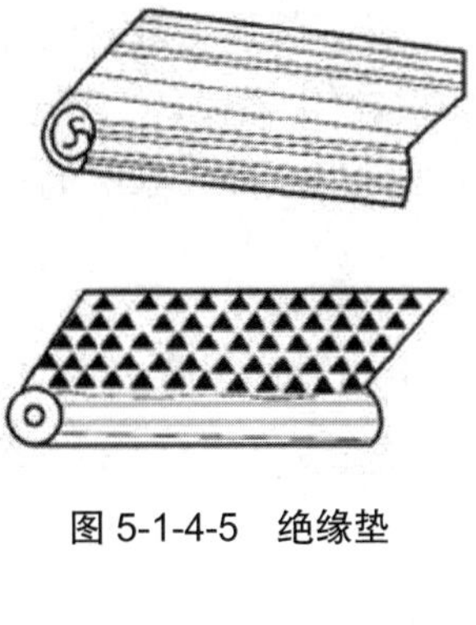

图 5-1-4-5　绝缘垫

（二）一般防护安全用具

一般防护安全用具是指携带型接地线、标识牌、临时遮栏、警告牌、安全帽、安全带、护目镜等，其本身不是绝缘物，但其有防止工作人员触电、电弧灼伤、高空坠落的作用。

1. 携带型接地线

携带型接地线由短路各相和接地用的多股软裸铜线和接地极上的专用线夹组成，将多股软裸铜线固定在各相导电部分。

2. 标识牌和临时遮栏

标识牌分为警告、允许、提示和禁止等类型，由干燥的木材或其他绝缘材料制成，不得用金属材料制造。其悬挂处所应按相关规定选择。

遮栏分为一般遮栏、绝缘挡板和绝缘罩三种，用来防护工作人员意外触碰或过分接近带电部分，或作为检修部位与带电体的距离不够安全时的隔离措施。其应由干燥的木材或其他绝缘材料制成。

3. 安全帽

安全帽是电气作业人员的必备用品，凡在有可能发生物体坠落，或劳动者有可能发生头部碰撞、坠落的工作场所工作时，都必须佩戴安全帽。

4. 安全带

《电业安全工作规程》规定：距地面 2 m 以上为高空作业，从事高空作业的劳动者必须绑好安全带。安全带多采用锦纶、维纶、涤沦等材料制成，并根据人体特点设计，是一种防止高空坠落的安全用具。

（三）验电笔

验电笔即携带式电压指示器，又叫试电笔或验电器，分为高压和低压两种，用来检验导体是否带电。一般验电笔靠发光指示有电，新式高压验电笔也有靠声响指示有电的。

高压验电笔在结构上可分为指示器和支持器两部分。指示器是一个由绝缘材料制成的空心管，管的一端装有的金属制成的触头，管内装有一个氖灯和一组电容器，管的另一端装有一个金属接头，用来将管接在支持器上，支持器用电木或胶木制成，分为绝缘部分和握手部分，两部分之间装有一个隔离环。

1. 高压验电笔

根据使用的工作电压，高压验电笔一般分为 10 kV 和 35 kV 两种，其结构如图 5-1-4-6 所示。高压验电笔不能直接接触电器设备的带电部分，只能逐渐靠近带电体至氖灯亮（或发出信号）为止。只有在被测电器设备没有电压时，才能将验电笔与设备相接触。验电笔不应受邻近带电体的影响而使氖灯发亮。验电笔一般不应接地，如必须接地，应注意防止由接地线引起的短路事故。

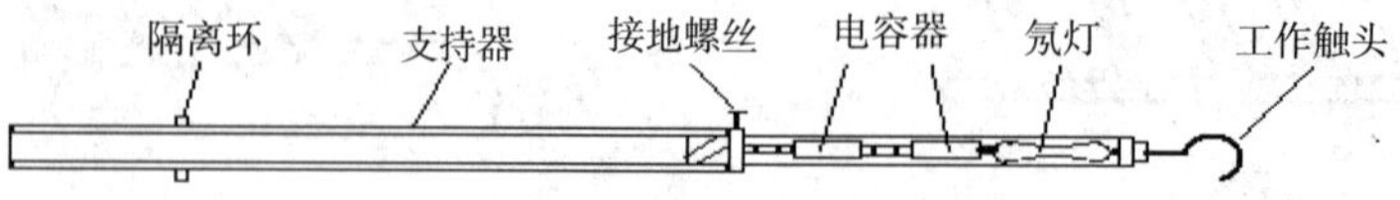

图 5-1-4-6 高压验电笔的结构

2. 低压验电笔

低压验电笔主要由氖灯和 2 MΩ 的碳精电阻等元件组成，常制成类似钢笔的形状，如图 5-1-4-7 所示。验电时用工作触头接触被测部位，手指按在握柄上，如氖灯发亮，即说明有电。低压验电笔只能检测 500 V 以下的电压，不允许在高压电器设备上使用。

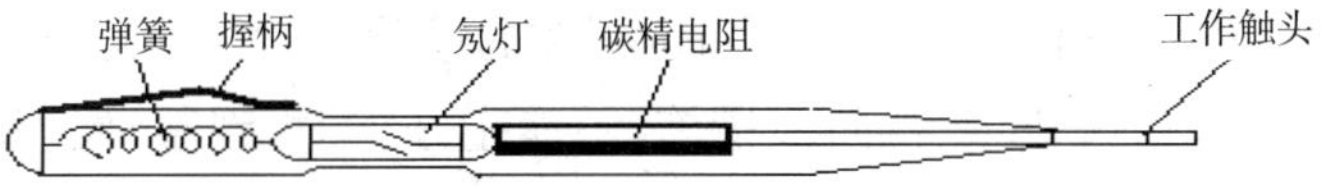

图 5-1-4-7　低压验电笔的结构

【任务实践训练】

阅读以下案例,参阅相关资料,进行事故原因分析,制定整改措施。

一、事故简介

2005 年 5 月 31 日,河北省石家庄电机科技园专特电机生产厂房工程在施工过程中发生一起触电事故,造成 3 人死亡、3 人轻伤,直接经济损失约 25 万元。

二、事故经过

事发当日,分包单位的 10 名施工人员使用底部设有刚性滚动轮的移动式方形操作平台进行室内顶棚粉刷作业。19 时左右,在未对操作平台底部地面上的塑料电缆线采取任何保护措施的情况下,施工人员移动操作平台,平台的刚性滚动轮斜向碾压塑料电缆线,将塑料电缆线的绝缘层轧破造成平台整体带电,导致正在平台上作业的 6 名施工人员触电。

三、事故原因分析

(一)直接原因

1)施工人员在移动操作平台时,既未将电缆线电源开关切断,也没有采取任何防止轧坏电缆线的保护措施,强行推动操作平台,致使轮子轧破电缆线,造成触电事故。

2)移动式操作平台的 3 个滚动轮和碾压塑料电缆线的刚性滚动轮的防护胶套均已脱落,没有及时进行更换、修理。

3)发生事故时,结构内混凝土地面已浇筑完毕,正处于浇水养护阶段,地面上的积水加重了触电事故的后果。

4)塑料电缆线未经漏电保护器就直接接在总隔离开关上,漏电保护缺失,不能自动切断电源。

5)在主体工程完工之后,对重新敷设的临时用电线路没有按照《施工现场临时用电安全技术规范》的要求规范设置,而是在地面上随意敷设。

(二)间接原因

1)施工单位安全生产意识淡薄,安全生产管理存在重大漏洞,对各项规章制度的执行情况监督管理不力,尤其是未能及时发现并消除施工现场存在的事故隐患,及职工冒险违章作业等行为。安全技术措施针对性差,安全技术交底未能有效落实,对分包单位的安全生产工作统一协调和管理不到位。

2)安全教育不到位,未对职工进行有效的“三级安全教育”,导致其缺乏必要的安全和技术基本素质。施工人员对作业场所和工作岗位存在的危险因素缺乏足够的认识和了解,思想麻痹,心存侥幸,冒险违章作业,忽视防范措施,不能正确应对、判断、处理施工过程中的各种问题。

3)监理不到位,现场监督检查缺失。事发前两天,现场安全监理人员虽然提出了部分事故隐患,但是没有进一步予以落实。总包单位也没有对不按要求施工作业的行为进行纠正,对监理单位下达的隐患整改通知书没有引起高度重视,制止违章作业不力。

四、事故防范与整改措施

1)严格执行规范,加强监督检查。一般来说,在建设工程触电事故中,造成3人以上死亡的事故的发生概率是相对较小的,但是这不能说明触电事故的预防不重要。施工现场临时用电安全管理工作一直以来都是现场工作的重点之一。因此需要切实加强对施工现场的监督检查,认真执行检查制度,要对每一个作业程序进行全面的检查,做到人员职能到位,技术措施落实,确保施工用电安全。

2)加强安全教育,提高安全意识。在目前的标准规范中,建设工程中的用电安全的预防和应对措施已经相对完善,只要施工人员能够较好地掌握这些措施的相关内容,并在实际施工过程中进行应用,施工工程的用电安全是可以得到保证的。在这起事故中,施工人员违反了用电安全的基本原则才最终导致事故的发生。

3)完善安全措施,提升管理水平。应完善施工用电安全技术措施,用电设备及配电线路按照规定进行布置,从根本上消除事故隐患。

4)强化监理工作,认真履行职责。监理单位及人员要严格履行法律法规赋予的责任,加大对施工现场安全生产工作的监督管理力度,把事故消灭在萌芽状态。

单元二　静电、雷电与电磁防护

党的二十大报告中提出:加快实施创新驱动发展战略。坚持面向世界科技前沿、面向经济主战场、面向国家重大需求、面向人民生命健康,加快实现高水平科技自立自强。以国家战略需求为导向,集聚力量进行原创性、引领性科技攻关,坚决打赢关键核心技术攻坚战。加快实施一批具有战略性、全局性、前瞻性的国家重大科技项目,增强自主创新能力。

在静电、雷电与电磁防护方面的关键核心技术攻坚,提高科技成果转化和产业化水平,可有效保证生产安全,保证人民的生命健康。

【阅读材料】

1989年8月12日9时55分,位于山东省青岛市的黄岛油库5号油罐随着一个落地雷的炸响而发生爆炸。14时35分左右,与5号油罐相邻的4号油罐发生爆炸,接着1、2、3号储量各为 1 万 t 的球形原油罐相继发生爆炸。

爆炸引起的火灾燃烧面积达 3 万 m^2，共烧毁消防车 12 辆、原油逾 4 万 t，毁坏民房逾 4 000 m^2。事故造成成千上万吨原油外溢，流入胶州湾水域的估计逾 600 t，黄岛周边 102 km 的海岸线受到严重污染；燃烧的高温、水域的污染、爆炸的震动，使 3.3 万尾名贵的鳃鱼死亡，近 3 000 只水貉丧命，5 200 亩（约 347 hm^2）虾池和 1 160 亩贻贝、扇贝养殖场毁坏，2.2 万亩（约 0.15 万 hm^2）滩涂上的成亿尾鱼死亡。事故的直接经济损失为 3 540 万元。

任务一　静电及其防范

静电是在宏观范围内暂时失去平衡的相对静止的正电荷和负电荷，而非绝对静止的电荷。静电现象是一种常见的带电现象，如雷电、电容器残留电荷、摩擦带电等。静电对人们的生产、生活等都有影响，特别是生产过程中产生的静电，可能引起燃烧、爆炸及其他危险和危害。

一、静电的产生与类型

（一）静电的产生

静电的产生是同接触电位差和接触面上的双电层直接相关的。内因上静电的产生与物质的溢出功、电阻率、介电常数等有关；外因上其与物质的紧密接触和迅速分离、附着带电、感应起电、极化起电等有关。静电的产生往往是几种方式共同作用的结果。

1. 接触分离起电

两种物质接触，距离小于 2.5×10^{-7} cm 时，其间即会发生电子转移，出现大小相等、极性相反的双电层。根据双电层和接触电位差理论，两种物质紧密接触之后再分离，即可能产生静电。

2. 破断起电

材料破断前不论其内电荷分布是否均匀，破断后均可能在宏观范围内导致正、负电荷的分离，即产生静电，这种起电称为破断起电。固体粉碎、液体分离过程中的起电就属于破断起电。

3. 感应起电

感应起电是物体在静电场的作用下发生电荷再分布的现象。感应起电的实质是在带电体上电荷的作用下，导体上的正、负电荷发生了分离，电荷从导体的一部分转移到了另一部分。只有导体上的电子才能自由移动，绝缘体上的电子不能，所以导体能发生感应起电，而绝缘体不能。

4. 电荷迁移

当一个带电体与一个非带电体接触时，电荷将重新分配，即发生电荷迁移而使非带电体带电。当带电雾滴或粉尘撞击到导体上时，会发生有力的电荷迁移；当气体离子流射到不带电的物体上时，也会发生电荷迁移。

（二）静电的类型

1. 固体静电

在固体物质的大面积接触－分离或大面积摩擦，以及固体物质的粉碎等过程中，都可能产生强烈的静电。橡胶、塑料、纤维等行业工艺过程中的静电高达数万伏，甚至数十万伏，如不采取有效的措施，很容易引起火灾。

2. 粉体静电

粉体是处在特殊状态下的固体，其静电的产生也符合双电层的基本原理。与整块固体相比，粉体具有分散性和悬浮状态的特点。由于分散性，粉体的表面积比同样材料、同样质量的整块固体的表面积大很多倍。例如，把直径为 100 mm 的球状材料分散成等效直径为 0.1 mm 的粉体，表面积增大 1 000 倍以上。表面积增大使静电更容易产生。表面积增大亦即材料与空气的接触面积增大，使材料的稳定性降低。因此，虽然整块的聚乙烯是很稳定的，而粉体聚乙烯却可能发生强烈的爆炸。

3. 液体静电

液体在流动、过滤、灌注和剧烈晃动等过程中可能产生十分危险的静电。由于电渗透、电解、电泳等物理过程，液体与固体的接触面上也会出现双电层。如果液体在管道内呈湍流状态，则滑移的电荷被搅动，近似地沿管道断面均匀分布。当液体流动时，一种极性的电荷随液体流动，形成所谓的流动电流，管道的终端容器里将积累静电电荷。

4. 蒸气、气体静电

蒸气、气体在管道内高速流动或从阀门、缝隙处高速喷出时也会产生危险的静电。蒸气产生静电类似于液体产生静电，即其静电也是由于接触、分离和分裂等原因产生的。完全纯净的气体是不会产生静电的，但气体内往往含有灰尘、液滴等固体颗粒或液体颗粒，这些颗粒的碰撞、摩擦、分裂等过程可产生静电。例如，在喷漆过程中含有大量液滴的气体高速喷出，会产生比较强的静电。

蒸气和气体静电比固体和液体静电要弱一些，但也高达万伏以上。

5. 人体静电

人在活动过程中，衣服、鞋子以及所携带的用具与其他材料摩擦或接触分离时，均可能产生静电。静电大小与衣服料质、操作速度、地面和鞋底电阻、相对湿度、人体对地电容等因素有关。

另外，人体是导体，在静电场中可能感应起电而成为带电体，也可能引起感应放电。如果空间存在带电尘埃、带电水沫或其他带电粒子，并为人体所吸附，人体也能带电。

二、静电的影响因素

静电的产生和积累受材质和杂质、工艺设备和参数、环境条件等因素的影响。了解和掌握影响静电产生和积累的因素，对静电控制是十分必要的。

（一）材质和杂质的影响

材料的电阻率对静电有很大的影响。对于固体材料，电阻率较小时，不容易积累静电；电阻率较大时，容易积累静电。对于液体材料，电阻率较小时，静电强度随着电阻率的增大而增大；电阻率较大时，静电强度随着电阻率的增大而减小。实践证明，只有容易得失电子，而且电阻率很大的材料，才容易产生和积累静电。例如，生产中常见的乙烯、丙烷、丁烷、原油、汽油、轻油、苯、甲苯、硫酸、橡胶、塑料等，都比较容易产生和积累静电。

杂质对静电有很大的影响。在一般情况下，杂质有增加静电的趋势，但若杂质能降低原有材料的电阻率，则加入杂质有利于静电的泄漏。

（二）工艺设备和参数的影响

接触面积越大，双电层上的正、负电荷越多，产生的静电越多。管道内壁越粗糙，接触面积越大，冲击和分离的机会越多，流动电流就越大。对于粉体，当管道、料槽材料与粉体相同时，不容易产生静电；当管道、料槽材料与粉体不同时，产生的静电则主要取决于粉体的性质。颗粒越小，一定量粉体的表面积越大，产生的静电就越多。

设备的几何形状也对静电有影响。例如，平带与带轮之间的滑动位移比三角带大，产生的静电也比较强烈。过滤器会大大增加接触和分离程度，可使液体静电电压增大几十倍甚至更多。

下列工艺过程比较容易产生和积累静电。

1）固体物质大面积的摩擦，如纸张与辊轴的摩擦、橡胶或塑料的压制、传动带与带轮或辊轴的摩擦等；固体物质在压力下接触而分离，如塑料的压制、上光等；固体物质在挤出、过滤时与管道、过滤器等发生摩擦，如塑料的挤出、赛璐珞的过滤等。

2）固体物质的粉碎、研磨过程；粉体物料的筛分、过滤、输送、干燥过程；悬浮粉尘的高速运动等。

3）在混合器中搅拌各种高电阻率的物质，如纺织品的涂胶过程等。

4）高电阻率液体在管道中流动且流速超过 1 m/s 时；液体喷出管口时；液体注入容器发生冲击、冲刷和飞溅时等。

5）液化气体、压缩气体或高压蒸气在管道中流动和由管口喷出时，如气瓶放出压缩气体、喷漆等。

6）穿化纤布料衣服、穿高绝缘（底）鞋的人员在操作、行走、起立时等。

（三）环境条件的影响

材料表面电阻率随空气湿度增大而降低，相对湿度越大，材料表面电荷密度越小。但当相对湿度在 40% 以下时，材料表面静电电荷密度几乎不受相对湿度的影响而保持为某一最大值。

由于空气湿度受环境温度的影响，因此环境温度的变化可能加剧静电的产生。

导电性地面在很多情况下能加强静电的泄漏，减少静电的积累。周围导体的布置对静电电压有很大的影响，带静电体周围导体的面积、距离、方位都影响其间电容，从而影响其间静电电压。例如，油料在管道内流动时电压较低，但当其注入油罐，特别是注入大容积油罐时，油面中部因电容较小而电压较高。又如，粉体经管道输送时，在管道出口处，由于电容减小，静电电压升高，容易由较大的火花引起爆炸事故。

三、静电的危害与消除

工艺过程中产生的静电可能引起爆炸和火灾，也可能给人以电击，还可能妨碍生产。其中,爆炸和火灾是最大的危险或危害。

（一）静电的危害

1. 爆炸和火灾

静电虽然能量不大,但电压很高而容易发生放电。如果所在场所有易燃易爆物质且形成爆炸性混合物,如金属粉末、药品粉末、合成树脂和天然树脂粉末等,都能与空气混合,形成爆炸性混合物。在这些粉末的磨制、干燥、筛分、收集、输送等过程中,都比较容易由静电火花引起爆炸、火灾。

一些轻质油料及化学溶剂,如汽油、煤油、酒精、苯等容易挥发并与空气形成爆炸性混合物,在其搅拌、过滤、注入、流出等过程中,容易由静电火花引起爆炸和火灾。

2. 静电电击

静电电击不是电流持续通过人体的电击,而是静电放电造成的瞬间冲击性电击,不至于直接致命,大多数只是产生痛感和震颤。但是静电电击在生产现场容易造成工作效率下降,甚至引发高处坠落等二次伤害事故。

3. 妨碍生产

在某些生产过程中,如不消除静电,将会妨碍生产或降低产品质量。

纺织行业及有纤维加工的行业,静电问题十分突出。在纺纱、织布、抽丝等过程中,静电可能导致乱纱、挂条、缠花、断头等,从而妨碍生产。在纺织、印染过程中,由于静电电场力的作用,可能吸附灰尘而降低产品质量,甚至影响缠卷,使卷绕不紧。

（二）静电的消除

消除静电的措施大致有静电接地法、泄漏导走法、静电中和法和工艺控制法。

1. 静电接地法

接地是消除静电最简单的方法,主要用于消除导电体上的静电,不宜用来消除绝缘体上的静电。在有火灾和爆炸危险的场所,为了避免静电火花造成事故,应采取接地措施。

以下工艺过程中的设备、管道等应采取静电接地措施。

1）用来加工、储存、运输各种易燃液体、易燃气体和粉体的设备都必须接地。

2）工厂或车间的用于输送氧气、乙炔等的管道须连成一个整体,并予以接地。

3）油品储运、售卖等过程中的注油漏斗、浮动罐顶、工作站台、磅秤和金属检尺等辅助设备亦应进行静电接地。

4）油槽车行驶时,由于汽车轮胎与路面有摩擦,汽车底盘上可能产生危险的静电。因此,油槽车应带有导电橡胶条或金属链条（在碰撞火花可能导致危险的场合,不得使用金属链条）,其一端与油槽车的底盘相连,另一端与大地接触。

5）汽车槽车、铁路槽车在装油之前,应与储油设备跨接并接地;装、卸完毕先拆除油管,后拆除跨接线和接地线,如图 5-2-1-1 所示。

静电接地装置应当连接牢靠,并有足够的力学强度,在某些情况下,依据相关规定,可以同其他目的的接地共用一套接地装置。

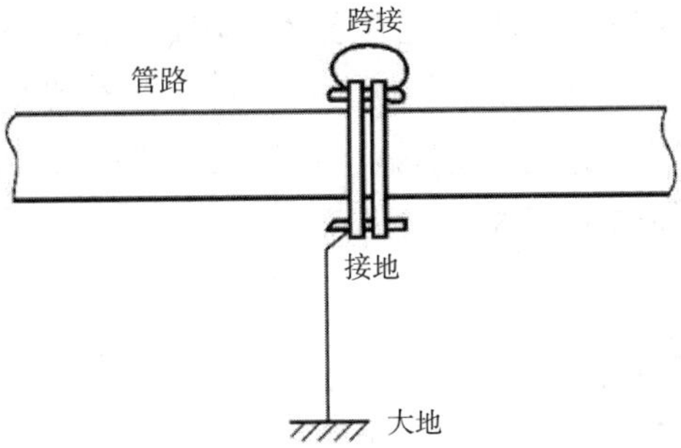

图 5-2-1-1　管道静电接地示意

2. 泄漏导走法

采取增湿、加抗静电剂等方法,可促使静电电荷从绝缘体上自行消散。

(1)增湿

增湿就是提高空气的湿度。这种消除静电的方法应用比较普遍。增湿的主要作用在于减弱带静电绝缘体的绝缘性,或者说增强其导电性,这就通过调整绝缘体本身泄放电荷的时间常数提高了泄放速度,限制了静电电荷的积累。

(2)加抗静电剂

抗静电剂是特制的辅助剂,加入产生静电的绝缘材料以后,能增强材料的吸湿性或离子性,从而使材料的电阻率降低,以加速静电电荷的泄放,消除电荷积累的危险。

使用抗静电剂是消除静电的有效办法,但是某一种产品或物料是否允许加入和加入何种类型的抗静电剂,要根据物料的工艺状态及最终使用目的确定。在电器制造业中,一般不使用化学抗静电剂,纺织行业则大量使用各种化学抗静电剂。

在化工生产、石油储运中,根据成本、毒性、腐蚀性、使用有效性和对物料性质的影响等来考虑抗静电剂的使用。如橡胶行业只允许使用炭黑作抗静电剂,因为其他类型的化学抗静电剂会使橡胶黏合不牢及产生气泡。也有一些抗静电制品采用直接渗入金属粉末、炭黑等导电性材料的方法制成。

(3)采用导电材料或纸绝缘材料

采用金属工具代替绝缘工具;在由绝缘材料制成的容器内层,衬以导电层或金属网络,并予以接地;采用导电橡胶代替普通橡胶等,都是加速静电电荷泄漏的有效方法。

3. 静电中和法

静电中和法是消除静电的重要措施。静电中和法是在静电电荷密集的地方设法产生带电离子,将该处的静电电荷中和掉,可用来消除绝缘体上的静电。

静电中和法依产生相反电荷或带电离子的方式,主要有以下几种类型。

(1)感应中和器

感应中和器没有外加电源,一般由多组尾端接地的金属针及支架组成。根据生产工艺过程的特点,中和器的金属针可以呈刷形布置,可以沿径向呈管形布置,也可以按其他方式布置。

感应式静电消除器是一种最简单的静电消除装置,它没有外加电源,由接地的若干根非常尖的针、电刷或作消电电极用的细电线及支架等附件组成。专用于油管静电消除的感应式静电消除器可使槽车油面电压由 25 kV 下降为 3~4 kV,目前在我国石油化工企业中被广泛使用。该消除器主要由三部分组成:接地钢管及法兰、内部绝缘管、放电针及镶针螺栓等。其结构和消电原理分别如图 5-2-1-2 和图 5-2-1-3 所示。

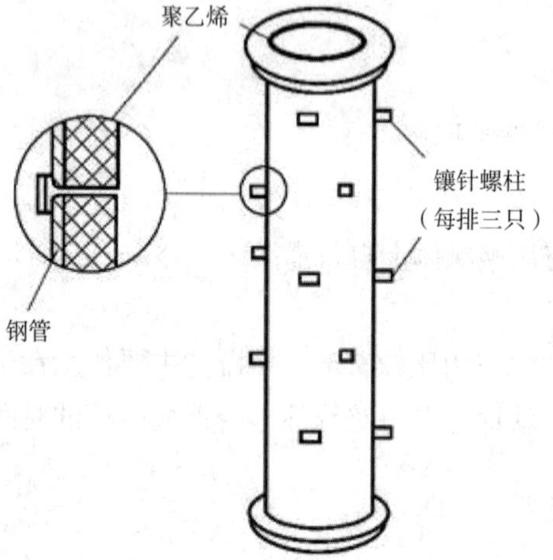

图 5-2-1-2 油管用感应式静电消除器的结构示意

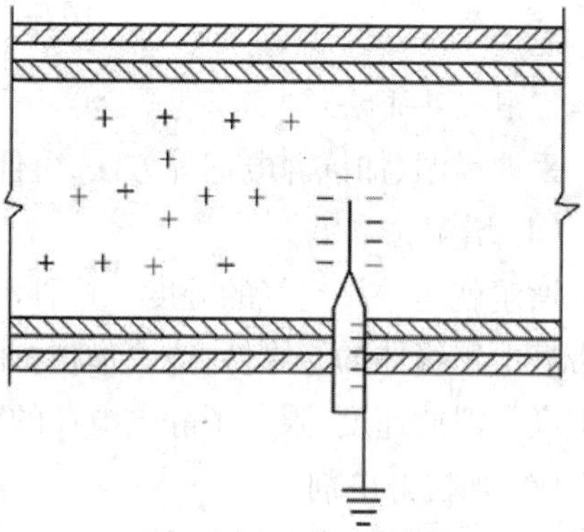

图 5-2-1-3 油管用感应式静电消除器的消电原理示意

(2)外接电源中和器

外接电源中和器由外加电源产生电场,当带有静电的物料通过该电场时,其上电荷发生定向移动而被中和、泄放。外加电源产生的电场还可以阻止电荷的转移,减缓静电的产生。同时,外加高压电场对电介质也有电离作用,可加速静电电荷的中和与泄放。

(3)放射线中和器

放射线中和器利用放射性同位素发出的射线使空气电离,进而中和与泄放生产物料上积累的静电电荷。α 射线、β 射线等都可以用来消除静电。采用这种方法时,要注意防止射线对人体的伤害。

(4)离子风中和法

离子风中和法是把经过电离的空气,即所谓的离子风,送到带有静电的物料处,以消除静电。该方法作用范围较广,但必须有离子风源设备。

4. 工艺控制法

静电引起爆炸和火灾的条件之一是有爆炸性混合物存在,用不可燃介质代替易燃介质,降低爆炸性混合物的浓度,减少氧化剂的含量等,都是控制所在环境中出现爆炸性混合物的有效措施。

(1)材料的选用

在存在摩擦而且容易产生静电的场合,生产设备宜配备与生产物料相同的材料。在某些情况下,还可以考虑采用位于静电序列中段的金属材料制成生产设备,以减小静电的危害。选用导电性较好的材料可限制静电的产生和积累。

（2）限制摩擦速度或流速

降低摩擦速度或流速等可有效抑制静电的产生。允许流速与液体电阻率有着十分密切的关系，并受液体性质、管道直径、管道内壁光滑程度等条件制约。

（3）增强静电消散

降低流速可加快静电消散过程。进行操作前，应将液体静置一定的时间，使静电得到足够的消散或松弛。不同液体的静置时间见表 5-2-1-1。如果可燃液体中含有游离水等杂质，静置时间应延长；当容器材料的电阻率高于液体的电阻率时，静置时间也应延长。

表 5-2-1-1　不同液体的静置时间　单位：min

液体电导率 /（S/m）	容器容积（m^3）			
	<10 m^3	10~100 m^3	50~5 000 m^3	>5 000 m^3
$>1\times10^{-8}$	1	1	1	2
1×10^{-12}~1×10^{-8}	2	3	20	30
1×10^{-14}~1×10^{-12}	4	5	60	120
$<1\times10^{-14}$	10	15	120	240

此外，为了消除感应静电，料斗或其他容器内不得有不接地的孤立导体。为了防止静电放电，在液体灌装、循环或搅拌过程中不得进行取样、检测或测温操作，取样工作应在装料停止后进行。

（4）消除附加静电

在工艺过程中，产生静电的区域（如输送管道）总是不可缺少的环节，要想做到不产生静电是很困难的，甚至是不可能的。但是工艺过程中产生的附加静电往往是可以设法防止的。例如，在储油罐内，为了避免液体在容器内喷射或溅射，应将注油管延伸至容器底部，其方向应有利于减轻容器底部积水或沉淀物搅动。比较合理的注油方式如图 5-2-1-4 所示。

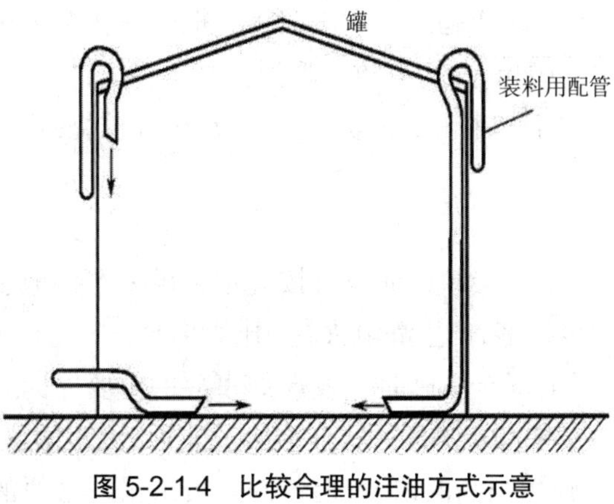

图 5-2-1-4　比较合理的注油方式示意

5. 人体防静电的措施

预防人体带电有两个目的：一是防止静电放电带来的不快感，防止静电电击或由此引起的高处坠落等二次事故；二是防止人体静电放电引起可燃物爆炸和火灾。可通过佩戴防静电手腕带、穿防静电鞋、穿防静电工作服，以及使工作地面导电化等实现人体防静电。

目前，工厂中比较常用的防静电方法是铺设导静电地板，这种地板中含有导电纤维，施工时地板下面铺设铜箔，铜箔连接到地下的预埋导体，让地板产生的静电直接进入大地，从而使地板上没有静电电荷。

【任务实践训练】

阅读以下案例，参阅相关资料，进行事故原因分析，制定整改措施。

一、事故简介

2003 年 7 月 22 日，广西某物资总公司桂林分公司正在执行甲苯装卸任务的汽车槽车突然爆炸起火，整辆汽车槽车包括车上的约 1.5 t 甲苯全部烧毁，直接经济损失约 17 万元，所幸无人员伤亡。

二、事故经过

7 月 22 日上午，该桂林分公司租用某运输公司的一辆汽车槽车到铁路专线上装卸外购的 46.5 t 甲苯，并指派仓库副主任、公司安全员及 2 名装卸工执行卸车任务。约 7 时 20 分，开始装卸第一车。由于火车与汽车槽车有约 4 m 的高度差，装卸采用自流方式，即将 4 根塑料管（两头套橡胶管）分别插入火车和汽车罐体，依靠高度差使甲苯从火车罐车经塑料管流入汽车罐车。约 8 时 30 分，第一车甲苯（约 13.5 t）运回公司仓库。

约 9 时 50 分，开始装卸第二车。汽车司机将汽车停放在预定位置后与安全员到离装卸点约 20 m 的站台上休息，1 名装卸工爬上汽车槽车，接过地上的装卸工递上来的装卸管，打开汽车槽车前后 2 个装卸孔盖，在每个装卸孔内放入 2 根自流式装卸管，待 4 根自流式装卸管全部放进汽车槽罐后，槽车顶上的装卸工因天气太热，便下车去喝水。他刚走出离汽车约 20 m，汽车槽车靠近尾部的装卸孔突然爆炸起火。冲击波将 2 根塑料管抛出罐外，喷洒出来的甲苯使槽车周边燃起一片大火。约 10 min 后，消防车赶到。经十多分钟的扑救，大火被完全扑灭，阻止了事故进一步扩大，火车槽车基本未受损害，但汽车已全部被烧毁。

三、事故原因分析

造成这起事故的直接原因是装卸作业没有按规定装设静电接地装置，使装卸产生的静电无法及时导出，造成静电积聚过多，产生静电火花，引发事故。

高温作业时未采取必要的安全措施是引发爆炸事故的重要原因。据调查，事发时气温超过 35 ℃。当汽车完成第一车装卸任务返回火车装卸站台时，汽车槽罐内残留的甲苯经途中逾 30 min 的太阳暴晒，已挥发到相当高的浓度，但装卸人员未采取必要的安全措施，而直接灌装甲苯。据装卸工回忆，当其打开罐盖准备装卸第二车甲苯时，明显感到罐内气体猛烈喷出，但却没有给予足够的重视。

如果严格执行易燃、易爆气体灌装操作规程，灌装前将槽车用通地导线接地，并检测罐内温度，就能避免事故的发生。

四、事故防范与整改措施

1）立即开展接地静电装置设施的检查和维护，加强安全防范，严防类似事故的发生。

2）完善公司的安全规章制度。灌装易燃、易爆危险化学品时，除做好静电设施接地外，作业第二车装卸任务前，必须使汽车槽车静置 5 min 以上或进行罐外水冷却等处理，方可灌装。

3）进一步健全公司的安全管理体系，充实安全管理力量，落实好安全责任制，强化安全管理手段和措施，加大安全检查考核力度。

任务二　雷电及其防范

雷电是一种自然现象，雷击是一种自然灾害。雷击房屋、电力线路、电力设备等设施时，会产生极高的过电压和极大的过电流，在所波及的范围内，可能造成设施或设备毁坏、大规模停电、火灾爆炸或人身伤亡事故。我国是世界上受雷电危害严重的国家之一，每年春末我国大部分地区进入雨季，降雨时常伴有雷电。近几年我国各地年平均雷电日为 40 余天，并且呈上升趋势，每平方千米每年有 6 次以上落地雷，给人们的生产、生活造成了不良影响，甚至导致灾难和危害。

一、雷电的形成和危害

（一）雷电的形成

带电的积云是形成雷电的基本条件。当带不同电荷的积云接近到一定程度，或带电的积云与大地突出物接近到一定程度时，会发生强烈的放电，发出耀眼的闪光。由于放电时温度高达 20 000 ℃，空气受热急剧膨胀，发出爆炸的轰鸣声。这就是闪电和雷鸣。

云的上部以正电荷为主，云的中、下部以负电荷为主，云的下部前方的强烈上升气流中还有一个小范围的正电区。因此，云的上、下部之间形成一个电位差，当电位差达到一定程度后，就发生放电，当云层很低时，有时会发生云地间放电，这就是雷击。

（二）雷电的分类

雷电的种类较多，按危害方式可分为直击雷、感应雷和雷电侵入波；按形状可分为线形雷、片形雷和球形雷。

1. 直击雷

带电的云层与大地上的某一点之间发生的迅猛放电称为直击雷，一般直接击在建筑物上。

2. 感应雷

(1)静电感应雷

带有大量负电荷的积云所产生的电场会在架空明线上感应出被电场束缚的正电荷,当积云对地放电或发生云间放电时,云层中的负电荷瞬间大大减少,在线路上感应出的被束缚的正电荷也在一瞬间失去了束缚。在电势能的作用下,这些正电荷将沿着线路产生大电流冲击,从而对电器设备产生不同程度的影响。

(2)电磁感应雷

雷击发生在供电线路附近或击在避雷针上,会产生强大的交变电磁场,此交变电磁场的能量将感应于线路中并最终作用到设备上,对用电设备造成极大的危害。

3. 球形雷

球形雷是一团处在特殊状态下的带电气体,是雷电放电时形成的发红光、橙光、白光或其他颜色光的火球。球形雷出现的概率约为雷电放电次数的 2%,其直径多为 20 cm 左右,运动速度约为 2 m/s 或更高,可存在数秒钟至数分钟。

球形雷一般从高空直接下降,接近地面时突然改向,水平移动,可穿过门窗、烟囱进入建筑物,甚至可以在导线上滑动并发出“嗡嗡”的响声。多数球形雷无声消失,有的球形雷可造成雷电侵入波,导致建筑物倒塌、人畜死亡等事故。

(三)雷电参数

雷电参数主要有雷暴日、雷电流幅值、雷电流陡度、雷电过电压等,这些参数是防雷设计的重要依据。

1. 雷暴日

只要在一天之内能听到雷声就算一个雷暴日。年雷暴日用来衡量雷电活动的频繁程度。雷暴日通常指一年内的平均雷暴日,即年平均雷暴日,单位为 d/a。

雷暴日数越大,说明雷电活动越频繁。例如,我国广东省的雷州半岛和海南岛一带的年平均雷暴日在 80 d/a 以上,北京一些地区、上海的年平均雷暴日约为 40 d/a,天津、济南的年平均雷暴日约为 30 d/a 等。我国把年平均雷暴日不超过 15 d/a 的地区划为少雷区,超过 40 d/a 的地区划为多雷区。在防雷设计时,需要考虑当地的雷暴日条件。

2. 雷电流幅值

雷电流幅值是指雷云主放电时冲击电流的最大值。雷电流幅值可达数十千安培至数百千安培。

3. 雷电流陡度

雷电流陡度是指雷电流随时间增大的速度,单位为 kA/s。雷电流冲击波波头的陡度可达 50 kA/s,平均陡度约为 30 kA/s。雷电流陡度越大,雷电流对电器设备造成的危害也越大。

4. 雷电过电压

雷电过电压是指由雷电直接对地面物体放电或雷电感应引起的过电压。直击雷的雷电过电压可高达数千千伏,雷电感应过电压可达数百千伏。

（四）雷电的危害

雷电由于具有电流很大、电压很高、冲击性很强等特点，有多方面的破坏作用，且破坏力很大。雷电可造成设备和设施损坏，造成大规模停电，造成人员生命、财产的损失。就其破坏因素来看，雷电具有电性质、热性质和机械性质三方面的破坏作用。

1. 电性质的破坏作用

电性质的破坏作用表现为数百万伏乃至更高的冲击电压。冲击电压可能毁坏发电机、变压器、断路器、绝缘子等电器设备的绝缘，烧断电线或劈裂电杆，造成大规模停电。绝缘损坏可引起短路，导致火灾或爆炸事故，在大范围内带来触电危险。二次放电的电火花也可能引起火灾或爆炸，还能造成电击。

2. 热性质的破坏作用

热性质的破坏作用表现在直击雷放电的高温电弧能直接引燃邻近的可燃物，从而造成火灾。巨大的雷电流通过导体时，在极短的时间内会转换出大量的热，可能烧毁导体，并导致可燃物燃烧和金属熔化、飞溅，从而引起火灾或爆炸。球形雷侵入可引起火灾。

3. 机械性质的破坏作用

巨大的雷电流通过被击物时，瞬间产生大量的热，使被击物内部的水分或其他液体急剧汽化，大量气体剧烈膨胀，致使被击物损坏或爆炸。

二、防雷装置

（一）直击雷防护装置

用于防直击雷的防护装置由接闪器、引下线和接地装置组成。

1. 接闪器

避雷针、避雷线、避雷网、避雷带等都是接闪器，具利用高出被保护物的位置把雷电引向自身，拦截闪击，通过引下线和接地装置把雷电流泄入大地，使被保护物免受雷击。接闪器所用材料应满足力学强度和耐腐蚀的要求，还应有足够的热稳定性，以承受雷电流的热破坏作用。

2. 引下线

引下线一般采用圆钢或扁钢，满足力学强度、耐腐蚀和热稳定的要求，一般沿建筑物外墙敷设，避免弯曲，经最短途径接地。

第一类和第二类防雷建筑物至少应有两条引下线，其间距分别不得大于 12 m 和 18 m；第三类防雷建筑物周长超过 25 m 或高度超过 40 m 时，也应有两条引下线，其间距不得大于 25 m。

3. 接地装置

接地装置用于向大地泄放雷电流，是防雷装置的重要组成部分，以限制防雷装置对地电压不致过高。

（二）避雷器

避雷器是并联在被保护设备上的装置，防止雷电产生的过电压沿线路侵入后破坏被保护设备的绝缘。正常时，避雷器对地保持绝缘状态；当雷电冲击波到来时，避雷器被击穿，将雷电流引入大地。冲击波过去后,避雷器自动恢复绝缘状态,如图 5-2-2-1 所示。

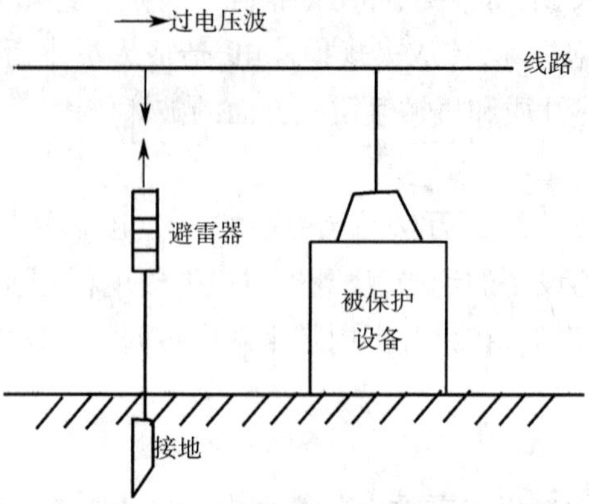

图 5-2-2-1 并联在被保护设备上的避雷器

按结构,避雷器主要分为阀型避雷器和氧化锌避雷器等。阀型避雷器上端接在架空线路上,下端接地。氧化锌避雷器在正常工频电压下呈高电阻特性,而在大电流下呈低电阻特性,限制了避雷器上的电压,具有无间隙、无续流、残压低等优点,广泛应用于高、低压电器设备的防雷保护。

(三)消雷装置

消雷装置由顶部的电离装置、地下的电荷收集装置和中间的连接线组成,分为感应式、半导体材料式等类型。

与传统避雷针的防雷原理不同,消雷装置设法在高空产生大量的正离子和负离子,与带电积云之间形成离子流,缓慢地中和积云电荷,并使带电积云被屏蔽,消除落雷条件。地下的电荷收集装置宜采用水平延伸式接地装置,以利于收集电荷。

(四)等电位连接

等电位连接分为总等电位连接(Main Equipotential Bonding, MEB)和局部等电位连接(Local Equipotential Bonding,LEB)。要求等电位连接端子板与等电位连接范围内的金属管道等金属末端之间的电阻不超过 3 Ω,起各种保护作用。国际电工委员会(IEC)的标准中指出,等电位连接是内部防雷措施的一部分,当雷击建筑物时,雷电传输有梯度,垂直相邻层金属构架节点上的电位差可能达到 10 kV 量级,危险极大。但等电位连接将本层柱内主筋、建筑物的金属构架、金属装置、电气装置、电信装置等连接起来,形成一个等电位连接网络,可防止直击雷、感应雷或其他形式的雷,避免火灾、爆炸、生命危险和设备损坏。

除雷击防护外,等电位连接还具有静电防护、电磁干扰防护、触电保护和接地故障保护的功能。

(五)电涌保护器

电涌保护器(Surge Protective Device, SPD)也叫防雷器,指用于限制瞬态过电压和分泄电涌电流的器件。其作用是把窜入电力线、信号传输线的瞬态过电压限制在设备或系统所能承受的电压范围内,或将强大的雷电流泄入大地,防止设备或系统遭受闪电电涌冲击而损坏。

三、防雷技术与措施

根据建筑物和构筑物、电力设备以及其他保护对象的类别和特征，分别对直击雷、感应雷、雷电侵入波等采取适当的防雷措施。

（一）建筑物防雷分级

建筑物防雷分级是建筑物按其重要性、生产性质、遭受雷击的可能性和后果的严重性所进行的分类，按照《建筑物防雷设计规范》（GB 50057—2010）进行划分。

1. 第一类防雷建筑物

1）凡制造、使用或储存火、炸药及其制品的危险建筑物，因电火花而引起爆炸、爆轰，会造成巨大破坏和人身伤亡者。

2）具有0区或20区爆炸危险场所的建筑物（参见本模块的单元三中关于电气防爆中爆炸危险场所的划分的内容）。

3）具有1区或21区爆炸危险场所的建筑物，因电火花而引起爆炸，会造成巨大破坏和人身伤亡者。例如：火药制造车间、乙炔站、电石库、汽油提炼车间等。

2. 第二类防雷建筑物

1）国家级重点文物保护的建筑物。

2）国家级的会堂、办公建筑物、大型展览和博览建筑物、大型火车站和飞机场、国宾馆，国家级档案馆、大型城市的重要给水水泵房等特别重要的建筑物。

3）国家级计算中心、国际通信枢纽等对国民经济有重要意义的建筑物。

4）国家特级和甲级大型体育馆。

5）制造、使用或储存火、炸药及其制品的危险建筑物，且电火花不易引起爆炸或不致造成巨大破坏和人身伤亡者。

6）具有1区或21区爆炸危险场所的建筑物，且电火花不易引起爆炸或不致造成巨大破坏和人身伤亡者。

7）具有2区或22区爆炸危险场所的建筑物。

8）有爆炸危险的露天钢质封闭气罐。

9）预计雷击次数大于0.05次/年的部、省级办公建筑物和其他重要或人员密集的公共建筑物以及火灾危险场所。

10）预计雷击次数大于0.25次/年的住宅、办公楼等一般性民用建筑物或一般性工业建筑物。

3. 第三类防雷建筑物

1）省级重点文物保护的建筑物及省级档案馆。

2）预计雷击次数大于或等于0.01次/年且小于或等于0.05次/年的部、省级办公建筑物和其他重要或人员密集的公共建筑物以及火灾危险场所。

3）预计雷击次数大于或等于0.05次/年且小于或等于0.25次/年的住宅、办公楼等一般性民用建筑物或一般性工业建筑物。

4)在平均雷暴日大于15次/年的地区,高度在15 m及以上的烟囱、水塔等孤立的高耸建筑物;在平均雷暴日小于或等于15次/年的地区,高度在20 m及以上的烟囱、水塔等孤立的高耸建筑物。

(二)防雷措施

1. 直击雷防护

直击雷防护的主要措施是装设接闪杆、架空接闪线或网。接闪杆分为独立接闪杆和附设接闪杆,独立接闪杆是离开建筑物单独装设的,接地装置应当单设。

下述装置、设备、设施需考虑直击雷防护。

(1)第一类防雷建筑物、第二类防雷建筑物和第三类防雷建筑物的易受雷击部位

第一类防雷建筑物要求使用独立接闪杆、架空接闪线或网。第二类和第三类防雷建筑物宜采用装设在建筑物上的接闪网、接闪带或接闪杆,或由其混合组成的接闪器。

(2)可能遭受雷击,且一旦遭受雷击后果比较严重的设施或堆料

遭受雷击后果较严重的设施包括装卸油台、露天油罐、露天储气罐等。

露天的有爆炸危险的金属储罐和工艺装置,当其壁厚不小于4 mm时,一般不装设接闪器,但必须接地,且接地点不应少于两处,其间距不应大于30 m,冲击接地电阻不应大于30 Ω。

(3)高压架空电力线路、发电厂和变电站等

35 kV以下的线路,一般不沿全线架设避雷线;35 kV以上的线路,一般沿全线架设避雷线。在多雷地区,110 kV以上的线路宜架设双避雷线,220 kV以上的线路应架设双避雷线。

35 kV及以下的高压变配电装置宜采用独立避雷针或避雷线;变压器的门形构架上不得装设避雷针或避雷线;如变配电装置设在钢结构或钢筋混凝土结构的建筑物内,可在屋顶上装设避雷针。

2. 闪电感应防护

第一类防雷建筑物和具有爆炸危险的第二类防雷建筑物应采取防闪电感应的防护措施,进行静电感应和电磁感应两方面的防护。

(1)静电感应防护

为了防止静电感应产生的过电压,建筑物内的设备、管道、构架、钢屋架、钢窗、电缆金属外皮等较大的金属物和突出屋面的放散管、风管等金属物,均应与防闪电感应的接地装置相连。

(2)电磁感应防护

为了防止电磁感应,平行敷设的管道、构架和电缆金属外皮等长金属物的净距小于100 mm时,应采用金属线跨接,跨接点之间的距离不应超过30 m。

当长金属物的弯头、阀门、法兰盘等连接处的过渡电阻大于0.03 Ω时,连接处也应用金属线跨接。

3. 雷电侵入波防护

雷电冲击波造成的事故很多,在低压系统中这类事故约占总雷害事故的半数以上。

(1)变配电装置的防护

10 kV变配电站采用阀型避雷器防护,无变压器的3~10 kV配电所可只在进线上装设阀

型避雷器或管型避雷器。

(2)建筑物的防护

第一类防雷建筑物全长宜采用直接埋地电缆供电,爆炸危险较大或年平均雷暴日在30 d/a以上的地区的第二类防雷建筑物应采用长度不小于50 m的金属铠装直接埋地电缆供电。

4. 人身防雷

(1)直击雷防护

为了防止直击雷伤人,不要接近避雷设备的任何部分,不要靠近电线杆和高压电线,否则很易受到雷击。遇到雷暴天气,应尽量降低重心,并减小人体与地面的接触面积,即下蹲,但不能躺在地上,如果披上雨衣,防雷效果会更好。

(2)二次放电和跨步电压防护

雷雨天气时,为了防止二次放电和跨步电压伤人,要远离建筑物的接闪杆及其接地引下线,远离各种天线、电线杆、高塔、烟囱、旗杆和没有防雷装置的孤立小建筑等。在室内,最好离开可能传来雷电侵入波的照明线、动力线、电话线、广播线、各种电源线等,防止这些导体对人体二次放电。

【任务实践训练】

阅读以下案例,参阅相关资料,进行事故原因分析,制定整改措施。

一、事故简介

2005年4月29日,扬子石油化工公司热电厂电气系统遭受雷击,造成重大停电事故,经济损失达人民币2亿多元。

二、事故经过

经现场勘察了解,当天中午出现雷暴雨天气,13时55分,热电厂至六合变电所的110 kV 766架空线路距热电厂6 km处发生接地,线路零序保护动作跳闸,六合变电所侧的766开关重合成功。同时,引发热电厂4号发电机变35 kV侧穿墙套管室内三相放电,造成重大停电事故。

三、事故原因分析

(1)原因一

建厂初期的防雷装置建设所依据的防雷规范、标准已不能适应现代防雷技术的要求,原先设计认为能保护的空间现在看来不一定能保护到了。

(2)原因二

选择的电力避雷器性能没有达到设计要求。分析此次雷电事故的原因,可能是雷电感应在架空线路上感应出过电压波,引发热电厂4号发电机变35 kV侧穿墙套管室内三相放电击穿,造成短路停电事故。从现场看,35 kV侧穿墙套管室内三相绝缘距离较小,若靠墙处潮湿会引起绝缘性能不佳，当有线路过电压波传导至绝缘薄弱处时，就会发生电击穿现象。

最关键的是在本次雷击事故中此条线路上的电力避雷器没有动作，因而没能将过电压波导入大地。而合格的电力避雷器是用以防护电器设备因受雷电闪击及其他干扰造成的传导电涌过电压危害的有效手段。在线路上安装具有非线性伏安特性的浪涌保护器（Surge Prtection Device，SPD），在正常工作电压下SPD呈高阻抗，而在过电压下SPD呈低阻抗，从而限制瞬态过电压和分走电涌电流。

为什么此次雷击事故没有造成110 kV线路三相放电击穿呢？相比之下，110 kV线路的绝缘水平比35 kV线路高很多，因而抗过电压水平也比35 kV线路高许多。容易受雷击危害的主要是电压等级相对较低的架空线路。

（3）原因三

由于热电厂建厂已有20多年，许多防雷装置年久失修，已失去防雷保护功能。经过技术人员对热电厂的全面勘测检查，发现很多防雷隐患。

1）冷却塔顶部的接闪器断裂，引下线锈蚀。四周金属护栏接地（测试值为10.0Ω）与防雷装置接地（测试值为0.4 Ω）未做等电位连接。

2）4号避雷针与紧邻的管线架未做等电位连接，二者相距仅0.5 m左右，附近的管线架接地已与引下线断开。6号主变东侧避雷针的接地桩与连接线已断开（因施工已被挖出）。

3）烟囱的引下线锈蚀，且未与扶梯做等电位连接，仅仅用螺栓连接在一起，且1号烟囱顶部的避雷针已断裂。冷却塔顶部的接闪器以及烟囱顶部的避雷针由于突出的高度，截收闪电的概率远大于独立避雷针，它们不仅可保护自身，还可保护相应范围之内的设施。可以说，由这些烟囱和冷却塔以及独立避雷针组成了全厂的直击雷防护网。在检测中发现许多接闪器都已断裂，问题严重，急需整改。此外，四周金属护栏未与冷却塔做等电位连接，会发生旁路闪击或地电位反击，危及近旁人员的人身安全。这些情况反映出原先设计忽视了防雷技术中等电位措施的运用。

4）765进线（六烯一线）处电压互感器的接地电阻7.0 Ω，而其西侧的电压互感器的接地电阻是0.1 Ω，故判定它们未做等电位连接或接地线连接有误。

5）0号消弧线圈的接地与主接地网连接存在问题，因其接地电阻为2.0 Ω，按设计要求它应与全厂地网相连，而大地网的接地电阻为0.2 Ω左右（要求不大于0.5 Ω）。

6）汽油罐区的2号污油泵、汽油泵房的3号轻油泵、化学车间的3号二级泵、2号外供电机、2号中和泵及5号除碳器的接地电阻测试值均不符合设计要求（应与全厂地网相连，不大于0.5 Ω）。

7）从现场看，35 kV厂房北侧的N2号避雷针距离厂房过近，虽然从图纸上看设计方案明确要求其接地体离开主接地网或地下电缆等3 m以上，但怀疑施工时该避雷针的接地体与主接地网或厂房的环形水平接地体的地中距离不够，避雷针没有做到真正的独立，易发生地电位反击。

四、事故防范与整改措施

本次雷击造成扬子石化公司发生重大停电事故，这是典型的间接经济损失远大于直接经济损失的例证。热电厂的生产属于不可中断的公共服务，无论什么样的防雷工程，只要是有效的，都应该考虑。因此，为了将这种风险减小到一个可以接受的水平，需要一个具有高保护级别的防雷装置。

当务之急是解决所有年久失修的避雷针、烟囱、水塔上的接闪器的问题，避雷针保护范围的问题，等电位连接的问题，地电位反击的问题等，这些问题都是防雷隐患。同时，为了减小架空线路将过电压引入设施带来的危险，必须在入户设施上安装高效的 SPD。

任务三　电磁防护

随着电子技术的飞速发展，电子设备的应用已遍及各个领域，尤其是使用频率较高的通信、雷达、电视、广播、导航等设备。为了得到较大的覆盖范围，需要向空间辐射能量很强的电磁波。于是，众多的电磁波辐射、宽广的辐射频谱使电磁波辐射陡然增大，故电磁防护显得尤为重要。

一、电磁波辐射的危害

电磁波辐射（Electromagnetic Radiation）是指能量以电磁波的形式通过空间传播的现象。《电磁环境控制限值》（GB 8702—2014）从职业照射和公众照射两方面规定了其防护的基本限值和导出限值。

职业照射的基本限值：在每天 8 h 的工作期间，任意连续 6 min 按全身平均的比吸收率（Specific Absorption Rate，SAR）应小于 0.1 W/kg。公众照射的基本限值：在 24 h 内，任意连续 6 min 按全身平均的比吸收率（SAR）应小于 0.02 W/kg。对于频率范围为 3~30、30~3 000、3 000~15 000、15 000~30 000 MHz 的电磁波辐射，该标准分别规定了其职业照射和公众照射的限值。

输变电设备、高压线路等电磁波辐射源附近的人员，无线通信基站覆盖范围内的人员，都会受到电磁波辐射的影响。电力作业人员一般作业时处于低强度辐射环境中，在某些特殊情况下有接受高频高强辐射的危险，如进行设备抢修等需要靠近强电磁源的时候。

辐射到人体上的电磁波，一部分会被人体表面的皮肤和衣物反射或折射出去，另一部分则会被表皮所吸收，超过一定值即会对人体的细胞组织和神经系统产生作用。

由于电磁波辐射的不可见性，很多作业者并不清楚其对人体的危害，安全意识淡薄，缺乏适当的防护措施，遭受电磁波辐射时的危害大。人体组织会受电磁波辐射的影响，简述如下。

（1）中枢神经系统

接触高频电磁场时，人体的中枢神经系统受其中的中波和短波部分影响，出现中枢神经系统和植物神经系统功能紊乱等症状，如头疼、乏力、失眠多梦、记忆力减退、精神衰弱等症状。

(2)内分泌系统

普通功率电磁波的早期辐射即可造成下丘脑、腺垂体及外周靶腺激素分泌失调。

(3)心血管系统

长期受电磁波辐射的人患心血管疾病的概率会大大增大。研究表明,电磁波会影响心肌收缩能力,在心电图上可能呈现出非正常现象。

(4)免疫系统

早在 1979 年，Shandala 等就报道了微波辐射会刺激动物的脑部电生理活动,引起脑皮质中心区改变,抑制免疫系统功能,造成血液中淋巴细胞功能紊乱等。

(5)造血系统

人体受中低功率电磁波辐射,可造成血红细胞、白细胞、血小板出现不同程度地降低;受高功率辐射,上述现象更加明显。

(6)视觉系统

电磁波辐射对视觉系统造成的伤害主要为对眼睛的长期累积伤害,造成晶状体、角膜的结构性损伤。

二、电磁防护基础知识

我国的电磁波辐射防护体系包括《电磁环境控制限值》《作业场所高频电磁场职业接触限值》《作业场所超高频辐射卫生标准》《作业场所微波辐射卫生标准》《作业场所工频电场卫生标准》《环境电磁波卫生标准》《辐射环境保护管理导则 电磁波辐射环境影响评价方法与标准》和《环境影响评价技术导则 输变电》等。

减小电磁波辐射伤害主要有两种方法:第一,降低辐射源的辐射强度法(电磁屏蔽法),即在辐射源周围铺设特殊材料,材料受电磁场作用产生感应电流,由电流热效应将辐射能量转换为热能;第二,被动屏蔽法,当无法有效降低辐射源的辐射强度时,多采用被动屏蔽法,即配备电磁波辐射防护装备。

(一)电磁屏蔽

电磁屏蔽法是将场源置于屏蔽体内,将电磁场限制在某一范围,使其不对屏蔽体以外的工作人员或仪器设备产生影响的屏蔽方式,是防止电磁波辐射伤害的主要措施之一。

高频电磁屏蔽装置由铜、铝或钢制成,当电磁波进入金属内部时,发生能量损耗,一部分电磁能转变为热能,随着进入导体表面的深度增大,能量逐渐减小,电磁场逐渐减弱。显然,导体表面的场强最大,越深入内部,场强越小。这种现象就是电磁波辐射的集肤效应,电磁屏蔽就利用这一效应进行工作。

被动屏蔽法是用屏蔽室、个人防护等屏蔽方式。这种屏蔽将场源置于屏蔽体之外,使屏蔽体内不受电磁场的干扰或污染。

(二)电磁防护手段

电磁防护服装是在电磁波辐射作业场所中应用的主要防护装备,其可对电磁波辐射起被动屏蔽作用,减小电磁辐射其对人体的伤害。

电磁防护服装按原理主要分为导电型和导磁型两种。

导电型电磁防护服装在受到外界磁场作用时产生感应电流，感应电流又产生与外界磁场方向相反的磁场，抵消外界磁场起到防护作用；导磁型电磁防护服装则通过磁滞损耗和铁磁共振损耗大量吸收电磁波的能量，并将其转化为其他形式的能量，获得对电磁波辐射的衰减效果。

电磁防护服装的材料可以分为四类。

1）碳纤维、不锈钢纤维等与纺织纤维制成的混纺材料，其优点是手感柔软、透气性好，缺点是防辐射织物屏蔽效率较低，一般为 15~30 dB，且不同频段差异很大，限制了其使用范围，目前正在逐步被取代。

2）多离子织物通过一定的物理过程（真空喷洒法、真空镀法等）或化学反应（如电解法等）制成的材料，其优点是屏蔽效率高、使用频段宽、性能稳定，兼具混纺织物柔软、透气的特点。

3）电磁辐护纤维，如本征型导电聚合纤维及复合型高分子导电纤维。

4）涂层防辐射织物，其原理是在织物表面喷涂掺入金属氧化物或金属粉末、高分子成膜剂等制成的涂层制剂，使织物获得电磁波辐射防护能力。

另外，高频接地也是电磁防护的手段之一，包括高频设备外壳接地和屏蔽接地。高频接地应符合一般电器设备接地的要求，还应符合高频接地的特殊要求。屏蔽装置良好接地以后可以提高屏蔽效果，尤其对中波波段辐射防护效果较为明显。

高频接地的接地线不宜太长，其长度最好能限制在波长的 1/4 以内，且只宜在屏蔽的一个点与接地体相连，如果同时有几个点与接地体相连，由于各点情况不完全相同，可能产生有害的不平衡电流。

【小知识】

国际辐射防护协会（IRPA）简介

在电离辐射应用的早期人们已经认识到它所带来的职业危害和环境危害。随着电离辐射应用的扩展和核能的利用，从事辐射防护工作的人员日益增多，在辐射防护领域内显示出建立国际学术组织的强烈的共同愿望。1963 年美国保健物理学会成立了以摩根为主席的委员会，着手创建了国际辐射防护协会这一国际性的组织。经过许多次的会议和数千次的信件讨论，1964 年在法国巴黎召开了临时全体大会，代表着 15 个保健物理学会和辐射防护学会的 45 个正式代表出席了会议。在 1965 年 12 月 31 日前，至少有 1 000 名会员成为该协会的创始会员。会议通过了协会的章程，选举了协会临时执委会，阐述了协会的主要目的。

1）为从事辐射防护工作的人员提供促进国际交流与合作的园地，包括科学、医药、工程、技术及法律等科学分支的相关学科，努力保护人类及环境免受电离辐射和非电离辐射的危害，从而推动辐射能和核能的开发和利用，造福人类。

2）鼓励在全世界范围内建立辐射防护学会，使其成为辐射防护人员实现国际合作的手段。

3）准备和支持讨论辐射防护问题的国际会议。

4）鼓励致力于辐射防护的国际出版物。

5)鼓励辐射防护所依据的相关学科的研究与教育机遇。

6)鼓励通过相关国际组织建立和评审辐射防护标准和建议。

7)承担协会的其他任何事务。

IRPA 第 1 届国际大会于 1966 年 6 月在意大利罗马举行,当时代表着 25 个国家 5 000 名会员的 15 个成员学会加入了协会。从 1973 年的第 3 届大会开始,每届大会都设有希沃特(Sievert)奖,奖励那些在辐射防护领域做出突出贡献的科学家。

中国辐射防护学会和日本保健物理学会 1993 年 10 月在北京召开的 IRPA 亚洲地区代表大会被 IRPA 执委会誉为“出色的区域性大会”,是当年辐射防护领域“最辉煌的事件”。

2016 年 IRPA 50 周年庆典之际,中国辐射防护研究院院长常学奇带队率领由来自中国原子能科学研究院、清华大学、北京大学、中国科学院、中国计量科学研究院和中国地质大学等单位的共计 15 人组成的中国代表团参加了大会。

【任务实践训练】

查阅《电磁环境控制限值》(GB 8702—2014),完成表 5-2-3-1 和表 5-2-3-2。

表 5-2-3-1 职业照射的导出限值

频率范围 /MHz	电场强度 /(V/m)	磁场强度 /(A/m)	功率密度 /(W/m²)	备注
0.1~3				
3~30				
30~3 000				
3 000~15 000				
15 000~30 000				

表 5-2-3-2 公众照射的导出限值

频率范围 /MHz	电场强度 /(V/m)	磁场强度 /(A/m)	功率密度 /(W/m²)	备注
0.1~3				
3~30				
30~3 000				
3 000~15 000				
15 000~30 000				

单元三　爆炸危险场所电气安全

党的二十大报告中提出:我们要坚持以人民安全为宗旨、以政治安全为根本、以经济安全为基础、以军事科技文化社会安全为保障、以促进国际安全为依托,统筹外部安全和内部安全、国土安全和国民安全、传统安全和非传统安全、自身安全和共同安全,统筹维护和塑造国家安全,夯实国家安全和社会稳定基层基础,完善参与全球安全治理机制,建设更高水平的平安中国,以新安全格局保障新发展格局。

做好爆炸危险场所电气安全,对完善重点领域安全保障体系和重要专项协调指挥体系,起着至关重要的作用。

【阅读材料】

2017 年 4 月 2 日,位于安徽省安庆市大观经济开发区的安庆万华油品有限公司内,盛铭公司某负责人突击组织 8 名工人进行物料的粉碎、分装。17 时许,在作业人员停机休整一段时间后,重新启动距地面约 30 cm 处的粉碎机开关时,产生的电火花迅速引发粉碎机下部的粉尘爆燃,并引燃车间东第二间、第三间操作面现场堆积的大量物料,随后火势迅速蔓延,引燃厂房西侧的化工原料库内的物料。事故发生后,现场部分人员分别从东第一间北侧窗户和东第三间北侧门口逃生,但仍有 5 人未能逃出而死亡。

任务一　划分火灾爆炸危险场所

一、电气火灾和爆炸的原因

引发电气火灾和爆炸要具备两个条件,即易燃易爆的环境和引燃条件。

(一)易燃易爆环境

在工业生产中,广泛存在着由易燃易爆物质形成的易燃易爆环境,以石油、化工生产尤为突出。发电厂、变电所、乙炔站、气瓶库、化学药品库等都是火灾爆炸易发场所。若不慎发生易燃易爆物质泄漏等事故,接触火源即会燃烧。若与空气混合形成爆炸性混合物,在爆炸极限范围内极易引发爆炸事故。电缆是由易燃绝缘材料制成的,故电缆沟、电夹层和电缆隧道是容易发生电缆火灾的场所。

(二)引燃条件

生产场所的动力、照明、保护、测量等系统和生活场所的各种电器设备、线路,在正常工作、事故状态下常常会产生电弧、火花和危险的高温,这就具备了引燃或引爆的条件。

1. 电气线路和电器设备过热

电气线路接触不良、电气线路和电器设备过载或短路、电气产品制造和检修质量不良、运行时铁芯损失过大、转动机械副长期相互摩擦、电器设备通风散热条件恶化等原因,都会使电气线路和电器设备整体或局部温度过高。上述原因产生的高温都会使易燃易爆物质温度升高,当达到其自燃温度时,便着火燃烧,引起电气火灾和爆炸。

2. 电火花和电弧

电气线路和电器设备因绝缘损坏而发生短路(相间、接地)、电气线路和电器设备接头松脱、电气系统绝缘子闪络、电气系统过电压放电、运行中电机的电刷放电(发电机的电刷与滑环节间、直流电机的电刷与整流子间、交流绕线电机的电刷与滑环间)、熔断器熔体熔断、断路器开合、继电器触头开闪、电焊等都会产生电火花和电弧,电火花和电弧可直接引燃易燃易爆物质或电弧使金属熔化、飞溅,间接引燃易燃易爆物质。

另外,照明器具和电热设备使用不当也会引起电气火灾和爆炸。电气防火防爆就是为了抑制电气引燃源的产生而采取的各种技术措施和管理措施。

(三)电气火灾和爆炸的原因分类

从电气防火防爆的角度看,电气火灾和爆炸主要有以下几点原因。

1. 电气防火防爆制度不完善

1)电气工作人员违反安全操作规程。

2)电器设备运行管理、维修工作制度不健全。

3)忽视电气安全管理和防火防爆安全教育。

2. 电器设备及电气线路故障

1)电器设备选型不正确。

2)电器设备或线路安装不符合规程。

3)电器设备绝缘损伤或老化。

3. 雷电和静电

雷电放电时伴有高温和火花的产生,使输电线、电器设备等损坏,有引发火灾和爆炸的可能。雷电有时还能直接引起危险物质的火灾、爆炸等事故。

静电放电时,若产生足够能量的火花,可使粉尘、可燃蒸气及易燃液体等燃烧起火,甚至引发爆炸。

4. 误操作

电气事故分析表明,大量电气火灾和爆炸均存在人为因素,如疏忽大意、违反操作规程、不遵守防火防爆法规,造成操作过程中产生火花,引发电气火灾和爆炸事故。

二、火灾爆炸危险场所划分

火灾爆炸危险场所是指由于存在易燃易爆气体、蒸气、液体,可燃性粉尘或者可燃性纤维而具有引起火灾或者爆炸危险的场所。典型的火灾爆炸危险场所包括石油化工行业中爆炸性物质的生产、加工和储存过程中所形成的环境以及煤矿井等。

(一)爆炸性危险物质及其场所等级

在大气条件下,气体、蒸气、薄雾、粉尘或纤维状的易燃物质与空气混合,点燃后燃烧将在整个范围内迅速传播的混合性物质称为爆炸性混合物。能形成上述爆炸性混合物的物质称为爆炸性危险物质。

爆炸性混合物的危险性是由它的爆炸极限、传爆能力、引燃温度和最小点燃电流决定的。我国对爆炸性危险物质、危险场所的划分采用与国际电工委员会（IEC）方法等效的方法，即按类别、组别、级别进行划分。

1. 爆炸性危险物质等级

（1）爆炸性危险物质的类别

爆炸性危险物质分为以下三类：

Ⅰ类：矿井甲烷；

Ⅱ类：爆炸性气体、蒸气（含薄雾）；

Ⅲ类：爆炸性粉尘、纤维。

Ⅱ类爆炸性气体、蒸气（含薄雾）按最大试验安全间隙（Maximum Experimental Safe Gap，MESG）和最小引燃电流比（Minimum Ignition Current Ratio，MICR）进一步划分为Ⅱ A、Ⅱ B、Ⅱ C 三类，其中Ⅱ C 类的危险性最大。

最大试验安全间隙是指两个容器由长度为 25 mm 的间隙连通，在规定的试验条件下，一个容器内发生燃爆时，不会使另一个容器内发生燃爆的最大连通间隙的宽度。其是衡量爆炸性物品的传爆能力的性能参数。

最小点燃电流比是指在规定的试验条件下，气体、蒸气等爆炸性混合物的最小点燃电流与甲烷爆炸性混合物的最小点燃电流之比。

Ⅲ类爆炸性粉尘、纤维依据粉尘的特性（导电性或非导电性）和爆炸性等分为Ⅲ A、Ⅲ B 两类。

非导电性粉尘，指电阻系数大于 10^3 Ω·μm 的可燃性粉尘；导电性粉尘，指电阻系数等于或小于 10^3 Ω·μm 的可燃性粉尘。

可燃性粉尘是正常规格为 500 μm 或更小的固体颗粒，可悬浮在空气中，也可依靠自身的重力沉淀下来，可在空气中燃烧或焖烧，在大气压力和常温条件下可与空气形成爆炸性混合物。导电性粉尘一旦进入电气装置外壳，可直接产生电火花，形成引燃源，危险性大。

（2）爆炸性危险物质的组别和级别

爆炸性危险物质的组别和级别是根据其性能参数来划分的。这些性能参数包括危险物质的闪点、燃点、引燃温度、爆炸极限等。

1）闪点：在规定的试验条件下，易燃液体能释放出足够的蒸气并在液面上方与空气形成爆炸性混合物，点火时能发生闪燃（一闪即灭）的最低温度。

2）燃点：物质在空气中点火时发生燃烧，移去火源仍能继续燃烧的最低温度。对于闪点不超过 45 ℃的易燃液体，燃点仅比闪点高 1~5 ℃，一般只考虑闪点，不考虑燃点。对于闪点比较高的可燃液体和可燃固体，闪点与燃点相差较大，应用时有必要加以考虑。

3）引燃温度：又称自燃点或自燃温度，是指在规定的试验条件下，可燃物质不需要外来火源即发生燃烧的最低温度。

4）爆炸极限：可燃物质（可燃气体、蒸气和粉尘）与空气（或氧气）必须在一定的浓度范围内均匀混合，形成预混气，遇着火源才会发生爆炸，这个浓度范围称为爆炸极限。爆炸极限分为爆炸下限和爆炸上限。爆炸上限指的是可燃性混合物能够发生爆炸的最高浓度。当浓度高于爆炸上限时，空气不足，导致火焰不能蔓延，不会爆炸，但能燃烧。爆炸下限指的是可燃性混合物能够发生爆炸的最低浓度。由于可燃物浓度不够，过量空气的冷却作用阻止了火焰的蔓延，因此在浓度低于爆炸下限时，不爆炸也不着火。

爆炸性气体、蒸气按引燃温度分为 6 组：T1、T2、T3、T4、T5、T6，见表 5-3-1-1。

表 5-3-1-1　爆炸性气体、蒸气（Ⅱ类）等级表

类别和级别	最大试验安全间隙/mm	最小引燃电流比	引燃温度/℃					
			T1	T2	T3	T4	T5	T6
			$T>450$	$300<T\leqslant 450$	$200<T\leqslant 300$	$135<T\leqslant 200$	$100<T\leqslant 135$	$85<T\leqslant 100$
ⅡA	≥0.9	≥0.8	乙烷、丙烷、丙酮、氯乙烯、甲苯等	丁烷、乙醇、丙烯、丁醇、乙酸乙酯、乙酸戊酯、乙酸酐等	戊烷、己烷、庚烷、辛烷、硫化氢、汽油、环己烷等	乙烯、乙醛等	—	亚硝酸乙酯等
ⅡB	0.5~0.9	0.45~0.8	二甲醚、民用煤气、环丙烷等	—	乙烯、环氧乙烷、环氧丙烷、丁二烯等	异戊二烯等	—	—
ⅡC	≤0.5	<0.45	氢、水煤气等	乙炔等	—	—	二硫化碳等	硝酸乙酯等

爆炸性粉尘、纤维按引燃温度分为 3 组：T11、T12、T13，见表 5-3-1-2。

表 5-3-1-2　爆炸性粉尘、纤维（Ⅲ类）等级表

类别和级别		引燃温度/℃		
		T11	T12	T13
		$T>270$	$200<T\leqslant 270$	$140<T\leqslant 200$
ⅢA	非导电性可燃纤维	木棉纤维、烟草纤维、亚硫酸盐纤维素、人造毛短纤维、纸纤维、亚麻等	木质纤维等	—
	非导电性爆炸性粉尘	小麦、玉米、砂糖、橡胶、染料、苯酚树脂、聚乙烯等	可可、米糖等	—
ⅢB	导电性爆炸性粉尘	镁、铝、锌、钛、铝青铜、焦炭、炭黑等	铝（含油）、铁、煤等	—
	火炸药粉尘	—	黑火药等	硝化棉等

2. 爆炸危险区域等级

我国的火灾爆炸危险区域类别及分区方法是借鉴国际电工委员会的相关 IEC 标准，结合我国实际情况制定的。我国根据易燃易爆物质在生产、储存、输送和使用过程中出现的物理和化学现象的不同,以不同级别的释放源为依据,按照发生火灾爆炸的危险程度以及危险物品状态,将火灾爆炸危险区域分为三类八区。

对不同的危险环境进行分区,便于根据危险环境的特点正确选用电器设备、电气线路及照明装置,采取防护措施,保证生产安全。

(1)爆炸危险环境

爆炸危险环境是指有危险物质存在,并可能与空气形成爆炸性混合物的环境,分为爆炸性气体环境和爆炸性粉尘环境。二者分别是"三类八区"中的第一类和第二类。

第一类:爆炸性气体环境。

爆炸性气体环境是指可燃液体蒸气或薄雾等可燃物质与空气混合形成爆炸性混合物的环境。根据爆炸性气体混合物出现的频率和持续时间,将爆炸性气体环境危险区域分为 0 区、1 区和 2 区,见表 5-3-1-3。

表 5-3-1-3　爆炸性气体环境危险区域划分表

爆炸性气体环境危险区域	0 区	连续出现或长期出现爆炸性气体的环境
	1 区	正常运行时可能出现爆炸性气体的环境
	2 区	正常运行时不可能出现爆炸性气体,即使出现也仅可能短时间存在的环境

第二类:爆炸性粉尘环境。

爆炸性粉尘环境是指爆炸性粉尘和可燃纤维与空气形成爆炸性粉尘混合物的环境。根据粉尘、纤维等可燃物质与空气形成的混合物出现的频率、持续时间及粉尘厚度,将爆炸性粉尘环境危险区域分为 10 区、11 区,见表 5-3-1-4。

表 5-3-1-4　爆炸性粉尘环境危险区域划分表

爆炸性粉尘环境危险区域	10 区	连续出现或长期出现爆炸性粉尘的环境
	11 区	有时会将积留下的粉尘扬起而偶然出现爆炸性粉尘的环境

(2)火灾危险环境

"三类八区"中的第三类是火灾危险环境,其是指生产、加工、处理、运转或储存闪点高于环境温度的可燃液体,不可能形成爆炸性混合物的悬浮状、堆积状可燃粉尘或可燃纤维以及其他固体可燃物质,并在数量和配置上能引起火灾危险的环境。火灾危险环境区域分为 21 区、22 区和 23 区,见表 5-3-1-5。

表 5-3-1-5　火灾危险环境区域划分表

火灾环境危险区域	21 区	具有闪点高于环境温度的可燃液体,在数量和配置上能引起火灾危险的环境
	22 区	具有悬浮状、堆积状的爆炸性或可燃粉尘,虽不可能形成爆炸性混合物,但在数量或配置上能引起火灾危险的环境
	23 区	具有固体可燃物质,在数量和配置上能引起火灾危险的环境

（二）爆炸危险场所区域等级判定与划分

可燃物的数量是决定场所中危险性的关键。同时还要考虑释放源、爆炸性气体的特性（气体的密度等）、环境条件（主要是通风，还包括气压、温度、湿度等）等。

1.判定依据

（1）释放源的等级

释放源是指在爆炸危险区域内，可能释放出形成爆炸性混合物的物质的位置或处所。释放源是划分爆炸危险区域的基础，分为以下四个等级。

1）连续释放源：连续释放、长时间释放或短时间频繁释放的释放源，如直接与空间接触的易燃液体的表面等。

2）一级释放源：正常运行时周期性释放或偶然释放的释放源，如在正常运行时会释放易燃物质的泵、压缩机或阀门密封处等。

3）二级释放源：正常运行时不释放或不经常且只能短时间释放的释放源，如在正常运行时不能释放易燃物质的泵、压缩机或阀门密封处等。

4）多级释放源：具有上述两种及以上释放特征的释放源。

存在连续释放源的区域，可划为0区；存在一级释放源的区域，可划为1区；存在二级释放源的区域，可划为2区。

（2）爆炸性物质的物理特性

1）爆炸极限值：爆炸下限值是划分爆炸危险区域等级的重要条件之一。

2）相对密度：爆炸性物质的相对密度影响爆炸性物质在场所空间的分布规律。

3）引燃温度、闪点：爆炸性物质的引燃温度、闪点是确定场所引燃温度组别的依据。

4）叠加效应：两种以上爆炸性物质混合后，能形成爆炸危险性更大的混合物。

（3）通风状态

通风条件是影响爆炸危险区域划分的重要因素，通风条件直接影响危险场所内爆炸性混合物的积聚浓度、区域范围。

通风方式分为自然通风、一般机械通风、局部机械通风。IEC和我国有关标准将通风分为高、中、低三个等级。

高级通风（VH）：能够在释放源处瞬间降低爆炸性物的积聚浓度，使浓度低于爆炸下限，或使危险区域范围很小甚至可以忽略不计。

中级通风（VM）：能够控制浓度，使得区域界限外部的浓度稳定地低于爆炸下限，即使释放源正在释放，并且停止释放后，爆炸性环境持续存在的时间不会过长。

低级通风（VL）：在释放源释放的过程中，不能控制其浓度，并且在释放源停止释放后，也不能阻止爆炸性环境持续存在。

通风不良时，应提高爆炸危险区域等级。在障碍物、凹坑、死角等通风不良处，应局部提高爆炸危险区域等级。

2.爆炸危险区域范围划分

爆炸危险区域范围就是以释放源为中心划定的一个规定空间区域。

（1）爆炸性气体环境危险区域

1）非开敞建筑物：在建筑物内部，一般以室为单位，但当室内空间很大时，可以根据通风情况、释放源位置、爆炸性气体释放量和扩散范围酌情将室内空间划分为若干个区域并确定其级别。

2）开敞或局部开敞建筑物：开敞或局部开敞的建筑物和构筑物区域的范围一般按空间距离进行划分。

3）露天装置：集中设置在露天的装置和设备，应视为一个整体进行划分。

（2）爆炸性粉尘环境危险区域

爆炸性粉尘环境危险区域的范围应根据粉尘量、释放率、浓度和物理特性，以及同类企业相似厂房的运行经验确定。

1）非开敞建筑物：非开敞式爆炸性粉尘或可燃纤维环境危险区域以生产厂房为一个单位，不论释放源的位置和厂房空间的大小如何，都应划为同一级危险区域。

2）开敞或局部开敞建筑物：10 区的范围以厂房边线为界；自然通风良好时，开敞面以外水平距离 7.5 m，地面和屋顶上方 3 m 以内的空间为 11 区。

3）露天装置：集中设置在露天的设备和装置应视为一个整体，其爆炸危险区域范围应根据扩散到空间的粉尘含量来确定。

（3）火灾危险区域

火灾危险区域一般是指易燃物质危险场所，对其危险区域范围的划分可参考爆炸性粉尘环境危险区域进行。火灾危险区域中的可燃物质种类主要有：可燃液体，如柴油、润滑油、变压器油等；可燃粉尘，如铝粉、焦炭粉、煤粉、面粉、合成树脂粉等；固体状可燃物质，如煤、焦炭、木材等；可燃纤维，如棉花纤维、麻纤维、丝纤维、毛纤维、木质纤维、合成纤维等。

（4）明火危险区域

明火危险区域是指使用明火设备或温度超过爆炸性混合物自燃温度的高温物体的附近区域，如燃油、燃气锅炉的燃烧室附近，表面温度超过该区域爆炸性混合物的自燃温度的炽热部件（如高压蒸汽管道）等附近。

3. 非爆炸危险区域的判定

非爆炸危险区域是指在正常和非正常情况下均不会产生爆炸性混合物的区域。判断某区域是否为非爆炸危险区域时，必须首先查明区域中是否存在正常工作与非正常工作下的释放源，评估该区域是否有被危险物质侵入的危险。在一般情况下，符合下列条件之一者，即可以划为非爆炸危险区域。

1）没有释放源且不可能有可燃物质侵入的区域。

2）可燃物质可能出现的最高浓度不超过爆炸下限值的 10% 的区域。

3）在生产装置区外，露天或开敞设置的输送易燃物质的架空管道地带（但其阀门等的密封处除外）。

但是非爆炸危险区域并不是绝对安全的区域，判定非爆炸危险区域时，必须根据实际情况考虑有可能产生的各种因素的影响，如叠加效应等的影响。

【任务实践训练】

根据下述“液化石油气站用电场所爆炸危险区域等级和范围划分”示例，画出示意图。

示例：液化石油气站用电场所爆炸危险区域等级和范围划分。

1. 露天设置地上液化石油气储罐或储罐区的爆炸危险区域等级和范围划分

1)以储罐安全阀放散管的管口为中心，将半径为 4.5 m 的区域以及至地面以上的范围内和储罐区防护墙以内，防护墙顶部以下的空间划为 2 区。

2)在 2 区范围内，将地面以下的沟、坑等低洼处划为 1 区。

3)当烃泵露天设置在储罐区时，以烃泵为中心，将半径为 4.5 m 的区域以及至地面以上的范围内的空间划为 2 区。

示意图：

2. 铁路槽车和汽车槽车装卸口处的爆炸危险区域等级和范围划分

1)以装卸口为中心，将半径为 1.5 m 的区域和爆炸危险区域以内、地面以下的沟、坑等低洼处划为 1 区。

2)以装卸口为中心，将半径为 4.5 m 的区域、1 区以外以及地面以上的空间划为 2 区。

示意图：

任务二　防爆电器设备选择

电器设备引燃可燃性气体混合物有两方面的原因:一是电器设备产生火花、电弧;二是电器设备表面(即与可燃性气体混合物相接触的表面)发热。应将设备的在正常运行时能产生电弧、火花的部件放在隔爆外壳内,或采取浇封型、充砂型、油浸型或正压型等其他防爆型设备,以达到防爆目的。增安型电器设备在正常运行时或认可的过载条件下不会产生电弧、火花和过热现象,使用这类设备可进一步提高系统的安全性和可靠性。防爆电器设备在正常运行时不产生引燃源,可用于爆炸性危险环境。

一、防爆电器设备的分类与防爆原理

(一)防爆电器设备的分类

爆炸危险区域使用的防爆电器设备,在运行中必须具备不引燃周围的爆炸性混合物的性能,满足上述要求的电器设备包括隔爆型、增安型、本质安全型、正压型、油浸型、充砂型、无火花型和浇封型。下面简要介绍其中的5种。

1. 隔爆型电器设备

隔爆型电器设备(代号: d)是具有隔爆外壳的电器设备,如图5-3-2-1所示。其外壳能承受已进入外壳内部的可燃性混合物的内部爆炸而不损坏,并且不会通过外壳上的任何接合面或结构孔引燃外部的爆炸性物质。

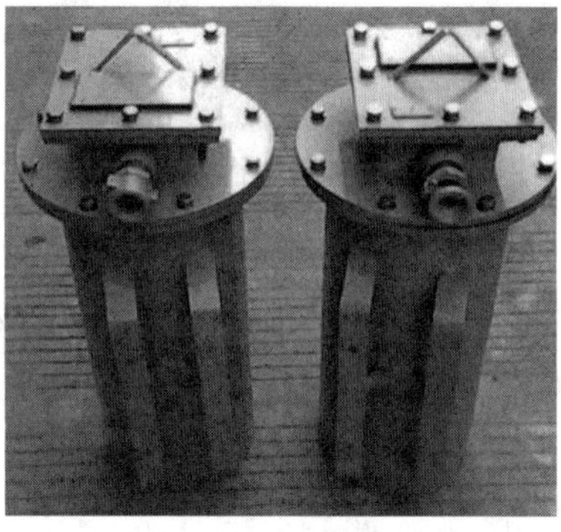

图5-3-2-1　隔爆型电器设备

2. 增安型电器设备

增安型电器设备(代号: e)是在正常运行条件下不会产生电弧、火花的电器设备,如图5-3-2-2所示。其通过采取一些附加措施提高安全程度,防止其内部和外部部件出现危险温度、电弧或火花。

图 5-3-2-2　增安型电器设备

3. 本质安全型电器设备

本质安全型电器设备（代号：i）是变送器或传感器经电缆与关联设备（安全栅等）组成的本质安全系统。

4. 正压型电器设备

正压型电器设备（代号：p）是通过保证设备内部的保护气体压力高于周围爆炸性环境的压力实现安全的电器设备，如图 5-3-2-3 所示。

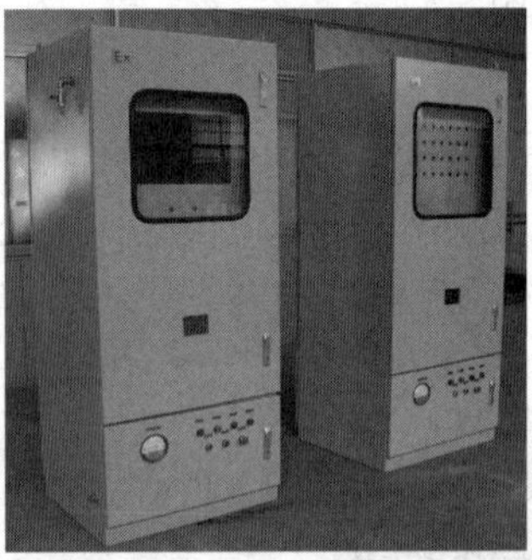

图 5-3-2-3　正压型电器设备

5. 浇封型电器设备

浇封型电器设备（代号：m）是整台设备或部分部件被浇封在浇封剂中，在正常运行时和认可的过载、故障下，均不能点燃周围的爆炸性混合物的电器设备。

（二）防爆电器设备的防爆原理

不同的防爆电气设备防爆原理不同，见表 5-3-2-1。

表 5-3-2-1　防爆电器设备的防爆原理

防爆类型	防爆原理	图解
隔爆型 （d）	将设备或在正常运行时能产生火花、电弧的部件置于隔爆外壳内。隔爆外壳能承受内部的爆炸压力而不致损坏，并能保证内部的火焰气体通过间隙传播时能量降低，不足以引爆壳外的气体	

续表

防爆类型	防爆原理	图解
增安型 （e）	在正常运行时不会产生电弧、火花和危险高温，在结构上进一步采取保护措施，提高设备的安全性和可靠性	
本质安全型 （i）	设备内部的电路在规定条件下正常工作或在规定的故障状态下产生的电火花和热效应均不能点燃爆炸性混合物	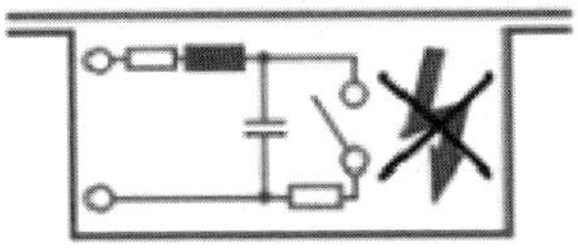
正压型 （p）	保证内部的保护气体压力高于周围环境的压力，以免爆炸性混合物进入外壳；或保证有足量的保护气体通过，使内部的爆炸性混合物的浓度降至爆炸下限以下	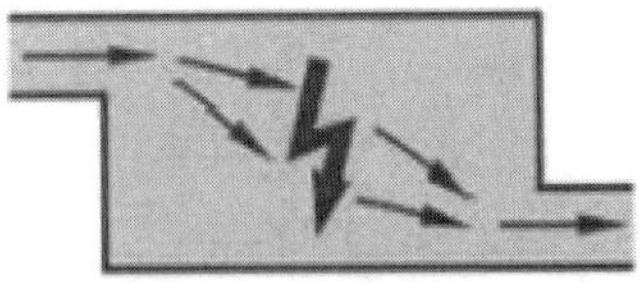
油浸型 （o）	将电器设备整个浸在保护液中，使其不能点燃液面上或外壳外面的爆炸性气体	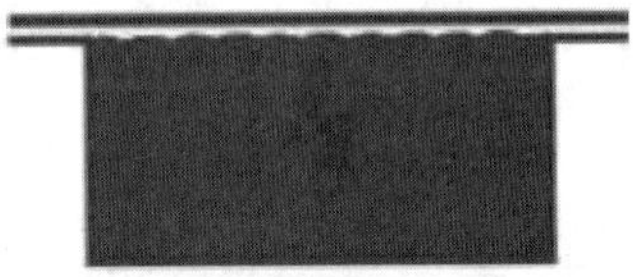
充砂型 （q）	将能点燃爆炸性气体的导电部件完全埋入填充材料中，以防止其点燃外部的爆炸性气体	
无火花型 （n）	电器设备不能点燃周围的爆炸性气体（在正常的工作条件下和在规定的非正常工作条件下）	
浇封型 （m）	对可能产生点燃爆炸性混合物的电弧、火花或高温的部分进行浇封，使其不能点燃周围的爆炸性混合物	

二、防爆电器设备的选型与标志

防爆电器设备应有防爆合格证，使用时要尽量把设备，特别是在正常运行时会产生火花的设备布置在危险性较小或非爆炸性区域中。

（一）防爆电器设备的选型

防爆电器设备选型时，必须满足爆炸危险区域等级的要求，同时应针对化学、机械、热、霉菌等周围环境条件综合考虑。例如，在 0 区只准许选用 ia 级本质安全型电气设备和其他特别为 0 区设计的电器设备（特殊型）。爆炸危险区域防爆电器设备选型见表 5-3-2-2。

表 5-3-2-2 爆炸危险区域防爆电器设备选型

爆炸危险区域	适用的防爆电器设备类型	代号
0 区	本质安全型（ia 级）	ia
	其他特别为 0 区设计的电器设备（特殊型）	s
1 区	适用于 0 区的电器设备	—
	隔爆型	d
	增安型	e
	本质安全型（ib 级）	ib
	油浸型	o
	正压型	p
	充砂型	q
	其他特别为 1 区设计的电器设备（特殊型）	s
2 区	适用于 0 区或 1 区的电器设备	—
	无火花型	n

（二）防爆电器设备的标志

防爆电器设备的标志应设置在设备外部主体部分的明显地方，且应设置在设备安装之后能看到的位置。标志包括：制造商的名称或注册商标、制造商规定的型号标识、产品编号或批号、颁发防爆合格证的检验机构的名称或代码、防爆合格证号、防爆（Ex）标志、防爆电气设备类型代号等。例如，某电器设备为ⅡB 类隔爆型，温度组别为 T4 组，其标志为 ExdⅡBT4。

若电器设备采用一种以上的复合类型，则先标出主体防爆形式，后标出其他防爆形式。如主体采用增安型内装ⅡC 类隔爆型部件，温度组别为 T4，标志为 ExedⅡCT4。

三、电气防火防爆安全措施

（一）消除或减少爆炸性混合物

电气火灾和爆炸必须具备两个条件：一是环境中存在足够数量和浓度的可燃性易爆物质（危险源），二是有引燃或引爆的能源（引燃源）。无法消除上述两个条件时，应设法采用各种隔离措施使它们不能同时存在。

1）采取封闭式作业，防止爆炸性混合物泄漏。

2）清理现场积尘，防止爆炸性混合物积累。

3）设计正压室，防止爆炸性混合物侵入。

4）采取开式作业或通风措施，稀释爆炸性混合物。

5）在危险空间中充填惰性气体或不活泼气体，防止爆炸性混合物形成。

6）安装报警装置，当混合物中危险源的浓度达到其爆炸下限的 10 % 时报警等。

（二）设置隔离和间距

对于户内电压为 10 kV 以上、总油量为 60 kg 以下的设备，可将其安装在两侧有隔板的间隔内；对于总油量为 60~600 kg 的设备，应将其安装在有防爆隔墙的间隔内；对于总油量为 600 kg 以上的设备，应将其安装在单独的防爆间隔内。

10 kV 及以下的变、配电室不得设在爆炸危险区域的正上方或正下方。配电室允许通过走廊或套间与火灾危险区域相通，但走廊或套间应由非可燃性材料制成。

室外变、配电站应与建筑物、堆场、储罐保持规定的防火间距。

露天变、配电装置不应设置在易于沉积可燃粉尘或可燃纤维的地方。

（三）消除引燃源

在爆炸危险区域，应根据危险区域的级别合理选择电器设备的类型，并严格按规定安装和使用，危险区域内的电气线路应符合防火防爆要求。

正常运行时能够产生电火花、电弧和危险高温的非防爆电气装置，应安装在爆炸危险区域之外。

爆炸危险区域内应尽量不用或少用可携带式电器设备。

为了避免产生电火花，在爆炸危险区域内更换灯泡时应停电操作。在爆炸危险区域内一般不应进行测量操作。

（四）保护接地

应对所有不带电的金属物件做等电位连接，一般环境不要求接地（或接零）的部分在爆炸危险区域内仍应接地（或接零）。

如低压由接地系统配电，应采用 TN-S 系统，不得采用 TN-C 系统，即在爆炸危险区域内应将保护零线与工作零线分开。对于保护导线的最小截面，铜导体的截面面积不得小于 4 mm^2，钢导体的截面面积不得小于 6 mm^2。

如低压由不接地系统配电，应采用 IT 系统，并装有一相接地时或严重漏电时能自动切断电源的保护装置或能发出声、光双重信号的报警装置。

四、电气灭火

火灾发生后，电器设备和电气线路可能带电，如不注意，可能引起触电事故。根据现场条件，可以断电的应断电灭火；无法断电的则带电灭火。电力变压器、多油断路器等电器设备内部充有大量的油，着火后可能发生喷油甚至爆炸事故，造成火焰蔓延，扩大火灾范围，这是必须加以注意的。

（一）先断电后灭火

发现起火后，首先要设法切断电源。切断电源时应注意以下几点。

1）火灾发生后，由于受潮和烟熏，开关设备绝缘能力降低，因此拉闸时最好用绝缘工具操作。

2)对于高压电路，应先操作断路器而不应该先操作隔离开关切断电源；对于低压电路，应先操作电磁启动器而不应该先操作刀开关切断电源，以免引起弧光短路。

3)切断电源的地点要适当，以防止切断电源后影响灭火工作。

4)剪断电线时，应在不同的部位剪断不同相的电线，以免造成短路。剪断空中的电线时，剪断位置应选择在电源方向的支持物附近，以防止电线剪后断落下来，造成接地短路和触电事故。

(二)带电灭火

有时为了争取灭火时间，防止火灾扩大，来不及断电，或因灭火、生产等的需要，不能断电，则需要带电灭火。

用水枪带电灭火和对带电线路灭火时，一般由专业人员操作，必须注意以下几点。

1)应按现场的特点选择适当的灭火器。二氧化碳灭火器、干粉灭火器的灭火剂都是不导电的，可用于带电灭火。泡沫灭火器的灭火剂(水溶液)有一定的导电性，而且对电器设备的绝缘有影响，不宜用于带电灭火。

2)用水枪灭火时，宜采用喷雾水枪，这种水枪遍过水柱的泄漏电流小，带电灭火比较安全。用普通直流水枪灭火时，为防止通过水柱的泄漏电流通过人体，可以将水枪喷嘴接地(即将水枪接向接地体，或接向地面的网络接地板，或接向粗铜线网络鞋套)，也可以让灭火人员穿戴绝缘手套、绝缘靴或均压服操作。

3)人体与带电体之间保持必要的安全距离。用水灭火时，水枪喷嘴至带电体的距离：电压为 10 kV 及以下者不应小于 3 m，电压为 220 kV 及以上者不应小于 5 m。用二氧化碳灭火器等使用不导电灭火剂的灭火器灭火时，机体、喷嘴至带电体的距离：电压为 10 kV 者不应小于 0.4 m，电压为 35 kV 者不应小于 0.6 m。

4)对架空线路等空中设备进行灭火时，人体与带电体之间的仰角不应超过 45°。

5)高压电器设备或线路发生火灾时，在室内，扑救人员不得进入距故障点 4 m 以内的范围；在室外，扑救人员不得进入距故障点 8 m 以内的范围。如进入上述范围，必须穿绝缘靴，需接触设备外壳或构架时应戴绝缘手套。

(三)充油电器设备的灭火

充油电器设备外部起火时，可用二氧化碳、干粉灭火器带电灭火。如火势较大，应切断电源，并可用水灭火；如油箱损坏，喷油燃烧，火势很大，除切断电源外，有事故储油坑的应设法将油放进储油坑，坑内和地面上的油火可用泡沫灭火器扑灭。

要防止燃烧着的油流入电缆沟而顺沟蔓延，电缆沟内的油火只能用泡沫覆盖扑灭。

【小知识】

《特种作业目录》规定：电工作业指对电器设备进行运行、维护、安装、检修、改造、施工、调试等作业(不含电力系统进网作业)。高压电工作业：对 1 kV 及以上的高压电器设备进行运行、维护、安装、检修、改造、施工、调试、试验，及对绝缘工、器具进行试验的作业。低压电工作业：对 1 kV 以下的低压电气设备进行安装、调试、运行、维护、检修、改造、施工、试验的作业。防爆电气作业：对各种防爆电器设备进行安装、检修、维护的作业。上述分类法适用于除煤矿井下以外的防爆电气作业。

因此，凡涉及电气、电力设施安装、运行、检修、保养、调试和检测等岗位的电气防爆技术人员，必须参加防爆电气职业技能培训、考核和鉴定，取得由国家安全生产监督管理总局监制的《特种作业（电工：防爆电气）操作证》后方可上岗作业。

【任务实践训练】

将不同防爆电器设备的代码填入表 5-3-2-3，并简单说明其防爆原理。

表 5-3-2-3　防爆电器设备

防爆电器设备	代码	防爆原理	备注
隔爆型			
增安型			
本质安全型			
正压型			
油浸型			
充砂型			
无火花型			
浇封型			

单元四　石油化工企业电气安全技术

党的二十大报告中提出：提高公共安全治理水平。坚持安全第一、预防为主，建立大安全、大应急框架，完善公共安全体系，推动公共安全治理模式向事前预防转型。推进安全生产风险专项整治，加强重点行业、重点领域安全监管。提高防灾减灾救灾和重大突发公共事件处置保障能力，加强国家区域应急力量建设。

确保爆炸危险场所电气安全，对减少重大突发公共事件及其危害，尤为重要。

【阅读材料】

2014 年 4 月 26 日 0 时 23 分，陕西省延长石油（集团）有限责任公司延安炼油厂的油品调和车间的次品油罐区发生爆炸，事故造成 3 人受伤，直接经济损失 3 548 140 元。经调查认定，该起事故的直接原因是操作人员将沸点较低的戊烷（正戊烷沸点为 36.1℃、异戊烷沸点为

28.7 ℃、辛戊烷沸点为 9.8 ℃)输入温度为 53 ℃的 G9532 罐内,造成戊烷突沸,罐内压力在短时间内急剧升高,致使罐顶撕裂,大量戊烷外泄,并迅速蔓延,在周围形成爆炸性混合气体空间。随后,爆炸性混合气体扩散到非防爆区的不间断电源室和变压器室,设备产生的电火花导致发生化学爆炸。爆炸起火区域涉及次品油罐区 G9531 至 G9534 罐的防火堤内外和与之南侧相邻的泵房、DCS 主控室、仪表配电室、溶剂油变压器室及西侧相邻的 G9515 和 G9518 罐、泡沫站、配电室及葫芦河河道等。

任务一　石油化工企业供电安全

化工企业所用原材料大多是可燃性液体或爆炸性气体,强酸、强碱等腐蚀性物质。生产过程大多在高温、高压条件下进行。此外,生产是连续化的,生产周期较长,一旦供电中断,会使大量的成品、半成品报废,恢复生产需要较长时间。有些装置供电中断,会造成火灾、爆炸,以及人员伤亡和建筑、设备等或损坏,因此对供电的可靠性要求很高。石油化工企业按爆炸危险区域等级划分,多属 1 区、2 区,防火等级多为 21 区、22 区。

一、供电方式

工业企业供电系统由高压配电线路、配电所、低压配电线路等组成。常见的供电方式有四种。

1)进线电压为 35 kV,先经总降压变电所变为 10 kV 的配电电压,再送到各车间变电所,然后经车间变电所变为 0.4 kV 的低压电分送到各配电箱或用电设备。

2)进线电压为 10 kV,先经总配电所分送到各车间变电所,再经车间变电所变为 0.4 kV 的低压电分送到各配电箱或用电设备。

3)进线电压为 10 kV,经变电所变为低压电分送到各车间,再送到各配电箱或用电设备。

4)进线电压为 0.4 kV,经配电室分送到各车间或直接送到各配电箱或用电设备。

二、负荷等级

企业的高压供电方式由供电的可靠性及电力电荷的性质决定,供电电压的选择应遵循电压等级“宜少不宜多”和高压供配电线路尽量深入负荷中心的原则。电力负荷一般分为如下三级。

1)一级负荷:这类负荷如突然中断供电将造成人身伤亡事故,或造成重大设备损坏且难以修复,或给国民经济带来极大的损失。一级负荷应由两个独立电源供电,即要求每段母线的电源来自不同的发电机。

2)二级负荷:这类负荷如突然断电将造成大量废品,产量锐减,生产流程紊乱且不易恢复,企业内运输停顿等,因而会在经济上造成较大的损失。二级负荷应由两个回路供电,两个回路应尽可能引自不同的变压器或母线段。

3)三级负荷:一般的电力负荷,所有不属于一级和二级负荷者。

化工企业的负荷等级大部分是一级和二级。

三、总降压变电所

化工企业的总降压变电所的电源一般取自电业部门营业线，多采用双回路进线，单母线分断，内桥式接线，母联设低电压、过电流保护。

一般大、中型工厂均设有总降压变电所，把 35~110 kV 的电压降为 6~10 kV，向车间变电所或高压电动机和其他高压用电设备供电，总降压变电所通常设有 1~2 台降压变压器。

变电所中的主要电器设备是降压变压器、受电装置和配电装置。

用来接收和分配电能的电气装置称为配电装置，包括开关设备、母线、保护电器、测量仪表及其他电器设备等。

1. 选址要求

1）接近负荷中心。

2）进出线方便，高压架空进线走廊有规定的宽度和空间。

3）有利于工厂发展，有扩建的可能。

4）便于主变电器等大型设备的搬运。

5）环境清洁，在污染源的上风侧。

6）避免设置在振动剧烈的地方。

7）与露天油罐、可燃液体储罐、爆炸性物质储罐的防火间距符合规定。

2. 主变压器

主变压器一般选用三相变压器，双线圈型。变压器台数应根据企业用电负荷的大小、类别和工厂的发展远景规划等因素确定。

对不重要的负荷供电，或虽有一级负荷，但可临近取得低压备用电源时，可用一台变压器。当一、二级负荷占全部负荷的比重较大，或原有一台主变压器的变电所生产发展，又不能换大容量变压器时，用两台变压器供电。对于使用两台以上变压器的情况，需要做技术经济分析计算，有优越性时才予以考虑。

四、配电线路

工业企业的高压配电线路的主要作用是为厂区输送、分配电能。高压配电线路应尽可能采用架空线路，因为架空线路建设投资少且便于检修维护。但在厂区内，由于对建筑物距离的要求和管线交叉、腐蚀性气体等因素的限制，不便于架设架空线路时，可以敷设地下电缆线路。

工业企业的低压配电线路的主要作用是向低压用电设备输送、分配电能。户外低压配电线路一般采用架空线路，因为架空线路与地下电缆线路相比有较多优点，如成本低、投资少、安装容易、维护和维修方便、易于发现和排除故障。

在工厂内，照明线路与电力线路可采用 220/380 V 三相四线制，尽量由一台变压器供电。

【任务实践训练】

变配电站是企业的动力枢纽。变配电站内安装有变压器、互感器、避雷器、电力电容器、高低压开关、高低压母线、电缆等多种高压设备和低压设备。变配电站一旦发生事故，会导致整个生产活动不能正常进行，还可能导致火灾爆炸等事故。

查找相关资料，理解下述《变配电站的安全管理规定》在编制时运用了哪些所学知识。

变配电站的安全管理规定

1. 变配电站位置设置

变配电站位置设置应符合供电、建筑安全的基本原则。从安全的角度考虑，变配电站应避开易燃易爆环境。变配电站宜设在企业的上风侧，不得设在容易沉积粉尘和纤维的环境中，不应设在人员密集的场所。变配电站的选址和建设应考虑灭火、防蚀、防污、防水、防雨、防雪、防震的要求。不宜在地势低洼处建变配电站。变配电站应有足够的消防通道并保持畅通。

2. 建筑结构

高压配电室、低压配电室、油浸电力变压器室、电力电容器室、蓄电池室应为耐火建筑。蓄电池室应隔离。

变配电站中各间隔的门应向外开启；门的两边都有配电装置时，应能向两边开启。门应为由非燃烧或难燃烧材料制作的实体门。长度超过 7 m 的高压配电室和长度超过 10 m 的低压配电室至少应有两个门。安装有油量为 600 kg 以上的充油设备的室内必须有事故蓄油设施。蓄油坑应能容纳 100% 的油。

3. 间距、屏护和隔离

变配电站各部的间距和屏护应符合专业标准的要求。室外变配电装置与建筑物应有规定的防火间距。室内的油量为 60 kg 以下的充油设备允许安装在两侧有隔板的间隔内；油量为 60~600 kg 者必须安装在有防爆隔墙的间隔内；油量为 600 kg 以上者应安装在单独的间隔内。

4. 通道

变配电站室内各通道的设计应符合专业标准的要求。高压配电装置的长度大于 6 m 时，通道应设两个出口；低压配电装置室的两个出口间的距离超过 15 m 时，应增加出口。

5. 通风

蓄电池室、变压器室、电力电容器室应有良好的通风。

6. 封堵

门窗及孔洞处应设置网孔小于 10 mm × 10 mm 的金属网，以防止小动物钻入室内。通向站外的孔洞、沟道应予封堵。

7. 标志

变配电站的重要部位应设有“止步，高压危险！”等标志。

8. 连锁装置

断路器与隔离开关的操动机构之间、电力电容器的开关与其放电负荷之间应装有可靠的连锁装置。

9. 电器设备正常运行

电流、电压、功率因数、油量、油色、温度指示应正常；连接点应无松动、过热迹象；门窗、围栏等辅助设施应完好；声音应正常，应无异常气味；瓷绝缘不得有掉瓷、裂纹和放电痕迹并保持清洁；充油设备不得漏油、渗油。

10. 安全用具和灭火器材

变配电站应备有绝缘杆、绝缘夹钳、绝缘靴、绝缘手套、绝缘垫、绝缘站台、各种标示牌、临时接地线、验电器、脚扣、安全带、梯子等各种安全用具。变配电站应配备可带电灭火的灭火器材。

11. 技术资料

变配电站应备有高压系统图、低压系统图、电缆布线图、二次回路接线图、设备使用说明书、试验记录、测量记录、检修记录、运行记录等技术资料。

12. 管理制度

变配电站应建立并执行各项行之有效的规章制度，如工作票制度、操作票制度、工作许可制度、工作监护制度、值班制度、巡视制度、检查制度、检修制度，及防火责任制、岗位责任制等。

任务二 石油化工装置电气安全

一、变电站的供电安全

（一）安全隐患

石油化工企业的供电系统主要由变压器、电动机、断路器及电缆电线等组成。由于各种原因，电器设备会受到外部或内部过电压等的影响。随着真空断路器的广泛使用以及电网规模的不断扩大，因开断空载变压器及高压电动机等电感负荷产生的操作过电压以及单相接地时电弧不能自熄产生的间歇性弧光接地过电压的影响越来越大，成为电网及电器设备的主要威胁。

1. 电感负荷产生的操作过电压

由于真空断路器分断速度快、灭弧能力强，在开断电感负荷时有可能不是在电流经过工频零点时熄弧，而是电流瞬时值 i 被迫在极短的时间内下降到零，从而产生截流过电压和三相同时截流过电压；另外开断后还会产生高频振荡，使断路器出现多次重燃过电压。上述过电压现象主要表现为相间过电压，幅值最高可以达正常运行状态下相电压峰值的 3.5 倍，而相对地过电压为相间过电压的 1/2 左右。

2. 弧光接地过电压

在化工企业采用中性点不接地运行方式的 6 kV 配电系统中，当发生单相接地故障时，由于故障点电弧不能自熄，从而发生电弧周期性的熄灭与重燃，出现间歇电弧，引起电网产生高频振荡，形成过电压。而且过电压持续的时间可以达到数十分钟或更长，波及范围广，对电器设备造成严重的危害。

铁磁谐振过电压对电器设备的危害并不仅仅局限于互感器,它除了波及相邻的开关柜之外,更多的事故发生在备用的或处于断开状态的高压开关设备上。因为谐振发生时具有电压幅值高、变化速度快且极易在断口处出现反击等特点,反击电压往往会超出额定电压很多倍,大大超过了高压开关设备的实际承受能力。特别是反击电压作用在具有某些缺陷或绝缘环节不够完善的高压开关设备上时,就会发生爆炸,这是引起电器设备爆炸事故的主要原因。

(二)防范措施

1. 外部过电压的防护

对于直击雷及感应雷过电压,目前国内较多采用避雷网、避雷针进行防护。对于雷电侵入波过电压,由于其表现形式主要为相对地过电压,一般采用氧化锌避雷器(Metal Dxide Arrester, MOA)进行防护。

2. 瞬时内部操作过电压的防护

内部过电压主要表现为相间过电压,三星形接法的MOA对相间过电压基本没有防护作用,在这种情况下,安装组合式避雷器是一种可行的保护方案。

3. 间歇性弧光接地过电压的防护

耐受过电压和限制过电压是两个不同的概念。耐受过电压是指避雷器在一定幅值、一定时间的过电压作用下,不会发生异常和爆炸。避雷器必须能够耐受瞬时的内部操作过电压,否则自身安全无法保障。对间歇性弧光接地过电压,一般采用中性点经消弧线圈的防护方式,或者安装消弧保护装置(简称"XHB")。

中性点经消弧线圈接地的防护方式,主要是利用电感电流与电容电流在相位上差180°的原理,用电感电流补偿对地电容电流。消弧线圈自动跟踪或自动调谐可以对电容电流进行一定程度的补偿,减小弧光接地发生的概率。

为了进一步提高系统的可靠性,也可以将消弧线圈与XHB同时使用。当系统发生间歇性弧光接地时,通过消弧线圈进行补偿,如果补偿后接地电流较小,电弧可自行熄灭,XHB不动作;否则XHB可以准确动作,有效限制系统的弧光接地过电压。

(三)变电站的运行与管理

做好变电站的运行与管理工作,是实现安全、可靠、经济、合理地供电的重要保证。对各项简述如下。

1)交接班制度:交接班人员应严格按规定履行交接班手续。

2)巡回检查制度:为了掌握、监视设备的运行状况,及时发现异常和缺陷,应实行对运行及备用设备的定期和特殊巡视制度,并在实践中不断加以修订和改进。

3)设备缺陷管理制度:保证设备经常处于良好的技术状态是确保其安全运行的重要环节之一,因此应全面掌握设备的健康状况,并在发现设备的缺陷时尽快加以消除,努力做到防范于未然。

4)变电所的定期试验更换制度:为了保证设备的完好性和备用设备在必要时能真正起到备用作用,必须对备用设备以及直流电源、事故照明、消防设施、备用电源切换装置等进行定期试验和定期更换。

5）运行分析制度：运行分析制度的制定和执行对提高运行管理水平和安全供、用电起着十分重要的作用，因此各单位要根据各自的具体情况不断予以修订和完善。

6）场地管理制度：要坚持文明生产、定期清扫、定期整理，经常保持场地环境的清洁卫生和整齐美观。

二、用电设备事故预防

化工生产具有易燃、易爆、有毒、有腐蚀、高温、高压等特点，且电器设备应用多。因而化工生产部门的用电设备较其他工业部门有更大的危险性。

绝缘损坏、电气系统不合理、接地不合理、接触不良、漏电、维护测试不及时等，都会给用电设备的安全造成不良影响。

用电设备事故的预防，除常用的接地、绝缘、漏电保护等措施外，电气操作人员要经过国家特有工种安全培训并取得相应的证书，才能从事安装、维护、测试及检验电气电路及设备的工作。电气操作人员在工作中应做到以下几点。

1）替代选择：用气动工具替代电动工具，并注意气动工具也有自身的危险。

2）降电压：对每一个电路，都要使用其可能的最低电压。

3）选择插销和插座：插销及插座要满足国家及地方标准及规范，适用的类别及形式都应正确。

4）电缆及插座保护：要保护电缆及插座不受外界环境的影响，这种影响有可能对电路及设备的完整性产生不好的作用。

5）维护及测试：要由有资格的人员按照规定的时间间隔进行维护和测试，过程中的记录及数据将作为评估电路及装置的性能及质量和是否损坏的基础。

6）电器设备选用：在爆炸危险区域，应按区域的类别和等级，并考虑到设备的类型和使用条件选用电器设备。

【小知识】

国际电工委员会（IEC）

国际电工委员会（IEC）成立于1906年，是世界上成立最早的国际性电工标准化机构，负责电气工程和电子工程领域的国际标准化工作。国际电工委员会的总部最初位于伦敦，1948年搬到了位于日内瓦的现总部处。1904年，在美国圣路易斯召开的国际电工会议上通过了关于建立永久性机构的决议。1906年6月，13个国家的代表在伦敦起草了IEC章程和议事规则，正式成立了国际电工委员会。1947年，IEC作为一个部门并入国际标准化组织（ISO），1976年IEC又从ISO中分立出来。

世界各国有近10万名专家在参与IEC标准的制定、修订工作，IEC标准的权威性是世界公认的。

我国于1957年加入IEC，是95个技术委员会和80个分委员会的成员，且是IEC理事局、执委会和合格评定局的成员。1990 年和 2002 年我国北京分别承办了 IEC 的第 54 届和第 66 届年会。2011 年 10 月 28 日，在澳大利亚召开的第 75 届国际电工委员会（IEC）理事大会上，正式通过了中国成为 IEC 常任理事国的决议。目前，IEC 的常任理事国为中国、法国、德国、日本、英国、美国。

【任务实践训练】

阅读和学习《电工安全操作规程》，谈谈制定该规程的重要意义。

电工安全操作规程

1）电工必须熟悉车间的电气线路和电器设备的种类及性能；对电器设备的性能未充分了解时，禁止冒险作业。

2）电工进入现场前必须按照有关规定穿戴好劳动保护用品。

3）除临时施工用电或临时采取的措施外，不允许架临时电线，不允许乱挂灯，不得擅自更改原电气线路。

4）要按规定对电器设备进行定期检修和保养，不用的电器设备线路要彻底拆除。

5）进行部分停电作业时，当临时有电体距检修人员小于 0.9 m 时，需用干燥的木材、橡皮或绝缘材料进行可靠的临时遮拦。

6）工作前应详细检查自己所用的工具是否安全、可靠，穿戴好必需的防护用品，以防工作时发生意外。

7）使用梯子时，梯子与场面之间的角度以 60° 为宜。

8）发现设备的任何导电部分接地时，在切断电源前，除抢救触电者，一律不允许靠近，以免受跨步电压损伤。

9）电器设备不得在运行中拆卸修理，必须在停机后切断电源，取下熔断器，并验明无电后才能进行拆卸修理，且必须在开关和闸刀处挂上"禁止合闸，有人工作"的警示牌。

10）必须进行带电工作时，要有专人监督；工作时要戴工作帽，穿工作服，戴绝缘手套，使用有绝缘柄的工具，并站在绝缘垫上工作；严禁用锉刀、钢锯作业。

11）所用导线及保险丝的容量必须符合规定标准；选择开关时，开关的容量必须大于所控制设备的总容量。

12）每次工作结束后，必须清点工具；工作完毕后，必须拆除临时地线，以防遗失和留在设备内造成事故。

13）检查完工后、送电前，必须认真检查，看是否合乎要求并和有关人员联系好，方能送电。

14）发生火灾时，应立即切断电源，用四氯化碳粉质灭火器或黄沙扑救，严禁用水扑救。

15）工作结束后，全部工作人员必须撤离工作地段，拆除警示牌，所有材料、工具、仪表等随工作人员一起撤离。

16）操作地段清理后，操作人员要亲自检查；动力配电盘、配电箱、开关、变压器等各种电器设备附近不准堆放各种易燃、易爆物品。

任务三　动力及照明系统安全

一、电动机的防火防爆

电动机分为交流电动机和直流电动机两大类。交流电动机又分为异步电动机和同步电动机。异步电动机因为具有结构简单、价格低廉、工作可靠、维护方便等优点，被厂矿企业广泛采用。下面主要介绍异步电动机的运行、维护及故障处理等内容。

(一)电动机运行的基本要求

在额定冷却空气温度(一般为 35 ℃)下，电动机可按制造厂铭牌所规定的额定数据运行；当冷却空气温度 t 低于 35 ℃时，电动机的功率可以较额定功率提高($35-t$)%，但最多不应超过 8%~10%；当冷却空气温度 t 高于 35 ℃时，电动机的功率应较额定功率降低($t-35$)%。

电动机线圈和铁芯的最高监视温度应符合制造厂的规定。

电动机各部位的发热程度用温升表示，温升 = 实际温度 - 冷却介质温度，介质温度一般为环境温度。1 000 kW 以下的电动机各部位温升规定值见表 5-4-3-1。在任何运行方式下，电动机各部位温升均不应超过规定值。

表 5-4-3-1　电动机(1 000 kW 以下)各部位温升规定值

电动机部位	A 级绝缘		E 级绝缘		B 级绝缘		F 级绝缘		H 级绝缘	
	Ⅰ/℃	Ⅱ/℃	Ⅰ/℃	Ⅱ/℃	Ⅰ/℃	Ⅱ/℃	Ⅰ/℃	Ⅱ/℃	Ⅰ/℃	Ⅱ/℃
1. 电动机交流绕组 2. 用直流励磁，交直流电动机的磁场绕组 3. 有换向器的电枢绕组	55	60	65	75	70	80	85	100	105	125
1. 低电阻磁场绕组及补偿绕组 2. 表面裸露的电枢绕组	60 65	60 65	75 80	75 80	80 80	80 90	100 110	100 110	125 135	125 135
永久短路的绝缘绕组	65	—	75	—	80	—	100	—	125	—
永久短路的无绝缘绕组	这些部件的温升不应达到足以使任何相近的绝缘或其他材料有损坏危险的数值									
不与绕组接触的铁芯及其他部件										
与绕组接触的铁芯及其他部件	60		75		80		100		125	
换向器及集电环	60		70		80		90		100	

注：Ⅰ—用温度表法测量的温升(℃)；Ⅱ—用电阻法测量换算的温升(℃)。

电动机一般可在额定电压变动 -5%~10% 的范围内运行，其额定出力不变，如超过上述范围，应通过试验，确定电动机的允许负荷。

（二）电动机启动前的要求

1. 对新投入运行或大修后投入运行的电动机的要求

三相交流电动机定子绕组、绕线式异步电动机转子绕组的三相直流电阻偏差应小于 2%。对某些只更换个别线圈的电动机，其直流电阻偏差应不超过 5%。当电源的三相电压平衡时，三相电流中任一相与三相平均值的偏差不得超过 10%。电动机绕组的绝缘电阻一般应大于表 5-4-3-2 中规定的数值。

表 5-4-3-2　电动机绕组的绝缘电阻的最低允许值　　单位：MΩ

绕组温度 /℃ \ 电动机部位	额定电压 6 000 V			额定电压 500 V 以下			额定电压 36 V 以下		
	20	45	75	20	45	75	20	45	75
交流电动机定子绕组	25	15	6	3	1.5	0.5	0.15	0.1	0.05
绕线转子绕组和滑环	—	—	—	3	1.5	0.5	0.15	0.1	0.05
直流电动机电枢绕组和换向器	—	—	—	3	1.5	0.5	0.15	0.1	0.05

2. 对长时间（如 3 个月以上）停用的电动机投入运行的要求

1）用手电筒检查内部是否清洁、有无脏物，并用压缩空气（不超过 0.2 MPa）吹扫干净。

2）检查线路电压和电动机接法是否符合铭牌的规定；电动机引出线与线路连接是否牢固，有无松动或脱落；机壳接地是否可靠。

3）熔断器、断电保护装置、信号保护装置、自动控制装置均应调试到符合要求。

4）检查电动机润滑系统的油质是否符合标准，有无缺油现象；对于强迫润滑的电动机，启动前还应检查油路系统有无阻塞，油温是否合适，循环油量是否合乎要求；电动机应经试运正常后方可启动。

5）各紧固螺丝不得松动。

6）绝缘电阻必须符合规定的要求。

7）检查传动装置：皮带不得过松或过紧，连接要可靠，无伤裂迹象，联轴器螺丝及销子应完整、坚固，不得松动、少缺。

8）通风系统应完好，通风装置和空气滤清器等部件应符合有关规定的要求。

（三）电动机的运行监视

1）电动机的电流是否超过允许值。

2）轴承的温度及润滑是否正常。电动机轴承的最高允许温度应符合制造厂的规定。无制造厂的规定时，滑动轴承温度不得超过 80 ℃，滚动轴承温度不得超过 100 ℃。

3）电动机有无异常声响。

4）注意电动机及其周围的温度；保持电动机附近的清洁；电动机周围不应有煤灰、水汽、油污、金属导线、棉纱头等，以免被卷入电动机内。

5)对于由外部管道引入空气进行冷却的电动机,应保持管道清洁、畅通,连接处要严密,闸门应在正确的位置上。对于大型密闭式冷却的电动机,应检查其冷却水系统运行是否正常。

6)按规定的时间记录电动机表计的读数,电动机启动、停止的时间及原因,并记录所发现的一切异常现象。

(四)电动机运行中的事故停机

电动机在运行中如出现异常现象,除应加强监视,迅速查明原因外,还应报告有关人员。

发生下列情况之一,应立即切断电源或去掉负荷,紧急停机。

1)发生人身事故,与运行中的电动机有关。

2)电动机所拖动的机械发生故障。

3)电动机冒烟起火。

4)电动机轴承温度超过允许值,不停机将造成损坏。

5)电动机电流超过铭牌规定值或在运行中电流猛增,原因不明,并无法排除故障。

6)电动机在发热和发出异响的同时,转速急剧变化。

7)电动机内部发生冲击(扫膛、串轴)。

8)传动装置失灵或损坏。

9)电动机强烈振动。

10)电动机的启动装置、保护装置、强迫润滑或冷却系统等附属设备发生事故,并影响电动机的正常运行。

(五)电动机的维护

电动机保养、维护的周期及要求,应根据电动机的容量、重要程度、使用状况及环境条件等因素决定,并编入现场规程中。

1. 交接班时应进行的工作

1)检查电动机各部位的发热情况。

2)检查电动机和轴承运转的声音。

3)检查各主要连接处的情况,变阻器、控制设备等的工作情况。

4)检查润滑油的油面高度。

2. 每月应进行的工作

1)擦拭电动机外部的油污及灰尘,吹扫内部的灰尘及电刷粉末等。

2)测定电动机的运行转速和振动情况。

3)拧紧各紧固螺钉。

4)检查接地装置。

3. 每半年应进行的工作

1)清扫电动机内部和外部的灰尘、污物和电刷粉末等。

2)检查并擦拭刷架、刷握、滑环和换向器。

3)全面检查润滑系统,补充润滑脂或更换润滑油。

4)检查、调整通风、冷却系统。

5)检查、调整传动机构。

4. 每年应进行的工作

1)解体并清扫电动机绕组、通风沟、接线板。

2)测量绕组的绝缘电阻,必要时应对其进行干燥处理。

3)检查、清洗轴承及润滑系统,测定轴承间隙,更换磨损超出规定的滚动轴承,损坏较重的滑动轴承应重新挂锡。

4)更换已损坏的转子绑箍钢丝。

5)测量并调整电动机定、转子间的气隙。

6)清扫变阻器、启动器与控制设备、附属设备及其他机构,更换已损坏的电阻、触头、元件、冷却油及其他零部件。

7)检查、修理接地装置。

8)调整传动装置。

9)检查、校核、测试和记录仪表。

10)检查开关及熔断器的状况。

二、电气照明的防火防爆

电气照明系统的种类多种多样,按照不同的分类方法,可以将电气照明系统划分为各种不同的类型。如果依据光源的发光原理对其进行分类,可以将其划分为气体放电光源与热辐射光源两种类型。

(一)照明灯具的分类

在各种各样的电气照明系统中,常见的照明灯具主要有以下几种。

1. 高压汞灯

高压汞灯又称为高压水银灯,主要有自镇流式与分镇流式两种,其特点是光色好、用电省、使用寿命长、光效高。高压汞灯的发光原理类似于荧光灯,当主电极间弧光放电时,灯泡中的温度会明显上升,使水银汽化并发出紫外线与可见光,紫外线进而激发灯内壁上的荧光粉使其发光。由于这类灯的功率较大,在运行过程中放出的热量较多,表面温度升高较快,故发生火灾的危险程度较高。

2. 荧光灯

常用的荧光灯主要是热阴极弧光放电型低压汞灯,其主要由启辉器、镇流器、灯管等组成。在点亮的过程中,整流器会在启辉器的配合之下产生瞬时的高电压,使灯管内部的气体发生电离。整流器发热会导致其周围部分温度升高,如果有散热不良等现象,会导致其温度进一步升高,甚至使线圈的绝缘强度受到破坏,导致出现电火花、电弧、高温等现象,从而引起周围的可燃物燃烧,发生火灾。

3. 白炽灯

白炽灯又称为钨丝灯泡,当电流流过封于玻璃灯泡中的钨丝时,会使其温度上升至很高的值,为了延长灯泡的使用寿命,人们通常会向其中充入惰性气体。由于处于白炽状态的钨丝会导致灯泡表面的温度升高，且功率越大，温度上升的速度越快，故容易引起火灾。

4. 卤钨灯

卤钨灯的功率通常较大，并且其表面温度较高，卤钨灯会在短时间内烤燃接触灯管的可燃物，很容易引发火灾。在以上介绍的几种灯具中，卤钨灯的火灾危险性最大，在一些公共场所要慎重选用。

（二）防爆灯

随着石油、化工、矿业等产业的飞速发展，照明灯具在生产、仓储、救援中的使用越来越广泛，品种越来越多。由于照明灯具在工作时不可避免地产生电火花或形成炽热的表面，一旦与现场的爆炸性气体混合物相遇，就很可能导致爆炸事故的发生。

防爆灯是指用于存在可燃性气体和粉尘的危险场所，能防止灯具内部可能产生的电弧、火花和高温引燃周围环境里的可燃性气体和粉尘，从而达到防爆要求的灯具。不同的可燃性气体混合物环境对防爆灯的防爆等级和防爆形式有不同的要求。

防爆灯一般按光源、使用方式、防爆形式等进行分类。按光源分类，其有防爆白炽灯、防爆高压汞灯、防爆低压荧光灯、混合光源灯等；按使用方式分类，其有固定式防爆灯具和携带式防爆灯具等；按防爆型式分类，其有隔爆形、增安型、正压型、无火花型和粉尘防爆型等。

隔爆型灯具应用较广，其采用间隙防爆原理，即利用金属间隙阻止爆炸火焰的传播和降低爆炸产物的温度，达到熄灭火焰、降温、抑制爆炸扩展的目的，是允许内部爆炸并阻止火焰传播的一种防爆形式。隔爆型灯具的外壳一般使用金属材料制造，散热性好、强度高、耐用性好。如果爆炸性气体混合物进入隔爆型灯具的外壳并被点燃，隔爆外壳能承受内部的爆炸性气体混合物的爆炸压力，并阻止内部的爆炸火焰向外壳周围的爆炸性气体混合物传播。

在石化企业中，使用最普遍的复合型电器设备是增安 / 隔爆复合型防爆电器设备，其一般由隔爆部件、增安型接线端子和增安外壳三部分组成，既有隔爆型电器设备的安全性能，又具有增安型电器设备的优点。

（三）防火防爆措施

电气照明系统中的灯具在运行过程中将电能转换成为光能，在该过程中一部分能量转化为热能，这会导致灯具表面温度升高，并达到一个较高的温度值。在针对不同场所选择照明灯具时，需要充分考虑其火灾危险性，并且要使照明装置与可燃物之间保持一定的距离。

1）灯泡的正下方不能堆放可燃物品。灯泡的安装高度不能小于 2 m，如果根据实际的应用要求不得不小于 2 m，应该采取有效的防护措施；如果在有碰撞危险的场所，应该使用金属网罩对其进行防护。

2）在卤钨灯灯管附近，应该使用耐热的绝缘导线，而不能使用可燃性绝缘导线，以防止导线的绝缘受到高温破坏而引起短路。

3）在实际的应用中，室外等特殊场所的照明灯具应该具有防溅措施，以防止水滴溅于灯泡的表面，导致灯泡炸裂。如果灯泡破碎，应该及时对其进行更换。

4）要保证整流器与灯管的容量及电压相匹配。在安装的过程中，要注意整流器的通风、散热，不能直接将整流器固定于可燃物上。

5)在可燃吊顶上安装的灯具,其功率应该尽量小。建议使用荧光灯,并且要在灯具的上方保留一定的空间,以方便其散热。

(四)电气照明系统线路的防护

电气照明系统线路短路容易导致火灾、爆炸等事故的发生,这主要是因为出现短路故障时,会出现较大的短路电流,在短路的瞬间线路的发热量非常大,会导致绝缘烧坏及金属导线熔化,很容易引燃线路周围的易燃易爆物品。如果在出现较大的短路电流时,保险丝能迅速熔断并切断电路,就能够起到一定的保护作用。但是如果保险丝太粗,就难以熔断,容易引起火灾、爆炸等事故。这就需要在电气照明系统的设计过程中,对保险丝等装置进行合理的选择。

此外,电气照明系统线路出现过负荷、导线连接处接触电阻过大、导线接头接触不良、导线接头连接不牢固等都会导致火灾、爆炸事故的发生。因此,在电气照明系统线路的设计过程中,应该充分考虑各种因素,保证线路敷设的合理性。一旦出现线路燃烧事故,要及时采取有效的措施,对火灾予以控制,将事故的破坏程度及破坏范围降到最小。

三、电加热设备的防火防爆

电加热设备是把电能转化为热能的一种设备。它的种类繁多,用途很广,常用的有工业电炉、电烘箱、电烙铁等。

(一)电加热设备火灾的原因

1)将通电的电加热设备放在可燃物上或者易燃物附近,可燃物或易燃物在长时间的高温烘烤下引起火灾。

2)未给电加热设备安装插头,而直接将电线头插入插座中,因而引起短路而发生火灾。

3)使用者离开电加热设备时未将其电源断开,电加热设备长时间工作而发生设备过热,将临近的可燃物点燃而发生火灾。

4)电加热设备上的电阻丝经多次修理后仍继续使用,造成线路过负荷而引发火灾。

(二)电加热设备火灾的预防

1)不能将易燃易爆物品放在电加热设备附近,必须保持一定的距离。

2)电加热器必须放在不导热的不燃材料基座上,工业用电加热器在任何情况下都要装设单独的电路。

3)导线必须安装插头,不可将电线头直接插入插座中。电加热设备的导线在老化破损后应及时更换。

4)在电加热设备的使用过程中,如遇停电,应及时将其电源插头拔出,不要遗忘。

5)多次修理的电阻丝最好不要再用,应使用新的电阻丝。

6)易燃易爆物品严禁用电加热器烘干。

7)电烘箱应有温度控制装置,既要防止温度过高,又要防止烘烤时间过长。

【任务实践训练】

ABB 是一个业务遍及全球的电气工程集团，是电力和自动化技术领域的全球领先企业，致力于为工业和电力行业客户提供解决方案，以帮助客户提高业绩，同时降低安全风险。

参照下述“ABB 安全用电七步法”，根据所学知识，为你所熟悉或使用的试验实训场所制定“安全用电要求”。

ABB 安全用电七步法

第一步：开工前的准备（进行现场风险评估或危害分析）。

1）作业时持有清晰的作业许可（工作票）。

2）如果需要，针对特殊的电气系统，应由获得相关电气作业资质的人员申请作业许可。

3）确保作业人员能胜任作业。

4）检查用于作业的工具。

5）依据风险评估和 ABB 电弧防护服矩阵图，选择适当量级的电弧防护服及相关设备。

6）让负责该电器设备或系统的人员参与查看电路图及开关布置。

7）确定合适的作业方案并开始作业许可申请流程。

第二步：明确工作地点和设备。

充分使用各种感觉（视觉、听觉、嗅觉）去发现作业区域中的问题，并通过栅栏、围栏和标定设备等方式去划定作业区域。在此期间，应避免任何干扰工作的行为，如闲谈、发微信等。

第三步：断开所有的连接并避免重接。

断电作业时，应按第一步的要求穿戴合适的个人防护用品。当断电作业由客户进行时，应保持安全的距离并查看其断电作业，然后执行上锁 / 挂牌操作。

第四步：验证已断电。

使用合适、额定且经过检测的验电设备，并按照第一步的要求穿戴合适的个人防护用品。检测并确认验电设备完好是非常重要的。应在断电前后按照验电设备生产厂家的说明自行进行验电设备的检测。这是一项标准的作业程序，没有任何例外情况。

第五步：实施接地和短接。

对于设计有接地开关或使用便携式设备进行接地和短接的设备，在作业前需闭合并锁定接地开关。如果接地作业由客户进行，那么作为验证上锁 / 挂牌操作的一部分，电气安全负责人应确保正确完成接地作业，而且在执行“ABB 安全用电七步法”的过程中，电气安全负责人还需与作业团队一起实地验证作业许可中提到的各项安全措施。

第六步：对邻近的带电体实施防护，靠近裸露的带电体时采取特殊防护。

确定最小的安全距离，必要时使用绝缘防护帘，锁定柜子和进线室。如果需要在受限的电气接触范围内或邻近带电体的空间内作业，就需要采取特殊的防护措施。例如，使用合适的绝缘手套和绝缘工具。

第七步：签发并落实作业许可。

电气安全负责人需完成作业许可中要求的工作，验证作业许可中规定的各项安全措施已被严格地执行,具体措施如下。

1)检查隔离点。

2)确保所有线路已被安全地隔离。

3)确保所有设备已被上锁和挂牌。

4)确保设备已被正确地接地。

5)回答工作组的问题,让工作组在作业许可上签字。

6)确保可以安全地进行工作。

7)验证作业许可。

任务四　电气线路安全

电气线路安全要求、常见故障检查和巡视检查是使电气线路满足供电可靠性的重要保证,是电力系统安全运行的重要组成部分。

一、电气线路安全的基本要求

(一)导电能力

导线的导电能力包含发热条件、电压损失和短路电流三方面的要求。

1. 发热条件

为防止线路过热,保证线路正常工作,导线运行时的最高温度不得超过下列限值。

1)橡胶绝缘线:65 ℃。

2)塑料绝缘线:70 ℃。

3)裸线:70 ℃。

4)铅包或铝包电缆:80 ℃。

5)塑料电缆:65 ℃。

2. 电压损失

电压损失是受电端电压与供电端电压的代数差。电压损失过大,不但用电设备不能正常工作,而且可能导致电器设备和电气线路发热。

电压过高将导致电器设备的铁芯磁通增大和照明线路电流增大;电压过低可能导致接触器等吸合不牢,吸引线圈电流增大。对于恒功率输出的电动机,电压过低将导致电流增大;过分低的电压还可能导致电动机堵转。以上这些情况都将导致电器设备损坏和电气线路发热。

我国有关标准规定,对于供电电压, 10 kV 及以下动力线路的电压损失不得超过额定电压的 ±7%,低压照明线路和农业用户线路的电压损失不得超过额定电压的 −10%~7%。

3. 短路电流

为了保证在短路时速断保护装置能可靠动作,短路时必须有足够大的短路电流。这就要求导线的截面面积不能太小。另一方面,由于短路电流较大,导线应能承受短路电流的冲击而不被破坏。

（二）机械强度

运行中的导线会受到自重、风力、热应力、电磁力和覆冰重力的作用，因此导线必须有足够的力学强度。架空线路导线的截面面积不得小于表 5-4-4-1 中所列数值；低压配线的截面面积不得小于表 5-4-4-2 中所列数值。

表 5-4-4-1　架空线路导线的最小截面面积

单位：mm^2

类别	铜线	铝及铝合金线	铁线
单股	6	10	6
多股	6	16	10

表 5-4-4-2　低压配线的最小截面面积

单位：mm^2

类别		铜芯软线	铜线	铝线
移动式设备的电源线	生活用	0.2	—	—
	生产用	1.0	—	—
吊灯引线	民用建筑，户内	0.4	0.5	1.5
	工业建筑，户内	0.5	0.8	2.5
	户外	1.0	1.0	2.5
支点间距离为 d 的支承件上的绝缘导线	$d \leqslant 1$ m，户内	—	1.0	1.5
	$d \leqslant 1$ m，户外	—	1.5	2.5
	$d \leqslant 2$ m，户内	—	1.0	2.5
	$d \leqslant 2$ m，户外	—	1.5	2.5
	$d \leqslant 6$ m，户内	—	2.5	4.0
	$d \leqslant 6$ m，户外	—	2.5	6.0
接户线	$\leqslant 10$ m	—	2.5	6.0
	$\leqslant 25$ m	—	4.0	10.0
穿管线		1.0	1.0	2.5
塑料护套线		—	1.0	1.5

应注意，移动式设备的电源线和吊灯引线必须使用铜芯软线；除穿管线之外，其他形式的配线不得使用软线。

（三）间距

电气线路与建筑物、树木、地面、水面、其他电气线路以及各种工程设施之间的安全距离应符合国家相关标准、规范的要求。

架空线路电杆的埋设深度不得小于 2 m，并不得小于杆高的 1/6。

接户线和进户线的故障比较多见。安装低压接户线时，应当满足以下各项间距要求。

1）如下方是交通要道，接户线与地面的最小垂直距离不得小于 6 m；在交通困难的场合，接户线与地面的最小垂直距离不得小于 3.5 m。

2）接户线不宜跨越建筑物，必须跨越时，与建筑物的最小垂直距离不得小于 2.5 m。

3）接户线与建筑物突出部位的距离不得小于 0.15 m，与下方阳台的垂直距离不得小于 2.5 m，与下方窗户的垂直距离不得小于 0.3 m，与上方窗户或阳台的垂直距离不得小于 0.8 m，与窗户或阳台的水平距离不得小于 0.8 m。

4）接户线与通信线路交叉，接户线在上方时，两者的垂直距离不得小于 0.6 m；接户线在下方时，两者的垂直距离不得小于 0.3 m。

5）接户线与树木之间的最小距离不得小于 0.3 m。

如不能满足上述间距要求，则必须采取其他防护措施。

除以上对安全距离的要求外，还应注意：接户线长度一般不得超过 25 m，接户线应采用绝缘导线，接户线不得有接头。

（四）导线连接

导线有焊接、压接、缠接等多种连接方式，导线连接必须紧密。原则上，导线连接处的力学强度不得低于原导线力学强度的 80%；绝缘强度不得低于原导线的绝缘强度；电阻不得大于原导线电阻的 1.2 倍。

二、电气线路常见故障

（一）架空线路和电缆线路故障

1. 架空线路故障

架空线路敞露在大气中，容易受到气候、环境条件等因素的影响。

当风力超过杆塔的稳定度或力学强度时，将使杆塔歪倒或损坏。如杆塔锈蚀或腐朽，正常风力也可能导致这种事故的发生。大风还可能导致混线及线路接地事故。降雨可能造成停电或倒杆事故，其中毛毛细雨能使脏污的绝缘子闪络，造成停电；倾盆大雨可能导致山洪爆发冲倒电杆。线路遭受雷击，可能使绝缘子闪络或击穿。在雨雪季节，导线覆冰将增加线路的机械负载，增大导线的弧垂，导致导线高度不够；覆冰脱落时，又会导致导线跳动，造成混线。在严冬季节，导线收缩将增大导线的拉力，可能拉断导线。在高温季节，导线将因温度升高而松弛，弧垂加大，可能导致对地放电。大雾天气可能造成绝缘子闪络。

鸟类筑巢、树木生长、邻近的开山采石或工程施工、风筝及其他抛物均可能造成线路短路或接地。

在某些地区，工业污秽、海风中的盐雾、空气中的尘埃等污秽物会渐渐积累并附着在输电线路的绝缘子表面，形成污秽层。这些污秽层中可能含有酸、碱和盐的成分，虽然其在干燥时导电性不好，但遇水受潮后，将具有较大的导电系数。当遇降雨、下雾等不良天气时，污秽的绝缘子的绝缘强度大大降低，引起绝缘子在正常运行电压下闪络，造成大面积停电，称为线路的污闪事故。

污闪事故是由绝缘子表面脏污引起的。一般灰尘容易被雨水冲刷掉，对绝缘子的绝缘性能的影响不大。但是化工、水泥、冶炼等厂矿企业排放出来的烟尘和废气中含有氧化硅、氧化硫、氧化钙等氧化物，沿海地区的大气中含有氯化钠，其对绝缘子的危害极大。

2. 电缆线路故障

就现象而言，电缆线路故障包含机械损伤、铅皮（铝皮）龟裂、胀裂、终端头污闪、终端头或中间接头爆炸、绝缘击穿、金属护套腐蚀穿孔等故障。就原因而言，电缆线路故障包含外力破坏、化学腐蚀或电解腐蚀、雷击、水淹、虫害、施工不妥、维护不当等故障。

电缆线路的常见故障和防止方法如下。

1）由于外力破坏的故障占电缆线路故障的 50%。为了防止这类事故，应加强对横穿河流、道路的电缆线路和塔架上的电缆线路的巡视和检查；在电缆线路附近进行地面开挖作业时，应采取有效的安全措施。

2）由于管理不善或施工不良，电缆在运输、敷设过程中可能受到机械损伤；运行中的电缆，特别是直埋电缆，可能由于地面施工或小动物啮咬受到机械损伤。对此，应采取加强管理、保证敷设质量、做好标记、保存好施工资料、严格执行破土动工制度、喷洒灭蚁药剂等措施，保障电缆线路的安全运行。

3）施工、制造质量差或受弯曲、扭转等机械力的作用，可能导致电缆终端头处漏油。对此，应严格施工，并加强巡视。

4）由于质量不高、检查不严、安装不良（如过分弯曲、过分密集等）、环境条件太差（如环境温度太高等）、运行不当（如过负荷、过电压等），运行中的电缆可能发生绝缘击穿，铅（或铝）包发生疲劳、龟裂、胀裂等损伤。对此，除针对以上原因采取措施外，还应加强巡视，发现问题及时处理。

5）由于地下杂散电流和非中性物质的作用，电缆可能受到电化学腐蚀或化学腐蚀。电化学腐蚀是由直流机车及其他直流装置经大地流通的电流造成的；化学腐蚀是由土壤中的酸、碱、氯化物、有机体腐烂物、炼铁炉灰渣等杂物造成的。对此，可采取在电缆表面涂沥青、将电缆装于保护管内等措施予以预防。电缆与直流机车轨道平行时，两者应保持 2 m 以上的距离或采取隔离措施，并定期挖开泥土，查看电缆受腐蚀的情况。

6）浸水、导体连接不好、制造不良、超负荷运行以及污闪等原因均可能导致电缆终端头或中间接头爆炸。对此，应针对不同原因采取适当的措施，并加强检查和维修。

应指出，过热是电气线路的常见故障，但线路过热可能是由多种原因造成的。例如，线路过载、接触不良、线路散热条件被破坏、运行环境温度过高、短路（包括金属性短路和非金属性短路）、严重漏电、三相电动机堵转、三相电动机缺相运行、电动机过于频繁地启动等不安全状态均可能导致线路过热。

（二）线路绝缘故障

1. 绝缘损坏

绝缘损坏后依据损坏的程度可能出现以下两种情况。

（1）绝缘完全损坏导致短路

短路时，流过线路的电流增大为正常工作电流的数倍到数十倍，而导线发热量与电流的平方成正比，以致发热量急剧增加，短时间内即可能起火燃烧。如短路时发生弧光放电，高温电弧可能烧伤邻近的工作人员，也可能直接引起燃烧。此外，在短路状态下，一些裸露的导体将带有危险的故障电压，可能给人以致命的电击。

（2）绝缘未完全损坏导致漏电

漏电是电击事故最多见的原因之一。漏电时，漏电处局部发热，局部温度过高可能直接导致起火，亦可能使绝缘进一步损坏，形成短路，由短路引起火灾。此外，如果导体接地，由于接地电流与短路电流相差甚远，虽然线路不致被接地电流产生的热量引燃起火，但接地处的局部发热和电弧可导致起火燃烧。

2. 接触不良

电气连接部位包括导体间的永久性连接（如焊接）、可拆卸连接（如导线与接线端子的螺丝连接）和工作性活动连接（如各种电器的插头）。连接部位是电气线路的薄弱环节。连接部位接触不良，则接触电阻增大，必然造成连接部位发热量增加，乃至产生危险温度，构成引燃源。如连接部位松动，则可能发生放电打火，构成引燃源。

尤其是铜导体与铝导体的连接，如没有铜铝过渡段，经过一段时间的使用之后，很容易成为引燃源。铜导体与铝导体直接连接时，容易起火的原因如下。

（1）铝导体表面的氧化膜

铝导体在空气中数秒即能形成厚度为 3~6 μm 的高电阻氧化膜。氧化膜将大幅度提高接触电阻，使连接部位发热，产生危险温度。接触电阻过大会造成回路阻抗增大，减小短路电流，延长短路保护装置的动作时间，甚至阻碍短路保护装置动作，这也增大了火灾的危险性。

（2）铜和铝的热胀系数不同

铝的热胀系数较铜大 36%，直接连接的铜、铝端子发热时，铜端子受铝端子挤压而变形且在冷却后不能完全复原。经多次反复后，连接处逐渐松弛，接触电阻增大；如连接处出现微小的缝隙，则空气进入并导致铝导体表面氧化，接触电阻大大增大，接触状态将急剧恶化。

（3）铜和铝的化学性能不同

铝为 3 价元素，铜为 2 价元素。因此，当有水分进入铜、铝之间的缝隙时，将发生电化学反应，使铝导体腐蚀，必然导致接触状态迅速恶化。

（4）氯化氢的产生

当温度超过 75 ℃，且持续时间较长时，端子或导线上的聚氯乙烯绝缘将分解出氯化氢气体。这种气体对铝有腐蚀作用，从而增大接触电阻。正因为如此，在潮湿的场所或室外铝与铜不能直接连接，而必须采用铜铝过渡段。

3. 严重过载

过载将使绝缘加速老化。如过载太大或过载时间太长，将造成导线过热，带来起火的危险。此外，过载还会增大线路的电压损失。

过载的主要原因有二：一是使用者私自接用大量用电设备造成过载；二是设计者没有充分考虑发展的需要，裕量留得太小而造成过载。应当指出，电气线路在冷态情况下短时间适量过载是允许的，但必须严格控制过载时间和过载量。

4. 断线

断线可能造成接地、混线、短路等多种事故。导线断落在地面或接地导体上可能导致电击事故。导线断开或拉脱时产生的电火花以及架空线路导线摆动、跳动时产生的电火花均可能引燃邻近的可燃物。此外，三相线路断开一相将造成三相设备不对称运行，可能烧坏设备；中性线（工作零线）断开也可能造成负载三相电压不平衡，烧坏用电设备。

5. 间距不足和防护不善

线路安装中最为多见的问题是间距不足。间距不足可能导致碰撞短路、电击、漏电等事故；间距不足还妨碍正常操作。间距不足导致的事故主要是由以下三方面原因造成的：一是施工质量差，没有严格地按照规范设计和安装；二是运行维护不当或长时间不维护检修；三是某些人员不顾原有的电气装备，违反规程，冒险施工。

如果做线路设计时没有充分考虑防护方面的要求，则导线很容易受到外界各种有害因素的影响。

6. 保护导体带电

保护导体带电除可能导致电器设备外壳带电外，还可能引发火灾。在下列情况下，保护导体可能带电。

1）接地方式与接零方式混合使用，且接地的设备漏电。

2）保护导体（包括 PE 线和 PEN 线）断开（或接触不良），且后方有接地的设备漏电。

3）TN-C 系统中的保护导体（PEN 线）断开（或接触不良），且后方有不平衡负荷。

4）保护导体（包括 PE 线和 PEN 线）阻抗太大，末端接零设备漏电。

5）TN-C 系统中的 PEN 线阻抗较大，且不平衡负荷太大。

6）在 TN-S 系统中，单相负荷接在相线和 PE 线上。

7）某一相线故障接地。

8）某一相线经负载接地。

9）保护导体与其他系统的保护导体连通，其他系统的保护导体带电。

10）感应带电。

三、线路巡视检查

巡视检查是运行维护的基本内容之一。通过巡视检查可及时发现缺陷，以便采取防范措施，保障线路的安全运行。巡视人员应将发现的缺陷记录下来，并及时报告上级。

（一）架空线路巡视检查

架空线路巡视分为定期巡视、特殊巡视和故障巡视。定期巡视是日常工作内容之一，如对于 10 kV 及 10 kV 以下的线路，至少每季度巡视一次。特殊巡视是运行条件突然变化后的巡视，如雷雨、大雪、重雾天气后的巡视，地震后的巡视等。故障巡视是发生故障后的巡视，在巡视中一般不得独自排除故障。

架空线路巡视检查主要包括以下内容。

1）沿线路的地面上是否堆放有易燃、易爆或强烈腐蚀性物质；沿线路附近有无危险建筑物，有无在雷雨或大风天气可能对线路造成危害的建筑物及其他设施；线路上有无树枝、风筝、鸟巢等杂物，如有应设法清除。

2）电杆有无倾斜、变形、腐朽、损坏及基础下沉等现象；横担和金具是否移位，固定是否牢固，焊缝是否开裂，是否缺少螺母等。

3）导线和避雷线有无断股、背花、腐蚀、外力破坏造成的伤痕；导线接头是否良好，有无过热、严重氧化、腐蚀痕迹；导线与地、邻近建筑物或邻近树木的距离是否符合要求。

4）绝缘子有无破裂、脏污、烧伤及闪络痕迹；绝缘子串偏斜程度，绝缘子铁件损坏情况。

5）拉线是否完好、是否松弛，绑扎线是否紧固，螺丝是否锈蚀等。

6）保护间隙（放电间隙）的大小是否合格；避雷器瓷套有无破裂、脏污、烧伤及闪络痕迹，密封是否良好，固定有无松动；避雷器的引线有无断股，连接是否良好；避雷器的引下线是否完好，固定有无变化，接地体是否外露，连接是否良好。

（二）电缆线路巡视检查

电缆线路的定期巡视一般为每季度一次；对户外电缆终端头，每月巡视一次。电缆线路巡视检查主要包括以下内容。

（1）直埋电缆

检查线路标桩是否完好；沿线路的地面上是否堆放有矿渣、建筑材料、瓦砾、垃圾及其他重物，有无临时建筑；线路附近的地面是否开挖；线路附近有无酸、碱等腐蚀性排放物，地面上是否堆放有石灰等可造成腐蚀的物质；露出地面的电缆有无保护管保护，保护管有无损坏或锈蚀，固定是否牢固；电缆引入室内处的封堵是否严密；在洪水期间或暴雨过后，巡视附近有无严重冲刷或塌陷现象等。

（2）沟道内的电缆线路

检查沟道的盖板是否完整无缺；沟道是否渗水，沟道内有无积水，沟道内是否堆放有易燃、易爆物品；电缆铠装或铅包有无腐蚀，全塑电缆有无被老鼠啮咬的痕迹；在洪水期间或暴雨过后，巡视室内沟道是否进水，室外沟道泄水是否畅通等。

（3）电缆终端头和中间接头

检查终端头的瓷套管有无裂纹、脏污及闪络痕迹，充有电缆胶（油）的终端头有无溢胶（漏油）现象；接线端子连接是否良好，有无过热迹象；接地线是否完好，有无松动；中间接头有无变形，温度是否过高等。

（4）明敷的电缆

检查沿线的挂钩或支架是否牢固；电缆外皮有无腐蚀或损伤；线路附近是否堆放有易燃、易爆或强烈腐蚀性物质等。

四、电缆桥架、线槽的安装及敷线

电缆桥架、线槽是电气线路敷设的主要方式之一，其优点是便于维修、更换线路。桥架、线槽的安装及敷线要符合《建筑电气工程施工质量验收规范》（GB 50303—2015）的要求。

（一）电缆桥架和线槽的安装要求

1）金属桥架和线槽及其支架全长不少于 2 处与接地（PE）或接零（PEN）干线相连接。

2）非镀锌桥架间连接板的两端及非镀锌线槽间连接板两端要跨接铜芯接地线，其最小截面面积不小于 4 mm^2。

3）镀锌桥架间连接板的两端及镀锌线槽间连接板的两端不跨接接地线，但连接板的两端不少于 2 个有防松螺帽或防松垫圈的连接固定螺栓。

4）桥架应敷设在易燃、易爆气体管道和热力管道的下方，与管道的最小净距应符合表 5-4-4-3 中的规定。

表 5-4-4-3　桥架与管道的最小净距　单位：m

管道类别		平行净距	交叉净距
一般工艺管道		0.4	0.3
热力管道	有保温层	0.5	0.36
	无保温层	0.1	0.5
易燃、易爆气体管道		0.5	0.5

5）敷设在竖井内和穿越不同防火区的桥架，按设计要求的位置采取防火隔堵措施。

6）桥架与支架间的螺栓、桥架连接板的螺栓固定牢固，螺母位于桥架外侧。

（二）桥架内的敷线要求

1）大于 45° 倾斜敷设的电缆每隔 2 m 设固定点。

2）水平敷设的电缆，首尾两端、转弯两侧及每隔 5~10 m 设固定点。

3）敷设于垂直桥架内的电缆，每隔 1 m 设固定点。

4）电缆的首端、末端和分支处应设标志牌。

（三）线槽内的敷线要求

1）同一回路的相线和零线，敷设于同一金属线槽内。

2）电线在线槽内有一定的余量，不得有接头。电线按回路编号分段绑扎，绑扎间距不大于 2 m。

3）同一电源的不同回路无抗干扰要求的线路可敷设于同一线槽内，有抗干扰要求的线路应使用隔板隔离或用屏蔽电线并要求屏蔽护套一端接地。

4）当采用多相供电时，电线的绝缘层颜色应一致，即保护地线（PE 线）应是黄绿相间色，零线为淡蓝色，L_1 相线为黄色，L_2 相线为绿色，L_3 相线为红色。

【任务实践训练】

学习“临时电气线路安全管理规定”示例，根据所学知识，填写“临时电气线路敷设审批表”（表 5-4-4-4）。

临时电气线路安全管理规定

临时电气线路是因生产、辅助生产、维修的需要，临时引接的使用电压为 380 V 及以下和使用期限不超过 3 个月的非正式的电气线路。

1. 架设临时电气线路的申请

1）在正常情况下，一般不得敷设和使用临时电气线路。凡因生产、辅助生产或维修，急需敷设临时电气线路时，应填写“临时电气线路敷设审批表”。由申请人填写，使用单位领导签字同意，生产技术部审查核实后，方可架设临时电气线路。

2）生产技术部负责检查临时电气线路的敷设和使用情况，发现手续和敷设不符合安全标准的，有权令其停止使用或拆除。

2. 临时电气线路的敷设和管理

1）临时电气线路必须由有电工操作合格证的电工按照《工业及民用电气装置管理规程》的要求敷设。

2）临时电气线路只允许在期限内使用，到期后由使用单位负责拆除。

3）临时电气线路必须保证安全，绝缘程度达到要求，使用负荷与线路规格必须匹配，接头处包扎可靠，无裸露部分。

4）采取悬架或沿墙架设时，应用瓷瓶固定。导线距地面的高度：室内应≥ 2.5 m；室外应≥ 3.5 m；跨越道路交叉路口时应≥ 5 m。临时电气线路与设备、管道、门窗等的安全距离应≥ 0.3 m。

5）严禁在各种支架、管道、树木和脚手架上挂设临时电气线路；严禁在有高压线物品，及存在燃易爆、易被刺割、腐蚀、碾压等危险的场地架设临时电气线路。

6）临时电气线路一般不得拖地敷设，如确属需要应安装可靠的套管，防止磨损和破裂。

表 5-4-4-4 临时电气线路敷设审批表

项目	内容		备注
申请单位			
接线地点			
临时接线原因			
防护措施			
临时接线示意图			
使用期限	起	止	
	年 月 日	年 月 日	
申请人			
单位领导意见			
生产技术部意见			
实施单位意见			
安装人员签名			

思考与练习题

一、选择题

1）大部分的触电死亡事故是（　　）造成的。

A. 电伤　B. 摆脱电流　C. 电击　D. 电烧伤

2）绝缘、屏护和间距是防止（　　）的安全措施。

A. 电磁场伤害　B. 间接接触电击　C. 静电电击　D. 直接接触电击

3）具有 2 区或 22 区爆炸危险场所的建筑物，属于第（　　）防雷建筑物。

A. 一类　B. 二类　C. 三类

4）外壳能承受已进入外壳内部的可燃性混合物的内部爆炸而不损坏，并且不会通过外壳上的任何接合面或结构孔引燃外部的爆炸性物质的电器设备，是（　　）电器设备。

A. 增安型　B. 安全型　C. 隔爆型　D. 充油型

5）可燃物质可能出现的最高浓度不超过爆炸下限值的（　　）%，可判定为非危险区域。

A.10　B.15　C.20　D.25

6）电源容量≥ 100 kV·A 时，低压电器设备保护接地的电阻允许值为（　　）Ω。

A.50　B.20　C.10　D.4

7）保护接零线与工作零线完全分开的（　　）系统，可用于有爆炸危险、火灾危险性较大或对安全要求较高的场所。

A.TN-C-S　B.TN-S　C.TN-C

8）由两个独立电源供电，即要求每段母线的电源来自不同的发电机，是（　　）供电负荷的要求。

A. 一级　B. 二级　C. 三级

9）直埋电缆埋设深度不应小于 0.7 m，并应位于（　　）之下。

A. 地表层　B. 防水层　C. 冻土层

10）所有电器设备的保护接零线均应以（　　）方式接在电源的零线上。

A. 直联　B. 并联　C. 串联

附：选择题答案：

1	2	3	4	5	6	7	8	9	10
C	D	B	C	A	D	B	A	C	B

二、简答题

1）电流对人体的伤害程度与哪些因素有关？

2）什么是直接接触电击？什么是间接接触电击？

3）哪些情况和位置可能发生跨步电压触电？

4）简述脱离低压电源的方法。

5)怎样对不同情况的触电者进行急救?

6)简述Ⅱ类电气设备的结构特点及适用场所。

7)什么是保护接地? 哪些设备、装置需采用保护接地?

8)哪些场所必须安装漏电保护器?

9)简述化工生产中消除静电的方法。

10)简述雷电的危害。

11)哪些装置、设备、设施需考虑直击雷防护?

12)简述电气火灾和爆炸的原因。

13)什么是爆炸性气体环境? 怎样分区?

14)什么是火灾危险环境? 怎样分区?

15)在哪些情况下应立即将电动机紧急停机?

16)什么是防爆灯? 简述电气照明系统的防火防爆措施。

安全生产与防护

模块六

职业安全与防护

【模块导读】

生产工作场所常常伴有各种会对人体健康造成伤害的危害因素，长期接触职业病危害因素会对人身体造成严重损伤，甚至致残致死。了解并掌握消除或减少危害因素的措施、方法、设备操作规程等，同时掌握各种个体防护用品的使用方法，使工作人员在工作中进行正确全面的个体防护对保证职业健康和人身安全是极其重要的。

单元一　做好个体防护

【阅读材料】

2010 年 7 月 6 日上午，某造纸厂污水处理车间员工孙某接班后，日常巡检车间的运转设备，当巡检到污水处理中转贮存池的 1 号抽水泵时，听到设备声音异常，便通知当班生产调度，请求派人维修处理。接到通知后，当班维修班长曹某带领 5 名员工赶赴现场进行维修作业，在未进行个体防护的情况下，下池底进行清淤疏堵作业。作业中，池底污水所含有毒有害气体溢出，导致曹某中毒晕倒，随后赶来的 5 名员工盲目施救，相继晕倒在污水处理中转贮存池内，事故造成 4 人死亡 1 人受伤。

导致该起中毒事故的原因是什么？

经过事故调查，企业没有制定针对污水池设施、设备的检修安全操作规程，也没有制定保证职业健康的措施，造成员工在实际工作中无章可循。企业忽视对污水池有毒物质的预防和检查，且自投产之日起一直没有对污水处理工程进行安全审查验收，也没有进行职业健康危害评价和有毒作业的分级辨识工作，对存在的危害员工安全及职业健康的有害因素缺乏必要的认识。

污水池维修及后续抢救人员缺乏基本的自我保护意识，进入危险工作现场时未佩戴防毒面具，最终造成中毒事故。

任务一　识别职业性有害因素

广义上讲，在生产过程中、劳动过程中、作业环境中存在的危害从业人员健康的因素，都是职业性有害因素。狭义上的职业性有害因素专指《职业病危害因素分类目录》（国卫疾控发〔2015〕92 号）中规定的有害因素。在文件中，职业性有害因素共分为六类，分别是粉尘因素类、化学因素类、物理因素类、放射性因素类、生物因素类及其他因素类。

1）粉尘因素，包括矽尘（游离 SiO_2 含量≥ 10%）等 51 种粉尘和可导致职业病的其他粉尘。

2）化学因素，包括铅及其化合物（不包括四乙基铅）等374种化学物质和可导致职业病的其他化学因素。

3）物理因素，包括噪声等14种物理因素和可导致职业病的其他物理因素。

4）放射性因素，包括密封放射性源产生的电离辐射（主要产生γ、中子等射线）等7种放射性因素和可导致职业病的其他放射性因素。

5）生物因素，包括艾滋病病毒等7种生物因素和可导致职业病的其他生物因素。

6）其他因素，包括金属烟、井下不良作业条件和刮岩作业3种职业危害因素。

各种职业性有害因素详见表6-1-1-1至表6-1-1-6。

表6-1-1-1　职业性有害因素（粉尘因素）

序号	名称	CAS号
1	矽尘（游离 SiO_2 含量≥10%）	14808-60-7
2	煤尘	
3	石墨粉尘	7782-42-5
4	炭黑粉尘	1333-86-4
5	石棉粉尘	1332-21-4
6	滑石粉尘	14807-96-6
7	水泥粉尘	
8	云母粉尘	12001-26-2
9	陶土粉尘	
10	铝尘	7429-90-5
11	电焊烟尘	
12	铸造粉尘	
13	白炭黑粉尘	112926-00-8
14	白云石粉尘	
15	玻璃钢粉尘	
16	玻璃棉粉尘	65997-17-3
17	茶尘	
18	大理石粉尘	1317-65-3
19	二氧化钛粉尘	13463-67-7
20	沸石粉尘	
21	谷物粉尘（游离 SiO_2 含量<10%）	
22	硅灰石粉尘	13983-17-0
23	硅藻土粉尘（游离 SiO_2 含量<10%）	61790-53-2
24	活性炭粉尘	64365-11-3
25	聚丙烯粉尘	9003-07-0
26	聚丙烯腈纤维粉尘	

续表

序号	名称	CAS 号
27	聚氯乙烯粉尘	9002-86-2
28	聚乙烯粉尘	9002-88-4
29	矿渣棉粉尘	
30	麻尘（亚麻、黄麻和苎麻）（游离 SiO_2 含量 <10%）	
31	棉尘	
32	木粉尘	
33	膨润土粉尘	1302-78-9
34	皮毛粉尘	
35	桑蚕丝尘	
36	砂轮磨尘	
37	石膏（硫酸钙）粉尘	10101-41-4
38	石灰石粉尘	1317-65-3
39	碳化硅粉尘	409-21-2
40	碳纤维粉尘	
41	稀土粉尘（游离 SiO_2 含量 <10%）	
42	烟草尘	
43	岩棉粉尘	
44	萤石混合性粉尘	
45	珍珠岩粉尘	93763-70-3
46	蛭石粉尘	
47	重晶石（硫酸钡）粉尘	7727-43-7
48	锡及其化合物粉尘	7440-31-5（锡）
49	铁及其化合物粉尘	7439-89-6（铁）
50	锑及其化合物粉尘	7440-36-0（锑）
51	硬质合金粉尘	
52	以上未提及的可导致职业病的其他粉尘	

表 6-1-1-2　职业性有害因素（化学因素）

序号	名称	CAS 号
1	铅及其化合物（四乙基铅单列）	7439-92-1（铅）
2	汞及其化合物	7439-97-6（汞）
3	锰及其化合物	7439-96-5（锰）
4	镉及其化合物	7440-43-9（镉）
5	铍及其化合物	7440-41-7（铍）
6	铊及其化合物	7440-28-0（铊）

续表

序号	名称	CAS 号
7	钡及其化合物	7440-39-3(钡)
8	钒及其化合物	7440-62-6(钒)
9	磷及其化合物(磷化氢、磷化锌、磷化铝、有机磷单列)	7723-14-0(磷)
10	砷及其化合物(砷化氢单列)	7440-38-2(砷)
11	铀及其化合物	7440-61-1(铀)
12	砷化氢	7784-42-1
13	氯气	7782-50-5
14	二氧化硫	7446-9-5
15	光气(碳酰氯)	75-44-5
16	氨	7664-41-7
17	偏二甲基肼(1,1-二甲基肼)	57-14-7
18	氮氧化合物	
19	一氧化碳	630-08-0
20	二硫化碳	75-15-0
21	硫化氢	7783-6-4
22	磷化氢、磷化锌、磷化铝	7803-51-2、1314-84-7、20859-73-8
23	氟及其无机化合物	7782-41-4(氟)
24	氰及其腈类化合物	460-19-5(氰)
25	四乙基铅	78-00-2
26	有机锡	
27	羰基镍	13463-39-3
28	苯	71-43-2
29	甲苯	108-88-3
30	二甲苯	1330-20-7
31	正己烷	110-54-3
32	汽油	
33	一甲胺	74-89-5
34	有机氟聚合物单体及其热裂解物	
35	二氯乙烷	1300-21-6
36	四氯化碳	56-23-5
37	氯乙烯	1975-1-4
38	三氯乙烯	1979-1-6
39	氯丙烯	107-05-1
40	氯丁二烯	126-99-8
41	苯的氨基及硝基化合物(三硝基甲苯单列)	

续表

序号	名称	CAS 号
42	三硝基甲苯	118-96-7
43	甲醇	67-56-1
44	酚	108-95-2
45	五氯酚及其钠盐	87-86-5（五氯酚）
46	甲醛	50-00-0
47	硫酸二甲酯	77-78-1
48	丙烯酰胺	1979-6-1
49	二甲基甲酰胺	1968-12-2
50	有机磷	
51	氨基甲酸酯类	
52	杀虫脒	19750-95-9
53	溴甲烷	74-83-9
54	拟除虫菊酯	
55	铟及其化合物	7440-74-6（铟）
56	溴丙烷（1- 溴丙烷；2- 溴丙烷）	106-94-5；75-26-3
57	碘甲烷	74-88-4
58	氯乙酸	1979-11-8
59	环氧乙烷	75-21-8
60	氨基磺酸铵	7773-06-0
61	氯化铵烟	12125-02-9（氯化铵）
62	氯磺酸	7790-94-5
63	氢氧化铵	1336-21-6
64	碳酸铵	506-87-6
65	α- 氯乙酰苯	532-27-4
66	对特丁基甲苯	98-51-1
67	二乙烯基苯	1321-74-0
68	过氧化苯甲酰	94-36-0
69	乙苯	100-41-4
70	碲化铋	1304-82-1
71	铂化物	
72	1,3- 丁二烯	106-99-0
73	苯乙烯	100-42-5
74	丁烯	25167-67-3
75	二聚环戊二烯	77-73-6
76	邻氯苯乙烯（氯乙烯苯）	2039-87-4
77	乙炔	74-86-2

续表

序号	名称	CAS 号
78	1,1- 二甲基 -4,4' - 联吡啶欠鎓盐二氯化物(百草枯)	1910-42-5
79	2-N- 二丁氨基乙醇	102-81-8
80	2- 二乙氨基乙醇	100-37-8
81	乙醇胺(2- 氨基乙醇)	141-43-5
82	异丙醇胺(1- 氨基 -2- 二丙醇)	78-96-6
83	1,3- 二氯 -2- 丙醇	96-23-1
84	苯乙醇	60-12-18
85	丙醇	71-23-8
86	丙烯醇	107-18-6
87	丁醇	71-36-3
88	环已醇	108-93-0
89	己二醇	107-41-5
90	糠醇	98-00-0
91	氯乙醇	107-07-3
92	乙二醇	107-21-1
93	异丙醇	67-63-0
94	正戊醇	71-41-0
95	重氮甲烷	334-88-3
96	多氯萘	70776-03-3
97	蒽	120-12-7
98	六氯萘	1335-87-1
99	氯萘	90-13-1
100	萘	91-20-3
101	萘烷	91-17-8
102	硝基萘	86-57-7
103	蒽醌及其染料	84-65-1(蒽醌)
104	二苯胍	102-06-7
105	对苯二胺	106-50-3
106	对溴苯胺	106-40-1
107	卤化水杨酰苯胺(N- 水杨酰苯胺)	
108	硝基萘胺	776-34-1
109	对苯二甲酸二甲酯	120-61-6
110	邻苯二甲酸二丁酯	84-74-2
111	邻苯二甲酸二甲酯	131-11-3
112	磷酸二丁基苯酯	2528-36-1
113	磷酸三邻甲苯酯	78-30-8

续表

序号	名称	CAS 号
114	三甲苯磷酸酯	1330-78-5
115	1,2,3- 苯三酚（焦棓酚）	87-66-1
116	4,6- 二硝基邻苯甲酚	534-52-1
117	N,N- 二甲基 -3- 氨基苯酚	99-07-0
118	对氨基酚	123-30-8
119	多氯酚	
120	二甲苯酚	108-68-9
121	二氯酚	120-83-2
122	二硝基苯酚	51-28-5
123	甲酚	1319-77-3
124	甲基氨基酚	55-55-0
125	间苯二酚	108-46-3
126	邻仲丁基苯酚	89-72-5
127	萘酚	1321-67-1
128	氢醌（对苯二酚）	123-31-9
129	三硝基酚（苦味酸）	88-89-1
130	氰氨化钙	156-62-7
131	碳酸钙	471-34-1
132	氧化钙	1305-78-8
133	锆及其化合物	7440-67-7（锆）
134	铬及其化合物	7440-47-3（铬）
135	钴及其氧化物	7440-48-4（钴）
136	二甲基二氯硅烷	75-78-5
137	三氯氢硅	10025-78-2
138	四氯化硅	10026-04-7
139	环氧丙烷	75-56-9
140	环氧氯丙烷	106-89-8
141	柴油	
142	焦炉逸散物	
143	煤焦油	8007-45-2
144	煤焦油沥青	65996-93-2
145	木馏油（焦油）	8001-58-9
146	石蜡烟	
147	石油沥青	8052-42-4
148	苯肼	100-63-0
149	甲基肼	60-34-4

续表

序号	名称	CAS 号
150	肼	302-01-2
151	聚氯乙烯热解物	7647-01-0
152	锂及其化合物	7439-93-2(锂)
153	联苯胺(4,4'-二氨基联苯)	92-87-5
154	3,3-二甲基联苯胺	119-93-7
155	多氯联苯	1336-36-3
156	多溴联苯	59536-65-1
157	联苯	92-52-4
158	氯联苯(54% 氯)	11097-69-1
159	甲硫醇	74-93-1
160	乙硫醇	75-08-1
161	正丁基硫醇	109-79-5
162	二甲基亚砜	67-68-5
163	二氯化砜(磺酰氯)	7791-25-5
164	过硫酸盐(过硫酸钾、过硫酸钠、过硫酸铵等)	
165	硫酸及三氧化硫	7664-93-9
166	六氟化硫	2551-62-4
167	亚硫酸钠	7757-83-7
168	2-溴乙氧基苯	589-10-6
169	苄基氯	100-44-7
170	苄基溴(溴甲苯)	100-39-0
171	多氯苯	
172	二氯苯	106-46-7
173	氯苯	108-90-7
174	溴苯	108-86-1
175	1,1-二氯乙烯	75-35-4
176	1,2-二氯乙烯(顺式)	540-59-0
177	1,3-二氯丙烯	542-75-6
178	二氯乙炔	7572-29-4
179	六氯丁二烯	87-68-3
180	六氯环戊二烯	77-47-4
181	四氯乙烯	127-18-4
182	1,1,1-三氯乙烷	71-55-6
183	1,2,3-三氯丙烷	96-18-4
184	1,2-二氯丙烷	78-87-5
185	1,3-二氯丙烷	142-28-9

续表

序号	名称	CAS 号
186	二氯二氟甲烷	75-71-8
187	二氯甲烷	75-09-2
188	二溴氯丙烷	35 407
189	六氯乙烷	67-72-1
190	氯仿(三氯甲烷)	67-66-3
191	氯甲烷	74-87-3
192	氯乙烷	75-00-3
193	氯乙酰氯	79-40-9
194	三氯一氟甲烷	75-69-4
195	四氯乙烷	79-34-5
196	四溴化碳	558-13-4
197	五氟氯乙烷	76-15-3
198	溴乙烷	74-96-4
199	铝酸钠	1302-42-7
200	二氧化氯	10049-04-4
201	氯化氢及盐酸	7647-01-0
202	氯酸钾	3811-04-9
203	氯酸钠	7775-09-9
204	三氟化氯	7790-91-2
205	氯甲醚	107-30-2
206	苯基醚(二苯醚)	101-84-8
207	二丙二醇甲醚	34590-94-8
208	二氯乙醚	111-44-4
209	二缩水甘油醚	
210	邻茴香胺	90-04-0
211	双氯甲醚	542-88-1
212	乙醚	60-29-7
213	正丁基缩水甘油醚	2426-08-6
214	钼酸	13462-95-8
215	钼酸铵	13106-76-8
216	钼酸钠	7631-95-0
217	三氧化钼	1313-27-5
218	氢氧化钠	1310-73-2
219	碳酸钠(纯碱)	3313-92-6
220	镍及其化合物(羰基镍单列)	
221	癸硼烷	17702-41-9

续表

序号	名称	CAS 号
222	硼烷	
223	三氟化硼	7637-07-2
224	三氯化硼	10294-34-5
225	乙硼烷	19287-45-7
226	2- 氯苯基羟胺	10468-16-3
227	3- 氯苯基羟胺	10468-17-4
228	4- 氯苯基羟胺	823-86-9
229	苯基羟胺（苯胲）	100-65-2
230	巴豆醛（丁烯醛）	4170-30-3
231	丙酮醛（甲基乙二醛）	78-98-8
232	丙烯醛	107-02-8
233	丁醛	123-72-8
234	糠醛	98-01-1
235	氯乙醛	107-20-0
236	羟基香茅醛	107-75-5
237	三氯乙醛	75-87-6
238	乙醛	75-07-0
239	氢氧化铯	21351-79-1
240	氯化苄烷胺（洁尔灭）	8001-54-5
241	双 -（二甲基硫代氨基甲酰基）二硫化物（秋兰姆、福美双）	137-26-8
242	α- 萘硫脲（安妥）	86-88-4
243	3-（1- 丙酮基苄基）-4- 羟基香豆素（杀鼠灵）	81-81-2
244	酚醛树脂	9003-35-4
245	环氧树脂	38891-59-7
246	脲醛树脂	25104-55-6
247	三聚氰胺甲醛树脂	9003-08-1
248	1,2,4- 苯三酸酐	552-30-7
249	邻苯二甲酸酐	85-44-9
250	马来酸酐	108-31-6
251	乙酸酐	108-24-7
252	丙酸	79-09-4
253	对苯二甲酸	100-21-0
254	氟乙酸钠	62-74-8
255	甲基丙烯酸	79-41-4
256	甲酸	64-18-6
257	羟基乙酸	79-14-1

续表

序号	名称	CAS 号
258	巯基乙酸	68-11-1
259	三甲基己二酸	3937-59-5
260	三氯乙酸	76-03-9
261	乙酸	64-19-7
262	正香草酸(高香草酸)	306-08-1
263	四氯化钛	7550-45-0
264	钽及其化合物	7440-25-7(钽)
265	锑及其化合物	7440-36-0(锑)
266	五羰基铁	13463-40-6
267	2- 己酮	591-78-6
268	3,5,5- 三甲基 -2- 环己烯 -1- 酮(异佛尔酮)	78-59-1
269	丙酮	67-64-1
270	丁酮	78-93-3
271	二乙基甲酮	96-22-0
272	二异丁基甲酮	108-83-8
273	环己酮	108-94-1
274	环戊酮	120-92-3
275	六氟丙酮	684-16-2
276	氯丙酮	78-95-5
277	双丙酮醇	123-42-2
278	乙基另戊基甲酮(5- 甲基 -3- 庚酮)	541-85-5
279	乙基戊基甲酮	106-68-3
280	乙烯酮	463-51-4
281	异亚丙基丙酮	141-79-7
282	铜及其化合物	
283	丙烷	74-98-6
284	环己烷	110-82-7
285	甲烷	74-82-8
286	壬烷	111-84-2
287	辛烷	111-65-9
288	正庚烷	142-82-5
289	正戊烷	109-66-0
290	2- 乙氧基乙醇	110-80-5
291	甲氧基乙醇	109-86-4
292	围涎树碱	
293	二硫化硒	56093-45-9

续表

序号	名称	CAS 号
294	硒化氢	7783-07-5
295	钨及其不溶性化合物	7740-33-7（钨）
296	硒及其化合物（六氟化硒、硒化氢单列）	7782-49-2（硒）
297	二氧化锡	1332-29-2
298	N,N- 二甲基乙酰胺	127-19-5
299	N-3,4 二氯苯基丙酰胺（敌稗）	709-98-8
300	氟乙酰胺	640-19-7
301	己内酰胺	105-60-2
302	环四次甲基四硝胺（奥克托今）	2691-41-0
303	环三次甲基三硝铵（黑索今）	121-82-4
304	硝化甘油	55-63-0
305	氯化锌烟	7646-85-7（氯化锌）
306	氧化锌	1314-13-2
307	氢溴酸（溴化氢）	10035-10-6
308	臭氧	10028-15-6
309	过氧化氢	7722-84-1
310	钾盐镁矾	
311	丙烯基芥子油	
312	多次甲基多苯基异氰酸酯	57029-46-6
313	二苯基甲烷二异氰酸酯	101-68-8
314	甲苯 -2,4- 二异氰酸酯（TDI）	584-84-9
315	六亚甲基二异氰酸酯（HDI）（1,6- 己二异氰酸酯）	822-06-0
316	萘二异氰酸酯	3173-72-6
317	异佛尔酮二异氰酸酯	4098-71-9
318	异氰酸甲酯	624-83-9
319	氧化银	20667-12-3
320	甲氧氯	72-43-5
321	2- 氨基吡啶	504-29-0
322	N- 乙基吗啉	100-74-3
323	吖啶	260-94-6
324	苯绕蒽酮	82-05-3
325	吡啶	110-86-1
326	二噁烷	123-91-1
327	呋喃	110-00-9
328	吗啉	110-91-8
329	四氢呋喃	109-99-9

续表

序号	名称	CAS 号
330	苊	95-13-6
331	四氢化锗	7782-65-2
332	二乙烯二胺(哌嗪)	110-85-0
333	1,6-己二胺	124-09-4
334	二甲胺	124-40-3
335	二乙烯三胺	111-40-0
336	二异丙胺基氯乙烷	96-79-7
337	环己胺	108-91-8
338	氯乙基胺	689-98-5
339	三乙烯四胺	112-24-3
340	烯丙胺	107-11-9
341	乙胺	75-04-7
342	乙二胺	107-15-3
343	异丙胺	75-31-0
344	正丁胺	109-73-9
345	1,1-二氯-1-硝基乙烷	594-72-9
346	硝基丙烷	25322-01-4
347	三氯硝基甲烷(氯化苦)	76-06-2
348	硝基甲烷	75-52-5
349	硝基乙烷	79-24-3
350	1,3-二甲基丁基乙酸酯(乙酸仲己酯)	108-84-9
351	2-甲氧基乙基乙酸酯	110-49-6
352	2-乙氧基乙基乙酸酯	111-15-9
353	n-乳酸正丁酯	138-22-7
354	丙烯酸甲酯	96-33-3
355	丙烯酸正丁酯	141-32-2
356	甲基丙烯酸甲酯(异丁烯酸甲酯)	80-62-6
357	甲基丙烯酸缩水甘油酯	106-91-2
358	甲酸丁酯	592-84-7
359	甲酸甲酯	107-31-3
360	甲酸乙酯	109-94-4
361	氯甲酸甲酯	79-22-1
362	氯甲酸三氯甲酯(双光气)	503-38-8
363	三氟甲基次氟酸酯	
364	亚硝酸乙酯	109-95-5
365	乙二醇二硝酸酯	628-96-6

续表

序号	名称	CAS 号
366	乙基硫代磺酸乙酯	682-91-7
367	乙酸苄酯	140-11-4
368	乙酸丙酯	109-60-4
369	乙酸丁酯	123-86-4
370	乙酸甲酯	79-20-9
371	乙酸戊酯	628-63-7
372	乙酸乙烯酯	108-05-4
373	乙酸乙酯	141-78-6
374	乙酸异丙酯	108-21-4
375	以上未提及的可导致职业病的其他化学因素	

表 6-1-1-3 职业性有害因素(物理因素)

序号	名称
1	噪声
2	高温
3	低气压
4	高气压
5	高原低氧
6	振动
7	激光
8	低温
9	微波
10	紫外线
11	红外线
12	工频电磁场
13	高频电磁场
14	超高频电磁场
15	以上未提及的可导致职业病的其他物理因素

表 6-1-1-4　职业性有害因素（放射性因素）

序号	名称	备注
1	密封放射源产生的电离辐射	主要产生 γ、中子等射线
2	非密封放射性物质	可产生 α、β、γ 射线或中子
3	X 射线装置（含 CT 机）产生的电离辐射	X 射线
4	加速器产生的电离辐射	可产生电子射线、X 射线、质子、重离子、中子以及感生放射性等
5	中子发生器产生的电离辐射	主要是中子、γ 射线等
6	氡及其短寿命子体	限于矿工高氡暴露
7	铀及其化合物	
8	以上未提及的可导致职业病的其他放射性因素	

表 6-1-1-5　职业性有害因素（生物因素）

序号	名称	备注
1	艾滋病病毒	限于医疗卫生人员及人民警察
2	布鲁氏菌	
3	伯氏疏螺旋体	
4	森林脑炎病毒	
5	炭疽芽孢杆菌	
6	以上未提及的可导致职业病的其他生物因素	

表 6-1-1-6　职业性有害因素（其他因素）

序号	名称	备注
1	金属烟	
2	井下不良作业条件	限于井下工人
3	刮研作业	限于手工刮研作业人员

【任务实践训练】

以你所在的职业院校中的任意一个工作车间为例，说明车间工作环境中可能存在的职业病危害因素有哪些，属于哪一类？

任务二　了解职业病的种类及特点

一、职业病的定义

从医学的角度看，当职业性有害因素作用于人体的强度与时间超过一定限度时，人体不能代偿其造成的功能性或器质性病理改变，从而出现相应的临床症状，影响劳动能力，这类疾病统称为职业病。在《中华人民共和国职业病防治法》（以下简称《职业病防治法》）中，职业病的定义为：企业、事业单位和个体经济组织等用人单位的劳动者在职业活动中，因接触粉尘、放射性物质和其他有毒、有害因素而引起的疾病。因此，可以看出，职业病的定义有广义与狭义之分。广义上是将职业性有害因素所引起的特定疾病统称为职业病；而狭义上的职业病是指立法意义上的，政府所规定的法定职业病，有其特定的范围。本课程要研究的职业病是狭义上的职业病。

二、职业病的种类

我国法定的职业病在最新颁布的《职业病分类与目录》中共有 10 类 132 种，包括：职业性尘肺病及其他呼吸系统疾病 19 种；职业性化学中毒 60 种；物理因素所致职业病 7 种；职业性放射性疾病 11 种；职业性传染病 5 种；职业性皮肤病 9 种；职业性眼病 3 种；职业性耳鼻喉口腔疾病 4 种；职业性肿瘤 11 种；其他职业病 3 种。职业病分类与目录如表 6-1-2-1 所示。

表 6-1-2-1　职业病分类与目录

一、职业性尘肺病及其他呼吸系统疾病	
1. 硅肺	11. 电焊工尘肺
2. 煤工尘肺	12. 铸工尘肺
3. 石墨尘肺	13. 其他尘肺
4. 炭黑尘肺	14. 过敏性肺炎
5. 石棉肺	15. 棉尘病
6. 滑石尘肺	16. 哮喘
7. 水泥尘肺	17. 金属及其化合物粉尘肺沉着病
8. 云母尘肺	18. 刺激性化学物所致慢性阻塞性肺疾病
9. 陶工尘肺	19. 硬金属肺病
10. 铝尘肺	
二、职业性皮肤病	
1. 接触性皮炎	6. 溃疡
2. 光接触性皮炎	7. 化学性皮肤灼伤

续表

3. 电光性皮炎	8. 白斑
4. 黑变病	9. 其他职业性皮肤病
5. 痤疮	
三、职业性眼病	
1. 化学性眼部灼伤	3. 白内障
2. 电光性眼炎	
四、职业性化学中毒	
1. 铅及其化合物(不包括四乙基铅)中毒	31. 正己烷中毒
2. 汞及其化合物中毒	32. 汽油中毒
3. 锰及其化合物中毒	33. 一甲胺中毒
4. 镉及其化合物中毒	34. 有机氟聚合物单体及其热裂解物中毒
5. 铍病	35. 二氯乙烷中毒
6. 铊及其化合物中毒	36. 四氯乙烷中毒
7. 钡及其化合物中毒	37. 氯乙烯中毒
8. 钒及其化合物中毒	38. 三氯乙烯中毒
9. 磷及其化合物中毒	39. 氯丙烯中毒
10. 砷及其化合物中毒	40. 氯丁烯中毒
11. 铀及其化合物中毒	41. 苯的氨基及硝基化合物(不包括三硝基甲苯)中毒
12. 砷化氢中毒	42. 三硝基甲苯中毒
13. 氯气中毒	43. 甲醇中毒
14. 二氧化硫中毒	44. 酚中毒
15. 光气中毒	45. 五氯酚(钠)中毒
16. 氨中毒	46. 甲醛中毒
17. 偏二甲基肼中毒	47. 硫酸二甲酯中毒
18. 氮氧化合物中毒	48. 丙烯酰胺中毒
19. 一氧化碳中毒	49. 二甲基甲酰胺中毒
20. 二硫化碳中毒	50. 有机磷中毒
21. 硫化氢中毒	51. 氨基甲酸酯类中毒
22. 磷化氢、磷化锌、磷化铝中毒	52. 杀虫脒中毒
23. 氟及其无机化合物中毒	53. 溴甲烷中毒
24. 氰及腈类化合物中毒	54. 拟除虫菊酯类中毒
25. 四乙基铅中毒	55. 铟及其化合物中毒
26. 有机锡中毒	56. 溴丙烷中毒
27. 羟基镍中毒	57. 碘甲烷中毒
28. 苯中毒	58. 氯乙酸中毒
29. 甲苯中毒	59. 环氧乙烷中毒

续表

30. 二甲苯中毒	60. 其他化学中毒
五、职业性耳鼻喉口腔疾病	
1. 噪声聋	3. 牙酸蚀病
2. 铬鼻病	4. 爆震聋
六、物理因素所致职业病	
1. 中暑	5. 手臂振动病
2. 减压病	6. 激光所致眼（角膜、晶体状、视网膜）损伤
3. 高原病	7. 冻伤
4. 航空病	
七、职业性放射性疾病	
1. 外照射急性放射病	7. 放射性骨损伤
2. 外照亚急性放射病	8. 放射性甲状腺疾病
3. 外照射慢性放射病	9. 放射性性腺疾病
4. 内照射放射病	10. 放射复合伤
5. 放射性皮肤病	11. 其他放射性损伤
6. 放射性肿瘤	
八、职业性传染病	
1. 炭疽	4. 艾滋病
2. 森林脑炎	5. 莱姆病
3. 布鲁氏菌病	
九、职业性肿瘤	
1. 石棉所致肺癌、间皮瘤	7. 焦炉逸散物所致肺癌
2. 联苯胺所致膀胱癌	8. 六价铬化合物所致肺癌
3. 苯所致白血病	9. 毛沸石所致肺癌、胸膜间皮肤癌
4. 氯甲醚、双氯甲醚所致肺癌	10. 煤焦油、煤焦油沥青所致皮肤癌
5. 砷及其化合物所致肺癌、皮肤癌	11.β- 萘胺所致膀胱癌
6. 氯乙烯所致肝血管肉瘤	
十、其他职业病	
1. 金属烟热	3. 股静脉血栓综合征、股动脉闭塞症或淋巴管闭塞症（限于刮研作业人员）
2. 滑囊炎（限于井下工人）	

三、职业病的特点

（一）病因明确

职业病的发病原因是职业性有害因素的侵害，每个职业病患者均有明确的职业性有害因素接触史，劳动者在职业性活动过程中或长期受到来自化学的、物理的、生物的职业性危害因素的侵害,或长期受不良的作业方法、恶劣的作业条件的影响。这些因素及其影响可能直接或间接地、个别或共同地发生作用。

(二)属于缓发性伤残

职业病患者所接触的职业性有害因素大多是可以检测和识别的,并且其强度或浓度需要达到一定程度才能致病,一般存在接触水平－效应关系,某些职业性肿瘤(如接触石棉引起的胸膜间皮瘤)除外。职业病不同于突发的事故或疾病,其病症要经过一个较长的逐渐形成期或潜伏期后才能显现,属于缓发性伤残。

(三)只见疾病,不见外伤

由于职业病多表现为体内生理器官或生理功能的损伤,因而只见“疾病”,不见“外伤”。

(四)群体性发病

在接触同样职业性有害因素的人群中,常有一定数量的人同时发病,很少出现个别病例。

(五)预防为主

职业病属于不可逆性损伤,痊愈的可能性很低。换言之,除了使患者远离致病源之外没有更为积极的治疗方法,因而对于职业病,应以预防为主。

【任务实践训练】

以你了解的一个职业岗位为例,试分析该岗位有无职业病风险,如果有,请确定是哪一类职业病。

任务三　掌握预防职业病的方法

党的二十大报告指出:要促进优质医疗资源扩容和区域均衡布局,坚持预防为主,加强重大慢性病健康管理,提高基层防病治病和健康管理能力。

一、职业病三级预防

(一)一级预防

一级预防又称病因预防。一级预防就是让从业人员根本接触不到职业性有害因素,从根本上消除或最大限度地减少与职业性有害因素的接触。一级预防的常见方法:改变工艺;改进生产过程;制定职业接触限值;使作业环境或生产过程达到安全卫生标准要求;对人群中的易感者制定就业禁忌证等。一级预防包括改善生活和生产环境及增进机体健康两个方面。就改善生活和生产环境而言,应贯彻《工业企业设计卫生标准》《工作场所有害因素职业接触限值》及其他有关法律等。就增进机体健康而言,应通过健康教育提高从业人员的自我保健意识和卫生知识水平,通过加强营养和体育锻炼增强其体质。

(二)二级预防

在一级预防达不到要求时,应尽量做到“三早”,即早期发现、早期诊断、早期治疗。例如,通过普查、重点筛检或定期健康检查等,或采用先进、灵敏的手段,及早发现慢性职业病的临床前期状态。

(三)三级预防

三级预防又称临床预防,即对已发展成职业性疾病或工伤的患者做出正确诊断,采取及时的、有效的治疗措施,防止疾病恶化,预防并发症,防止伤残,促进健康,延长寿命。同时,根据患者的身体情况,给予一定的技能培训,帮助他们重新走上工作岗位。三级预防以优良的医疗卫生状况为基础,其作用不仅是治疗,也具有预防意义,可防止伤残,使患者伤而不残,残而不废,进而实施有效的康复治疗。

二、职业病预防措施

(一)作业环境监测

1. 化学毒物监测

(1)空气采样

空气采样可分为区域采样和个体采样两种方式,目的是定点定时地对空气质量进行监控,测定有害物质浓度,掌握空气质量的准确数据。

(2)皮肤污染测定

对有机磷农药、苯胺、四乙基铅这类能通过皮肤吸收的化学品的接触人员进行皮肤污染测定,测定其皮肤、衣服、手套等的污染量。

(3)生物学监测

生物学监测是指采集人的生物样本,如尿液、血液、头发、指甲、唾液等,并进行化学毒物化验检查,包括反映毒物吸收(如血铅、尿酚、发汞等)、毒作用、毒物所致病损三项指标,以判断毒物对人体组织器官是否产生了损害以及损害的程度。

2. 物理因素监测

物理因素监测大多采用仪器进行测定,如评价作业地点的噪声强度和噪声分布情况等。物理因素对人体的作用强度,主要取决于发生源的特性、数量、分布和距离等,监测时应确定监测点、监测时间和次数,并做好监测记录。

3. 生产性粉尘监测

生产性粉尘监测的项目主要包括:粉尘浓度、粉尘分散度、粉尘中游离二氧化硅含量等。通过对作业场所空气中的粉尘进行分析检测,了解粉尘含量及其变化情况,以便及时采取相应的控制措施。

(二)职业健康监护

职业健康监护主要通过预防性健康检查,早期发现职业性危害,以便及时采取措施减少或消除职业性有害因素,同时对接触过职业性有害因素的人员及早进行观察或治疗。

1. 健康检查

(1)就业前健康检查

在从业人员就业前,对其体质和健康状况是否适合从事某职业进行的健康检查不但可以排除一些不适合该岗位的人员,减少患职业病的可能性,同时也可以通过此次检查获取从业人员基础健康状况的第一手资料，以供日后定期检查或进行动态观察时用作对比分析。

（2）从业人员定期体检

针对接触职业有害因素的作业人员每隔一段时间进行健康检查，目的是及早发现和诊治职业病患者，并对高危易感人群进行重点监护。如果发现有早期可疑症状者，应对其进行职业病筛查；如查出不适合从事某职业或某工种的人员，应将其调离或为其更换工种。

（3）离岗健康检查

因某些职业病潜伏期较长，因此离岗人员需进行定期健康检查，以便及时诊治其可能出现的因工作期间接触职业性有害因素而引发的职业病。

2. 建立健康监护档案

应建立和健全健康监护档案。健康监护档案包括：职业史、疾病史、家族病史、职业性有害因素的接触状况、个人健康基础资料等。

3. 跟踪监护

对接触过职业性有害因素的人员，或职业病疑似患者，应进行健康跟踪监护，并对其健康监护资料进行收集、统计和分析，寻找防止其病情发展和恶化的对策。

（三）技术措施

预防职业病，除了要思想重视，制度落实外，也要从设备和技术方面来考虑。例如，采取改进工艺、隔离防护、密闭的作业、通风排气等措施。有一点必须强调指出，防尘、防毒和有关防护设备安装后，必须注意对其进行维护和检修，以保证这些设备起到应有的防护效果。

【任务实践训练】

任选一种常见职业病，试论述该如何进行预防。

任务四　正确选择个人防护用品

一、防护用品的分类

个人防护用品即从业人员（有时特指从事特殊工种的人员）为预防职业性有害因素可能产生的职业危害或职业病，在工作场所必须佩戴的防护用品。根据《劳动防护用品分类与代码》（LD/T 75—1995），按照防护部位劳动防护用品分为九类，分别为头部防护用品，呼吸器官防护用品，眼、面部防护用品，听觉器官防护用品，手（臂）部防护用品，足部防护用品，躯干防护用品，护肤用品和防坠落防护用品及其他防护用品。

（一）头部防护用品

1. 头部防护用品的作用

头部防护用品主要是指安全帽。在生产劳动中，意外的坠落物伤及人体的事故时有发生，坠落物对人体的伤害主要是由加速度冲击引起的，这类事故的特点是突发性强，不易躲闪，同时作用时间短，冲击力大，尤其是从上而下的坠落物，冲击过程只发生在一瞬间。这种事故多发生在建筑、冶金、采矿、石油勘探、交通等行业。冲击事故一旦发生，受伤概率最大的部位是头部，可引起脑震荡、颅内出血、脑膜挫伤、颅骨损伤等严重伤害，从而造成人体机能障碍。

人体对于瞬间冲击力的承受能力有限，一般人体颈椎骨受到 4 900 N 的冲击力时就会折断，脑髓流出，危及生命。作用时间越短，冲击距离越长，冲击坠落物质量越大，则冲击力越大，冲击伤害也越大。一般在冲击伤害事故发生时，冲击力远远大于 4 900 N，所以在没有安全防护的情况下，坠落物的冲击很容易给人体造成严重的伤害。

安全帽的防护作用：当作业人员受到坠落物、硬质物体冲击或挤压时，减少冲击力，消除或减轻其对人体头部的伤害。从理论上讲，在冲击过程中，从坠落物接触头部的瞬间开始，到坠落物脱离开帽壳，安全帽的各个部件（帽壳、帽衬、插口、拴绳、缓冲垫等）首先将冲击力分解，然后通过各个部件的弹性变形、塑性变形和合理破坏将大部分冲击力吸收，使最终作用在人体头部的冲击力小于 4 900 N，从而起到保护作用。这一性能称为冲击吸收性能，是判定安全帽质量的重要指标之一。此外用于不同作业场所的不同类型、不同材质的安全帽还有保护头部免受火烧、有害物体及气体对毛发、头皮的伤害等作用。

2. 安全帽的类型

根据防护功能及材料，安全帽类型很多，如防尘类的过滤送风式防尘安全帽，防冲击类的塑料安全帽、玻璃钢安全帽、柳条安全帽、矿用安全帽、皮棉安全帽等，防静电类的防静电帽，防高温类的降温帽、布炉前帽，及防电磁辐射类的防微波帽等。各类帽及安全帽的结构如图 6-1-4-1 和图 6-1-4-2 所示。

玻璃钢安全帽

塑料安全帽

纸胶安全帽

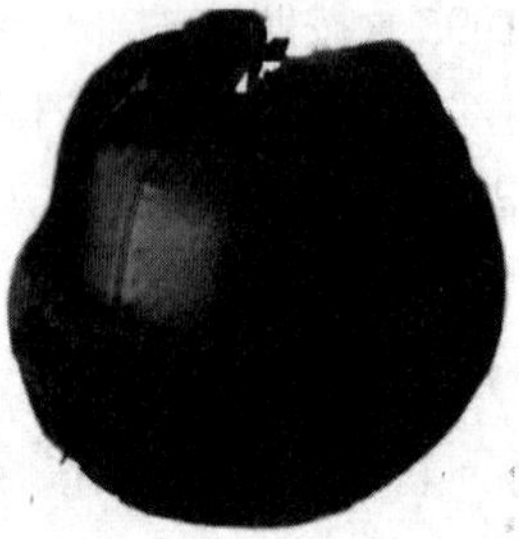

防寒安全帽

图 6-1-4-1　各类安全帽

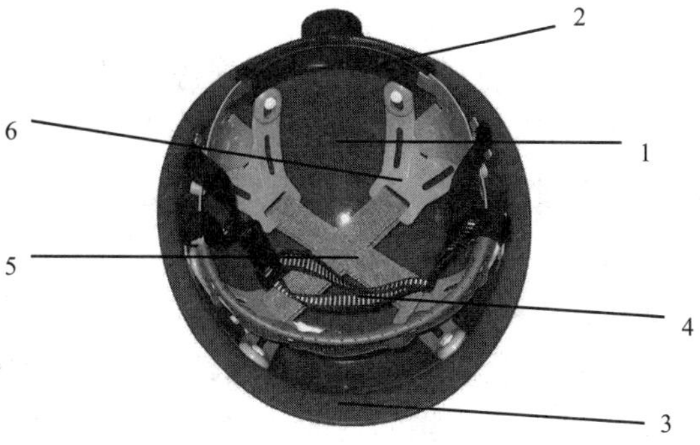

图 6-1-4-2　安全帽的结构

1—帽体;2—帽衬环形带;3—帽檐;4—系带;5—帽衬顶带;6—帽衬分散条

(1)玻璃钢安全帽

玻璃钢安全帽以玻璃丝或化纤纤维与不饱和聚酯树脂为原料,采用手工糊制,再加温固化或模压成形制成。它具有良好的耐高温、低温,电绝缘,耐腐蚀及阻燃性能。玻璃钢安全帽主要应用于冶金高温场所、油田钻井、森林采伐、供电线路、高层建筑施工以及寒冷地区施工。

(2)塑料安全帽

塑料安全帽的材质有聚碳酸酯、ABS、超高分子聚乙烯、改性聚丙烯等。这些材料均属热塑性工程塑料,具有良好的抗冲击、耐高温、电绝缘性能。改变配方还可提高其阻燃、抗老化、耐低温、抗静电等性能。与玻璃钢安全帽相比,塑料安全帽成本较低,因此广泛应用于各种行业。

(3)胶布矿工帽

胶布矿工帽用胶布糊胎,模压硫化成形,多为黑色。帽衬有聚乙烯塑料缓冲带和棉织背包两种。胶布矿工帽的最大特点就是抗静电性能好、耐用,主要用于煤矿、井下、涵洞、隧道作业等。

(4)防寒安全帽

防寒安全帽是在寒冷季节对头部起保暖作用和防御物体冲击伤害的安全帽。它由帽面、帽里、衬壳及其他防寒构件(帽耳扇、帽小耳等)组成。帽面采用皮革、人造革或其他织物制成。帽里充填棉花、腈纶棉等防寒材料。衬壳是用工程塑料或其他材料制成的半球形硬壳。防寒构件则由长毛绒或羊剪绒制成。防寒安全帽适用于在寒冷地区的冬季露天作业的人员。

(5)纸胶安全帽

纸胶安全帽的帽壳采用造纸木浆,加添强力助剂模压加工而成。其防辐射性能好,耐高温、低温,抗老化性强,适用于建筑、矿山、油田、化工、运输、交通等行业。用于户外作业时,纸胶安全帽还可防太阳辐射、风水和雨淋。

(6)植物条编织的安全帽

植物条编织的安全帽应在帽壳顶部粘加钢板纸、塑料板或加一层玻璃钢材料,以增加其强度。这类产品透气性好、质轻,但质量较差,基本不能作安全帽使用,适用于南方高温地区而无明火的作业场所。

3. 安全帽的使用及保养

使用安全帽时，首先要了解安全帽的防护性能、结构特点，并掌握正确的使用和保养方法，否则就会使安全帽在受到冲击时起不到防护作用。不能认为戴上安全帽就有了安全伞，就可使头部不受伤害。在使用安全帽过程中一定要注意以下问题。

1）在使用安全帽之前一定要检查安全帽上是否有裂纹、碰伤痕迹、凹凸不平、磨损（包括对帽衬的检查），安全帽上如存在影响其性能的明显缺陷就应及时报废，以免影响防护性能。

2）不能随意在安全帽上拆卸或添加附件，以免影响其原有的防护性能。

3）不能随意调节帽衬的尺寸。安全帽的内部尺寸（如垂直间距、佩戴高度、水平间距）在标准中是有严格规定的，这些尺寸直接影响安全帽的防护性能，使用者一定不能随意调节，否则落物冲击一旦发生，安全帽会因佩戴不牢而脱出或因冲击触顶而起不到防护作用，直接伤害佩戴者。

4）使用安全帽时一定要将其戴正、戴牢，不能晃动，要系紧系带，调节好后箍，以防安全帽脱落。

5）不能私自在安全帽上打孔，不要随意碰撞安全帽，不要将安全帽当板凳坐，以免影响其强度。

6）受过一次强冲击或做过冲击试验的安全帽不能继续使用，应予以报废。

7）安全帽不能放置在有酸、碱等化学试剂的场所和高温、日晒、潮湿等环境中，以免老化或变质。

8）应使用在有效期内的安全帽，塑料安全帽的有效期为两年半，植物条编织的安全帽有效期为两年，玻璃钢（包括维纶钢）和纸胶安全帽的有效期为三年半。超过有效期的安全帽应报废。

9）对塑料安全帽，可用清水冲洗，但不得用热水浸泡，也不能放入浴池内洗涤，更不能在暖气片、火炉上烘烤，以防止帽体变形。

（二）呼吸器官防护用品

1. 呼吸器官防护用品的作用

（1）防护生产性粉尘

在许多生产过程中都会散发颗粒物污染环境空气，这些颗粒物统称为生产性粉尘。生产性粉尘的产生通常有两种情况：一是固体物质在粉碎、碾磨、筛分、喷洒、拌和、翻晒、谷物加工、包装、搬运、矿山钻孔、爆破、筑路、凿岩等外力作用时分裂而成；二是固体物质或液体物质在发生不完全燃烧、氧化、蒸发、合成等化学反应时形成。生产性粉尘分为有机粉尘（如棉、麻、茶、谷等植物；动物中的骨、角、毛等；有机农药、化肥和染料等）和混合性粉尘（即有机粉尘和无机粉尘的混合体）。

生产性粉尘进入人体后，会在气管、支气管、肺泡处滞留，积累到一定量后，可引起呼吸道、皮肤、耳、眼等处的疾病，尤其对呼吸道危害最为严重。长期吸入生产性粉尘的后果是导致尘肺和呼吸道炎症。引起肺组织纤维化病变的，称为尘肺病。呼吸道炎症有鼻腔疾病、气管萎缩性炎症和肺泡炎等。

（2）防护生产性有害物

生产性有害物可以液态、气态和微粒（气溶胶）状态出现。其进入体内后可引起急性或慢性中毒，有的有害物甚至可引起恶变，如白血病、恶性肿瘤等。毒物侵入人体的途径主要是呼吸道，其次是皮肤，再次是消化道。毒物进入人体内并积累到一定量后，便与体液、体组织作用，干扰和破坏机体的正常生理功能，引起病变，发生慢性中毒或急性中毒。中毒事故主要来自高浓度毒物的短暂浸入或较低浓度毒物的长期接触。从呼吸道吸入的毒物，不先经肝解毒而直接进入血液，分布到全身，因此毒害较严重；而从皮肤进入人体内的毒物，也不经肝脏转化，直接进入血液系统并随血液分布到全身，但只有水、脂皆溶的物质才易通过皮肤进入人体。

呼吸类防护用品根据具体类型不同，可以有效地将人体呼吸系统与生产场所的有害性粉末、气体等进行隔离，从而保护呼吸系统不受伤害。

2. 呼吸器官防护用品的分类

呼吸器官防护用品包括过滤式防毒面具、防毒罐（盒）、简易式防尘口罩（不包括纱布口罩）、复式防尘口罩、过滤式防微粒口罩、长管面具等。

（1）过滤式呼吸器

1）自吸过滤式防尘口罩。

自吸过滤式防尘口罩是靠佩戴者的呼吸力量克服部件的阻力，用于防尘的一种净气过滤式呼吸器。其包括自吸过滤式简易防尘口罩和自吸过滤式复式防尘口罩。

自吸过滤式简易防尘口罩分为无呼气阀和有呼气阀两种。对于无呼气阀型，吸气和呼气都通过滤料；对于有呼气阀型，吸气和呼气分开。自吸过滤式复式防尘口罩是由滤尘盒、呼气阀和吸气阀、头带、半面罩等组成的，吸气和呼气通道分开的自吸过滤式防尘口罩。图 6-1-4-3 展示了两种自吸过滤式防尘口罩。

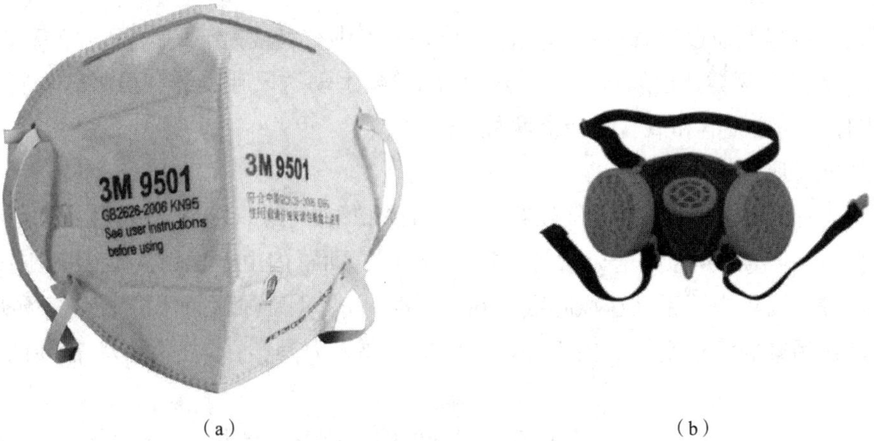

（a）　　　　（b）

图 6-1-4-3　自吸过滤式防尘口罩

（a）简易式　（b）复式

防尘口罩的滤料细度、滤料的组织结构、滤料的荷电性对阻尘效率起到重要作用。当粉尘通过滤料时，粉尘粒径大于滤料纤维间的空隙时，粉尘碰撞在滤料表面，由于惯性和力的反作用而改变方向，沉降和黏附在滤料的表层。纤维上有毛刺，当粉尘经过滤料时，会被纤维上的毛刺勾住，阻止粒子穿透。滤料由超细纤维互相搭接编织成网，而且是多层次的“三维结构”，当粉尘通过滤料时被层层截留。此外，滤料带有静电荷，对相同极性的粉尘粒子产生排斥作用，对异性粉尘粒子则产生吸附作用，即捕捉粉尘。

防尘口罩的选择要根据口罩的阻尘效率、与人脸形状的密合程度、佩戴舒适度决定。

阻尘效率以对微细粉尘，尤其是对粒径为 5 μm 以下的呼吸性粉尘的阻隔效率为标准。因为这一粒径的粉尘能直接进入肺泡，对人体健康造成的影响最大。一般的纱布口罩，其阻尘原理是机械式过滤，也就是当粉尘撞到纱布时，经过一层层的阻隔，将一些大颗粒粉尘阻隔在纱布中。但是，一些微细粉尘，尤其是粒径小于 5 μm 的粉尘，就会从纱布的网眼中穿过去，进入呼吸系统。现国外有一些防尘口罩，其滤料由充上永久静电的纤维组成，那些粒径小于 5 μm 的呼吸性粉尘在穿过此种滤料的过程中，被静电吸引而吸附在滤料上。使用这种滤料的口罩呼吸阻力小并能有效地捕获微细粉尘，真正起到阻尘的作用。

因为空气就像水流一样，哪里阻力小就先向哪里流动，所以当口罩与人脸的密合性不好时，空气中的危险物会从不密合处渗入，进入人的呼吸道。因此，应定期进行口罩密合性测试。

2）自吸过滤式防毒面具。

自吸过滤式防毒面具按结构不同，可分为导管式防毒面具和直接式防毒面具。

导管式防毒面具又称隔离式防毒面具，由将眼、鼻和口全遮盖住的全面罩、滤毒罐和导气管等部件组成。直接式防毒面具由全面罩或半面罩直接与滤毒罐（小型）或滤毒盒相连接。

自吸过滤式防毒面具是靠过滤罐或过滤盒将含污染物的空气净化为清洁的空气供人体呼吸，其是通过过滤罐（盒）中充填的材料的作用，如活性炭吸附、化学反应和催化剂作用起到过滤防毒作用的。

（2）隔离式呼吸器

隔离式呼吸器是通过供气设备向人体呼吸系统提供空气或氧气的设备。隔离式呼吸器分为送风式和携气式两类。送风式有电动送风呼吸器、手动送风呼吸器和自吸式长管呼吸器三种；携气式有空气呼吸器和氧气呼吸器两种。

1）送风式呼吸器分为三种。

手动送风呼吸器由全面罩、吸气软管、背带和腰带、空气调节袋、导气管和手动风机等部件组成。其特点是不需要电源，送风量与风机转数有关，面罩内由于送风形成微正压，外部的污染空气不能进入面罩内。手动送风呼吸器在使用时，应将手动风机置于清洁空气场所，保证供应的空气是无污染的清洁空气。由于手动送风机需要人力操作，体力强度大，需要两人一组轮换作业。

电动送风呼吸器由全面罩、吸气软管、背带和腰带、空气调节袋、流量调节装置、导气管、风量转换开关、电动送风机、过滤器和电源线等部件组成。电动送风机呼吸器的特点是使用时间不受限制，供气量较大，可以供 1~5 人使用，送风量依人数和导气管长度而定。电动送风呼吸器有防爆型和非防爆型两种，在使用时应将风机放在清洁和含氧量大于 18% 的地点。非防爆型不能用于有甲烷气体、液化石油气及其他可燃气体浓度可能超过爆炸极限的危险场所。

自吸式长管呼吸器由面罩、吸气软管、背带和腰带、导气管、空气输入口(过滤器)和警示板等部件组成。这种呼吸器的特点是将导气管的一端固定于空气新鲜、无污染的场所,而另一端与面罩连接,依靠佩戴者自己的肺动力(呼吸肌的收缩)将清洁的空气经导气管、吸气软管吸进面罩内。由于这种呼吸器依靠的是自身的肺动力,因此在呼吸的过程中,不能总是维持面罩内为微正压。如面罩内压力下降为微负压时,就有可能造成外部污染的空气进入面罩内,所以这种呼吸器不宜在毒物危害大的场所使用。

2)携气式呼吸器分为空气呼吸器和氧气呼吸器两种。空气呼吸器由高压空气瓶、输气管、面罩等部件组成。使用时,压缩空气经调节阀由瓶中流出,通过减压装置将压力减到适宜的压力供佩戴者使用;人体呼出的气体从呼气阀排出。根据供气方式不同,携气式呼吸器分为动力型和定量型(又称恒量型)。动力型是以肺部呼吸能力供给所需空气量,而定量型是在单位时间内定量地供给空气。定量型空气呼吸器又有两种产品,一是适用于气态的环境,另一种是适用于液态的环境。氧气呼吸器是由佩戴者自行携带高压氧气、液氧或化学药剂反应生成氧气作为气源的一类呼吸器。

3. 呼吸器官防护用品的使用及保养

(1)呼吸器官防护用品选择的一般原则

1)在没有佩戴个人防护用品的情况下,任何人都不应暴露在能够或可能危害健康的空气环境中。

2)根据国家的有关职业卫生标准(如空气中粉尘卫生标准、空气中有毒物质卫生标准),对作业中的空气环境进行评价,识别有害环境性质,判定危害程度。

3)优先考虑采取工程措施控制有害环境的可能性。若工程措施因各种原因无法实施,或无法完全消除有害环境,以及在工程措施未生效期间,应根据作用环境、作业条件和作业人员选择适合的呼吸器官防护用品。

4)应选择国家认可的、符合标准要求的呼吸器官防护用品。

5)选择呼吸器官防护用品时也应参照使用说明书的技术规定,选择符合使用条件的产品。

6)若需要使用呼吸器官防护用品预防有害环境的危害,用人单位应建立并实施规范的呼吸保护计划。

(2)根据有害环境选择

应了解以下情况,识别有害环境性质。

1)是否能识别有害环境,如是有害环境,应进一步了解。

2)了解是否可能缺氧(氧含量低于18%)及氧气浓度值。

3)了解是否存在空气污染物及其浓度,如存在粉尘或有害气体或蒸气,应了解污染物的浓度是多少。

4)了解空气中污染物的存在形态,是颗粒物、气体或蒸气,还是混合物,并进一步了解以下情况。

①若是颗粒物,应了解是固态还是液态,其沸点和蒸气压是多少,在作业温度下是否明显挥发,是否具有放射性,是否为油性,分散度大小,有无职业卫生标准,有无IDLH(立即威胁生

命和健康)浓度,是否可经皮肤吸收,是否对皮肤致敏、有刺激或有腐蚀性,是否对眼睛有刺激等。

②若是气体或蒸气,应了解是否具有明显气味或刺激性等警示性,是否有职业卫生标准,是否有 IDLH 浓度,是否可经皮肤吸收,是否对皮肤致敏和有腐蚀性,是否刺激皮肤及眼睛等。

5)应按照以下方法判定危害程度:

①如果有害环境性质未知,以及缺氧或无法确定是否缺氧的环境,应视为 IDLH 环境;

②如果空气污染物浓度未知,或者达到或超过 IDLH 浓度,只要是其中之一都应视为 IDLH 环境。

(3)呼吸器官防护用品使用的一般要求

1)任何呼吸器官防护用品的功能都是有限的,使用者应了解所用的呼吸器官防护用品的局限性。

2)使用任何一种呼吸器官防护用品前都应仔细阅读产品说明书,并严格按要求使用。

3)对于比较复杂的呼吸器官防护用品,使用前应接受使用方法培训,如使用逃生型呼吸器前需接受正确佩戴的方法和注意事项指导;使用携气式呼吸器前应接受专门的培训。不允许单独使用逃生型呼吸器进入有害环境,只允许从中离开。

4)使用前应检查呼吸器官防护用品的完整性、过滤元件的适用性、电池电量、气瓶气量等,符合有关规定才允许使用。若呼吸器官防护用品同时使用数个过滤元件,如双过滤盒,应同时更换。

5)进入有害环境前,应先佩戴好呼吸器官防护用品。对于密合型面罩,使用者应做佩戴气密性检查,以确认密合性。

6)在有害环境中作业的人员应始终佩戴呼吸器官防护用品。

7)当使用中感到有异味,有咳嗽、刺激、恶心等不适症状时,应立即离开有害环境,并应检查呼吸器官防护用品,确定并排除故障后方可重新进入有害环境。

8)若新过滤元件在某种场合迅速失效,应考虑所用过滤元件是否需要更换。

9)除通用部件以外,在未得到产品制造商认可的前提下,不应将不同品牌的呼吸器官防护用品的部件拼装或组合使用。

10)所有使用者应定期体检,评价是否适用于使用呼吸器官防护用品。

(4)呼吸器官防护用品的维护

1)应按照呼吸器官防护用品使用说明书中有关内容和要求,由受过培训的人员实施检查和维护,对使用说明书未包括的内容,应向生产者或经销商询问。

2)应定期检查和维护呼吸器官防护用品。

3)对携气式呼吸器,使用后应立即更换用完的或部分使用的气瓶或呼吸气体发生器并更换其他过滤部件。更换气瓶时不允许将空气瓶与氧气瓶互换。

4)应按国家有关规定,到具有相应压力容器检测资格的机构定期检测空气瓶或氧气瓶。

5)应使用专用滑润剂润滑高压空气或氧气设备。

6)使用者不得自行重新装填过滤式呼吸防护用品的滤毒罐或滤毒盒内的吸附过滤材料,

也不得采取任何方法自行延长已经失效的过滤元件的使用寿命。

7）个人专用的呼吸防护用品应定期清洗和消毒，非个人使用的每次用后都应清洗和消毒。不应清洗过滤元件，对可更换过滤元件的过滤式呼吸防护用品，清洗前应将过滤元件取下。

8）清洗面罩时，应按使用说明书要求拆卸有关部件。使用软毛刷在温水中清洗，或在温水中加适量中性洗涤剂清洗，用清水冲洗干净后在清洁场所避日风干。

9）呼吸器官防护用品应储存在清洁、干燥、无油污、无阳光直射和无腐蚀性气体的地方。若呼吸器官防护用品不经常使用，应将其放入密封袋内储存。储存时应避免面罩变形，且防毒过滤元件不应敞口储存。

10）在每次使用呼吸器官防护用品时，使用密合性面罩的人员应首先进行佩戴气密性检查，以确定使用人员面部与面罩之间有良好的密合性；若检查不合格，不允许进入有害环境。

（三）眼、面部防护用品

1. 眼、面部防护用品的作用

眼、面部等是人体直接裸露在外界的器官，容易受到有害因素的伤害。伤害眼、面部的因素较多，如各种高温热源、射线、光辐射、电磁辐射、气体，熔融金属等异物飞溅、爆炸等。

无线电波、红外线、可见光、紫外线、X 射线、γ 射线等都是电磁波，其在真空中的传播速度为 3×10^5 km/s。它们中的部分对眼部会造成严重伤害，工业生产中的电气焊接、氧切割、炉窑、玻璃加工、热轧和铸造等场所，热源温度在 1 050~2 150 ℃能产生强光、紫外线和红外线。它们照射人眼数小时后就会使眼睛出现充血；长时间接触强烈的紫外线，可发生电光性眼炎并有眼痛、流泪、怕光、异物感等症状；微波辐射还可出现玻璃体混浊，严重者可导致白内障；激光投射到视网膜上，会引起灼伤，严重者会导致永久性失明；红外线辐射眼组织会产生热效应，引起眼睑慢性炎症和晶体混浊（职业性白内障）。

在工业中，铸造、机器制造、建筑是发生眼外伤的主要行业，特别是在干碾磨金属、切削非金属或铸铁、使用手工工具或手提电工工具或用气动工具冲刷和修补金属铸件、切割铆钉或螺钉、切割或刮锅炉、碎石头或混凝土等作业时，砂粒、金属碎屑异物可能进入眼内或冲击面部。大多数小颗粒可被眼泪冲洗掉，但对于留在上眼睑内侧、嵌进角膜或巩膜表面的异物，如果不及时清除，可引起溃疡和感染。有的固体异物高速飞出（如旋转切屑的金属碎片或打磨金属物体的碎颗粒），若击中眼球或面部，可发生严重的眼球破裂或穿透性损伤、面部皮肤破裂或鼻骨骨折等损伤。在生产过程中如果酸碱液体或腐蚀性烟雾进入眼中，还会造成眼部腐蚀损伤。眼部防护用品包括电焊面罩、焊接镜片及护目镜、炉窑面具、炉窑目镜、防冲击眼护具。

2. 眼、面部防护用品的分类

（1）防护眼镜

防护眼镜分为安全护目镜和防光护目镜两种。安全护目镜是防御有害物质伤害眼睛的产品，如防冲击护目镜和防化学药剂护目镜等。防光护目镜是防御有害射线伤害的产品，如焊接护目镜、炉窑护目镜、防激光护目镜和防微波护目镜等。

（2）防护面罩

防护面罩分为安全型和遮光型两种。安全型防护面罩是防御固态的或液态的有害物质伤害眼、面部的产品，如钢化玻璃面罩、有机玻璃面罩、金属丝网面罩等。遮光型防护面罩是防御有害射线伤害眼、面部的产品，如电焊面罩、炉窑面罩等。

3. 眼部防护用品介绍

（1）防冲击眼护具

防冲击眼护具用来防止高速粒子对眼睛造成冲击伤害，主要供从事大型切削、破碎、清砂、木工、建筑、开山、凿岩、各种机械加工等作业的工人使用。防冲击眼护具产品有有机玻璃眼镜（眼罩）和钢化玻璃眼镜（眼罩）。有机玻璃眼镜（眼罩）的透明度好，坚韧有弹性，能耐低温，质量轻，耐冲击强度比普通玻璃高 10 个等级，但不耐高温，耐磨性差。有机玻璃眼镜（眼罩）主要适用于金属切割加工、金属打磨、锻压工件、金属矿石或石块粉碎等作业场所。钢化玻璃眼镜（眼罩）能承受较大的冲击力，即使破裂也不产生多样碎片，而只产生圆粒状的碎片。防冲击眼护具如图 6-1-4-4 所示。

图 6-1-4-4 防冲击眼护具

（2）焊接护目镜

焊接护目镜由镜架、滤光片和保护片等构件构成。焊接护目镜有普通式焊接眼镜、翻转式焊接眼罩、折叠式焊接眼罩、开放式焊接眼罩、单镜片气焊眼罩等多种形式。普通式焊接眼镜可防侧光，式样同普通眼镜；翻转式焊接眼罩可将焊接滤光镜片翻转，便于观察焊接件的部位，同时在眼罩上设有透气孔，可以起到通风散热的作用；折叠式焊接眼罩的特点是左右眼罩之间以轴链相接，可以折叠，携带方便；开放式焊接眼罩的特点是可以根据需要更换不同型号的滤光片，更换时只需将滤光片从框架的插槽中向一侧推出，然后插上新的滤光片，非常方便；单镜片气焊眼罩的特点是结构简单，间接通风。各种焊接护目镜如图 6-1-4-5 所示。

（3）防微波护目镜

防微波护目镜包括金属网防微波眼镜（罩）、金属微孔防微波眼镜、镀金属膜防微波眼镜等。金属网防微波眼镜（罩）有两种：一种是将金属网装配在可上下翻动的框架上，此金属网框挂在普通眼镜上前方的框架上，不用时掀起，用时放下；另一种是用金属网直接制成的眼罩，金属丝网用人造革或软革皮包边，用松紧带作为头系带。这种产品的缺点是视物不清晰，影响操作。金属微孔防微波眼镜与金属网防微波眼镜（罩）的构造基本相同，只是用金属片打孔而代替金属网。其优点是比金属网产品透光率高，视物清晰。镀金属膜防微波眼镜对 3~5 cm 波段的微波辐射的防护效果非常好。

（a）

（b）

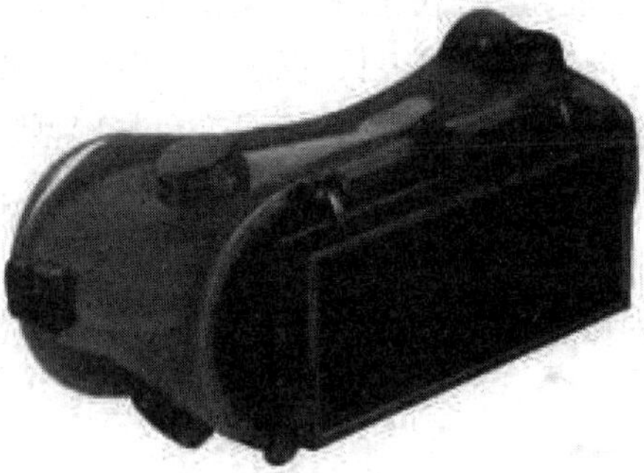

（c）

（d）

图 6-1-4-1-5　各种焊接护目镜

（a）翻转式焊接眼罩　（b）折叠式焊接眼罩　（c）开放式焊接眼罩　（d）单镜片气焊眼罩

（4）防放射线眼护具

防 X 射线眼镜由铅玻璃镜片和镜架组成，有普通式和包绕式两种。包绕式是在眼镜的侧面有一个小型的铅玻璃片安装框，使其既可屏蔽来自正面的射线，又能阻挡部分来自两侧的散射线。

防中子眼镜是由硼透明树脂板制成镜片，配以适当的镜架构成的。镜片厚 5.1 mm，白光透过率为 90%，对热中子的屏蔽效率为 95% 左右，对中能中子的屏蔽效率为 40%，对 γ 射线的屏蔽效率为 15%，对紫外线的屏蔽效率可达 99%。图 6-1-4-6 所示为包绕式防 X 射线眼镜。

图 6-1-4-6　包绕式防 X 射线眼镜

（5）防激光护目镜

激光对眼睛的伤害是很严重的，因此凡在有激光的环境中工作必须佩戴防激光护目镜。防激光护目镜主要有吸收型、全介质薄膜反射型、复合型、爆炸型、光化学反应型、光电型、微晶变色玻璃型等。

吸收型防激光护目镜的材质是玻璃或塑料,基片中加入各种吸收剂,对所需要防护的激光进行吸收。全介质薄膜反射型防激光护目镜是根据光学干涉原理,使该波长的光界面上反射加强,既能反射激光达到保护眼睛的目的,又对其他可见光有很高的透过能力,不影响工作人员的操作。复合型防激光护目镜由两个反射介质薄膜板组合而成,性能很好,适用于对大、中功率激光的防护。爆炸型防激光护目镜在镜片上涂一层厚度为几十微米厚的可爆药物,当入射光达到预定的允许值时,就能迅速引爆,起阻挡激光入射的作用。光化学反应型防激光护目镜在两镜片之间灌注特定的化学溶液,当激光强度超过一定值时,溶液颜色变深,从而阻挡特定波长的激光束透过,这种防护镜透光性能好,但反应时间很长,仅适用于对连续波长脉冲激光的防护。光电型防激光护目镜基于镜片的旋光性能阻挡激光。微晶变色玻璃型防激光护目镜是由特种微晶玻璃或特种塑料制成,当入射光强度超过安全值后即刻变色,吸收激光,其透光性能好,但反应速度慢。

应正确选择和佩戴防激光护目镜,否则会对眼造成伤害。

4. 面部防护用品介绍

(1)焊接面罩

焊接面罩由观察窗、滤光片、保护片和面罩等部分组成,主要有手持式(HM-1)、头戴式(HM-2-A)、安全帽与面罩连接式(HM-3-A)、头盔式(HM-4)等,如图 6-1-4-7 所示。

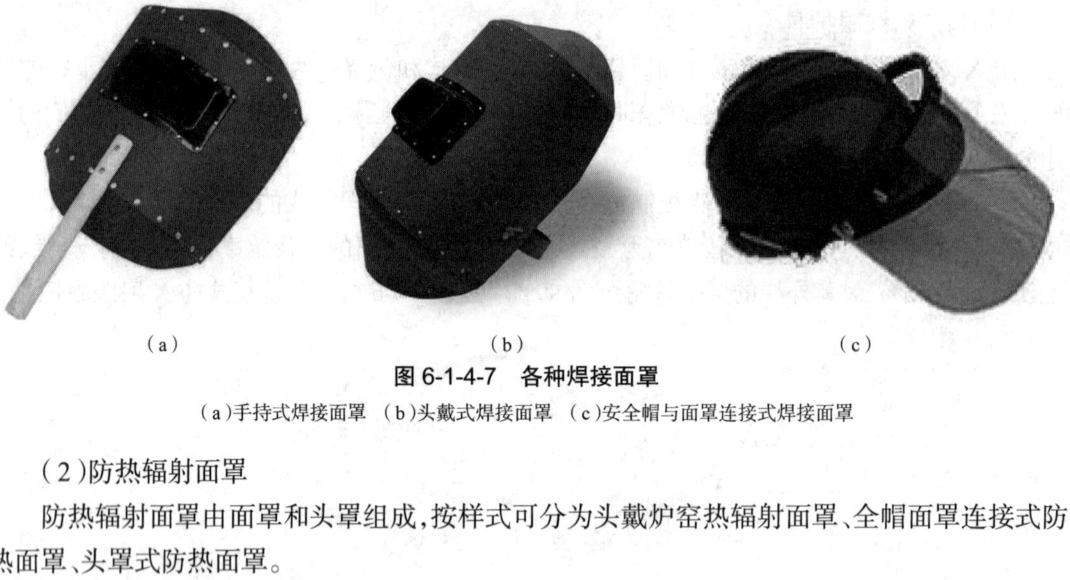

(a) (b) (c)

图 6-1-4-7 各种焊接面罩

(a)手持式焊接面罩 (b)头戴式焊接面罩 (c)安全帽与面罩连接式焊接面罩

(2)防热辐射面罩

防热辐射面罩由面罩和头罩组成,按样式可分为头戴炉窑热辐射面罩、全帽面罩连接式防热面罩、头罩式防热面罩。

(四)听觉器官防护用品

1. 噪声的伤害

噪声是声音的一种,也是由物体的振动所产生的。衡量声音对人耳是否有损伤的指标是声音的频率和强度。频率可以理解为音调,频率高,声音就尖;频率低,声音就粗。声音的强度用分贝(dB)来表示,代表声波的压力或力度的大小。日常生活中,把声音强度理解为音量。当声音的频率或强度高到一定程度时,就变成有害的噪声。

噪声对人的危害是多样的，有听觉的和非听觉的，一般表现是慢性损害，也可表现为急性损伤。人长期在声强大于 80 dB 的环境中工作会对听力造成严重损伤，还会引起耳鸣、心慌、头晕、头痛、多梦、乏力、失眠、记忆力减退、消化不良、食欲不振、恶心、呕吐、心跳加快、心律不齐、血管痉挛、血压升高等症状，甚至还会导致冠心病、动脉硬化。长期在噪声环境中工作还会降低工作效率，影响安全生产。听觉器官防护用品可将人耳与外界噪声进行适当隔离，以保护人耳不受或少受伤害。

2. 听觉器官防护用品的分类

听觉器官防护用品包括用各种材料制作的防噪声护具，如防水类的防水耳塞，防寒类的防寒耳塞，防噪声类的防噪声耳塞、防噪声耳罩等。

（1）耳塞

耳塞是插入外耳道内，或置于外耳道口处的护耳器。按其声衰减性能分为防低、中、高频声耳塞和隔高频声耳塞。按使用材料分为纤维耳塞、塑料耳塞、泡沫塑料耳塞和硅橡胶耳塞。

耳塞的优点是结构简单、体积小、质量轻、价廉、使用方便。其对中、高频噪声有较好的隔音效果，而对低频噪声的隔声效果较差。它的缺点是当佩戴时间过长或耳塞大小选用不当时，主观感觉不舒适，易引起耳道疼痛。

1）纤维耳塞，是用棉花、聚乙烯等纤维制成的耳塞。它的优点是使用方便、成本较低；缺点是效果差、不能重复使用。防声棉的纤维短，耐柔性不够，易碎。因此，使用时最好用纸或薄纱布裹成适当的形状，便于取放。

2）塑料耳塞，是由弹性软塑料或软橡胶通过模具压制而成的，具有一定的几何形状。这种耳塞结构多样，性能各异，并根据人耳道的大小分为大、中、小三个型号。使用者可根据自己耳道的大小，选用相应的规格，使耳塞与耳道密合良好，以提高隔声性能。这种耳塞的平均隔声量为 15~25 dB。在各类耳塞中，以这种耳塞使用最广泛。

3）泡沫塑料耳塞，是用一种具有回弹性的特殊泡沫塑料制成的耳塞。使用时，用手将它捻缩后放入外耳道，它能自行膨胀并随耳道形状充满耳道。这种耳塞适合于各种耳道形状、大小的人使用。其缺点是易被玷污，影响重复使用。

4）硅橡胶耳塞，是由一种硅橡胶糊，经过与固化剂调制后，在液体状态下注入外耳道内并经 10~20 min 固化成型的耳塞。这种耳塞的大小完全适合使用者耳形，密闭性好，隔声值较高。

各种耳塞如图 6-1-4-8 所示。

（2）耳罩

耳罩是由压紧每个耳部或围住耳部四周而紧贴在头上遮住耳道的壳体所组成的一种护耳器。防噪声耳罩如图 6-1-4-9 所示。

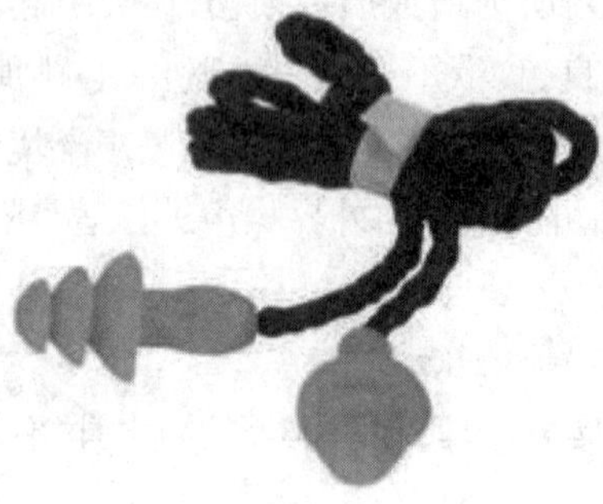

（a）

（b）

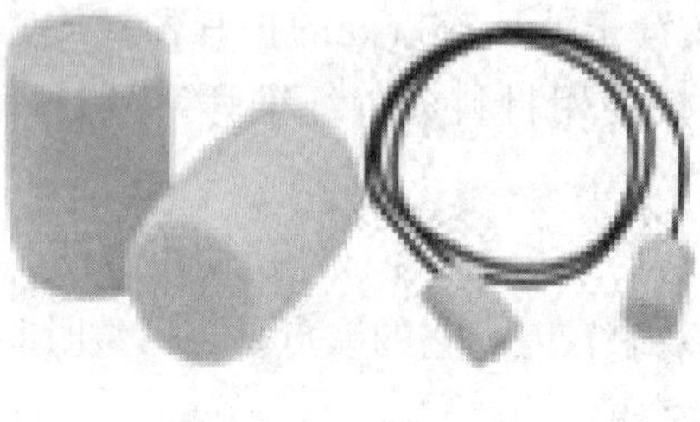

（c）

图 6-1-4-8 各种耳塞

（a）塑料耳塞 （b）软橡胶耳塞 （c）泡沫塑料耳塞

3. 防噪声用品的选择和使用

（1）耳塞的使用

1）使用各种耳塞时，要先将耳部向上提拉，使耳甲腔呈平直状态，然后手持耳塞柄，将耳塞帽体部分轻轻推向外耳道内，并尽可能地使耳塞体与耳甲腔相贴合，但不要用劲过猛过急或插得过深，以自我感觉适度为止。

图 6-1-4-9 防噪声耳罩

2）佩戴后感到隔声不良时，可将耳塞稍微缓慢转动，调整到效果最佳位置为止。如果经反复调整仍然效果不佳，应考虑改用其他型号、规格的耳塞试用，选择最佳者后定型使用。

3）佩戴泡沫塑料耳塞时，应将圆柱体搓成锥形体后再塞入耳道，让塞体自行回弹，充满耳道。

4）佩戴自行成型的硅橡胶耳塞时，应分清左右塞，不能弄错；放入耳道时，要将耳塞转动放正位置，使之紧贴耳甲腔内。

（2）耳罩的使用

1）使用耳罩时，应先检查罩壳有无裂纹和漏气现象，佩戴时应注意罩壳的方向，顺着耳部的形状戴好。

2）将连接弓架放在头顶适当位置，尽量使耳罩的软垫圈与周围皮肤相互密合。如感觉不合适时，应移动耳罩或连接弓架，调整到合适的位置为止。

3)无论佩戴耳罩还是耳塞,均应在进入有噪声的环境前戴好,在噪声区不得随意摘下,以免伤害耳膜。如确需摘下,应在休息时或离开后,到安静处取出耳塞或摘下耳罩。

4)耳塞或耳罩软垫用后需用肥皂、清水清洗干净,晾干后再收藏备用。橡胶制品应防热变形,同时撒上滑石粉储存。

(五)躯干防护用品

1. 防护服装的作用

生产过程中对个体躯体伤害的因素较多,常见的伤害因素有①高温、强辐射热伤害;②低温伤害;③酸碱溶液、农药、化肥以及其他可经皮肤进入人体的化学药剂对皮肤产生的烧灼伤害;④微波辐射伤害;⑤ X 射线、γ 射线、α 射线、中子、质子等电离辐射产生的伤害;⑥静电伤害等。

防护服装用于全身防护,不同材料的防护服装可具有不同的防护作用。

2. 防护服装的分类

防护服装分为特殊作业防护服装和一般作业防护服装。一般作业防护服装是指在作业过程中为防污、防机械磨损、防绞碾等伤害而穿用的服装,其面料一般比较广泛,纯棉、混纺织物等均可。而特殊作业防护服装是指在直接危及劳动者健康安全的作业环境中穿用的各类能避免和减轻职业危害的防护服装,其专用性较强,面料也较特殊。特殊作业防护服装包括防静电工作服、防酸工作服、阻燃防护服装、抗油拒水防护服装、焊接防护服装等,如图 6-1-4-10 所示。

(a)　(b)　(c)　(d)　(e)

图 6-1-4-10　各种防护服装

(a)防静电工作服　(b)防酸工作服　(c)阻燃防护服装　(d)抗油拒水防护服装　(e)焊接防护服装

（六）手足防护用品

1. 手（臂）部防护用品

（1）手（臂）部防护用品的作用

劳动者在工作时，手（臂）部可能受到各种有害因素的伤害，如灰尘、射线、毒物的污染，酸、碱及其他化学物质的腐蚀，机械性的刺、磨、切、轧、砸、挤、压伤害。此外，还有烧伤、冻伤、烫伤等。不同材料类型的手（臂）部防护用品可以有效防止手（臂）部受伤。

（2）手（臂）部防护用品的分类

1）按防护部位，手（臂）部防护用品可分为防护手套和防护袖套。防护手套用于保护肘以下（主要是腕部以下）的部位免受伤害；防护袖套用手保护前臂或全臂免遭伤害。防护袖套按使用特性分为防辐射热袖套和防酸碱袖套。

2）按手套形状，手套可分为五指手套、三指手套、连指手套、直型手套和手型手套。

3）按手套用途分类，手套可分为绝缘手套、耐酸（咸）手套、焊工手套、耐油手套、防 X 射线手套、防机械伤害手套、防静电手套、耐高温阻燃手套。

①绝缘手套是用天然橡胶制成，或用绝缘橡胶或乳胶经压片、模压、硫化或浸膜成形的五指手套，主要用于电工作业。

②耐酸（碱）手套主要包括橡胶耐酸碱手套、乳胶耐酸碱手套和塑料耐酸碱手套（包括浸塑手套），一般应具有耐酸碱腐蚀、防酸碱渗透、耐老化性能，主要用于手接触酸碱液的防护。主要应用对象是在化工、印染、皮革、电镀、热处理等企业或场所接触普通酸碱的工作人员，也可以作为农、林、渔等行业的工作人员在一般操作时的防护用品。

③焊工手套多采用猪（牛）绒面革制成，配以防火布长袖，用以防止弧光贴身和飞溅金属熔渣对手的伤害。

④耐油手套采用丁腈、氯丁二烯或聚氨酯等材料制成，用以保护手（臂）部皮肤避免受油酯类物质（矿物油、植物油以及脂肪族的各种溶剂油）的刺激。这些物质的刺激可引起各种皮肤疾病，如急性皮炎、痤疮、毛囊炎、皮肤干燥、龟裂、色素沉着以及指甲变化等。

⑤防 X 射线手套是由能吸收或衰减 X 射线、物理性能良好的软质含铅橡胶制成的，是 X 射线操作者佩戴的手套。

⑥防机械伤害手套的种类较多，一般有布手套、纱手套、皮手套、皮布手套、人造革手套、涂塑手套、涂胶手套、白帆布手套、防震手套、钢网眼手套、乳胶手套和指套等。

⑦防静电手套有两种类型：一种是由含导电纤维的织料制成；另一种是用长纤维弹力腈纶编织手套，然后在手掌部分贴附聚氨酯树脂，或在指尖部分贴附聚氨树脂或在手套表面涂覆聚乙烯涂层。含导电纤维的手套是使积累在手上的静电很快散失，而有聚氨酯或聚乙烯涂层的手套主要是不易产生尘埃和静电。这些产品主要用于弱电流、精密仪器的组装，产品检验，电子产业，印刷，各种研究机关的检验工作等。

⑧耐高温阻燃手套是用于冶炼炉或其他炉窑工种的一种防护手套。这种手套有三种类型：一是以石棉为隔热层，外面衬以阻燃布制成手套；二是以阻燃的帆布为面料，中间衬以聚氨酯作为隔热层；三是手套表面喷涂金属，不仅耐高温、阻燃还能反射辐射热。

图 6-1-4-11 所示为各种用途的防护手套。

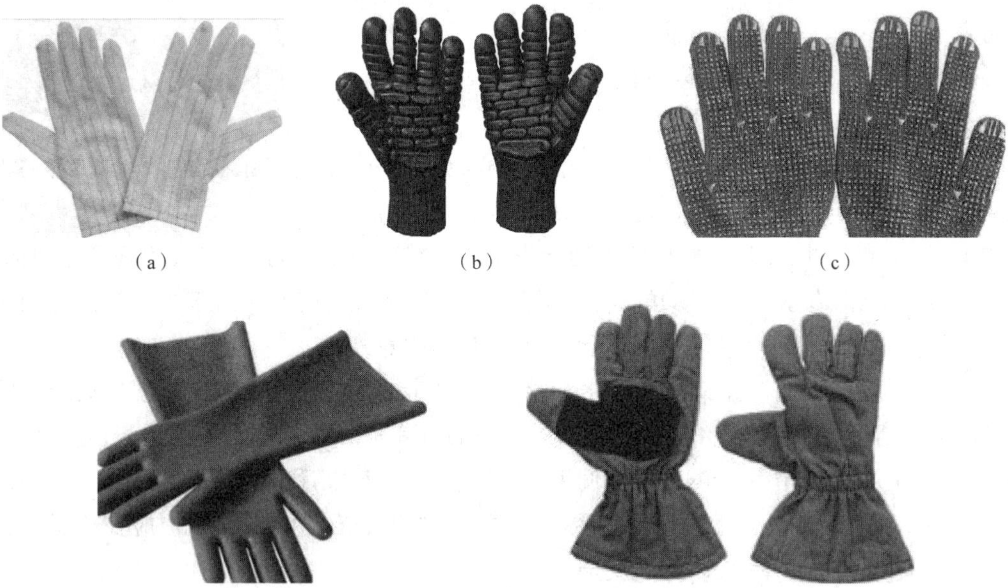

（a）　（b）　（c）

（d）　（d）

图 6-1-4-11　不同用途的手套

（a）防静电手套　（b）防震手套　（c）防切割手套　（d）耐酸（碱）手套　（d）防热手套

4）按手套的材质分类，手套可分为丁腈手套、PVC 手套、乳胶手套、皮革手套、布手套、纱手套等。

①丁腈手套。这类手套对机械磨损有较强的防护性，也能防止大部分溶剂和化学危险品的腐蚀，如油、酸、农药等。其使用温度为 -4~50 ℃，可代替皮手套，工业用途广泛。手套的手掌部浸各色丁腈，配防滑衬里、安全袖的丁腈手套，抗割，耐磨，对多种化学物有良好的防护性，适用于手工业制造，化工行业；表面浸丁腈的丁腈手套，倾向重工业中使用，防割、防刺穿、耐磨损、抗油脂性，坚硬但不失弹性，适用于汽车工业、建筑业装配业、重工业操作和生产操作等领域。

② PVC 手套。这类手套防化学腐蚀能力强，几乎对所有的化学危险品都有防护性。

③乳胶手套。这类手套可防止机械磨损、割及刺穿，对一部分化学品也具有较好的防护性，如酸等，但只适用于防护低浓度的酸碱溶液、一般化学药品、印染液、有毒化工原料、污染物和一般工业操作，不能防护油、油脂和石油产品，也不能防护硝酸等强氧化剂。此种手套的表面摩擦力较大，适用于抓取尖锐物体；其使用温度为 -18~50 ℃，工业用或民用均可。手掌浸乳胶手套、粗糙天然乳胶手套可提供安全抓握力，指尖和拇指分叉部浸胶能减少外部机械危险对使用者的危害。其表面的天然橡胶能约束液体渗透；人体工程学设计则提供更多的舒适性使使用者更长久地使用并避免手（臂）部疲劳；手背涂层能提供更多的保护。这两种手套适用于组装工作、检查工作，一般工业维护、园艺、玻璃处理和渔业等领域。

④皮革手套。这类手套的防机械磨损性能较好。厚皮手套可防热，外层镀铝后可防高温

及热辐射；喷涂革手套耐磨、防污。

⑤布手套。这是一般用途的手套，使用者手指灵活，接触感良好。加厚的布手套用于防热、防寒，可防中、低程度的机械磨损。

⑥纱手套。这也是一般用途手套。

（3）防护手套的选用、维护和保管

1）要选择大小合适的手套。手套尺寸要适当，如果手套太紧，会限制血液流通，容易造成手部疲劳，并且不舒适；如果太松，使用不灵活，而且容易脱落。

2）防护手套品种繁多，应根据防护功能来选用。首先应明确防护对象，然后再仔细选用。例如，耐酸碱手套，有耐强酸（碱）的，有只耐低浓度酸（碱）的；耐有机溶剂和化学试剂的手套又各有不同。因此，各种功能的手套不能乱用，以免发生意外。

3）绝缘手套应定期检验其电绝缘性能，不符合规定的不能使用。经一年使用后应复验电压强度，不合格者不应再作绝缘手套使用。在每次使用前必须仔细进行外观检查，并且用吹气法向手套内吹入气体，在手套的袖口部用手捏紧防止漏气，观察手套是否会自行漏气。如果检查手套无漏气现象，即可正常使用。绝缘手套稍有破损时，依然可以使用，但应在绝缘手套外面再罩上一副纱或皮革手套，以保证安全。

4）防水、耐酸碱手套在使用前应仔细检查，观察表面是否有破损，也可采取简易办法检查，即向手套内吹气，观察是否有漏气现象，若漏气则不能使用。

5）天然橡胶手套使用时不得与酸、碱、油类长时间接触，并应防止尖锐物件穿刺，用完后清洗凉干，向手套内外撒上滑石粉后，妥善保管，在保管中不得受压、受热。所有橡胶、乳胶、合成橡胶手套的颜色必须均匀，手套除手掌部要求偏厚外，其他部分薄厚要一致，表面要光滑（为防滑在手掌部制成条纹或颗粒状止滑花纹者除外）。在手掌部不允许有直径大于 1.5 mm 的气泡存在，允许有轻微皱皮但不得有裂纹存在。橡胶、塑料等类防护手套用后应冲洗干净、晾干，保存时避免高温，并在手套表面撒上滑石粉以防粘连。乳胶手套只适用于防护弱酸、浓度不高的硫酸、盐酸和各种盐类，不得防护强氧化酸（硝酸等）。

6）接触强氧化酸，如硝酸、铬酸等的耐酸（碱）手套会因强氧化作用造成产品发脆、变色、早期损坏。高浓度的强氧化酸甚至会引起烧损，应注意观察。

2. 足部防护用品

（1）足部防护用品的作用

在工作场所中，足部会受到各种来自外界的伤害，如物体砸伤或刺伤、高低温伤害、化学性（酸碱）伤害、触电伤害、静电伤害、强迫体位等。足部防护用品根据其材质类型，可防止或减轻各类足部伤害。

（2）足部防护用品的分类

1）防静电鞋和导电鞋。

防静电鞋是既能消除人体静电积聚又能防止 250 V 以下电源电击的防护鞋。导电鞋具有良好的导电性能，可在短时间内消除人体静电积聚，是只能用于没有电击危险场所的防护鞋。这是其与防静电鞋的重要区别。图 6-1-4-12 所示为防静电鞋和导电鞋。

(a)

(b)

图 6-1-4-12 防静电鞋和导电鞋

(a)防静电鞋 (b)导电鞋

防静电鞋和导电鞋的使用和注意事项。

①防静电鞋和导电鞋都有消除人体静电积聚的作用,可用于易燃易爆作业场所。防静电鞋不仅用于防止人体静电,而且可以防止人不慎触及 250 V 以下电源设备的电击所带来的危险。导电鞋不仅可在尽可能短的时间内消除人体静电,而且能使人体所带有的静电电压降至最低点,但其仅能用于工作人员不会遇到电击的场所。

②防静电鞋要与防静电服同时穿用才能更有效地消除静电。穿用防静电服后,人体所带的静电通过防静电鞋或导电鞋从地面导走,使人体静电迅速降低。

③防静电鞋和导电鞋在穿用时,不应同时穿绝缘的毛料厚袜及绝缘鞋垫。穿用一定时间后,应按要求做电阻值检测。测试结果超过标准的,不能用于防静电作业。

④穿用防静电鞋或导电鞋时,工作地面必须有导电性,才能导走静电。不能用绝缘橡胶板铺地,同时最好穿用导电袜或其他较薄的袜子,以便使人体电荷接触鞋底,此外应及时除去鞋底上附着的绝缘性物质。如没有上述设备,应保证地面非常潮湿,随时洒水,保持导电湿度。认清防静电鞋和导电鞋的特殊标志,千万不能将其作为绝缘鞋使用,以免发生危险。

⑤防静电鞋、导电鞋是特殊用途的专用鞋,适用于由于人体静电而引起事故的场所,穿用此类型鞋时,对消除人体静电可起良好的作用。在穿用过程中,一般不超过 200 h 应进行一次鞋电阻值测试,如果电阻不在规定范围内,则该鞋不能作为防静电鞋或导电鞋继续使用。对由于其他因素产生的静电,如设备带有静电而引起的危害,不属于防静电鞋、导电鞋的防护范围。

⑥应经常保持防静电鞋和导电鞋的清洁,保证其防静电或导电性能不被减弱。因为其表面污染尘土,附着油、蜡,粘贴绝缘物或因老化形成绝缘层后,会对电阻有很大的影响,所以在使用后应及时刷洗。刷洗时要用软毛刷、软布蘸酒精或不含酸、碱的中性洗涤剂,以避免机械或化学性损伤。

2)电绝缘鞋(靴)。

电绝缘鞋(靴)是能使人的脚与带电物质绝缘,预防电击的防护鞋。图 6-1-4-13 所示为电绝缘鞋。

使用电绝缘鞋(靴)时应注意以下几点。

图 6-1-4-13 电绝缘鞋

①电绝缘鞋应根据使用电压的高低，不同防护条件来选择。各种电气设备都有高低压之分，耐电压 15 kV 以下的电绝缘皮革和电绝缘布面胶鞋适用于工频电压为 1 kV 以下的作业环境。在使用时必须严格遵守电业安全工作规程的有关规定，不得越级使用，以免击穿，造成触电事故。

②在各类高压电气设备上工作时，穿用高压绝缘胶鞋（靴）的操作者，可配合使用基本安全用具（如绝缘棒、绝缘夹钳）触及带电部分，并可将该鞋用于防护跨步电压所引起的电击伤害。但在使用时，应按标准规定的使用范围正确使用，不得任意乱用。在潮湿、有蒸汽、冷凝液体、导电灰尘或导电地面等容易发生危险的场所作业时尤其应注意，必须穿用适当的电绝缘鞋（靴）。

③穿用任何电绝缘鞋时均应避免接触锐器、高温和腐蚀性物质，防止鞋受到损伤影响其电性能。凡帮底有腐蚀、破损之处的电绝缘鞋，不能再作为电绝缘鞋穿用。

④预防性检验是为确保使用安全，对绝缘鞋（靴）的电气绝缘性能所进行的定期检验，一般为半年一次。若检验结果低于规定指标，则被测鞋（靴）不能继续作为电绝缘鞋（靴）使用。电绝缘鞋（靴）在每次使用前必须仔细进行外观检查，如果发现有任何超过规定的缺陷，则不得使用。如电绝缘鞋（靴）上有尘埃或污渍等其他污物，应清洗干净并完全干燥以后方可使用。电绝缘鞋（靴）不可与酸碱、油类物质接触，并应防止尖锐物刺伤，用完应清洗干净和晾干后，妥善保管。

3）耐酸碱鞋（靴）。

耐酸碱鞋（靴）是以防水革、塑料、橡胶等为材料，配以耐酸碱鞋底经模压、硫化或注压成型，具有防酸碱性能，适合足部接触酸碱或酸碱溶液溅泼在足部时保护足部不受伤害的防护鞋。根据材料的性质，耐酸碱鞋（靴）可分为耐酸碱皮鞋、耐酸碱塑料模压靴和耐酸碱胶靴三类。

耐酸碱鞋（靴）的使用和保管要求如下。

①耐酸碱皮鞋一般只能在浓度较低的酸碱作业场所中使用，不能浸泡在酸碱液中进行较长时间作业，以防酸碱溶液渗入皮鞋内造成伤害。

②使用和保管时，应避免其接触油类，否则易脏且易破裂。耐酸碱塑料靴和胶靴，应忌高温、日晒，并避免与有机溶剂接触；还要避免其与锐利物接触，以免割刺破裂损伤靴面或靴底引起渗漏，影响防护功能。

③耐酸碱塑料靴和胶靴穿用后，应立即用水冲洗，并存放在阴凉处，不可烘烤和在日光下曝晒，以免加速老化变质。橡胶鞋在存放时，应撒些滑石粉。

4）防刺穿鞋。

在具有机械刺穿危险、脏污环境的作业现场中进行物品堆置物，机器设备、运输器械的操作以及材料、工具的运用时，可能发生钉子、金属废料或其他尖锐物体刺、割伤作业人员脚底的危险，其伤害情况与机械外伤相同。防刺穿鞋是在鞋的内底与外底中间放一块能抵御锐利物品刺穿的非金属防刺穿垫，以保护作业人员足底部不受伤害的防护鞋，如图 6-1-4-14 所示。

（a）

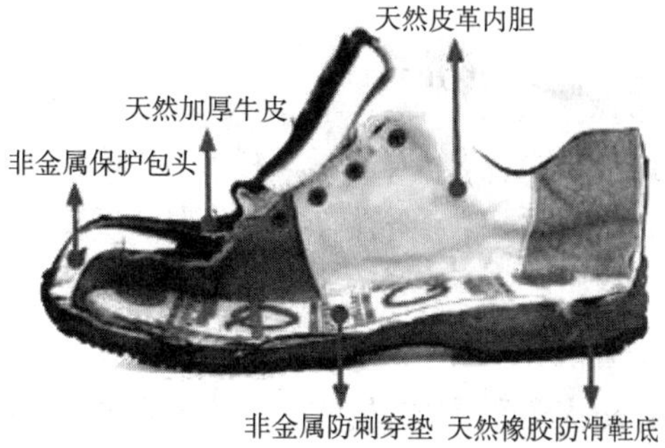

（b）

图 6-1-4-14　防刺穿鞋

（a）外形　（b）结构

按照防刺穿性能，防刺穿鞋可分为三级（特级、Ⅰ级和Ⅱ级）。Ⅰ级产品适用于较恶劣的工作环境，如易被铁钉刺伤的场合；Ⅱ级产品适用于有玻璃、铁屑、竹片等尖锐物的场所，或体轻、负重较小者使用。

5）高温防护鞋（靴）。

高温防护鞋（靴）是供高温作业人员穿用，以保护双脚在受到热辐射、熔融金属、火花以及接触灼热的物体时不受伤害的一种特殊防护鞋。这种鞋采用耐高温的鞋面料，结构上要求中底由隔热材料制成，外底由耐高温材料制成。因此，这种鞋能耐高温、隔热，可以保护穿着者的足部不受高温和灼热的物体伤害。使用防护靴时应尽量减少接触水、火，避免接触高于 80 ℃ 的高温物体，遇湿后，不应火烤，以免防护靴发脆、发硬。图 6-1-4-15 所示为高温防护靴。

图 6-1-4-15　高温防护靴

6）耐油防护鞋（靴）。

耐油防护鞋是避免工作场所中存在的油类物质渗入皮肤引起各种皮肤疾病而使用的一种防护鞋。

耐油防护鞋（靴）在使用后应及时用肥皂水将表面洗抹干净，切勿用开水或碱水浸泡，或用硬刷子使劲擦洗。洗净后将其放在通风处晾干，然后撒少许滑石粉保存，切忌在高温处烤，以免损坏。

7)焊接防护鞋。

焊接防护鞋是耐热、绝缘、耐磨、防滑的劳动防护鞋,主要适用于气割、气焊、电焊及其他焊接作业。

8)防振鞋。

防振鞋是由皮革、人造革材料、纺织材料以及减振材料等合制而成的。这种鞋对来自足部的振动有减振作用,用于在存在与人体共振频率相近的振动场所中的人员防护,以防振动对全身产生不良影响。

9)森林防火鞋。

森林防火鞋的主要防护功能是防高温、防火、防刺穿、防滑和阻燃。其适用于在森林火灾扑救和林区恶劣环境下穿用。

(七)防坠落防护用品

1. 防坠落防护用品的作用

在建筑、电力、通信、铁路、机械等行业中都存在着高空作业场所。高处作业难度大,危险大,稍不注意就可能发生坠落事故。高空坠落事故一旦发生对人体的伤害是非常大的,因此防止高空坠落和采取个人防护措施是十分必要的。

2. 各种防坠落防护用品

(1)安全带

安全带的结构如图 6-1-4-16 所示。

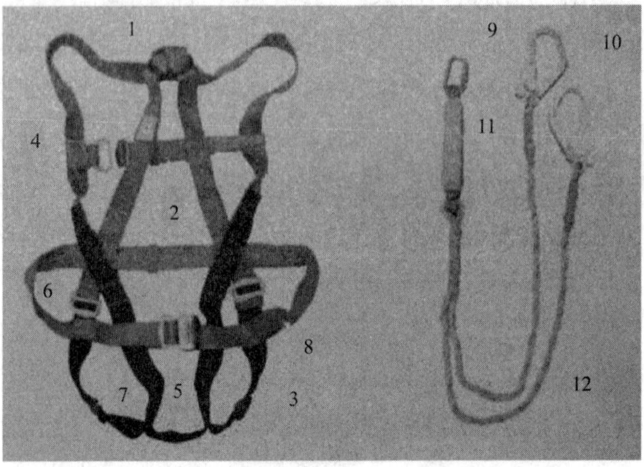

图 6-1-4-16　安全带的结构

1—背带;2—胸带;3—胯带;4—胸带卡;5—腰带卡;6—胯带卡;7—塑料套;8—腰带;9—环形带;10—自锁钩;11—缓冲器;12—安全绳

1)安全带是高空作业人员预防坠落伤亡事故的重要防护用品,其由各种带、绳和金属配件等组成。

2)安全绳是安全带上防止人体坠落的系绳。

3)吊绳是自锁钩使用的绳,应预先垂直、水平或倾斜地挂好。自锁钩可在其上自由移动,长度可调。

4）自锁钩是带有自锁装置的钩。在冲击力的作用下，其可卡住吊绳，阻止人体继续坠落。

5）缓冲器是缓解冲击的装置。当发生坠落时，其内部结构发生改变，通过摩擦、局部变形和破坏来吸收一部分能量，从而减小人体受到的冲击力。安全带与缓冲器配合使用时，一般可使冲击力下降 40%~60%。

6）防坠器也叫速差式自控器。它是利用速差进行控制，当绳索的拉出速度小于 1 m/s 时，在自控器内弹簧的作用下，绳索可自由伸缩。当拉出的速度超过 1 m/s 时，即发生坠落时，绳子带动圆盘快速转动，使负责制动的棘爪由于惯性立即卡住转动盘上的凸角，使圆盘不能再转动，绳索不能继续拉出，从而起到防止坠落的作用，如图 6-1-4-17 所示。

图 6-1-4-17　防坠器

（2）安全网

安全网由网体、边绳、系绳等组成。网体是由单丝线、绳等编织而成，为安全网的主体。边绳是沿网体边缘与网体连接的绳，有固定安全网开关和加强抗冲击力的作用。系绳是把安全网固定在支撑物上的绳。

安全网分为平网、立网和密目式安全立网，如图 6-1-4-18 所示。

（a）　（b）

图 6-1-4-18　安全网

(c)

图 6-1-4-18 安全网(续)

(a)平网 (b)立网 (c)密目式安全立网

3. 防坠落防护用品的使用

(1)安全带的使用和保管

1)应选用经检验合格的安全带产品。使用和采购之前应检查安全带的外观和结构,检查部件是否齐全完整,有无损伤,金属配件是否符合要求,产品的包装上有无合格标识,是否存在影响产品质量的其他缺陷,发现产品损坏或规格不符合要求时,应及时调换或停止使用。

2)不得私自拆换安全带上的各种配件。更换新件时,应选择合格的配件。

3)在使用过程中,应高挂低用,或水平悬挂,并防止摆、碰撞,避开尖锐物,不能接触明火。

4)不能将安全绳打结使用,以免发生冲击时安全绳从打结处断开,应将安全钩挂在连接环上,不能直接挂在安全绳上,以免发生坠落时安全绳被割断。

5)使用 3 m 以上的长绳时,应加缓冲器,必要时可以联合使用缓冲器、自锁钩、速差式自控器。

6)作业时,应将安全带的钩、环牢固地挂在系留点上,卡好各个卡子并关好保险装置,以防脱落。

7)在低温环境中使用安全带时,要注意防止安全绳变硬。

8)对使用频繁的安全绳应经常做外观检查,发现异常时应及时更换新绳,并注意加绳套的问题。

9)安全带应储藏在干燥、通风的仓库内,不准接触高温、明火、强酸、强碱和尖利的硬物,也不能曝晒。搬运时不能用带钩刺的工具,运输过程中要防止日晒雨淋。

(2)安全网的使用

1)安全网在使用时应避免发生下列现象:

①随意拆除安全网的部件;

②人员跳入或将物体投入安全网内;

③大量焊接或其他火星落入安全网内;

④安全网周围有严重的腐蚀性烟雾。

2)对于使用中的安全网应进行定期检查,并及时清理网上的落物。当发生下列情况之一时应及时进行修理或更换:

①安全网受到较大的冲击后；

②安全网发生严重变形或磨损；

③安全网发生霉变；

④系绳松脱；

⑤网的搭接处脱开。

3）安全网应由专人保管、发放，在储运中必须注意通风、遮光、隔热，同时还要避免化学物品的侵蚀，搬运时不能用钩子钩。

4）拆除安全网时应注意如下事项：

①在保护区的作业完全停止之后，方可开始拆除安全网；

②拆除工作应在有关人员的严格监督下进行；

③拆除工作应从上到下进行，并根据现场条件采取必要的防护措施。

（八）其他防护用品

其他防护用品指经劳动和社会保障部确认的其他特种劳动用品。

二、防护用品的选用

防护用品选择的合理正确，关系到两方面的问题：一是防护功能能否发挥，即选择的护品必须具备必要的防护功能，才能起到保护人体（或某部位）的作用；二是不能影响工作效率，即穿（佩）戴上护品后，不应妨碍操作的正常进行，其防护性能与操作的灵活度、使用的舒适度三者之间要合适、协调。例如，气密性防化服具有较好的防护功能，但在穿脱时都很不方便，还会产生热效应，若大小不合适，更会给人带来不适感，并影响作业效率。所以，正确选用劳动防护用品的原则是，首先保证劳动者安全与健康，同时又不影响正常作业。

《个体防护装备选用规范》（GB/T 11651—2008）规定了选用劳动防护用品的原则、要求和使用期限，明确了劳动者作业类别与防护用品使用限制的配伍关系，并编有专门的代号方便查找。使用者根据作业条件、危险特性和所需的防护功能，可对应选择防护用品品种。

（一）典型作业的防护用品选用

1. 存在物体坠落、撞击的作业

在从事建筑安装、桥梁建设、采矿、钻探、造船、起重、森林采伐等作业时，存在遭遇物体打击与碰撞的危险，此时可以使用的防护用品有安全帽、防砸鞋（靴）、防刺穿鞋、安全网，并建议穿防滑鞋。

2. 有碎屑飞溅的作业

在从事破碎、锤击、铸件切削、砂轮打磨、高压流体输送等相关作业时，可能遭遇物质飞溅等带来的危险，此时可以使用的防护用品有安全帽、防冲击护目镜、一般防护服装，同时建议使用防机械伤害手套。

3. 吸入性气相毒物作业

在从事会接触氯气、一氧化碳、硫化氢、氯乙烯、光气、汞等有挥发性气相毒物的作业时，可能遭遇毒物的危害，此时作业者可以佩戴防毒面具，戴防化学品手套，穿着化学品防护服装，并建议使用劳动护肤剂。

4. 可燃性粉尘场所作业

在进行会接触可燃性化学粉尘的作业时，可能遇到化学爆炸、粉尘吸入等危害，作业者可以佩戴防尘口罩（防颗粒物呼吸器）、防静电手套，穿防静电鞋、防静电服、棉布工作服等防护用品，建议使用防尘服和阻燃防护服装。

5. 手持振动机械作业

在使用手持振动工具进行作业时，机械振动或冲击会直接作用于人的手臂系统，如作业者使用风钻、风铲、油锯等作业时，易受到振动伤害，此时可以使用耳塞、耳罩、防振手套进行防护并建议穿防振鞋。

6. 高温作业

在平均湿球温度（Wet Bulb Globe Temperature，WBGT）指数等于或大于 25 ℃的工作场所中作业时，如熔炼、浇注、热轧、锻造、炉窑等，会遭受热烧灼，作业者可以使用安全帽，防强光、紫外线、红外线护目镜或面罩，隔热阻燃鞋，白帆布类隔热服，并建议使用镀反射膜类隔热服和其他防护用品等。

（二）个人防护用品的使用

1. 个人防护用品使用之前的注意事项

1）使用个人防护用品之前必须仔细检查防护用品，包括其外观是否有缺陷，是否破损，使用起来是否便捷灵活。

2）使用个人防护用品之前必须检查防护用品的性能、适用范围，是否满足作业防护要求等，对于不满足要求的不能使用。

3）使用个人防护用品之前必须检查防护用品的使用期限，依据作业的腐蚀程度、防护用品的损耗情况、防护用品本身的耐用性能，判断防护用品的使用期限，不能超期服役。

2. 个人防护用品使用过程中的注意事项

1）必须严格依照防护用品说明书的规定使用，不可随意使用。

2）应挑选适合自己型号的用品，一般情况下个人防护用品不可与他人共用。

3. 个人防护用品使用之后的维护

1）个人防护用品在使用后应使用正确的方法进行清洁，并晾干保存。

2）个人防护用品在不满足使用要求或超过使用期限时必须立即报废，不可再勉强继续使用。

【任务实践训练】

以你熟悉的一个工作岗位为例，分析从事该岗位的工作时必须穿戴或使用的安全防护用品有哪些，应如何正确使用和保养。

单元二　防止职业危害

党的二十大报告指出:要推进健康中国建设。人民健康是民族昌盛和国家强盛的重要标志。把保障人民健康放在优先发展的战略位置,完善人民健康促进政策。

【阅读材料】

东莞市塘厦镇的一家手机屏幕生产厂的生产部的员工陆续出现四肢无力、麻木等症状,至2014年4月11日已有10名员工因疑似正己烷中毒住进东莞市职业病防治中心治疗。另外,该医院住院部还有8名长安镇一家手机屏幕生产厂的员工住院治疗,院方证实也为疑似正己烷中毒,“没有特效药,只能对症治疗”。

据该厂的多名出现病症的女工介绍:工厂大约有200名员工,出现病症的员工均在生产部工作。这些员工的主要工作为:用抹布蘸上俗名为“抹机水”的液体,擦拭手机屏幕表面,一方面可清洁,另一方面这种液体挥发很快,方便贴膜等后续生产工序。

据住院女工介绍,2014年春节后,有因病辞职的女工做过“肌电图”检查,检查后,医生怀疑是职业病,要求其到职业病医院检查治疗。随后,多名女工到东莞市职业病防治中心检查,被诊断为疑似正己烷中毒。

2014年4月10日上午,记者在东莞市职业病防治中心采访,10名被诊断为疑似正己烷中毒的女工说,还有8名跟她们情况类似的病患,也是在手机屏幕厂打工,也要用到“抹机水”这种液体。

据东莞市职业病防治中心相关主治医师和副院长介绍,除了这家企业的10名女工被诊断为疑似正己烷中毒外,还有另一家工厂的8名员工也被诊断为疑似正己烷中毒。“据我们了解,工人使用的‘抹机水’为正己烷”院方介绍,正己烷进入人体后,主要侵害神经系统,造成多发性周围神经病变,导致患者出现四肢无力、麻木等症状。院方介绍,正己烷中毒目前没有特效的解毒药,只能对症治疗,目前院方主要通过针灸理疗、营养神经药物和功能锻炼来对症治疗,相关治疗费用均由工厂承担。主治医生介绍,从医学上来讲,正己烷中毒分轻度、中度和重度,这些员工多为轻度中毒,少数为中度中毒,对症治疗后基本能够恢复,一般不会留后遗症。

据东莞市职业病防治中心相关负责人介绍,职业病的诊断有十分严肃的调查和集体诊断过程,要求确定员工病症和职业环境有直接因果关系。目前陆续入院的员工均已诊断为疑似正己烷中毒,院方按照规定,将这一情况上报给了东莞市安监、卫生等相关部门。

正己烷是低毒、有微弱特殊气味的无色液体。正己烷是一种化学溶剂,主要作为丙烯等烯烃聚合时的溶剂、食用植物油的提取剂、橡胶和涂料的溶剂以及颜料的稀释剂,其具有一定的毒性,会通过呼吸道、皮肤等途径进入人体,长期接触可导致人体出现头痛、头晕、乏力、四肢麻木等慢性中毒症状,严重时可导致晕倒、神志丧失,甚至死亡。

侵入途径:吸入、食入、经皮肤吸收。

健康危害:有麻醉和刺激作用,长期接触可致周围神经炎。

急性中毒:吸入高浓度正己烷会出现头痛、头晕、恶心、共济失调等症状,严重进可导致神志丧失甚至死亡;对眼和上呼吸道有刺激性。

慢性中毒:长期接触出现头痛、头晕、乏力、胃纳减退;其后四肢远端逐渐发展成感觉异常,麻木、触、痛、震动和位置等感觉减退,尤以下肢为甚,上肢较少受累;再进一步发展为下肢无力、肌肉疼痛、肌肉萎缩及运动障碍,神经-肌电图检查显示交感神经及运动神经传导速度减慢。

任务一 认识工业粉尘危害,掌握防尘措施

一、粉尘对人体健康的危害

能够较长时间悬浮于空气中的固体微(尘)粒称为粉尘。在生产过程中产生的粉尘称为生产性粉尘。所有粉尘对人体健康都是有危害的,各种生产性粉尘的特性不同,其对机体的损害也不同。

(一)对人体健康的危害

1. 对呼吸系统的危害

粉尘对人体的呼吸系统影响最大,粉尘会导致尘肺、肺粉尘沉着症、上呼吸道炎症、游离二氧化硅肺炎、肺肉芽肿和肺癌等肺部疾病。

(1)尘肺——肺尘埃沉着症

肺尘埃沉着症简称尘肺,是指由于吸入较高浓度的粉尘而引起的全身性疾病,该病以肺组织弥漫性纤维化病变为主要特征。目前,确认能引起尘肺的粉尘有硅尘、煤尘、铝尘等超过13种的粉尘。尘肺是职业病中影响最广、危害最严重的一类疾病。尘肺的发病不仅与粉尘种类、粒径、浓度、形态和表面活性等有关,还与接尘剂量(即粉尘浓度和接尘时间的乘积)以及人体的抵抗力有关。常见的尘肺按其病理成因有以下四种。

1)硅肺,是尘肺中最严重的一种,又称硅沉着病,是因吸入含有游离二氧化硅的粉尘所引起的。自然界中游离的二氧化硅分布很广,几乎95%的硅石中均含有数量不等的游离二氧化硅。游离二氧化硅分结晶形和无定形,纯净结晶状态的硅石称为石英。在冶金、煤炭等工程的爆破、采掘作业中,修路、水利等工程的开凿、采石作业中,常产生大量石英岩尘;石粉厂、玻璃厂、水泥厂、氮肥厂的原料破碎、碾磨、筛分、配料等工序均可产生大量硅尘。这些生产场所如果长期粉尘浓度超标,就可能使人患上硅肺,而结晶形游离二氧化硅的致病作用大于无定形游离二氧化硅。硅肺是一种慢性进行性疾病,发病比较缓慢,发病工龄一般在5~10年,有的可长达15~20年。但在吸入高浓度硅尘时,可在1~2年内发病,称为“速发型硅沉着病”。另有部分病例,有接触较高浓度硅尘职业史,所拍X射线胸片未发现明显异常,而在离开硅尘作业若干年后患上硅沉着病,称为“晚发型硅沉着病”。

2)硅酸盐尘肺,是由于长期吸入含有结合二氧化硅(即硅酸盐)的粉尘所引起的尘肺病。

其中常见的有石棉肺、滑石肺、水泥肺、云母肺等。

3)碳素尘肺,是由于长期吸入碳素粉尘所引起的尘肺病,包括煤尘肺、炭黑尘肺、石墨尘肺、活性炭尘肺等。

4)金属尘肺,是长期吸入某些金属粉尘引起的尘肺病,如铝尘肺。由于铝尘的种类和性质各异,引起人体病变的程度也有所不同,金属铝尘与合金铝尘的致病作用比氧化铝尘强。

(2)肺粉尘沉着症

人体吸入铁尘、锡尘、钡尘等粉尘并不会引起肺尘埃沉着症,而是引起肺粉尘沉着症。铁、锡、钡等粉尘被人体长期吸入后可沉积在肺组织中,主要产生一般的异物反应,也可继发轻微的纤维化病变,对人体的危害比硅肺、硅酸盐肺小。在脱离这些粉尘作业后,有些患者的病变有逐渐减轻的趋势。

(3)有机粉尘引起的肺部疾患

许多有机粉尘被吸入肺泡后可引起过敏反应,如吸入发霉干草、蘑菇孢子、甘蔗等粉尘可引起过敏性肺泡炎。另外,长期吸入棉尘、亚麻粉尘等可引起棉尘病;吸入禽类排泄物粉尘可引起饲养工尘肺。有些有机粉尘如烟草、茶叶、皮毛、棉花等粉尘中常混有砂土及其他无机杂质,长期吸入这类粉尘可引起肺组织的间质纤维化,称为混合性尘肺。

(4)呼吸系统肿瘤

某些粉尘本身是或含有致癌物质,如石棉、砷等,吸入这些物质,有可能引发呼吸和其他系统的肿瘤,如间皮瘤等。放射性粉尘也可能引起呼吸系统肿瘤。

(5)其他呼吸系统疾病

由于粉尘诱发的纤维化、肺沉积和炎症作用,还常引起肺通气功能的改变,表现为阻塞性肺病。慢性阻塞性肺病也是粉尘接触人员的常见疾病,还并发有肺气肿、肺心病等。

2. 局部作用

长期接触生产性粉尘还可能引起皮肤、耳及眼的疾患。例如,粉尘堵塞皮脂腺可使皮肤干燥,易受机械性刺激和继发感染而引发粉刺、毛囊炎、脓皮病等。混于耳道内皮脂及耳垢中的粉尘,可促使形成耳垢栓塞。粉尘作用于呼吸道黏膜时,早期可引起功能亢进,黏膜下毛细血管扩张、充血,导致黏膜腺分泌增加,从而阻留更多粉尘,长期则形成肥大性病变。

3. 中毒作用

含有可溶性有毒物质的粉尘,如铅、砷、锰等可在呼吸道黏膜快速溶解,导致中毒。

(二)爆炸性危害

悬浮在空气中的某些粉尘,当达到一定浓度时,如果存在能量足够的火源(包括火焰、电火花、炽热物体,以及摩擦、振动、碰撞等引起的火花)就会发生爆炸。粉尘爆炸在瞬间产生,伴随着高温、高压。热空气膨胀形成的冲击波具有很强的摧毁力和破坏性。

(三)影响生产

粉尘影响正常生产,主要表现为影响产品质量、导致设备磨损、影响工场能见度及环境卫生等方面。

二、防尘措施与技术方法

（一）技术革新，从根本上消除粉尘

可通过技术革新，改进技术和工艺，减少或消除粉尘产生。选用工艺和物料时，可选用不产生或少产生粉尘的工艺，采用无危害或危害小的物料，这是消除、减弱粉尘危害的根本途径。

（二）合理布局厂房位置，减少粉尘

有尘车间在厂房中的位置，应位于全年主导风向的下风侧。厂房主要进风面应与厂房纵轴成 60°～90° 角；对 L、Π 形平面的厂房，开口部分应朝向夏季主导风向，并在 0°～45° 之间。车间内的主要操作点应位于通风良好和空气清洁的地方。

（三）合理布局生产工艺，机械除尘

积极采用除尘设备，进行自动化、机械化除尘，以达到较高的防尘效果。同时注意除尘工艺的设置和布局，宜在重要产尘位置布置除尘系统和设备并注意清洁。

（四）加强通风和密闭抽风相结合，及时排尘

在有条件的情况下尽量采用密闭环境开展易产生粉尘的生产操作，并采用抽风措施将密闭环境中的粉尘抽走排出；在无法密闭的环境中，应合理设计通风口，加强通风。

（五）抑制粉尘扩散

在物料运输过程中，应通过减小物料落差、隔绝气流、延长运输管路、减小倾斜角度等方法降低物料下落中大量空气在密闭罩中形成的正压，以减少粉尘外逸引起的扩散。

可通过在密闭罩的飞溅区设置排气孔等方法避免粉尘飞溅；也可通过设计，减少设备振动、转动或摆动引起的空气振动，以减少扬尘。

（六）湿法除尘

在工艺允许的条件下，采用湿法作业代替干法作业，使物料在湿润状态下进行加工，防止粉尘飞扬。

在工艺允许的条件下，在物料装卸、运输、破碎、筛分等过程中在扬尘点喷水雾或蒸汽降尘。

（七）静电除尘

静电消尘装置主要包括高压供电设备和电收尘装置两部分。含尘气流通过电场时，在高压（60~100 kV）静电场中，气体被电离成正、负离子，这些离子碰到尘粒便使之带电。带正电的尘粒很快回到负极电晕线上，带负电的尘粒趋向正极密闭罩和排风管，经简易振动或自行脱落，掉入皮带上或料仓中，而净化后的气体经排风管排出。

静电消尘装置的特点是除尘效率高（一般都在 99% 以上），设备简单，运行可靠，且粉尘容易回收，适用于产尘点分散的场合。它无须管网复杂的除尘系统，但必须有一套整流升压的供电设备，造价较高。

（八）通风除尘

通风除尘是工业防尘的常用方法，主要针对干法作业。通常采取安装通风管、吸尘罩、除

尘器等进行局部排风除尘,也有辅以机械的全面排风或自然排风。一般采用以下系统方式。

1. 就地式

就地式通风除尘系统是将除尘器或除尘机直接设置在产尘设备上,就地捕集和回收粉尘。这种系统布置紧凑、结构简单、维护方便,能同时达到防止粉尘外逸和净化含尘空气的双重目的,常用在混砂机、皮带运输机转运点或料仓上。

2. 分散式

分散式通风除尘系统是将一个或数个产尘点作为一个系统,除尘器和风机安装在产尘设备附近。这种系统具有管路短、布置简单、风量调节方便等优点,但粉尘后处理比较麻烦,适用于产尘设备比较分散且厂房可安装除尘设备的场所。

3. 集中式

集中式通风除尘系统是将多个产尘点或整个车间,甚至全厂的产尘点集中为一个系统,设专门除尘室,由专人负责管理。这种系统处理风量大,便于集中管理,粉尘后处理比较容易,但管路长而复杂,风量调节比较困难,适用于产尘设备比较集中并且有条件设置除尘室的场所。

(九)个人防护

作业时戴防尘口罩、防尘眼镜,穿防尘服、防尘鞋,使用防尘用具等,以阻挡粉尘侵入呼吸器官,并尽量使皮肤少接触粉尘,从而减少或避免粉尘的危害。

三、除尘设备的使用

(一)重力沉降室

重力沉降室是利用重力作用使粉尘自然沉降的一种简单装置。沉降室是一个断面面积较大的空室,含尘气体由断面面积较小的风管进入沉降室后,气流速度大大降低,尘粒便在重力的作用下沉降下来。重力沉降室因其简单、方便的优点,通常用于第一级粗净化。

(二)惯性除尘器

惯性除尘器是依靠惯性作用从气流中分离粉尘的设备。惯性除尘器有多种结构,但原理都是含尘气流在流动过程中遇到设置在其前方的某种障碍物(如挡板)时,气体绕过障碍物,而较大的粉尘颗粒则由于惯性作用继续按原来的气流方向前进,碰撞到障碍物上就会被捕集下来。一般惯性除尘器气流速度越大,气流方向转变角度越大,转变次数越多,除尘效果越好。惯性除尘器适用于去除密度和粒径较大的金属或矿物质粉尘,不适宜去除黏结性和纤维性粉尘,只能用于多级除尘器中的第一级除尘,只能除去直径为 20 μm 以上的粉尘。

(三)旋风除尘器

旋风除尘器是利用旋转的含尘气体所产生的离心力,将粉尘从气流中分离出来的一种干式除尘器,目前应用较广。含尘气流由除尘器进口沿切线方向进入除尘器后,沿外壁由上向下做旋转运动,气流被迫一边旋转一边向下由筒体到达锥体,这股从上向下旋转的气流称为外旋涡。外旋涡到达锥体底部后,折转方向,随芯管下面的旋转气柱上升,从排气芯管排离除尘器,这股从下向上的气流称为内旋涡。向下的外旋涡和向上的内旋涡的旋转方向是相同的。含尘气流做旋转运动时,其中尘粒在离心力作用下向外壁移动,到达外壁的尘粒,在气流和重力的作用下，沿壁面落入灰斗。

尘粒在旋风除尘器中受到的离心力比重力沉降室中所受的重力大 5~2 500 倍。因此，旋风除尘器的除尘效果比重力沉降室好。在惯性除尘器中，气流只是简单地改变其原始的运动方向，而在旋风除尘器中气流要完成一系列的旋转运动，所以在旋风除尘器中造成的离心力作用也更大，除尘效果也更好，最小可除去直径为 5~15 μm 的粉尘。

（四）袋式除尘器

袋式除尘器是一种高效的干式除尘器。它是利用纤维滤料做成的滤袋，更主要的是通过滤袋表面上形成的粉尘来净化气体的。对于一般的工业粉尘，其除尘效率高达 99% 以上，最高可达 99.9%。在袋式除尘器中，含尘气流从下部入口进入圆筒形滤袋，在通过滤料的孔隙时，粉尘被滤料阻挡截留下来，透过滤料的清洁气流由排出口排出。沉积于滤料上的粉尘层，在机械振动的作用下从滤料表面脱落下来，落入灰斗。

袋式除尘器的滤尘机制包括筛分、惯性碰撞、拦截、扩散、静电及重力作用等。筛分作用是袋式除尘器的主要滤尘机制，当粉尘粒径大于滤料中纤维间空隙或滤料上沉积的粉尘间的孔隙时，粉尘即被筛滤下来。通常的织物滤布，由于纤维间的孔隙远大于粉尘粒径，所以刚开始过滤时，筛分作用很小，主要靠纤维滤尘机中发生的粉尘之间的惯性碰撞、拦截、扩散和静电作用。但是当滤布上逐渐形成了一层粉尘黏附层后，碰撞、扩散等作用变得很小，此时主要靠筛分作用。惯性碰撞、拦截及扩散作用随纤维直径和滤料的孔隙减少而增大，所以滤料的纤维越细、越密实，滤尘效果越好。此外，一般粉尘或滤料可能带有电荷，当两者带有异性电荷时，则静电吸引作用显现出来，使滤尘效率提高，但却使清灰变得困难。

袋式除尘器的种类很多，由于新的合成纤维滤袋的出现，清灰方式不断改进及自动控制和检测装置的应用，袋式除尘器得到了迅速发展，已成为各类高效除尘设备中最有竞争力的沉降设备之一。

（五）电除尘器

利用电力将粉尘从气流中分离出来的设备称为电除尘器。含尘气流在电除尘器中的净化过程分为三个阶段：首先，是气体的电离，在外加高压直流电的作用下，形成电场，电场附近的气体会被电离，产生正、负两种离子，离子在电场力的作用下向极性相反的电极运动；其次，是粉尘的荷电与沉积，在两极间通入含尘气体，正在向两极运动的正、负离子会通过碰撞和扩散而附着在尘粒上，使尘粒荷电，这样在电场力的作用下，带正电的和带负电的尘粒分别向两极运动；最后，是清灰阶段，当落在收尘板表面上的粉尘沉积到一定厚度后，可用机械振打或其他方式将其除去，使之落入灰斗。电除尘器的除尘效率很高，可达 99.95%，且耐温性好、阻力小，适用于烟气量很大的场合，应用较广。

（六）湿式除尘器

湿式除尘器是利用液体（通常是水）与含尘气流接触，依靠液滴、液膜、气泡等形式洗涤气体，使尘液黏附及尘粒相互凝聚，而将尘粒与气体分离的净化装置。概括起来，湿式除尘器除尘机理有以下几方面：通过惯性碰撞、截留，使尘粒与液滴或液膜发生接触；微细尘粒通过扩散与液滴接触；加湿的尘粒互相凝聚；饱和状态下的高温烟气在湿式除尘器内凝结时，以尘粒为凝结核，这可促进尘粒的凝聚。湿式除尘器可处理高温、高湿或粉尘黏结性大的含尘气体，适宜处理可燃性含尘气体，适用于生产工艺中本身具有水处理装置的场合，但不适用于处理气体中含有疏水性粉尘或遇水容易自燃以及结垢的粉尘。

【任务实践训练】

查阅资料并到相关存在粉尘危害的工作场所进行调研，说明该工作场所中存在的粉尘有何危害，该工厂采取的防尘措施有哪些。

任务二　认识工业毒物危害，掌握防毒措施

一、工业毒物

（一）工业毒物的定义

所谓毒物，是指进入机体后，能与体液和组织细胞发生化学和生物物理变化，扰乱或破坏机体的正常生理功能，引起机体可逆性的或不可逆性的病理状态，甚至危及生命的物质。在工业生产中产生的或使用的毒物物质，称为工业毒物。

（二）工业毒物的分类

根据不同分类方法，工业毒物有多种分类，主要有以下几种情况。

1）按物理形态分类：固体、液体、气体（或蒸汽）、气溶胶毒物。

2）按化学性质分类：无机、有机（含高分子化合物、农药）毒物。

3）按毒理性质分类：窒息性、刺激性、麻醉性、溶血性、致敏性毒物等。

4）按金属性质分类：金属、非金属毒物。

（三）工业毒物的危害

1. 神经系统损伤

一些工业毒物可作用于机体的神经系统，使机体出现中毒性脑病、多发性神经炎和神经衰弱综合征等。

2. 呼吸系统损伤

机体大量吸入某些工业毒性气体可引起痉挛、声门水肿，甚至发生肺水肿，病情严重时可发生呼吸道机械性阻塞并导致窒息死亡。有些工业毒物有致敏反应，可引发过敏性哮喘；有些工业毒物还可引起肺部肿瘤。

3. 血液系统损伤

一些工业毒物可以造成机体造血功能的损伤，如使血红蛋白变性、使机体发生溶血性贫血等。

4. 消化系统损伤

工业毒物对消化系统造成的损伤包括口腔病变、胃肠病变和肝损伤。

5. 循环系统损伤

工业毒物会对心血管、心肌造成损害，使心功能下降，心律失常等，严重时可使整个循环系统遭受严重损伤。

6. 生殖系统损伤

工业毒物对生殖系统的不良影响可分为对生殖器官的损害和内分泌系统的损害。

7. 泌尿系统损伤

一些工业毒物进入人体后会对肾脏产生直接或间接的毒性，主要表现为急性中毒性肾病、慢性中毒性肾病、中毒性泌尿道损害及泌尿道肿瘤等。

8. 皮肤损伤

工业毒物对皮肤的损伤主要有接触性皮炎、光敏性皮炎、职业性痤疮、药症样皮炎、皮肤黑变病、职业性皮肤溃疡、职业性疣赘、职业性角化过度和皲裂等，有的还可引发皮肤肿瘤等。

9. 其他损伤

工业毒害还可对眼角膜、结膜等造成损伤，产生刺激性炎症、白内障、视神经炎等。

二、防毒措施

(一)防毒管理

1. 有毒作业环境管理

通过健全组织机构，设置分管部门、分管领导、专职或兼职人员等。应急人员人数宜根据工作场所的规模、职业性有害因素的特点、劳动者人数，按比例配备。

调查了解企业当前的职业毒害现状，制定不断改善劳动条件的规划并且认真落实。调查了解企业的职业毒害现状是开展防毒工作的基础，只有在对现状有正确认识的基础上，才能制定正确的规划，并正确实施。

建立健全有关防毒的规章制度，如有关防毒的操作规程、宣传教育制度、设备定期检查保养制度、作业环境定期监测制度、毒物的储运与废弃制度等。

对职工进行防毒宣传教育，使职工既清楚有毒物质对人体的危害，又了解预防措施，从而使职工主动地遵守安全操作规程，加强个人防护。

定期进行作业环境监测，通过测定可以了解生产现场受污染的程度、污染的范围及动态变化情况，进而评价劳动条件、采取防毒措施；通过测定有害物质浓度的变化，判明防毒措施实施的效果，通过对作业环境的测定，为职业病的诊断提供依据，为制定和修改有关规定积累资料。

严格执行“三同时”方针，即新建、改建、扩建工程的劳动安全卫生设施必须与主体工程同时设计、同时施工、同时投入生产和使用。

及时识别作业场所中出现的新的有毒物质，明确其毒害机制、毒害作用，寻找有效的防毒措施。

2. 有毒作业管理

有毒作业管理是针对劳动者个人进行的管理，使之免受或少受有毒物质的危害。在化工生产中，劳动者个人的操作作业方法不当、技术不熟练、身体过负荷等，都是构成毒物散逸甚至造成中毒的原因。因此，对有毒作业进行管理的方法是对劳动者进行个别指导，使之学会正确的作业方法。在操作中必须按生产要求严格控制工艺参数的数值，改变不规范的操作姿势和动作，以消除操作过程中可能出现的差错。通过改进作业方法、作业用具及工作状态等，防止劳动者在生产中身体过负荷而损害健康。同时有毒作业管理还应教会和训练劳动者正确使用个人防护用品。

（二）防毒技术

1. 替代有毒材料或降低毒性

在生产中尽量采用对机体无毒或毒性较弱的材料，避免使用高毒材料或剧毒材料，是消除毒性危害的有效措施。如在涂料工业和防腐工程中，用锌白或氧化钛代替铅白，用云母氧化铁防锈底漆代替含大量铅的红丹底漆，从而消除了铅的职业危害；用酒精、甲苯或石油副产品抽余油代替苯溶剂；用环己基环己醇（酮）代替刺激性较大的环己酮等，这些溶剂或稀料的毒性要比所代替的小很多。此外，以无毒或低毒催化剂代替有毒或剧毒催化剂等。

2. 革新生产工艺

对会产生毒性危害的工艺进行革新改良，尽量采用无毒或低毒的生产工艺，是防止毒性危害的根本性措施。例如，在硝基苯还原制苯胺的生产过程中，过去国内多采用铁粉作为还原剂，过程间歇操作，能耗大，而且铁泥废渣和废水中含有对人体危害极大的硝基苯和苯胺。现在大多数企业采用硝基苯连续催化氢化制苯胺新工艺，大大减少了毒物对人和环境的危害。在环氧乙烷生产中，以乙烯直接氧化制环氧乙烷代替了用乙烯、氯气和水生成氯乙醇进而与石灰乳反应生成环氧乙烷的方法，从而消除了有毒有害原料和中间产物（氯化氢）的危害。此外，在聚氯乙烯生产中，以乙烯的氧氯化法生产氯乙烯单体，代替了乙炔和氯化氢以氯化汞为催化剂生产氯乙烯的方法；在乙醛生产中，以乙烯直接氯化制乙醛，代替了以硫酸汞为催化剂的乙炔水合制乙醛的方法，两种新方法都未使用含汞催化剂，避免了汞的危害。

3. 连续化操作及密闭隔离

在间歇操作中生产间断时，需要配料和加料，并不断进行调解、分离、出料、干燥、粉碎和包装等操作，每一步都需要人工进行，会增大人受到毒性危害的概率。采用连续化操作则可利用密闭技术，对设备安装密闭装置，消除上述过程中带来的毒性危害。例如，采用板框式压滤机进行物料过滤是间歇操作，每压滤一次物料就得拆一次滤板、滤框，并清理安放滤布等，操作人员直接接触大量物料，若采用连续化操作的真空吸滤机，操作人员只需观察吸滤机运转情况，调节真空度即可。过程的连续化既简化了操作程序，又为防止有害物料泄漏、降低厂房空气中有害的浓度创造了条件。

4. 机械化、自动化代替人手工操作

利用机械化、自动化操作可使人减小劳动强度，同时机械操作减少了人与毒性物质的接触，从而减少人受到毒性物质危害的程度。

5. 通风

对于无法避免毒物扩散的生产过程，应保证生产场所有良好的通风条件，使毒物能及时排出，避免其浓度过大产生危害，同时应做好个人防护。有两种通风方式，即全面通风和局部通风。

全面通风是在工作场所内全面进行通风换气，以维持整个工作场所内具有较好的空气环境和卫生条件。为保证送入工作场所的空气少受污染，尽快到达工作地点，使操作人员能呼吸到较为新鲜的空气，提高全面通风效果，要求供给工作场所的空气直接送到工作地点，然后再与生产过程散发的有害物质混合排出。进风需直接送到操作人员工作的位置，再和有害物质混合排出工作场所；不应该让进风先经过有害物质，再送到操作人员的工作位置，把已污染的空气通向工作场所是不可取的。

对于面积很大、作业人员很少的生产车间，采用局部通风来改善局部的空气环境是比较经济的。局部通风是将工业生产中产生的有害、有毒气体或蒸气在其发生源处控制并收集起来，不使其扩散到整个工作场所，然后把有害气体经净化处理后排至工作场所以外。局部通风需要的风量小，效果好，设计时应优先考虑。此外，用于排毒的局部通风系统，可以实现有毒有害气体的回收、净化，而全面通风则由于有害气体的稀释无法集中回收和净化。

对于生产中可能突然逸出大量有害物质或易造成急性中毒的或易燃易爆的化学物质泄漏的室内作业场所，还应设置事故通风装置和报警装置。

6. 净化技术

工业上常见的含挥发性有机物的废气主要来源于石油、化工、有机溶剂生产行业的生产过程，该类物质大多具有毒性、易燃易爆，部分还是致癌物。有机物废气净化和回收的方法有三类：一是破坏性方法，如燃烧法；二是非破坏方法，如吸附法、冷凝法、吸收法等；三是组合方法，如冷凝－吸附、吸收－冷凝等。

燃烧法是将有害气体、蒸气、液体或烟尘通过燃烧，转化为无害物质。燃烧法净化时所发生的化学反应主要是燃烧氧化反应及高温下的热分解。这种方法只能用于净化那些可燃的或在高温情况下可以分解的有害物质。

吸附法广泛应用于治理含挥发性有机物的废气，可以较为彻底地净化废气，可进行深度净化，特别是对于低浓度废气的净化，其比其他方法有更大优势。在不使用深冷、高压等方法时，吸附法可以有效地回收有价值的有机物组分。由于吸收剂对被吸附组分有吸附容量的限制，吸附法适用于处理低浓度废气，不适用于处理高浓度废气。

冷凝法是将有毒蒸气从空气中冷却凝结成液体而达到分离的净化方法。冷凝法是脱除和回收挥发性有机物的最简单方法。冷凝法适用于以下情况：处理高浓度废气，特别是含单组分有害物的废气；作为燃烧与吸附净化的预处理，特别是有害物质含量较高时，可通过冷凝回收的方法减轻后续净化装置的操作负担；处理含有大量水蒸气的高温废气。

吸收法的应用不如燃烧法和吸附法等广泛，主要是因为有机废气吸收剂的吸收方式是物理吸收，其吸收容量有限。吸收法净化主要用于处理含水溶性有机物的废气。

（三）个人防护措施

进入无法避免与毒物接触的场所时，必须做好个人防护措施。

1. 穿戴个人防护用品

由于毒物对机体的危害会作用于不同部位、区域，因此应根据场所内存在的毒性物质的情况选择相应的防护用品。例如，针对呼吸系统危害性毒物，应佩戴针对性的防毒口罩、防毒面具等；针对毒物会接触到身体其他部位并产生毒性危害的情况，有时还需穿戴防护服装，进行全身防护。

2. 做好个人卫生

个人防护用品使用后，应及时清洗更换，并妥善存放。接触过毒物后，要及时清理身上衣物及个人用品，同时及时做好手（臂）部及脸部等易接触毒物的部位的清洁，必要时应及时进行全身清洁。避免在生产场所饮食、吸烟等。

【任务实践训练】

查阅资料并到相关存在工业毒物危害的工作场所进行调研，说明该工作场所中存在的工业毒物属于哪一类，有何危害，该工厂采取的防毒措施有哪些。

任务三　认识噪声危害，掌握防护措施

一、噪声的危害

（一）噪声的定义

广义上讲，一切不悦耳的，让人产生反感的声音都可称为噪声；狭义上讲，噪声是指由各种不同频率和不同强度的声音无规则地杂乱组合而成的声音。职业危害因素中的噪声指的是狭义上的噪声。

（二）噪声的分类

根据噪声产生的原因，可将噪声分为三类：空气动力性噪声，即由空气振动引起的噪声，如鼓风机、汽笛等发出的声音；机械性噪声，即机械设备运转产生的声音，如球磨机、压缩机、电锯等发出的声音；电磁性噪声，即电磁效应产生的声音，如发电机、变压器等发出的声音。

（三）噪声的危害

由于现代工业的发展，工业场所中的噪声无处不在，受到噪声侵害已经成为常态，但长期受噪声侵害对人体的危害极大。

1. 噪声对人听觉系统的伤害

噪声对人听觉系统的伤害根据侵害的时间和强度不同可分为暂时性损伤和永久性损伤两类。暂时性损伤指短期内遭受噪声侵害后导致的短暂性听觉系统损伤，主要表现为听阈位移，即人所能听到的声音的频率上限与下限范围的变化，可根据噪声侵害时间的不同，分为听觉适应和听觉疲劳两种情况，前者在离开噪声后很快可恢复，后者在离开噪声后经过一段时间的调整也可恢复正常。而永久性损伤则是指长期遭受噪声的侵害后，噪声对人体听觉系统造成的永久性、不可逆转的损伤，主要表现为听力损伤及噪声性耳聋，其中听力损伤指听阈发生永久性位移但不影响日常交谈和社交活动，主观上无耳聋感觉，但听力曲线出现变化，若不加以控制继续遭受噪声侵害可加重病情，甚至转变为噪声性耳聋。噪声性耳聋是人在长期遭受噪声侵害的过程中，引起的听觉系统的严重损伤，表现为高频听力明显下降，同时语言频率的听力也受到影响，导致语言交流能力出现障碍。此外，还有一种极端情况，即在某些生产条件下，出现爆破时，如发生爆炸等意外事件，人未做好个人防护的情况下，瞬间遭受巨大的噪声侵害，导致人听觉系统严重损伤，引起听力丧失，根据损伤程度的不同，可出现鼓膜破裂、听骨破坏、内耳组织出血，甚至同时伴有脑震荡，患者会感到耳鸣、耳痛、恶心、呕吐、眩晕、听力检查严重障碍或完全丧失。

2. 噪声对睡眠及心脏、神经系统的伤害

入睡之前遭受噪声的干扰，会导致人入睡困难、辗转难眠，若较长时间因噪声干扰不能入睡，则会使人心情烦躁、情绪波动，大脑持续处于兴奋状态进而更难入睡，第二天感到疲劳、四肢无力。在沉睡中突然被噪声惊醒，会使大脑等器官瞬间由休息状态转入清醒状态，而使心跳瞬间加速，频繁地惊醒会增加心脑血管疾病发生的概率。在睡眠中持续地遭受噪声的干扰，会使人多梦、易醒，不能有效地得到休息，进而产生疲劳，长期睡眠不足则会导致神经衰弱，并对身体各个器官产生深远影响。

3. 噪声对人体其他生理功能的伤害

噪声还可导致女性生理周期紊乱，生殖系统出现障碍，造成流产、早产等，还会对胎儿健康产生影响，对儿童身心健康造成不利影响。

此外噪声不仅影响人的听力，还会影响人的视力。研究表明，当噪声强度达到 90 dB 时，视觉细胞会就受到影响，噪声强度越大，对人的视觉伤害越大。

二、噪声的防治

声学系统一般是由声源、传播途径和接收者三环节组成的。控制噪声必须设法抑制噪声的产生、传播和其对听者的干扰。控制噪声的根本途径是治理噪声源，但由于技术和经济上的原因，从声源上控制噪声有可能难以实现，这时就需从传播途径上对噪声进行抑制。在声源和传播途径上无法采取措施或采取了声学技术措施仍无法达到预期效果时，就需对人进行个体防护。因此，一般来说控制职业噪声危害的技术途径主要有三条：一是控制噪声源；二是在传播途径上降低噪声；三是采取个人防护措施。

1. 控制声源的方法

通过选择和研制低噪声设备，改进生产工艺和操作方法，提高机械设备的加工精度和安装技术，使发声体变为不发声体，或者大大降低发声体的声功率等，这是控制噪声的根本途径。由于噪声源的多样性及其与生产条件的密切性，应根据具体情况采取各种不同的方式解决。例如，对鼓风机、电动机，可采取隔离或移出室外等措施；对织机、风动工具，可采用改进工艺等技术措施，以无梭织机代替有梭织机、以焊接代替铆接、以压铸代替锻造；还可通过加强维修，降低由不必要的或松动的附件产生的撞击噪声；适当润滑摩擦部位，减少因磨损产生的噪声；用弹性材料代替刚性材料等。

2. 控制传播途径的方法

（1）厂区合理布局规划

通过合理规划厂区布局，将高噪声工作场所与噪声较低的场所和生活区分开，避免噪声干扰；同类噪声区域集中安置在一起，防止声源过于分散，减少污染面，便于采取声学技术措施集中控制；将特大噪声区域安排在偏僻地区，最大限度地实施噪声衰减。

（2）利用屏蔽阻止噪声传播

在室外，可利用天然地形，如山岗、土坡、树木、花草和建筑屏障等阻断或屏蔽一部分噪声的传播，这种方法不仅起到绿化的作用，还有隔离公路与居民区的作用。产生强烈噪声的工厂和居民区以及噪声车间和非噪声车间之间应有一定的距离（防护带），防护带内种植树木或设隔声墙壁，在噪声车间内部运用吸声材料，安装隔音门窗等都可有效阻止噪声传播。

在室内，可设置一定角度和宽度的隔声屏，以阻挡噪声向人的传播。对于产生噪声的车间，其内部墙壁、屋顶应采用吸声材料，以降低车间内部的噪声强度；门、窗、地板应采用隔声结构以防止车间内的噪声向外传播。产生噪声的机器常常伴有较强的振动，应在机座下、地基上装设减振装置。

（3）利用声源指向改善环境噪声

将发出噪声的方向指向上空或旷野而不是生活区域，也可以控制噪声的传播。锅炉、压力容器排气放空时，会产生强大的高频噪声。如果把它的出口朝向上空或野外，产生的噪声比朝向生活区减小 10 dB。对于有些工作场所内的小口径高速排气管道，如果把其出口引向室外，向上排空，一般可改善室内的环境噪声。

3. 个体防护

在存在噪声污染的环境中工作的人员应佩戴防噪声耳罩或耳塞、头盔等用品，并在工作区域内安排隔声间供工作人员休息使用。此外，可采取轮换作业的方法，限制工作人员进入高噪声环境的工作时间。

三、噪声控制技术

（一）吸声技术

一般工作场所的内表面多是一些能反射声音的坚硬材料，如钢筋混凝土、光滑的墙面、玻璃等，室内声源发出的声波经室内平整、坚硬的表面多次反射，反射声与声源本身发出的直达声叠加，室内噪声的强度就加大了。为消除反射声，应在工作场所内表面上装设一些吸声材料，即用吸声技术降低工作场所噪声。吸声技术的吸声机理，可分为多孔吸声和共振吸声两大类。

吸声技术是利用具有一定吸声性能的材料或结构减少反射声的技术。当声波进入材料的孔隙中时，会引起孔隙内空气和材料的细小纤维的振动，由于摩擦和黏滞阻力，大部分声能转化为热能耗散掉，这就是吸声技术的机理。

一般多孔吸声材料对高频声吸收效果好，对低频声吸收效果差；而共振吸声结构则可弥补这一缺陷。

(二)隔声技术

声波在空气中传播时,使声能在传播途中受到阻挡而不能直接通过的措施称为隔声。声源发出的声波在传播途中遇到类似墙体等具备一定反射和吸声性能的装置后,一部分被反射,一部分被墙面所吸收,还有一部分透过墙体传到另一面,声能大大减少。隔声装置一般有隔声间、隔声门、隔声窗、隔声墙、隔声罩等。

隔声间是由隔声构件组成的具有良好隔声性能的房间,一般为封闭式的,它除需要有足够隔声量的墙体外,还需要设置具有一定隔声性能的门窗等。其中,隔声门的设计取决于门的质量和门的构造及碰头缝的密封性,一般门不要太重,门扇与门框之间的密封要好,门缝密封性对门的隔声效果影响很大。隔声窗一般由双层或多层玻璃做成,其隔声量主要取决于玻璃的厚度,其次是窗的结构,窗与窗框之间、窗框与墙壁之间的密封程度。由两层以上的玻璃构成且中间夹空气层的窗户,隔声效果是非常好的。

隔声罩是将产生噪声的整个机器或机组的某一部分予以封闭,从而使工作场所的噪声减小。隔声罩的罩壁应有足够的隔声量,且为了安装维修方便宜采用轻薄密实的钢板或铝板材料制作;用钢板或铝板等轻薄材料制作罩壁时,应在壁面上加筋,涂贴阻尼层,以抑制和减弱共振与吻合效果的影响;罩体与声源设备、机座之间不能有刚性连接,以免形成"声桥",导致隔声量降低,且隔声罩与地面应进行隔振,以降低固体声;开有隔声门窗、通风通道与电缆等管线时,缝隙处必须密封,且管线周围应有减振、密封措施;罩内应做吸声处理,使用多孔松散材料时,应有牢固的护面层;罩壳形状适当,尽量不用方形平行罩壁,以防止罩内空气声的驻波效应;当罩内设备需要采取通风冷却措施时,应增加消声器等措施,其消声量应与隔声罩的插入损失相当。

(三)消声技术

消声器是一种既允许气流通过又能使噪声减弱的装置,通常装设在空气动力设备的气流通道上,用来控制和降低空气动力性噪声。消声技术是利用消声器控制和降低噪声的技术。消声器按照消声原理可分为阻性消声器和抗性消声器两类,前者主要吸收中高频噪声,后者主要吸收中频噪声。阻性消声器是借助于管道上的吸声材料的吸声作用,使噪声沿着管道传播距离的增大而衰减。抗性消声器是借助于管道截面的突然扩张或设置扩张室或旁接共振腔,使沿着管道传播的噪声被吸收和反射而衰减。现实中,多使用结合两者优点的阻抗性消声器。近年来,又研制出了新型消声器,如微穿孔板消声器、多级扩容减压式消声器、小孔喷注消声器、陶瓷消声器、L形螺旋消声器、油浴式消声器、盘式消声器等。

对于风机类噪声可采用阻性的或以阻性为主的复合消声器;对于空压机噪声可采用抗性的或以抗性为主的复合消声器;对于高温、高速条件下的噪声可采用微穿孔板、多级扩容减压式消声器。

【任务实践训练】

查阅资料并到相关存在噪声危害的工作场所进行调研,说明该工作场所中存在的噪声有何危害,该工厂采取的噪声防治措施有哪些。

任务四　认识辐射危害,掌握防护措施

辐射线类型很多,一般依据其能量高低分为电离辐射和非电离辐射。电离辐射的能量较高,可以使物质分子或原子电离,包括 α 射线、β 射线、γ 射线、X 射线等;非电离辐射相对能量低一些,不能引起物质分子或原子的电离,包括紫外线、红外线、射频电磁波等。

一、辐射的危害

(一)电离辐射的危害

电离辐射引起的职业病称为放射病,人体长期或反复地受到容许剂量的射线照射会使细胞改变机能,造成白细胞增多、眼球晶体混浊、皮肤干燥、毛发脱落和内分泌失调等。较高剂量能造成出血、贫血和白细胞减少、胃肠道溃疡、皮肤坏死或溃疡。极高剂量的射线照射会造成中枢神经和大脑系统伤害,主要表现为虚弱、倦怠、瞌睡、昏迷、震颤、痉挛,可在两天内死亡;胃肠伤害,主要表现为恶心、呕吐、腹泻、虚弱和虚脱,症状消失后可出现急性昏迷,通常可在两周内死亡;造血系统伤害,主要表现为恶心、呕吐、虚弱、腹泻,但很快发生好转, 2~3 周无病症后,出现脱发、经常性流鼻血,再出现腹泻,进而造成极度憔悴,通常 2~6 周后死亡。

(二)非电离辐射的危害

1. 紫外线的伤害

紫外线分为长波、中长波和短波紫外线,其中短波紫外线对人体的伤害最大,可引起角膜炎和角膜溃疡,即电旋光眼病,多见于电焊工。长期受到小剂量紫外线照射会慢慢发展为慢性结膜炎,短期受到强烈紫外线照射可在 4~12 小时内发病,首先出现两眼怕光、流泪、异物感,并伴有头痛、视觉模糊、眼睑充血、水肿等症状。

2. 红外线的伤害

长期受到炉火或加热红外线辐射会引起白内障,从事炼钢、铸造等工种的从业人员若防护不当,容易发生此类职业病。

3. 射频辐射的伤害

射频辐射进入人体后,一部分转化为热量,可使机体内部受热导致神经系统过度兴奋,产生神经紊乱,同时内脏、血液受热会有更大的危险性。在射频辐射中,微波的波长短、能量大,对人体伤害也很显著。微波引起的中枢神经机能障碍主要表现为头痛、无力、失眠、嗜睡、记忆力减退、视觉及嗅觉机能低下。微波还会导致角膜等眼表层组织与晶状体损伤,严重者会导致白内障。

二、辐射的防治

(一)射频辐射的防护措施

预防射频辐射危害的措施有减少辐射源本身的直接辐射、屏蔽辐射源、屏蔽工作地点、远距离操作以及采用个人防护等。

1. 屏蔽

采用屏蔽体屏蔽可将电磁能量限制在所规定的空间里，阻止其传播扩散。屏蔽可分为电场屏蔽与磁场屏蔽两种。电磁屏蔽是用金属板或金属网等良导体或导电性能好的非金属制成屏蔽体进行屏蔽，屏蔽体应良好接地。辐射的电磁能量在屏蔽体上引起的电磁感应电流可通过地线导入大地。一般电场屏蔽用的屏蔽体多选用纯铜、铝等金属材料制造。磁场屏蔽是利用磁导率很高的金属材料封闭磁力线。当磁场变化时，屏蔽体材料感应出涡流，产生方向与原来磁通方向相反的磁通，阻止原来的磁通穿出屏蔽体而辐射出去。

2. 远距离控制和自动化作业

根据射频电磁场场强随距离的加大而迅速衰减的原理，可采用自动或半自动的远距离操作。如场源离操作岗位较远，场强急剧衰减，可在场源附近设立围栏或标志，以禁止人员靠近。

3. 吸收

对于微波辐射，要求在场源附近就能把辐射能量大幅度地衰减下来，以防止其对较大范围的空间产生污染，为此可在场源周围敷设吸收材料。吸收材料大致可分为两类：一类为谐振型吸收材料，另一类为匹配型吸收材料。谐振型吸收材料是利用材料的谐振特性制成的，厚度较小，对频率范围很窄的微波辐射能量有吸收作用。匹配型吸收材料是利用材料和自由空间的阻性匹配，达到吸收微波辐射能量的目的，适用于吸收宽频带范围的微波辐射能量。

4. 个人防护

进行微波作业的工作人员必须采用个人防护措施。个人防护主要包括防护眼镜及防护服装。防护服装一般是供在大强度辐射条件下短时间进行实验研究的人员穿用的。

（二）电离辐射的防护措施

1. 缩短接触时间

从事接触放射线的工作时，人体受到射线照射的累积剂量与暴露时间成正比，即受到射线照射的时间越长，接受的累积剂量越大。为了减少工作人员受到的射线照射剂量，应缩短其工作时间，禁止在有射线辐射的场所内做不必要的停留。在剂量较大的情况下工作时，尤其是在防护较差的条件下工作时，为缩短受射线照射的时间，可采取分批操作的方法，以免长时间受射线照射而超过允许剂量。

2. 加大操作距离或实行遥控作业

放射性物质的辐射强度与距离的二次方成反比。因此，采用加大操作距离、实行遥控作业的办法可以达到防护的目的。即使只加大了一点距离都可收到降低受照射量的防护效果。例如，可使用长柄作业工具，使人体离放射源尽可能远，以减少工作人员所受的射线照射剂量。

3. 屏蔽防护

在放射性作业、存在放射源及储存放射性物质的场所，采用屏蔽的方法是减少或消除放射性危害的重要措施。屏蔽的材质和形式通常根据放射线的性质和强度确定。屏蔽 γ 射线常采用铅、铁、水泥、砖、石等，屏蔽 β 射线常用有机玻璃、铝板等。弱 β 放射性物质，如碳^{14}、硫^{35} 和氢^{3} 可不必屏蔽；强 β 放射性物质，如磷^{35}，则要以 1 cm 厚的塑料或玻璃板遮盖；当放射源发生相当量的二次 X 射线时，需要用铅遮蔽。γ 射线和 X 射线的放射源要在有铅或混凝土屏蔽的条件下储存,屏蔽的厚度根据放射源的放射强度和需要减弱的程度而定。水、石蜡或其他含有大量氢分子的物质,对遮蔽中子放射线有效,屏蔽量少时,也可使用隔板。遮蔽中子可产生二次 γ 射线,在计算屏蔽厚度时应予以考虑。

4. 个人防护

在任何可能发生放射性污染或危险的场所,都必须穿工作服,戴胶皮手套,穿鞋套,戴面罩和护目镜;在可能吸入放射性粒子的危险场所,要携带空气呼吸器;在发生意外事故而导致大量放射污染或可能被多种途径污染时,要穿可供给空气的外套。

【任务实践训练】

查阅资料并到相关存在辐射危害的工作场所进行调研,说明该工作场所中存在的辐射属于哪一类,有何危害,该工厂采取的防辐射措施有哪些。

任务五　认识高温危害,掌握防护措施

一、高温伤害

高温作业分为三种类型:一是高温、强辐射作业,即在温度高、湿度低的干热环境中作业,如金属冶炼、机械热加工、炉窑车间等作业;二是高温、高湿作业,即在湿热环境中作业,通常伴有产生大量水蒸气但通风不够的情况,如印染、造纸等作业;三是夏季户外作业,如盛夏期间露天搬运、建筑施工等工作。高温作业会使人体生理功能发生改变。

(一)体温调节障碍

人体遇到高温时会通过出汗来散热,而当处于高温并伴随高湿度的环境中时,排汗受到抑制,人体难以降温,很容易发生中暑。中暑的主要表现为头晕、头痛、眼花、耳鸣、心悸、恶心、四肢无力、注意力不集中,重者可出现皮肤干燥无汗、体温升高、痉挛等。

(二)水盐代谢紊乱

人在高温作业时,排汗量会大大超过正常人体排汗量,汗液中主要成分为水,并含有一定量的无机盐、维生素等,如果长期得不到补充,会就出现水盐失衡,身体缺少足够的水分和无机盐、维生素会出现无力、口渴、尿少、脉搏加快、体温升高、水盐平衡失调等症状,使工作效率降低,严重者可能导致热痉挛。

(三)循环系统负荷增加

高温使血管扩张,同时血液需要量增大,使心跳过速,增大心脏负担。

(四)消化系统疾病增多

在高湿条件下作业时,血液更多地集中在肌肉等需要大量血液供应的地方,这就导致消化道血液供给不足,消化液分泌减少,进而导致消化不良,同时大量排出的汗液中含有很多氯化物,使胃酸减少,也会导致消化不良。

（五）神经系统兴奋降低

在高温和热辐射下，大脑皮层调节中枢兴奋增加，会使中枢神经系统运动功能受抑制，还会使肌肉工作能力、动作准确性、协调性下降，反应速度和注意力下降，易发生意外事故。

（六）肾脏负担加重

高温可加重肾脏负担，还可降低机体对化学物质毒性的耐受程度，使毒物对机体的毒作用更加明显。高温也可使机体的免疫力降低。

二、高温防护

（一）改良工艺

合理设计或改革生产工艺过程，改进生产设备和操作方法，尽量实现机械化作业，使用自动化仪表进行控制，消除高温和热辐射对人的危害。进行工艺流程设计时，应尽可能将热源置于室外；采用热压为主的自然通风时，尽量将热源布置于天窗下面；采用穿堂风通风的厂房，应将热源置于主导风向的下风侧；使窗外空气进入车间时，应先通过操作者工作点，后经过热源。

（二）厂房设计

进行高温厂房设计时，厂房应为开口设计，开口部分应位于夏季主导风向的迎风面，朝向应根据夏季主导风向对厂房能形成穿堂风或能增加自然风的风压作用确定。厂房的迎风面与夏季主导风向的夹角宜为60°~90°，最小不应小于45°。

热源应尽量布置在车间外面，必须布置在车间内时，应尽量布置在天窗下；采用穿堂风为主的自然通风时，应尽量将热源布置在夏季主导风向的下风侧，热源的位置应便于采用各种有效的隔热措施和降温措施。

（三）隔热措施

隔热是防暑降温的一项重要措施。隔热的作用在于隔断热源的热辐射作用，同时还能相应减少对流散热，将热源的热作用限制在某一范围内。因为热辐射是沿直线传播的，只要在中间挡上一层薄物片就能切断它的去路，把一部分辐射折射回去，起到隔热的作用。被折射回去的辐射热量的大小，取决于遮挡材料的性质。隔热所挡走的是辐射形式的热，因为人体对辐射吸热的热感觉是很敏感的，所以隔热对减轻人体的热负担具有很大的意义。

1. 建筑物隔热

在炎热地区或炎热季节，对建筑物进行隔热，减少热量进入车间，是有效的降温方法。外窗和屋顶接受太阳辐射的时间长、强度大，在接受的总辐射热量中占主要地位，因此建筑物隔热的具体方法有外窗遮阳、屋顶隔热和屋顶淋水。

外窗遮阳是用不透明的材料将建筑物外窗遮挡起来，使阳光不能照进车间。遮阳方法很多，如在窗扇上刷云青粉、挂竹帘；安装兼顾隔热、挡风、防雨、采光和通风等功能的遮阳板。

屋顶隔热是在屋顶上加装隔热层，即在普通平屋顶上设置空气层，利用间层内的空气流动把太阳辐射热带走；还可在通风屋顶下加保湿层，这种设计适用于高温车间，不适用于一般热车间。

屋顶淋水是在轻型结构有坡层面的建筑屋顶上，通过屋脊上的多孔水管向屋顶淋水，在屋顶面上形成流水层，利用水的蒸发吸收大量热，以达到降温的目的。

2. 设备隔热

在高温车间对发热设备采取隔热措施，可以减少热量散发到车间内，避免车间内温度过高。设备隔热主要有热绝缘和热屏蔽两类方法。

热绝缘是利用一些传热性能比较差，具有良好的保暖能力的绝热材料直接包裹在发热体外层，使其热量不能散发到车间内，或使其散发的热量大大减少。选择热绝缘方法应注意绝缘材料本身的吸湿性会降低其绝热性能，因此应注意防水防潮。此外，还应注意由于绝热所导致的发热设备自身热量不能散发而引起的自热问题。

与热绝缘不同，热屏蔽是利用对热量有吸收和反射作用的隔板类装置控制设备发出的热辐射。其通过吸收和反射作用减少释放到外界的热量。热屏蔽主要分为透明热屏蔽、半透明热屏蔽和不透明热屏蔽三类。

透明热屏蔽主要用来把工作地点和需要经常清楚观察的发热体两者隔开，如玻璃板、玻璃板淌水、瀑布式水幕等，但玻璃过度受热后容易引起炸裂。而水对热辐射具有很大的吸收和阻挡能力，同时清洁的水的透明度较高，而且水对玻璃能起到冷却作用，根据水的这些特性，研究者设计了不透明热屏蔽和半透明热屏蔽。

不透明热屏蔽用来屏蔽无须观察的发热体，如各种遮热板（石板板、铁板等）、铁板淌水、麻布水幕、流动水箱、砖墙等，常用于炉壁的隔热，因为不需要经常观察发热体。遮热板是利用材料的反射性能来隔热的，当热辐射遇到反射性强的遮热板上后，大部分射线被反射回去，仅有极小部分被遮热板吸收，但遮热板由于吸收了热量自身温度上升会产生第二次辐射。

半透明热屏蔽的作用介于透明热屏蔽和不透明热屏蔽之间，如铁纱屏、铁纱水幕等。铁纱屏是由普通铁纱制成的隔热设备，热辐射投到铁纱上后，大部分都穿过铁纱的网孔，但小部分被铁纱本身所挡住。铁纱网孔越小，隔热效果越好，但网孔越小透明度就越差。铁纱屏仅适用于热辐射强度不大的地方。铁纱水幕是由铁纱和流动水膜组成的隔热装置，适用于各种不同大小的发热体。其隔热作用主要在于流动水膜的吸热性，而铁纱只起衬托水膜的作用。水膜越厚，隔热效果就越强，但当水量加大到一定程度后，由于水量增大导致水在铁纱上的停留时间会相应缩短，水膜的厚度就不再随之增加了，其隔热效果不再增强。

（四）通风

风可以将部分热量带走，并促进人体汗液蒸发，起到降温的作用。为降低车间内空气温度，必须在采用各种隔热措施的同时，对整个车间进行全面换气，即设法把车间内被加热的空气排出去，并把车间外的冷空气换进来。通风的方法主要有自然通风和机械通风。

1. 自然通风

自然通风是依靠自然的热压或风压的作用进行通风。对热车间来说，由于车间内散热量很大，车间余热加热的空气构成了自然通风的动力，自然通风就显得特别经济有效。自然通风包括普通天窗通风、挡风天窗通风和开敞式厂房通风等。

普通天窗通风以侧窗为进风口，天窗为排风口进行通风。挡风天窗通风则是为了避免发生冷风倒灌的情况，在天窗外设置挡风板，使天窗具有良好的排风能力。开敞式厂房通风则利用以穿堂风为主的自然通风,分为全开敞、上开敞、下开敞、侧窗四种形式。

2. 机械通风

机械通风是在高温设备或热量集中的地方布置机械通风装置,定点定位地对局部机械设备进行送风,以弥补自然风向不定导致的自然通风不利的问题。常用机械通风设备包括送风风扇、喷雾风扇、冷风机等。

送风风扇能制造快速流动的空气,促进人汗液蒸发。送风风扇多采用风量大、风压低、效率高的轴流式风机,可根据工作地点的不同,安装在各种适宜的位置上,也可制成吊扇、摇头风扇等。有粉尘作业的车间不宜采用普通送风风扇。

喷雾风扇是在风扇上安装喷雾器的一种局部通风设备,其送出的气流中混有雾状小水滴,能起到蒸发降温作用,因为雾滴蒸发吸热能使送风气流的温度有所降低,同时雾滴落在人体表面后,逐渐蒸发吸收人体一部分热量。另外,雾滴还使热的地面和机器设备表面温度降低,可减少人体受二次辐射热源的热辐射作用;悬浮在空气中的雾滴,也能吸收一些辐射能,从而减少人体受到的辐射热。在高温低湿车间里,该方法能润湿车间内的空气,预防工人的上呼吸道黏膜干燥、破损和感染;而且雾滴还能起到降尘的作用。

冷风机是局部空调机组的一种,由风机、制冷器、热交换器、压缩机、散热器、控制器等部分组成,是较先进的通风降温设备,多用于各种隔离操作室的通风降温。

【任务实践训练】

查阅资料并到相关存在高温危害的工作场所进行调研,说明该工作场所中存在的高温会对人体产生怎样的伤害,该工厂采取的降温措施有哪些。

任务六　认识低温危害,掌握防护措施

一、低温伤害

低温作业是指在寒冷季节从事的户外作业,或在无采暖的室内作业,或在冷藏设备内的低温条件下的作业,作业地点平均温度低于 5 ℃。例如,在冬季或寒冷地区的建筑、装卸、农业、地质勘测等工作,或在冷库等低温室内工作等都属于低温作业。

低温作业对人体的伤害有以下几种。

(一)体温调节障碍

低温下,人体为维持体温会使皮肤血管收缩,减少身体向外散热,与此同时内脏血液量增加,代谢加强,肌肉剧烈收缩使产热增加。在低温下的时间过长,就会导致机体体温调节功能发生障碍,当直肠温度降到 30 ℃时,就会出现昏迷,当体温降到 26 ℃时就容易导致死亡。

(二)中枢神经系统伤害

在低温状态下,脑内的高能磷酸化合物代谢减弱,可导致神经系统的功能受到抑制,出现嗜睡和痛觉迟钝等情况。

（三）心血管系统伤害

低温初期，心排血量增加；低温后期心率减慢，心排血量增加。长期在低温下，可导致循环血量、白细胞和血小板减小，使凝血变慢；长期在低温潮湿环境中，血管长时间痉挛，导致血营养和代谢产生障碍，再加上血管内血流缓慢，易产生血栓；有心脏病的人在低温下极易容易发病，应尤其注意保暖。

（四）其他伤害

长时间处于低温环境中，神经系统会出现障碍，导致肌体反应迟钝，易发生意外。同时，身体免疫能力在低温下会下降，还会引发关节炎、神经痛、腰痛等。此外，接触极低温度的设备，或长期在无保护措施的情况下作业，或在极寒地区出现工伤还会导致冻伤，严重者会使局部冻伤组织坏死、脱落。

二、低温防护

（一）注意低温条件下的营养供给

在低温条件下，人体为了维持正常的体温会使代谢加快，营养物质消耗加快，为保证机体维持正常的生理功能，需注意及时补充营养，保证营养供给充足。

（二）采取保护措施

在低温环境中应注意做好低温防护，穿戴保暖服、帽子、手套等，同时注意防潮。

【任务实践训练】

查阅资料并到相关存在低温危害的工作场所进行调研，说明该工作场所中存在的低温物质或低温环境有哪些，该工厂采取的低温防护措施有哪些。

任务七　认识灼伤危害，掌握防护措施

一、灼伤

（一）灼伤的定义及分类

灼伤是指机体受到热作用，引起局部组织的损伤，并进一步导致病理和生理改变的过程。按照灼伤发生的原因，其分为化学灼伤、热力灼伤和复合性灼伤。化学灼伤是由化学物质接触到皮肤导致的，热力灼伤是接触热的物体或火焰等造成的，复合性灼伤则是同时受到了化学灼伤和热力灼伤。

（二）引起化学灼伤的常见物质

1. 酸性物质

能引起化学灼伤的酸性物质主要是各种强酸（如硫酸、硝酸、盐酸等）和一些酸酐（如醋酸酐、丁酸酐等）。其中，无机酸通常比有机酸的致伤能力更强。

2. 碱性物质

能引起化学灼伤的碱性物质主要是各种强碱，如氢氧化钾、氢氧化钠、氨水、生石灰等。其中，无机碱的致伤能力比有机碱更强。

3. 金属、类金属化合物

能引起化学灼伤的金属、类金属化合物，包括：黄磷、三氯化磷、砷和砷酸盐、二氧化硒、铬酸、重铬酸钾（钠）等。

4. 其他有机物

能引起化学灼伤的其他有机物，包括：酚类，如苯酚、甲酚、氨基酚等；醛类，如甲醛、乙醛、丙烯醛等；酰胺类，如二甲基甲酰胺等；还有环氧化合物、烃类、氯代烃类等。

（三）化学灼伤程度级别

按照化学灼伤对皮肤损伤的深度，化学灼伤可分为三个等级：Ⅰ度灼伤、Ⅱ度灼伤、Ⅲ度灼伤。

Ⅰ度灼伤：可见红斑，皮肤发红，无水泡，有灼痛感。

Ⅱ度灼伤：又分为浅Ⅱ度灼伤和深Ⅱ度灼伤。浅Ⅱ度灼伤：皮肤有水泡，通过水泡可见泡内淡黄色液体，水泡破后，创伤面一片潮红，很痛。深Ⅱ度灼伤：创伤面苍白，无明显疼痛，可无水泡，若有水泡，则水泡壁较厚，水泡破后可见针头大小的红点。

Ⅲ度灼伤：局部苍白，失去弹性，像皮革样硬韧或呈现黑痂，末梢神经遭到破坏，疼痛不明显。

按照轻重程度，化学灼伤可分为三个级别：轻度、中度和重度。

轻度灼伤：创伤面积 $<10\%$，深度Ⅲ度灼伤面积为 0。

中度灼伤：创伤面积为 11%~30%，深度Ⅲ度灼伤面积为 1%~10%。

重度灼伤：创伤面积为 31%~50%，深度Ⅲ度灼伤面积为 11%~20%。

二、灼伤预防

（一）从设备的角度预防

从设备的角度预防灼伤主要是通过加强设备的维护保养，避免由于设备的磨损、故障等导致危险化学品泄漏引起意外伤害，同时可通过改革生产工艺，在操作程序中尽量减少或避免人为直接接触危险化学品的工艺流程。在使用具有化学灼伤危险物质的生产场所，在设计时就应考虑防止物料外喷或飞溅的合理工艺流程，如物料输送实现机械化、管道化；使用液面控制装置或仪表，实行自动控制；储罐、储槽等容器采用安全溢流装置；改进危险物质的使用和处理方法；装设各种形式的安全连锁装置；保证工作场所与通道有足够的活动余量等。

（二）从人的角度预防

从人的角度预防灼伤主要是通过加强安全教育，通过严格的岗前培训、监督管理做好个人防护，正确穿戴防护用品，以及制定安全标识和应急措施等。应保证每个操作人员都熟悉所在生产岗位所接触的化学物质的理化性质、防止化学灼伤的有关知识及发生灼伤后的处理方法。禁止将危险液体装入非专用和没有标志的桶内，搬运酸槽时要两个人抬，不得单人背负运送。

在处理有灼伤危险的物质时,必须穿戴工作服和防护用具,包括护目镜、面罩、手套、工作帽、胶鞋等。

【任务实践训练】

查阅资料并到相关存在灼伤危害的工作场所进行调研,说明该工作场所中存在的会对人体产生灼伤的物质有哪些,该工厂采取的灼伤防护措施有哪些。

思考与练习题

1)什么是职业危害因素,它包括哪几大类?
2)职业病是什么,国家法定的职业病类型有哪些?
3)安全防护用品都有哪些?
4)生产性粉尘对人体的危害有哪几个方面,如何对其实施有效的控制和防护?
5)工业毒物侵入人体的方式有哪些,该如何进行防控?
6)电离辐射有哪些种类,对人体危害有哪些,该如何防护?
7)化学性灼伤按照严重程度分为哪几个级别,该如何预防?
8)噪声对人体的伤害分为哪几类,该如何预防?
9)高温与低温对人体的伤害有哪些,该采取哪些防护措施?
10)生产性粉尘会产生哪些职业病?
11)噪声产生的职业病都是不可逆的吗,该如何判断?
12)职业病的诊断依据是什么?

参考文献

[1] 齐向阳，王树国. 化工安全技术 [M].3 版. 北京：化学工业出版社，2020.

[2] 何秀娟，徐晓强. 化工安全与职业健康 [M]. 北京：化学工业出版社，2018.

[3] 王庆慧，张峰，崔巍，等. 化工安全管理 [M]. 北京：中国石化出版社，2018.

[4] 郝永梅，林金水，章昌顺. 职业健康安全管理体系与安全标准化 [M]. 北京：中国石化出版社，2017.

[5] 孙玉叶. 化工安全技术与职业健康 [M]. 北京：化学工业出版社，2015.

[6] 其乐木格，郝宏强. 化工安全技术 [M]. 北京：化学工业出版社，2015.

[7] 张荣，张晓东. 危险化学品安全技术 [M]. 北京：化学工业出版社，2020.

[8] 熊从贵.《固定式压力容器安全技术监察规程》的应用分析 [J]. 石油化工设备，2010，39（4）：45-47.

[9] 李文炜，张亮，狄刚，等. 分析新《固定式压力容器安全技术监察规程》（TSG R0004—2009）的重大调整 [J]. 化学工程与装备，2010（4）：146-154.

[10] 夏洪永，俞章毅. 电气安全技术 [M]. 北京：化学工业出版社，2014.

[11] 时守仁. 电业火灾与防火防爆 [M]. 北京：中国电力出版社，2000.

[12] 朱鹏云. 扬子石油化工有限责任公司热电厂雷电灾害风险评估 [J]. 电气技术，2007（S1）：126-129.

[13] 叶淬. 电子电工技术 [M].4 版. 北京：化学工业出版社，2019.